Horst Knörrer

Geometrie

vieweg studium
Aufbaukurs Mathematik

Herausgegeben von Martin Aigner, Peter Gritzmann, Volker Mehrmann und Gisbert Wüstholz

Martin Aigner
Diskrete Mathematik

Walter Alt
Nichtlineare Optimierung

Albrecht Beutelspacher und Ute Rosenbaum
Projektive Geometrie

Gerd Fischer
Ebene algebraische Kurven

Wolfgang Fischer und Ingo Lieb
Funktionentheorie

Otto Forster
Analysis 3

Klaus Hulek
Elementare Algebraische Geometrie

Horst Knörrer
Geometrie

Helmut Koch
Zahlentheorie

Ulrich Krengel
Einführung in die Wahrscheinlichkeitstheorie und Statistik

Ernst Kunz
Einführung in die algebraische Geometrie

Wolfgang Kühnel
Differentialgeometrie

Wolfgang Lück
Algebraische Topologie

Werner Lütkebohmert
Codierungstheorie

Reinhold Meise und Dietmar Vogt
Einführung in die Funktionalanalysis

Erich Ossa
Topologie

Jürgen Wolfart
Einführung in die Zahlentheorie und Algebra

Gisbert Wüstholz
Algebra

vieweg

Horst Knörrer

Geometrie

**Ein Lehrbuch für Mathematik-
und Physikstudierende**

2., aktualisierte Auflage

Mit 233 Bildern

Bibliografische Information Der Deutschen Nationalbibliothek
Die Deutsche Nationalbibliothek verzeichnet diese Publikation in der
Deutschen Nationalbibliografie; detaillierte bibliografische Daten sind im Internet über
<http://dnb.d-nb.de> abrufbar.

Prof. Dr. Horst Knörrer
ETH Zürich
Departement Mathematik
ETH Zentrum
CH-8092 Zürich
E-Mail: knoerrer@math.ethz.ch

1. Auflage 1996
2,. aktualisierte Auflage Oktober 2006

Alle Rechte vorbehalten
© Friedr. Vieweg & Sohn Verlag | GWV Fachverlage GmbH, Wiesbaden 2006

Lektorat: Ulrike Schmickler-Hirzebruch | Petra Rußkamp

Der Vieweg Verlag ist ein Unternehmen von Springer Science+Business Media.
www.vieweg.de

Umschlaggestaltung: Ulrike Weigel, www.CorporateDesignGroup.de
Druck und buchbinderische Verarbeitung: MercedesDruck, Berlin
Gedruckt auf säurefreiem und chlorfrei gebleichtem Papier.
Printed in Germany

ISBN-10 3-8348-0210-7
ISBN-13 978-3-8348-0210-1

Vorwort

Wieder ein anderes Mal, als ich vor der Tafel stand und mit Kreide allerlei Figuren zeichnete, kam mir plötzlich der Gedanke: „Warum ist die Symmetrie den Augen angenehm? Was
ist eigentlich die Symmetrie?" – „Sie ist ein angeborenes Gefühl", gab ich mir selbst zur
Antwort. „Worauf beruht sie? Herrscht denn in allem im Leben Symmetrie? Im Gegenteil,
da ist das Leben – ", und ich zeichnete eine ovale Figur auf die Tafel. „Nach dem Leben
geht die Seele in die Ewigkeit hinüber – da ist die Ewigkeit" – und ich zog von der einen
Seite des Ovals einen Strich bis an den Rand der Tafel. „Warum ist denn auf der anderen
Seite nicht auch ein solcher Strich? In der Tat, wie kann es denn eine einseitige Ewigkeit
geben, wir haben gewiß schon vor diesem Leben existiert, obwohl wir die Erinnerung daran
verloren haben." Diese Überlegung, die mir außerordentlich neu und klar vorkam und deren
logischen Zusammenhang ich jetzt nur mit Mühe wiederfinden kann, gefiel mir sehr, und
ich nahm ein Blatt Papier, um sie schriftlich darzulegen, aber dabei kam mir eine solche
Menge Gedanken in den Kopf, daß ich aufstehen mußte und im Zimmer auf und ab gehen.
Als ich zum Fenster kam, erregte ein Pferd meine Aufmerksamkeit, das der Kutscher gerade
vor einen Wasserwagen spannte, und alle meine Gedanken konzentrierten sich auf die Frage:
In welches Tier oder in welchen Menschen wird die Seele dieses Pferdes übergehen, wenn
es krepiert? In diesem Augenblick ging Wolodja durchs Zimmer und lächelte, als er merkte,
daß ich über etwas nachdachte, und dieses Lächeln genügte, mich zu der Einsicht zu bringen,
daß alles, worüber ich nachgedacht hatte, ein schrecklicher Unsinn war.

(aus: L. Tolstoj: Knabenalter[1])

Irgendwie haben sich die meisten Menschen schon einmal über das Wesen von
Raum und Zeit Gedanken gemacht. Wenn Mathematiker dies berufsmäßig tun, nennen sie das Ergebnis Geometrie.

Die Geometrie ist die älteste systematisierte mathematische Disziplin. Die viel-
fältigen Verallgemeinerungen des Raumbegriffs in der Mathematik und der Physik
sind ein Grund dafür, daß sich bis heute immer wieder neue Probleme ergeben, die
mit geometrischen Methoden behandelt werden können und manchmal sogar die
Entwicklung neuer geometrischer Disziplinen notwendig machen.

Trotz ihrer großen Bedeutung wird die Geometrie im Grundstudium der Mathematik und Physik meist nur nebenbei behandelt. Man hält es – wohl mit einigem
Recht – für ökonomischer, zunächst mit Analysis und Linearer Algebra allgemeine
Strukturen und Theorien zu unterrichten, die es ermöglichen, später – oder auch
nebenher – geometrische Probleme leichter zu behandeln.

So entsteht oft eine Lücke zwischen Schulgeometrie und den modernen geometrischen Theorien, die man im Hauptstudium kennenlernen kann. Dieses Buch bietet
die Möglichkeit, die Lücke zu verkleinern. Es enthält einige in Mathematik und Physik wichtige geometrische Themen, die 'elementar' sind in dem Sinne, daß zu ihrem
Verständnis die Kenntnis abstrakter Theorien und Begriffe nicht notwendig ist [2].
Andererseits sind eine Reihe der dargestellten Resultate insofern 'nicht elementar',

---

[1] Mit freundlicher Genehmigung des Insel Verlages zitiert aus L. Tolstoj: "Kindheit und Jugend",
insel taschenbuch 203.

[2] Einzige Ausnahme bildet das Konzept der ‚Gruppe', das in Kapitel 1 am Beispiel der Symmetriegruppen eingeführt wird und vor allem in den Kapiteln 1, 3 und 6 eine wichtige Rolle
spielt.

als sowohl die Fragestellungen als auch die bei ihrer Lösung entwickelten Ideen weit über die Vorstellung von Geometrie, wie sie in der Schule vermittelt wird, hinausgehen.

Die Leserinnen und Leser können in diesem Buch exemplarisch verfolgen, wie Mathematik funktioniert – und zwar an interessanten, anschaulichen, aber nicht trivialen Beispielen. Die dabei erforderlichen Vorkenntnisse gehen kaum über Schulwissen, sicher aber nicht über den Stoff des ersten Semesters Mathematik oder Physik hinaus [3]. In den Ergänzungen zu den einzelnen Kapiteln habe ich die Beschränkung auf ganz elementare Vorkenntnisse fallen lassen. Die behandelten Themen werden dort vertieft; es werden Querverbindungen zwischen den einzelnen Kapiteln gezogen und Hinweise auf andere Gebiete der Mathematik und der Physik gegeben, mit denen die Themen in Beziehung stehen.

Auf einen wichtigen Aspekt der modernen Geometrie wird implizit hingearbeitet - nämlich daß 'Raum' nicht unbedingt der dreidimensionale Euklidische Raum ist, sondern daß viele andere Räume existieren, die geometrisch untersucht werden können und müssen. Dies beginnt in Kapitel 3 mit der Diskussion der nichteuklidischen Geometrie, findet seine Fortsetzung im Abschnitt 5.4 über die der speziellen Relativitätstheorie zugrundeliegende Lorentz-Geometrie, und kulminiert in den Abschnitten 6.3 - 6.7, in denen die Gruppe $SO(3)$ selbst einen Raum bildet, dessen Geometrie untersucht wird. In diesem Zusammenhang wird mit der Fundamentalgruppe auch ein Konzept der 'höheren Geometrie' vorgestellt, das paradigmatisch ist für eine ganze geometrische Disziplin, die algebraische Topologie.

Geometrie ist naturgemäß anschaulich – und die Anschauung steht in diesem Buch auch im Vordergrund. Auf präzise Beweise wird jedoch nie verzichtet. Wenn man von mathematisch strengen Beweisen spricht, stellt sich natürlich die Frage, wo die Beweise verankert sind, d.h. welche Tatsachen als bekannt und nicht eines Beweises bedürftig angenommen werden. Dies variiert im Laufe des Buches. In den ersten beiden Kapiteln (*Symmetrie und Symmetriegruppen*, *Elementare Vektorrechnung*) wird mit dem 'naiven' Raum - und Vektorbegriff der Schule gearbeitet – Puristen wird wohl die "Rechte-Hand-Regel" in Satz 2.2 stören. Kapitel 3 beginnt mit einer kritischen Diskussion der Axiome in Euklid's Elementen, stellt dann das Hilbert'sche Axiomensystem vor, und enthält den Beweis der Unabhängigkeit des Parallelenaxioms durch Angabe des Poincaré-Modells der hyperbolischen Ebene. Dabei werden die Grundeigenschaften der reellen und komplexen Zahlen als bekannt vorausgesetzt. Ab Kapitel 4 wird Geometrie durch Einführung cartesischer Koordinaten (im formal-logischen Sinn) auf Operationen mit Tupeln reeller Zahlen zurückgeführt.

Die einzelnen Kapitel des Buches sind nahezu unabhängig voneinander (genauere Informationen enthält Anhang A). Neben den im Text und in den Ergänzungen gegebenen Ausblicken enthält Anhang B Hinweise auf weiterführende Literatur.

---

[3] In Anhang A sind die für die einzelnen Abschnitte erforderlichen Vorkenntnisse zusammengestellt.

Viele haben zur Entstehung dieses Buches beigetragen. Zuallererst die Erstsemesterstudentinnen und -studenten der Mathematik und Physik an der ETH Zürich, für die ich wiederholt die Geometrievorlesung halten durfte. Mit ihrem Interesse an der Geometrie und ihrer geduldigen und konstruktiven Kritik hatten sie wesentlichen Einfluß auf die Entwicklung der Vorlesung und damit auf dieses Buch. Für viele kritische Bemerkungen und wichtige Verbesserungsvorschläge danke ich auch Albert Gächter, Wolfgang Ingrisch und Erwin Neuenschwander. Die Bilder haben Nicolette Bösch, Daniel Darms, Harald Deppeler, Roland Friedrich und Marianne Pfister angefertigt, und der Text wurde geschrieben von Harald Deppeler, Wolfgang Gehrig, Marianne Kellersberger und Matthias Zürcher. Jörg Knappen vereinheitlichte im Auftrag des Vieweg-Verlags die mit diversen LaTeX– und TeX– Macros geschriebenen Teile des Manuskripts und besorgte das Layout. Allen Beteiligten danke ich herzlich.

Für die zweite Auflage wurde der Text behutsam verbessert und aktualisiert.

Zürich, im Juli 2006

Inhaltsverzeichnis

1 Symmetriegruppen

Ein wichtiger Aspekt der Geometrie und der Mathematik überhaupt ist es, anschauliche Sachverhalte präzise zu fassen, zu abstrahieren und dann mit Hilfe rein logischen Schließens neue Sachverhalte zu beweisen, die nicht auf den ersten Blick offensichtlich sind. Zunächst wollen wir diesen Aspekt exemplarisch am Beispiel des Begriffs „Symmetrie" diskutieren.

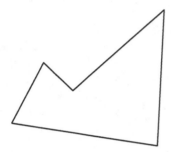 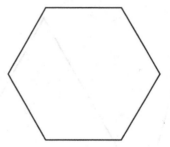

Bild 1.1

Wir sehen auf den ersten Blick, daß die Figur in Bild 1.1 links in der Ebene unsymmetrisch ist, während das reguläre Sechseck (rechts in Bild 1.1) *recht* symmetrisch aussieht. Ähnlich ist es bei den beiden Gebilden in Bild 1.2. Das links dargestellte Gebilde ist im Raum unsymmetrisch, während das Dodekaeder rechts eine *sehr* symmetrische Figur ist.

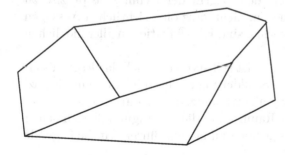 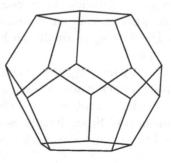

Bild 1.2   links: unsymmetrisches Gebilde, rechts: Dodekaeder

Wir sagen, daß ein reguläres Achteck symmetrischer ist als ein gleichschenkliges Dreieck, oder daß ein Dodekaeder anders symmetrisch ist als ein Würfel. Natürlich gibt es auch Figuren in der Ebene bzw. im Raum, die die gleiche Symmetrie haben, so etwa zwei gleichschenklige Dreiecke mit verschiedenen Winkeln (siehe Bild 1.4) oder ein Dodekaeder und ein Ikosaeder (Bild 1.5).

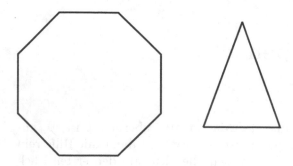

Bild 1.3   Reguläres Achteck und gleichschenkliges Dreieck

Bild 1.4   Zwei gleichschenklige Dreiecke

In der Natur und in der Kunst trifft man immer und immer wieder auf Symmetrien. Viele schöne Beispiele finden Sie in [Brieskorn], [Burns–Glazer], [Bigalke] und [Weyl].

Wie oben gesagt, wollen wir versuchen, den Begriff der Symmetrie präzise zu fassen und zu abstrahieren, um dann zu neuen, nicht ganz offensichtlichen Aussagen zu kommen. Die Aussagen, auf die wir hinzielen, sind Klassifikationen aller möglichen „Symmetrietypen".

Die Präzisierung des Begriffes „Symmetrie" ist selbstverständlich das Ergebnis einer langen historischen Entwicklung, deren Schilderung Sie beispielsweise in [Scholz] finden. Wir werden – grob gesagt – die Symmetrie einer Figur daran messen, wieviele Drehungen und Spiegelungen es im Raum gibt, die die Figur mit sich selbst zur Deckung bringen. Um dies noch etwas genauer zu fassen, führen wir die folgende Sprechweise ein:

Definition 1 *Eine* Isometrie *der Ebene (bzw. des Raumes) ist eine Abbildung φ der Ebene (des Raumes) auf sich, so daß für je zwei Punkte X und Y in der Ebene (bzw. im Raum) der Abstand von $\varphi(X)$ und $\varphi(Y)$ gleich dem Abstand von X und Y ist.*

Beispiele von Isometrien sind etwa Translationen um einen Vektor **v**, Spiegelungen an einer Geraden in der Ebene oder an einer Ebene im Raum, Drehungen um einen

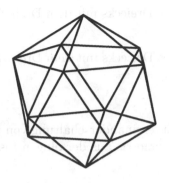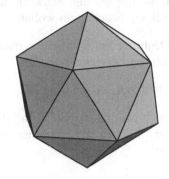

Bild 1.5   Ikosaeder

Punkt in der Ebene oder um eine Achse im Raum. Eine besondere Isometrie ist die identische Abbildung *id*, die jeden Punkt auf sich selbst abbildet.

Sind φ und ψ Isometrien, so ist auch die Abbildung $\varphi \circ \psi$, die jeden Punkt X auf $\varphi(\psi(X))$ abbildet, eine Isometrie. Diese Abbildung bezeichnen wir als die *Hintereinanderschaltung* von φ und ψ.

Wir wollen jetzt für einige symmetrische Figuren die Menge aller Isometrien, die die Figur auf sich abbilden, bestimmen.

Das erste Beispiel ist ein gleichseitiges Dreieck (vgl. Bild 1.6). Bezeichnet man

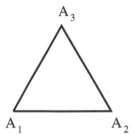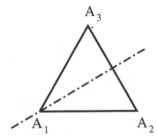

Bild 1.6   Gleichseitige Dreiecke, rechts mit Symmetrie φ_1

seine Ecken mit A_1, A_2, A_3 , so sieht man sofort die folgenden Isometrien, die das Dreieck auf sich abbilden:

1. Die Spiegelung an der Achse durch den Punkt A_1 und den Mittelpunkt der Strecke A_2A_3, die wir mit φ_1 bezeichnen wollen.

2. Die Spiegelung an der Achse durch den Punkt A_2 und den Mittelpunkt der Strecke A_3A_1, die wir mit φ_2 bezeichnen wollen.

3. Die Spiegelung an der Achse durch den Punkt A_3 und den Mittelpunkt der Strecke A_1A_2, die wir mit φ_3 bezeichnen wollen.

4. Die Drehung um den Schwerpunkt des Dreiecks mit dem Drehwinkel 120°, die wir mit ψ_1 bezeichnen wollen.

5. Die Drehung um den Schwerpunkt des Dreiecks mit dem Drehwinkel 240°, die wir mit ψ_2 bezeichnen wollen.

6. Die identische Abbildung id.

Man kann sich nun überzeugen, daß die Hintereinanderschaltung von je zwei Isometrien aus der obigen Liste wiederum eine Isometrie aus der obigen Liste ergibt. So gilt etwa:

$$\varphi_1 \circ \varphi_1 = id \qquad \varphi_2 \circ \varphi_2 = id \qquad \varphi_3 \circ \varphi_3 = id$$
$$\psi_1 \circ \psi_1 = \psi_2 \qquad \psi_2 \circ \psi_2 = \psi_1$$

$$id \circ id = id$$
$$id \circ \varphi_i = \varphi_i \circ id = \varphi_i \qquad \text{für} \quad i = 1,2,3$$
$$id \circ \psi_j = \psi_j \circ id = \psi_j \qquad \text{für} \quad j = 1,2$$
$$\varphi_2 \circ \varphi_1 = \psi_2$$

Mit Ausnahme der letzten sind diese Gleichungen leicht nachzuprüfen. Die letzte Gleichung ist zumindest plausibel, da sowohl $\varphi_2 \circ \varphi_1$ als auch ψ_2 den Schwerpunkt des Dreiecks auf sich, die Ecke A_1 auf die Ecke A_3, die Ecke A_2 auf die Ecke A_1 und die Ecke A_3 auf die Ecke A_2 abbilden (vgl. Bild 1.7). Einen exakten Beweis können wir erst geben, wenn wir die Struktur von Isometrien genauer kennen.

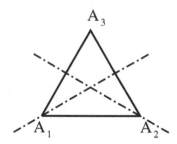

Bild 1.7   Gleichseitiges Dreieck: $\varphi_2 \circ \varphi_1 = \psi_2$

Wir wollen zeigen, daß wir bereits alle Isometrien der Ebene gefunden haben, die das reguläre Dreieck in sich überführen. Auch dazu ist es nützlich, die Struktur von Isometrien genauer zu kennen.

1.1 Isometrien der Ebene und des Raums

Der erste Satz in diesem Buch ist die Beschreibung aller Isometrien der Ebene, die einen gegebenen Punkt O festlassen.

Satz 1.1 *Sei O ein Punkt der Ebene und φ eine Isometrie der Ebene mit $\varphi(O) = O$. Dann gilt:*

- *Entweder φ ist eine Drehung um O, um einen Winkel α mit $0 < \alpha < 360°$,*

- *oder φ ist Spiegelung an einer Achse durch O,*

- *oder $\varphi = id$.*

Die drei Typen von Isometrien, die in Satz 1.1 aufgeführt sind, unterscheiden sich wesentlich. Ist φ eine Drehung um O mit einem Drehwinkel α, $0 < \alpha < 360°$, so gilt für jeden von O verschiedenen Punkt X, daß $\varphi(X) \neq X$. Dagegen bildet eine Spiegelung an einer Achse g jeden Punkt von g auf sich ab, und die Identität *id* bildet sogar jeden Punkt der Ebene auf sich ab. Diese Überlegung legt es nahe, den folgenden Begriff einzuführen:

Definition 2 *Sei φ eine Isometrie der Ebene bzw. des Raums. Ein Punkt P der Ebene bzw. des Raums heißt* Fixpunkt *von φ, falls $\varphi(P) = P$.*

Beweis von Satz 1.1: Natürlich kann der Beweis, den wir jetzt geben werden, nur so präzise sein, wie die Begriffe, die wir verwenden, definiert sind. Wir werden also ohne weitere Erklärung voraussetzen, daß wir wissen, was die Begriffe „Ebene", „Raum", „Spiegelung", „Drehung", usw. bedeuten. Nach dieser Vorbemerkung beginnen wir mit dem eigentlichen Beweis.

Wir machen eine Fallunterscheidung:

1. Fall: φ hat einen von O verschiedenen Fixpunkt P.

Es sei g die Gerade durch O und P. Mit s bezeichnen wir die Spiegelung an der Geraden g. Weil φ eine Isometrie ist, ist für jeden Punkt X in der Ebene der Abstand von $\varphi(X)$ zu $O = \varphi(O)$ gleich dem Abstand von X zu O, d.h. $\varphi(X)$ liegt auf dem Kreis um O mit Radius $\overline{OX}$. Hier, wie im Folgenden, bezeichnet $\overline{OX}$ den Abstand zwischen O und X. Aus demselben Grund liegt $\varphi(X)$ auch auf dem Kreis um P mit Radius $\overline{PX}$.

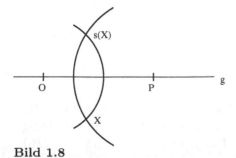

Bild 1.8

Falls X nicht auf g liegt, schneiden sich diese beiden Kreise in genau zwei Punkten, nämlich X und $s(X)$ (vgl. Bild 1.8).

Falls X auf g liegt, so schneiden sich die beiden Kreise in genau einem Punkt, nämlich $X = s(X)$.

Auf jeden Fall gilt also für jeden Punkt in der Ebene:

$$\varphi(X) = X \quad \text{oder} \quad \varphi(X) = s(X) \tag{1.1}$$

Insbesondere ist jeder Punkt von g Fixpunkt von φ.

Fall 1a: φ hat einen Fixpunkt Q, der nicht auf der Geraden g liegt.
Für jeden Punkt X in der Ebene, der nicht auf g liegt, ist der Abstand von $s(X)$ zu Q verschieden vom Abstand von X zu Q. Da φ eine Isometrie ist und $\varphi(Q) = Q$, kann also für einen derartigen Punkt $\varphi(X)$ nicht gleich $s(X)$ sein. Nach (1.1) ist stets $\varphi(X) = X$ oder $\varphi(X) = s(X)$. Also gilt:

$$\varphi(X) = X \qquad \text{für alle } X, \text{ die nicht auf der Geraden } g \text{ liegen.}$$

Wir haben schon festgestellt, daß alle Punkte von g Fixpunkte von φ sind. Somit ist

$$\varphi(X) = X \qquad \text{für alle Punkte } X \text{ der Ebene}$$

mit anderen Worten:

$$\varphi = id$$

Um unsere Diskussion des 1. Falls abzuschließen, müssen wir jetzt noch die Situation betrachten, daß Fall 1a nicht eintritt, d.h. die Negation der Aussage von Fall 1a. Dies ist

Fall 1b: Für alle Punkte Q, die nicht auf der Geraden g liegen, gilt $\varphi(Q) \neq Q$.
Nach (1.1) ist dann $\varphi(Q) = s(Q)$ für alle Punkte Q, die nicht auf g liegen. Für die Punkte von g gilt dies sowieso, also ist

$$\varphi = s$$

d.h. φ ist eine Spiegelung an der Geraden g.

Damit ist die Diskussion des 1. Falls beendet. Unser zweiter Fall ist wieder die Negation des 1. Falls, d.h.:

2. Fall: $\varphi(P) \neq P$ für alle $P \neq O$.

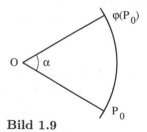

Bild 1.9

Wir wählen einen Punkt P_0, der von O verschieden ist. Dann ist $\varphi(P_0) \neq P_0$, aber $\varphi(P_0)$ hat den gleichen Abstand zu O wie P_0. Deshalb gibt es eine Drehung r_α um einen Winkel α mit $0 < \alpha < 360°$ um den Punkt O, so daß $r_\alpha(P_0) = \varphi(P_0)$ (vgl. Bild 1.9).

Unser Ziel ist es zu zeigen, daß $\varphi = r_\alpha$. Es sei $r_{-\alpha}$ die Drehung um den Winkel $-\alpha$. Offensichtlich gilt

$$r_\alpha \circ r_{-\alpha} = id \, , r_{-\alpha} \circ r_\alpha = id \quad \text{und} \quad r_{-\alpha}\Big(\varphi\,(P_0)\Big) = P_0$$

Als Hilfskonstruktion im Beweis betrachten wir die Abbildung

$$\psi := r_{-\alpha} \circ \varphi$$

Da $r_{-\alpha}$ und φ Isometrien sind, ist auch ψ eine Isometrie. Ferner ist

$$\psi\,(P_0) = r_{-\alpha}\Big(\varphi\,(P_0)\Big) = P_0$$

und $\psi(O) = O$. Auf ψ trifft also die Voraussetzung des 1. Falles zu. Nach dem, was wir oben bewiesen haben, ist also ψ entweder die identische Abbildung id, oder die Spiegelung s an der Geraden durch O und P_0.

Fall 2a: $\psi = id$

Nach Definition ist dann:

$$id = r_{-\alpha} \circ \varphi \quad , \text{ also}$$

$$r_\alpha \circ id = r_\alpha \circ (r_{-\alpha} \circ \varphi) = (r_\alpha \circ r_{-\alpha},) \circ \varphi = id \circ \varphi,$$

also

$$\varphi = r_\alpha$$

Fall 2b: $\psi = s$

Dann ist

$$s = r_{-\alpha} \circ \varphi \quad , \text{ also}$$

$$r_\alpha \circ s = r_\alpha \circ (r_{-\alpha} \circ \varphi) = \varphi \tag{1.2}$$

Die Abbildung $r_\alpha \circ s$ führt aber den Punkt P, der auf dem Kreis um O mit Radius $\overline{OP}$ liegt und mit der Strecke OP_0 den Winkel $\alpha/2$ einschließt, in sich über (vgl. Bild 1.10). Nach (1.2) ist in dieser Situation $\varphi\,(P) = P$, und das ist ein Widerspruch

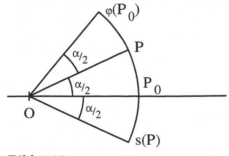

Bild 1.10

zu der Annahme, die wir für Fall 2 gemacht haben. Somit kommt Fall 2b überhaupt nicht vor.

Damit ist der Satz bewiesen; wir haben gesehen, daß in jedem der möglichen Fälle φ entweder die Identität oder eine Spiegelung an einer Geraden durch O oder eine Drehung um den Punkt O ist. $\square$

Wir kommen jetzt zurück zu der Situation, die wir vor Satz 1.1 betrachtet haben, nämlich der Diskussion aller Isometrien der Ebene, die ein gegebenes gleichseitiges Dreieck in sich überführen. Wir haben sechs solche Isometrien gefunden, drei Spiegelungen an Achsen durch je eine Ecke und den Mittelpunkt der gegenüberliegenden Seite des Dreiecks, eine Drehung um den Schwerpunkt des Dreiecks um den Winkel 120°, eine Drehung um den Schwerpunkt des Dreiecks um den Winkel 240° und die identische Abbildung id. Mit Hilfe von Satz 1.1 ist es nun leicht zu zeigen, daß dies in der Tat alle Isometrien des Dreiecks sind. Ist nämlich φ eine Isometrie, die das Dreieck auf sich selbst abbildet, so bildet φ auch die Ecken des Dreiecks wieder auf Ecken ab, denn der Abstand zwischen zwei Ecken ist der maximal mögliche Abstand zwischen zwei Punkten im Dreieck. Der Mittelpunkt des Dreiecks ist charakterisiert als derjenige Punkt, der gleichen Abstand von allen drei Ecken des Dreiecks hat. Da φ eine Isometrie ist, bildet φ folglich den Mittelpunkt des Dreiecks auf sich selbst ab. Nach Satz 1.1 ist φ also entweder eine Drehung um den Mittelpunkt des Dreiecks oder eine Spiegelung um eine Achse durch den Mittelpunkt des Dreiecks oder die Identität id. Nun überzeugt man sich leicht, daß eine Drehung um den Mittelpunkt des Dreiecks, die das Dreieck in sich überführt, den Winkel 120° oder 240° haben muß. Ist s eine Spiegelung an einer Achse g durch den Mittelpunkt des Dreiecks, die das Dreieck auf sich abbildet, so ist mit jeder Ecke des Dreiecks, die nicht auf g liegt, auch das Spiegelbild der Ecke bezüglich s wiederum eine Ecke des Dreiecks. Da die Zahl der Ecken des Dreiecks ungerade ist, liegt mindestens eine Ecke des Dreiecks auf der Achse g. Damit nun s das Dreieck auf sich abbildet, muß die Achse dann auch durch den Mittelpunkt der gegenüberliegenden Seite gehen.

Übung: Berechnen Sie für je zwei Isometrien des gleichseitigen Dreiecks deren Hintereinanderschaltung!

Wir wollen nun noch für einige andere Gebilde diejenigen Isometrien bestimmen, die die Gebilde auf sich abbilden. Zunächst betrachten wir das reguläre Sechseck (siehe Bild 1.11).

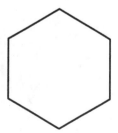

Bild 1.11   Reguläres Sechseck

Die folgenden Symmetrien springen sofort ins Auge:

- Spiegelungen an Achsen durch zwei gegenüberliegende Ecken des Sechsecks

- Spiegelungen an Achsen durch zwei gegenüberliegende Kanten-Mittelpunkte des Sechsecks

- Drehungen um Vielfache von 60° um den Schwerpunkt

- und natürlich die identische Abbildung *id*

Dies sind zusammen zwölf Isometrien, die das reguläre Sechseck auf sich abbilden. Wie oben kann man zeigen, daß dies alle Isometrien des regulären Sechsecks sind.

Allgemeiner kann man sich überlegen, daß für jede natürliche Zahl $n \geq 3$ die Anzahl der Isometrien, die das reguläre n-Eck auf sich abbilden, gleich $2n$ ist. Zu diesen $2n$ Isometrien gehören die Drehungen um Winkel, die Vielfache von $360°/n$ sind, und n Spiegelungen an Achsen, die durch Ecken bzw. Kantenmittelpunkte des regulären n-Ecks gehen.

Übung: Für diese Übung setzen wir die folgenden Tatsachen als bekannt voraus: Zwei verschiedene Kreise in der Ebene schneiden sich in höchstens zwei Punkten. Ist P ein Schnittpunkt und s die Spiegelung an der Geraden durch die zwei Mittelpunkte der Kreise, so ist $s(P)$ ebenfalls ein Schnittpunkt (vgl. Bild 1.12).

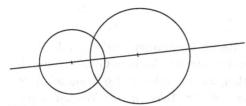

Bild 1.12

i) Zeigen Sie, daß der Durchschnitt zweier verschiedener Kugeloberflächen entweder ein Kreis ist, der in einer Ebene senkrecht zu der Geraden durch die zwei Kugelmittelpunkte liegt (vgl. Bild 1.13), oder nur aus einem Punkt besteht, oder gleich der leeren Menge ist!

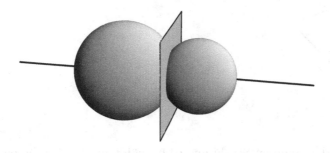

Bild 1.13

ii) Zeigen Sie, daß sich drei Kugeloberflächen, deren Kugelmittelpunkte nicht auf einer Gerade liegen, in höchstens zwei Punkten treffen. Ist P ein derartiger Schnittpunkt und s die Spiegelung an der Ebene durch die drei Kugelmittelpunkte, so ist $s(P)$ wieder ein Schnittpunkt!

Bevor wir die Isometrien räumlicher Gebilde betrachten, formulieren wir das Analogon von Satz 1.1 für den Raum.

Satz 1.2 *Sei O ein Punkt im Raum und φ eine Isometrie des Raums, die O als Fixpunkt hat. Dann gilt*

- *entweder φ ist eine Drehung um eine Achse durch O um einen Winkel α mit $0 < \alpha < 360°$*

- *oder φ ist eine Spiegelung an einer Ebene durch O*

- *oder φ ist die* Punktspiegelung *p_O am Punkt O. Dies ist die Abbildung, die jeden Punkt X im Raum auf den Punkt auf der Geraden durch O und X abbildet, der von O den gleichen Abstand hat wie X, aber X gegenüberliegt*

- *oder φ ist Hintereinanderschaltung von p_O und einer Drehung um eine Achse durch O mit einem von $0°$ und $180°$ verschiedenen Drehwinkel*

- *oder $\varphi = id$*

Bemerkungen:

i) Für die Beschreibung von Drehungen im Raum verwenden wir folgende Konvention: Eine *Achse* (oder orientierte Gerade) durch O ist eine Gerade g durch O, bei der einer der beiden von O ausgehenden Strahlen auf g ausgezeichnet ist. Ist α ein Winkel, so sei die *Drehung um die Achse g* mit Winkel α die Drehung um die Gerade g, die die Ebene durch O senkrecht zu g – von einem Punkt des ausgezeichneten Strahls aus gesehen entgegen dem Uhrzeigersinn – um den Winkel α dreht. 1.5cm

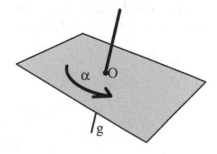

Bild 1.14

Zeichnet man auf g den anderen Strahl aus (d.h. wählt man auf g die entgegengesetzte Orientierung), so ergibt die Drehung um den Winkel α die Inverse zu der vorher beschriebenen Abbildung.

ii) Ist r eine Drehung um eine Achse g durch O mit Drehwinkel α, so ist für jeden Punkt X im Raum $p_O(r(X)) = r(p_O(X))$. 1.5cm

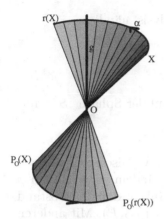

Bild 1.15

Es gilt also

$$p_O \circ r = r \circ p_O \qquad (1.3)$$

für jede Drehung r um eine Achse durch O. Insbesondere kommt es also in Punkt 4 von Satz 1.2 nicht auf die Reihenfolge der Hintereinanderschaltung an.

iii) Jede Spiegelung s an einer Ebene E durch O läßt sich in der Form $s = p_O \circ r$ schreiben, wobei r die Drehung um $180°$ um die Achse durch O senkrecht zu E ist.

Um den Beweis von Satz 1.2 vorzubereiten, formulieren wir zunächst einen Hilfssatz oder, wie man auch sagt, ein Lemma.

Lemma 3 *Sei O ein Punkt im Raum und φ eine Isometrie des Raums, die O als Fixpunkt hat. Dann gibt es einen Punkt P im Raum, der von O verschieden ist, so daß*

$$\varphi(P) = P \quad oder \quad \varphi(P) = p_O(P)$$

(d.h. P wird entweder auf sich oder auf den bzgl. O antipodalen Punkt abgebildet).

Beweis Wir bezeichnen mit S^2 die Menge aller Punkte im Raum, deren Abstand von O gleich 1 ist. S^2 ist die Oberfläche der Kugel mit Radius 1 um O, oder, wie man auch sagt, die *Sphäre* mit Radius 1 um O. Auf S^2 definieren wir eine Funktion, d.h. eine Abbildung

$$f : S^2 \longrightarrow \mathbb{R}$$

indem wir jedem Punkt X auf S^2 das Minimum des Abstandes von X zu $\varphi(X)$ und des Abstandes von X zu $p_O(\varphi(X))$ zuordnen.

Wir wollen zeigen, daß es einen Punkt P auf der Sphäre S^2 gibt, so daß $f(P) = 0$. Nach Definition wäre dann $\varphi(P) = P$ oder $\varphi(P) = p_O(P)$ und Lemma 3 wäre bewiesen.

Wir verwenden nun ohne Beweis zwei Sätze aus der Analysis, nämlich

1. Die oben definierte Funktion $f : S^2 \longrightarrow \mathbb{R}$ ist stetig.

2. Jede stetige Funktion auf S^2 nimmt ihr Minimum an.

Diese beiden Aussagen implizieren, daß es einen Punkt P auf der Sphäre S^2 gibt, so daß

$$f(P) \leq f(X) \quad \text{für alle Punkte} \quad X \text{ auf } S^2.$$

Wir setzen $d = f(P)$ und wollen zeigen, daß $d = 0$. Nehmen wir also an, daß $d \neq 0$ und versuchen, diese Annahme zum Widerspruch zu führen. Indem wir eventuell φ durch $p_O \circ \varphi$ ersetzen, können wir uns auf den Fall beschränken, daß der Abstand von P zu $\varphi(P)$ nicht größer ist als der Abstand von $\varphi(P)$ zu $p_O(P)$. Mit anderen Worten, wir können ohne Beschränkung der Allgemeinheit annehmen, daß $\varphi(P)$ auf der Hemisphäre mit Zentrum P liegt.

Für eine reelle Zahl $r > 0$ sei C_r die Menge aller Punkte auf S^2, die von P den Abstand r haben. Ebenso bezeichne C_r' die Menge aller Punkte auf S^2, die von $\varphi(P)$ den Abstand r haben (siehe Bild 1.16). Da φ eine Isometrie ist, ist das Bild jedes

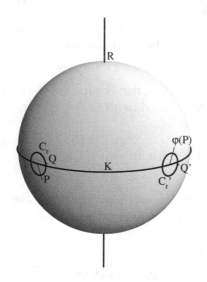

Bild 1.16

Punktes X auf C_r in C_r' enthalten. E sei die Ebene durch die Punkte O, P und $\varphi(P)$. Sie schneidet die Sphäre S^2 in dem Großkreis $K := S^2 \cap E$. Falls r genügend klein gewählt war, trifft C_r den Kreis K in genau zwei Punkten. Wir bezeichnen mit Q den näher bei $\varphi(P)$ gelegenen Punkt. (Q ist eindeutig bestimmt, da $\varphi(P)$ auf der Hemisphäre mit Zentrum P liegt.) Ebenso trifft C'_r den Kreis K in genau zwei Punkten, wir bezeichnen mit Q' den weiter von P entfernten Punkt. Ferner seien R und R' die Durchstoßpunkte der Geraden durch O senkrecht zur Ebene E mit der Sphäre S^2. Wir wollen zunächst zeigen, daß $\varphi(Q) = Q'$. Q' ist der einzige Punkt von C'_r, dessen Abstand von Q gleich dem Abstand d von P zu $\varphi(P)$ ist, denn nach den Ergebnissen der obigen Übung treffen sich die Sphäre S^2, die Sphäre um $\varphi(P)$ mit Radius r und die Sphäre um Q mit Radius d in höchstens zwei Punkten, die symmetrisch bezüglich der Ebene E liegen. Q' ist aber ein Schnittpunkt, also liegen alle Schnittpunkte dieser drei Sphären in E. Man sieht leicht, daß es in E genau einen Schnittpunkt gibt.

Für jeden anderen Punkt von C'_r ist der Abstand zu Q kleiner als d. Nach Definition von d kommen diese Punkte als Bildpunkte von Q nicht in Frage, also ist

$$\varphi(Q) = Q'$$

Sei ρ der Abstand $\overline{PR}$ von P zu R. Dann ist

$$\rho = \overline{PR'} = \overline{QR} = \overline{QR'} = \overline{Q'R} = \overline{Q'R'} = \overline{\varphi(P)R} = \overline{\varphi(P)R'}$$

Wenn Sie wollen, können Sie sich überlegen, daß $\rho = \sqrt{2}$. Die Sphäre S^2, die Sphäre um P mit Radius ρ und die Sphäre um Q mit Radius ρ treffen sich in genau zwei Punkten, nämlich in R und R'. Also sind R und R' die einzigen zwei Punkte auf S^2, die sowohl von P als auch von Q den Abstand ρ haben. Ebenso sind R und R' die einzigen Punkte auf der Sphäre S^2, die von $\varphi(P)$ und $\varphi(Q) = Q'$ den Abstand ρ haben.

Da φ eine Isometrie ist, ist folglich

$$\varphi(R) = R \quad \text{oder} \quad \varphi(R) = R'.$$

Nun ist aber $R' = p_O(R)$, also ist

$$f(R) = 0.$$

Das ist ein Widerspruch zu unserer Annahme, daß das Minimum d von f auf S^2 größer als Null ist. Damit ist der Beweis von Lemma 3 beendet. $\square$

Beweis von Satz 1.2 Wir machen wieder eine Fallunterscheidung.
1. Fall: φ hat zwei Fixpunkte P,Q so, daß O,P und Q nicht auf einer Geraden liegen.

Es sei E die von O,P,Q aufgespannte Ebene und s die Spiegelung an E. Für jeden Punkt X, der nicht auf E liegt, treffen sich die Sphäre um O mit Radius $\overline{OX}$, die Sphäre um P mit Radius $\overline{PX}$ und die Sphäre um Q mit Radius $\overline{QX}$ in genau zwei Punkten, nämlich X und $s(X)$. Somit gilt $\varphi(X) = X$ oder $\varphi(X) = s(X)$ für jeden Punkt X, der nicht auf der Ebene E liegt.

Ähnlich zeigt man, daß

$$\varphi(X) = X = s(X) \quad \text{für alle Punkte } X \text{ auf } E.$$

Wie im Beweis von Satz 1.1 folgert man daraus, daß

$$\varphi = s \quad \text{oder} \quad \varphi = id.$$

2. Fall: φ hat einen von O verschiedenen Fixpunkt P, aber jeder Fixpunkt von φ liegt auf der Geraden g durch O und P.

Jeder Punkt X auf g ist im Raum durch seine Abstände von O und von P charakterisiert. Da $\varphi(O) = O, \varphi(P) = P$ und φ eine Isometrie ist, folgt

$$\varphi(X) = X \quad \text{für alle} \quad X \in g.$$

Für jedes $X \in g$ sei nun E_X die Ebene durch X senkrecht zu g.

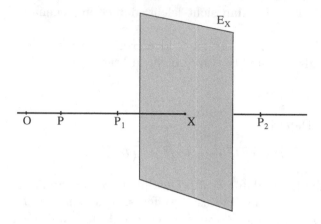

Bild 1.17

Es gilt

$$\text{Für alle Punkte } Y \text{ von } E_X \text{ liegt auch } \varphi(Y) \text{ auf } E_X. \tag{1.4}$$

Um (1.4) zu zeigen, betrachten wir die beiden Punkte P_1, P_2 auf g, die von X den Abstand 1 haben. Dann ist E_X die Menge aller derjenigen Punkte Y, die von P_1 und P_2 den gleichen Abstand haben. Da φ eine Isometrie ist und P_1 und P_2 Fixpunkte von φ sind, folgt (1.4).

Wegen (1.4) ist die Einschränkung φ_X von φ auf E_X eine Isometrie der Ebene E_X, die den Punkt X festläßt. Nach der unter „Fall 2" gemachten Voraussetzung gibt es keinen von X verschiedenen Punkt Y auf E_X so daß $\varphi(Y) = Y$. Folglich ist φ_X eine Drehung um den Punkt X mit Winkel α_X, wobei $0 < \alpha_X < 360°$.

Wir zeigen nun, daß α_X nicht von X abhängt. Sei also X' ein weiterer Punkt von g. Wähle einen Punkt Y auf der Ebene E_X, der von X verschieden ist. Mit Y' bezeichnen wir den Durchstichpunkt der Parallelen zu g durch Y mit der Ebene von $E_{X'}$ (siehe Bild 1.18).

Wenn $\alpha_X \neq \alpha_{X'}$ wäre, so wäre der Abstand von $\varphi(Y)$ und $\varphi(Y')$ größer als der Abstand von Y und Y'. Dies ist aber unmöglich, da φ eine Isometrie ist.

Also ist φ_X eine Drehung um einen von X unabhängigen Winkel α. Dies zeigt, daß φ die Drehung um die Achse g mit Winkel α ist.

3. Fall: φ hat keinen von O verschiedenen Fixpunkt.

Nach Lemma 3 gibt es dann einen von O verschiedenen Punkt P, so daß $\varphi(P) = p_O(P)$. Setze

$$\psi := p_O \circ \varphi$$

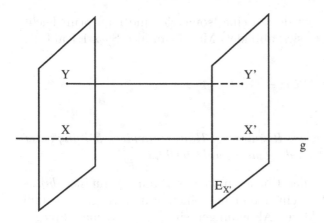

Bild 1.18

Dann ist

$$\varphi = id \circ \varphi = (p_O \circ p_O) \circ \varphi = p_O \circ \psi \qquad (1.5)$$

und $\psi(P) = P$. Nach den Ergebnissen aus Fall 1 und Fall 2 ist ψ entweder eine Spiegelung an einer Ebene E, die O und P enthält, oder eine Drehung um die Gerade durch O und P mit einem Winkel α mit $0 < \alpha < 360°$, oder gleich der Identität. Die erste Alternative tritt nicht ein, denn dann würde $\varphi = p_O \circ \psi$ alle Punkte der zu E senkrechten Geraden durch O auf sich abbilden, im Gegensatz zu der in „Fall 3" gemachten Voraussetzung. Die zweite Alternative impliziert, daß $\varphi = p_O \circ \psi$ die Hintereinanderschaltung der Punktspiegelung an O mit der Drehung um die Achse OP mit Winkel α ist. Wäre $\alpha = 180°$, so würde φ jeden Punkt der Ebene senkrecht zur Achse OP durch O auf sich abbilden, im Gegensatz zu der in „Fall 3" gemachten Voraussetzung.

Falls die dritte der obigen Alternativen eintritt, ist $\varphi = p_O$.

Damit ist Satz 1.2 bewiesen. $\square$

Bemerkung 4   1. Die Sätze 1.1 und 1.2 geben einen Überblick über alle Isometrien der Ebene bzw. des Raumes, die mindestens einen Punkt festlassen. Um daraus einen Überblick über alle möglichen Isometrien der Ebene (bzw. des Raumes) zu gewinnen, geht man folgendermaßen vor:

Sei φ irgendeine Isometrie der Ebene bzw. des Raumes. Wähle einen Punkt O in der Ebene bzw. im Raum. Im allgemeinen wird der Punkt $\varphi(O)$ vom Punkt O verschieden sein. Bezeichne mit t die Translation, die den Punkt O auf den Punkt $\varphi(O)$ abbildet und mit t' die Translation, die den Punkt $\varphi(O)$ auf den Punkt O abbildet.

Offensichtlich gilt:

$$t \circ t' = t' \circ t = id$$

Die Abbildung $\psi := t' \circ \varphi$ ist wiederum eine Isometrie, und man prüft leicht nach, daß sie den Punkt O auf sich abbildet. Man kann also Satz 1.1 auf die Abbildung ψ anwenden. Da

$$\varphi = (t \circ t') \circ \varphi = t \circ (t' \circ \varphi) = t \circ \psi$$

sieht man:

Jede Isometrie der Ebene (bzw. des Raumes) ist Hintereinanderschaltung einer Translation und einer Isometrie, die einen Punkt festläßt.

2. Man nennt eine Abbildung φ der Ebene (bzw. des Raumes) auf sich *bijektiv*, falls es für jeden Punkt Y einen und nur einen Punkt X gibt, so daß $\varphi(X) = Y$. Beispiele von bijektiven Abbildungen sind Translationen, Spiegelungen an einer Achse in der Ebene, Drehungen um einen Punkt in der Ebene, Spiegelungen an einer Ebene im Raum, Drehungen um eine Achse im Raum, Punktspiegelungen im Raum und natürlich die identische Abbildung *id*. Man überzeugt sich leicht, daß für zwei bijektive Abbildungen φ und ψ auch die Hintereinanderschaltung $\varphi \circ \psi$ bijektiv ist. Satz 1.1, Satz 1.2 und der erste Teil dieser Bemerkung zeigen dann:

Jede Isometrie der Ebene bzw. des Raumes ist bijektiv.

Ist φ eine bijektive Abbildung, so bezeichnet man mit φ^{-1} die Abbildung, die jedem Punkt X den eindeutig bestimmten Punkt Y zuordnet, für den $\varphi(Y) = X$ gilt. φ^{-1} heißt die zu φ *inverse Abbildung*. Offensichtlich gilt:

$$\varphi \circ \varphi^{-1} = \varphi^{-1} \circ \varphi = id$$

Ist nun φ eine Isometrie, so ist auch die Abbildung φ^{-1} eine Isometrie. Um dies zu beweisen, betrachten wir zwei Punkte X und Y in der Ebene (bzw. im Raum) und setzen

$$X' := \varphi^{-1}(X) \quad , \quad Y' := \varphi^{-1}(Y).$$

Da φ eine Isometrie ist, ist der Abstand von X' und Y' gleich dem Abstand von $\varphi(X') = X$ von dem Punkt $\varphi(Y') = Y$.

Wir sehen also: Isometrien sind bijektive Abbildungen der Ebene bzw. des Raumes, die Identität *id* ist eine Isometrie, die Hintereinanderschaltung zweier Isometrien ist eine Isometrie, und das Inverse einer Isometrie ist eine Isometrie.

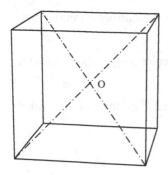

Bild 1.19

Nun wollen wir die Isometrien betrachten, die einen Würfel auf sich abbilden. Da jede Isometrie des Würfels Ecken auf Ecken abbildet, und der Schwerpunkt O des Würfels als derjenige Punkt charakterisiert werden kann, der gleichen Abstand von allen Ecken hat, hat jede Isometrie des Würfels den Schwerpunkt O als Fixpunkt. Wir können also Satz 2 anwenden, und sehen, daß jede Isometrie des Würfels

i) eine Drehung um eine Achse durch O, oder

ii) eine Spiegelung an einer Ebene durch O, oder

iii) Hintereinanderschaltung der Punktspiegelung p_O am Punkt O und einer Drehung um eine Achse durch O mit Drehwinkel $0 < \alpha < 360°$, $\alpha \neq 180°$, oder

iv) die Punktspiegelung p_O selbst, oder

v) die Identität ist.

Offensichtlich sind die beiden letztgenannten Abbildungen p_O und id Isometrien, die den Würfel auf sich abbilden. Wir müssen also noch die Abbildungen vom Typ (i), (ii), (iii) bestimmen, die den Würfel auf sich abbilden.

Sei zunächst r eine Drehung um eine Achse g durch O um einen Winkel α mit $0 < \alpha < 360°$, die den Würfel in sich überführt. Q sei einer der Durchstoßpunkte der Geraden g mit der Würfeloberfläche. Dann gibt es drei Möglichkeiten, nämlich

• Q liegt im Inneren einer Seitenfläche, oder

• Q liegt auf einer Kante des Würfels, ist aber keine Ecke, oder

• Q ist eine Ecke des Würfels.

Da r den Würfel in sich überführt, ist im ersten Fall Q der Mittelpunkt der Seitenfläche, und α ist $90°$, $180°$ oder $270°$. Im zweiten Fall ist Q Mittelpunkt der Kante, und $\alpha = 180°$. Schließlich ist im dritten Fall $\alpha = 120°$ oder $240°$. Wählt man einen Punkt Q wie oben, so ist die entsprechende Abbildung auch wirklich eine Symmetrie des Würfels. Wir listen noch einmal alle Drehungen auf, die den Würfel in sich überführen (vgl. Bild 1.20):

a) Drehung um eine Achse durch die Mittelpunkte zweier gegenüberliegender Seitenflächen um einen Winkel von 90°, 180° oder 270°.

b) Drehung um eine Achse durch die Mittelpunkte zweier gegenüberliegender Kanten um den Winkel 180°.

c) Drehung um eine Achse durch zwei gegenüberliegende Ecken um einen Winkel von 120° oder 240°.

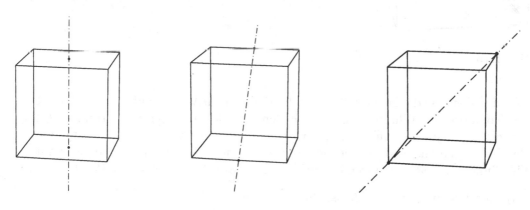

Bild 1.20

Es gibt drei Achsen wie in (a), sechs Achsen wie in (b), und vier Achsen wie in (c). Insgesamt gibt es also

$$3 \cdot 3 + 1 \cdot 6 + 2 \cdot 4 = 23$$

Drehungen, die den Würfel in sich überführen. Davon haben 14 einen von 180° verschiedenen Winkel.

Betrachten wir nun Spiegelungen s an einer Ebene E, die den Würfel in sich überführen. Die Durchstoßlinien von E mit den Seitenflächen des Würfels sind dann Symmetrieachsen der Seitenflächen. Die Seitenflächen sind Quadrate; und ein Quadrat hat nur zwei Typen von Symmetrieachsen, nämlich Verbindungsgeraden zweier gegenüberliegender Ecken und Verbindungsgeraden zweier gegenüberliegender Kantenmittelpunkte (vgl. Bild 1.21). E ist durch seine Durchstoßlinie mit einer Seitenfläche bereits bestimmt (E ist die Ebene durch O und diese Durchstoßlinie). Man erhält folgende Spiegelungen, die den Würfel in sich überführen (vgl. Bild 1.22):

d) Spiegelung an einer Ebene durch die Mittelpunkte von vier parallelen Kanten.

e) Spiegelung an einer Ebene durch zwei diagonal gegenüberliegende Kanten.

Es gibt drei Ebenen wie in (d) und sechs Ebenen wie in (e), insgesamt also neun Spiegelungen, die den Würfel auf sich abbilden.

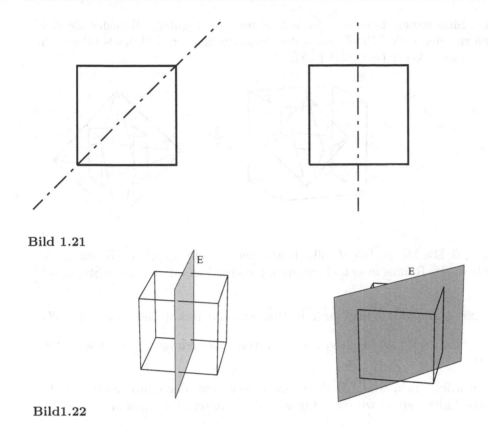

Bild 1.21

Bild1.22

Betrachten wir schließlich Abbildungen der Form $\varphi = p_O \circ r$, die den Würfel auf sich abbilden und für die r eine Drehung um eine Achse durch O um einen Winkel α mit $0 < \alpha < 360°$, $\alpha \neq 180°$ ist. Dann ist auch $r = p_O \circ \varphi$ eine Isometrie des Würfels. r ist also eine der 14 Drehungen aus (a), (b), (c), die einen von 180° verschiedenen Drehwinkel hat. Für jede dieser 14 Drehungen r ist umgekehrt $p_O \circ r$ eine Symmetrie des Würfels, also gibt es genau 14 Isometrien des Würfels von Typ (iii).

Zählen wir alle Isometrien unter (i)–(v) zusammen, so sehen wir, daß es (einschließlich der Identität id) genau 48 Isometrien des Raumes gibt, die den Würfel auf sich abbilden.

Wir können jetzt versuchen, präzise zu formulieren, wann zwei Teilmengen M und M' der Ebene bzw. des Raumes die gleiche Symmetrie haben. Die Idee ist, zu sagen, daß dies genau dann der Fall ist, wenn sie „im wesentlichen" die gleichen Isometrien zulassen. Das „im wesentlichen" ist noch nötig, weil wir M und M' erst in eine passende Lage bringen müssen. Dies kann durch eine Isometrie ψ geschehen.

Definition 5 *Seien M und M' zwei Teilmengen der Ebene (bzw. im Raum). Wir sagen, M und M' haben die gleiche Symmetrie , falls es eine Isometrie ψ der Ebene (bzw. des Raumes) gibt, so daß jede Isometrie, die M auf sich abbildet, auch $\psi(M')$ auf sich abbildet, und umgekehrt.*

In diesem Sinn haben dann z.B. der Würfel und das reguläre Oktaeder die gleiche Symmetrie, denn die Mittelpunkte der Seitenflächen eines Würfels bilden ein Oktaeder und umgekehrt (vgl. Bild 1.23).

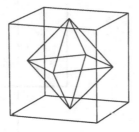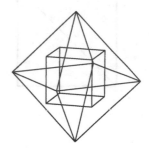

Bild 1.23

Bemerkung 6 Die Menge $Iso(M)$ aller Isometrien, die eine gegebene Teilmenge M der Ebene bzw. des Raums in sich überführen, hat eine besondere „innere Struktur", nämlich:

- Sind $\varphi, \psi \in Iso(M)$, so liegt auch die Hintereinanderschaltung $\varphi \circ \psi$ in $Iso(M)$.

- Jedes $\varphi \in Iso(M)$ ist bijektiv, und die inverse Abbildung φ^{-1} liegt wieder in $Iso(M)$.

Dies gilt natürlich auch, wenn M die ganze Ebene bzw. der ganze Raum ist. Im nächsten Abschnitt werden wir diese Eigenschaften weiter abstrahieren.

Übung: (i) Seien A_1, A_2, A_3 Punkte der Ebene, die nicht auf einer Geraden liegen. Sind φ und ψ Isometrien der Ebene, so daß $\varphi(A_i) = \psi(A_i)$ für $i = 1, 2, 3$, so ist $\varphi = \psi$!
(ii) Seien A_1, A_2, A_3, A_4 Punkte im Raum, die nicht in einer Ebene liegen. Sind φ und ψ Isometrien des Raums mit $\varphi(A_i) = \psi(A_i)$ für $i = 1, \ldots, 4$, so ist $\varphi = \psi$!
(iii) Beweisen Sie (i) und (ii) ohne auf Satz 1.1 bzw. Satz 1.2 Bezug zu nehmen! Überlegen Sie sich dann, daß (i) und (ii) die Beweise von Satz 1.1 und 1.2 erleichtern!

Übung: Bestimmen Sie alle Isometrien des Raums, die ein gegebenes reguläres Tetraeder in sich überführen!

1.2   Gruppen und Gruppenoperationen

Im vorigen Abschnitt betrachteten wir Isometrien der Ebene bzw. des Raums. Dies sind spezielle Abbildungen der Ebene bzw. des Raums auf sich. Auf der Menge aller Abbildungen der Ebene bzw. des Raums auf sich ist eine Verknüpfung definiert, nämlich die Hintereinanderschaltung: Sind φ_1, φ_2 Abbildungen der Ebene bzw. des Raums auf sich, so ist die Hintereinanderschaltung $\varphi_1 \circ \varphi_2$ dieser beiden Abbildungen definiert als diejenige Abbildung, die jeden Punkt X auf den Punkt $\varphi_1(\varphi_2(X))$ abbildet. Es gilt das Assoziativgesetz

$$(\varphi_1 \circ \varphi_2) \circ \varphi_3 = \varphi_1 \circ (\varphi_2 \circ \varphi_3)$$

denn für jeden Punkt X ist

$$[\,(\varphi_1 \circ \varphi_2) \circ \varphi_3\,](X) = (\varphi_1 \circ \varphi_2)(\varphi_3(X)) = \varphi_1\Big(\varphi_2(\varphi_3(X))\Big)$$

und ebenso ist

$$[\,\varphi_1 \circ (\varphi_2 \circ \varphi_3)\,](X) = \varphi_1\,(\,[\varphi_2 \circ \varphi_3](X)) = \varphi_1\Big(\varphi_2(\varphi_3(X))\Big)$$

Um weiter zu abstrahieren, definieren wir

Definition 7 *Eine* Verknüpfung *auf einer Menge* $\mathfrak{M}$ *ist eine Abbildung*

$$\begin{aligned}
\circ:\quad \mathfrak{M} \times \mathfrak{M} &\longrightarrow \mathfrak{M}\\
(x,y) &\longmapsto x \circ y
\end{aligned}$$

Sie heißt assoziativ, *falls*

$$(x \circ y) \circ z = x \circ (y \circ z) \qquad \textit{für alle } x,y,z \in \mathfrak{M}$$

Beispiele für assoziative Verknüpfungen

1. Sei M irgendeine Menge, $\mathfrak{M}$ die Menge aller Abbildungen $\varphi : M \to M$ von M auf sich, und die Verknüpfung $\circ$ sei definiert als die Hintereinanderschaltung von Abbildungen:

$$(\varphi_1 \circ \varphi_2)(x) := \varphi_1\Big(\varphi_2(x)\Big) \qquad \text{für } \varphi_1,\varphi_2 \in \mathfrak{M}, x \in M$$

Wie oben verifiziert man, daß dies eine assoziative Verknüpfung auf $\mathfrak{M}$ ist.

2. $\mathfrak{M} = \mathbb{N}$ (die Menge der natürlichen Zahlen), mit der Addition

$$\begin{aligned}
+:\quad \mathbb{N} \times \mathbb{N} &\longrightarrow \mathbb{N}\\
(x,y) &\longmapsto x + y
\end{aligned}$$

als Verknüpfung.

3. $\mathfrak{M} = \mathbb{N}$, mit der Multiplikation

$$\begin{aligned}
\cdot:\quad \mathbb{N} \times \mathbb{N} &\longrightarrow \mathbb{N}\\
(x,y) &\longmapsto x \cdot y
\end{aligned}$$

als Verknüpfung.

Ist $\circ$ eine assoziative Verknüpfung auf einer Menge $\mathfrak{M}$, so schreibt man für $x,y,z \in \mathfrak{M}$ auch

$$x \circ y \circ z \qquad \text{statt} \qquad (x \circ y) \circ z = x \circ (y \circ z)$$

Durch vollständige Induktion kann man zeigen, daß man die Verknüpfung von n Elementen $x_1,\ldots,x_n$ von $\mathfrak{M}$ beliebig klammern kann; man schreibt auch

$$x_1 \circ x_2 \circ \cdots \circ x_n$$

für das entstehende Element von $\mathfrak{M}$. Ferner definieren wir für $x \in \mathfrak{M}$

$$
\begin{aligned}
x^2 &:= x \circ x \\
x^3 &:= x \circ x \circ x \\
&\;\;\vdots \\
x^n &:= x \circ x^{n-1} \qquad \text{für } n \geq 2
\end{aligned}
$$

Wir wollen nun die in Bemerkung 6 aufgeführten Eigenschaften der Menge aller Isometrien, die eine gegebene Teilmenge der Ebene bzw. des Raums auf sich abbilden, abstrakter fassen.

Definition 8 *Eine* Gruppe *ist eine Menge G, zusammen mit einer assoziativen Verknüpfung $\circ : G \times G \to G$, so daß gilt:*

   i) Es gibt ein Element $e \in G$, so daß

$$g \circ e = e \circ g = g \qquad \text{für alle } g \in G.$$

   e heißt das neutrale Element *der Gruppe.*

   ii) Für jedes Element g von G gibt es ein Element g^{-1} in G, so daß

$$g \circ g^{-1} = g^{-1} \circ g = e$$

   g^{-1} heißt das zu g inverse Element.

Beispiele von Gruppen

   1. G sei die Menge Iso aller Isometrien der Ebene (bzw. des Raums). Die Verknüpfung sei die Hintereinanderschaltung von Abbildungen. Bemerkung 6 zeigt, daß G mit dieser Verknüpfung eine Gruppe bildet; das neutrale Element ist die identische Abbildung id, und das inverse Element zu φ ist die inverse Abbildung φ^{-1}.

   2. Die Menge $\mathbb{Z}$ aller ganzen Zahlen, mit der Addition

$$
\begin{aligned}
+ : \quad \mathbb{Z} \times \mathbb{Z} &\longrightarrow \mathbb{Z} \\
(x,y) &\longmapsto x + y
\end{aligned}
$$

   als Verknüpfung ist eine Gruppe. Das neutrale Element ist 0, das inverse Element zu x ist $-x$.

   3. Die Menge $\mathbb{Q}^*$ aller von Null verschiedenen rationalen Zahlen, mit der Multiplikation als Verknüpfung, ist eine Gruppe. Das neutrale Element ist 1, das inverse Element zu q ist $1/q$.

Bemerkungen

1. Ist G, zusammen mit der Verknüpfung $\circ$, eine Gruppe, so ist das neutrale Element eindeutig. Ist nämlich e' irgendein Element von G, so daß

$$e' \circ g = g \text{ für alle } g \in G$$

so ist insbesondere

$$e' \circ e = e$$

Andererseits ist nach der Eigenschaft (i) in der Definition

$$e' \circ e = e'$$

Somit ist $e = e'$.

2. Ist G, zusammen mit der Verknüpfung $\circ$, eine Gruppe, so ist das inverse Element eines jeden Elements $g \in G$ eindeutig.
Ist nämlich $g' \in G$, so daß

$$g' \circ g = e$$

so ist

$$g' = g' \circ e = g' \circ (g \circ g^{-1}) = (g' \circ g) \circ g^{-1} = e \circ g^{-1} = g^{-1}$$

3. In der Definition des Begriffs Gruppe haben wir mehr Bedingungen gestellt, als eigentlich notwendig wären. Es hätte genügt, die folgenden beiden Bedingungen zu stellen:

(i') Es gibt ein Element $e \in G$, so daß

$$e \circ g = g \qquad \text{für alle } g \in G$$

(ii') Für jedes $g \in G$ gibt es eine Element $g^{-1} \in G$, so daß

$$g^{-1} \circ g = c$$

(i) und (ii) können nämlich aus (i') und (ii') und der Assoziativität hergeleitet werden (siehe z.B. [van der Waerden 1936] §6).

Definition 9 *Es sei G, zusammen mit der Verknüpfung $\circ$, eine Gruppe.*

a) *Die Anzahl der Elemente von G heißt die* Ordnung *von G. Sie kann endlich oder unendlich sein. Wir bezeichnen sie mit $|G|$.*

b) *Die Gruppe heißt* kommutativ *oder* Abelsch[1]*, falls*

$$g \circ h = h \circ g \qquad \text{für alle } g,h \in G\,.$$

---

[1] Nach dem Mathematiker Niels H. Abel (1802–1829).

c) Eine Teilmenge H von G heißt Untergruppe *von G, falls*

$$e \in H$$
$$g \circ h \in H \qquad \textit{für alle } g,\, h \in H$$
$$g^{-1} \in H \qquad \textit{für jedes } g \in H\,.$$

Ist H eine Untergruppe von G, so ist H, zusammen mit der Einschränkung von $\circ$ auf $H \times H$, wieder eine Gruppe.

Beispiele

1. Die Gruppen $(\mathbb{Z},+)$ und $(\mathbb{Q}^*,\cdot)$ aus den Beispielen 2 und 3 oben sind kommutativ, nicht jedoch die Gruppe aller Isometrien der Ebene bzw. des Raums.

   Übung: Finden Sie zwei Isometrien φ,ψ der Ebene, so daß $\varphi \circ \psi \neq \psi \circ \varphi$!

2. Ist M eine Teilmenge der Ebene (bzw. des Raums), so ist nach Bemerkung 6 die Menge Iso(M) aller Isometrien, die M auf sich abbilden, eine Untergruppe der Gruppe aller Isometrien der Ebene (bzw. des Raums). Wir nennen Iso(M) die (volle) *Symmetriegruppe* von M.

3. Im letzten Abschnitt haben wir festgestellt, daß die Gruppe aller Isometrien der Ebene, die ein gegebenes gleichseitiges Dreieck auf sich abbilden, die Ordnung 6 hat. Ebenso hat die (volle) Symmetriegruppe eines Würfels die Ordnung 48.

4. Ist n irgendeine ganze Zahl, so bezeichnen wir mit

   $$n \cdot \mathbb{Z} := \{\, n\,x \mid x \in \mathbb{Z} \,\}$$

   die Menge der durch n teilbaren ganzen Zahlen. Dann ist $n\mathbb{Z}$ eine Untergruppe der Gruppe $\mathbb{Z}$ (mit der Addition als Verknüpfung).

5. Man kann aus den acht Ecken eines Würfels vier so auswählen, daß sie ein reguläres Tetraeder bilden (vgl. Bild 1.24).   1.5cm

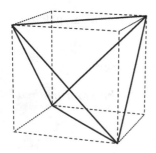

Bild 1.24

Jede Isometrie, die dieses Tetraeder in sich überführt, bildet auch den ganzen Würfel auf sich ab. Die Symmetriegruppe des Tetraeders ist also eine Untergruppe der Symmetriegruppe des Würfels. Die vier nicht verwendeten Ecken des Würfels bilden übrigens ebenfalls ein reguläres Tetraeder, es heißt das zum ersten *duale Tetraeder*.

Ist G, zusammen mit der Verknüpfung $\circ$, eine Gruppe endlicher Ordnung, so codiert man die Rechenregeln in der Gruppe manchmal folgendermaßen: Man bildet ein quadratisches Schema, indem man horizontal und vertikal die Elemente $g_1, \cdots, g_n$ von G einträgt (hier ist $n = |G|$, und meistens wählt man $g_1 = e$), ähnlich wie bei einer Entfernungstabelle in einem Autoatlas. In das Kästchen neben g_i und unter g_j des entstehenden Rasters trägt man das Produkt $g_i \circ g_j$ ein.

Tabelle 1.1

	$e = g_1$	g_2	g_3	$\cdots$	g_j	$\cdots$	g_n
$e = g_1$	e	g_2	g_3	$\cdots$	g_j	$\cdots$	g_n
g_2	g_2	$g_2 \circ g_2$	$g_2 \circ g_3$	$\cdots$	$g_2 \circ g_j$	$\cdots$	$g_2 \circ g_n$
g_3	g_3	$g_3 \circ g_2$	$g_3 \circ g_3$	$\cdots$	$g_3 \circ g_j$	$\cdots$	$g_3 \circ g_n$
$\vdots$	$\vdots$	$\vdots$	$\vdots$	$\ddots$	$\vdots$	$\ddots$	$\vdots$
g_i	g_i	$g_i \circ g_2$	$g_i \circ g_3$	$\cdots$	$g_i \circ g_j$	$\cdots$	$g_i \circ g_n$
$\vdots$	$\vdots$	$\vdots$	$\vdots$	$\ddots$	$\vdots$	$\ddots$	$\vdots$
g_n	g_n	$g_n \circ g_2$	$g_n \circ g_3$	$\cdots$	$g_n \circ g_j$	$\cdots$	$g_n \circ g_n$

Das entstehende Schema nennt man die *Gruppentafel* von G (vgl. Tabelle 1.1).

Beispiel: Sei G die Symmetriegruppe eines gleichseitigen Dreiecks (vgl. Bild 1.6). Sie hat sechs Elemente, nämlich die identische Abbildung id, die Drehung φ_1 (bzw. φ_2) um den Mittelpunkt des Dreiecks mit Winkel 120° und 240°, sowie die Spiegelungen ψ_i an den Achsen durch die Ecken A_i und die A_i gegenüberliegenden Kantenmittelpunkte. Als Gruppentafel ergibt sich Tabelle 1.2.

Tabelle 1.2

	id	φ_1	φ_2	ψ_1	ψ_2	ψ_3
id	id	φ_1	φ_2	ψ_1	ψ_2	ψ_3
φ_1	φ_1	φ_2	id	ψ_3	ψ_1	ψ_2
φ_2	φ_2	id	φ_1	ψ_2	ψ_3	ψ_1
ψ_1	ψ_1	ψ_2	ψ_3	id	φ_1	φ_2
ψ_2	ψ_2	ψ_3	ψ_1	φ_2	id	φ_1
ψ_3	ψ_3	ψ_1	ψ_2	φ_1	φ_2	id

Aus der Gruppentafel sieht man, daß $H := \{\, id, \varphi_1, \varphi_2 \,\}$ eine Untergruppe von G ist. Dies kann man aber auch geometrisch begründen: H besteht aus denjenigen Elementen von G, die die Orientierung erhalten. Es ist klar, daß *id* die Orientierung erhält, und ebenso, daß mit zwei orientierungserhaltenden Elementen φ, φ' auch $\varphi \circ \varphi'$ und φ^{-1} die Orientierung erhalten.

Weitere Beispiele von Gruppen

1. Sei M irgendeine Menge. Mit $\sigma(M)$ bezeichnen wir die Menge der bijektiven Abbildungen von M auf sich. Zusammen mit der Hintereinanderschaltung von Abbildungen als Verknüpfung ist dies eine Gruppe. Das neutrale Element ist wieder die identische Abbildung *id*; und das inverse Element zu einem Element φ von $\sigma(M)$ ist die inverse Abbildung φ^{-1}.

   Ist insbesondere $M := \{1,\dots,n\}$, so schreibt man auch S_n statt $\sigma(M)$. Diese Gruppe heißt die *symmetrische Gruppe* auf n Elementen, ihre Elemente *Permutationen*. Üblicherweise beschreibt man eine Permutation $\sigma \in S_n$, indem man unter die Zahlen $1,\dots,n$ die Zahlen $\sigma(1),\dots,\sigma(n)$ schreibt und um das Ganze eine große Klammer setzt. So ist

$$\sigma := \begin{pmatrix} 1 & 2 & 3 & 4 & 5 \\ 3 & 4 & 5 & 1 & 2 \end{pmatrix}$$

   das Element von S_5, das 1 auf 3, 2 auf 4, 3 auf 5, 4 auf 1 und 5 auf 2 abbildet.

2. Die *Zopfgruppen*: Diese Gruppen können wir zum gegenwärtigen Zeitpunkt nicht mit derselben mathematischen Präzision beschreiben wie die bisher betrachteten Beispiele von Gruppen — ich hoffe, Sie lassen sich davon nicht abschrecken. Ein Zopf mit n Strängen entsteht folgendermaßen: Man gebe sich n Anfangspunkte $A_1,\dots,A_n$ in einer Ebene E_1 und n Endpunkte $B_1,\dots,B_n$ in einer zu E_1 parallelen Ebene E_2 vor, so daß es eine Translation T im Raum gibt mit $T(E_1) = E_2$ und $T(A_j) = B_j$ für $j = 1,\dots,n$. Dann spanne man n Fäden dazwischen, die stets in Richtung von E_1 nach E_2 verlaufen, und so, daß in jedem A_j genau ein Faden beginnt und in jedem B_k genau ein Faden endet:

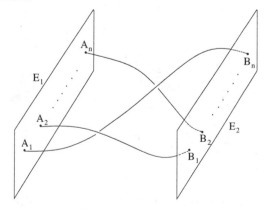

Zwei solche Gebilde ergeben denselben Zopf, wenn sie durch Verschieben der Fäden bei festem Anfangs- und Endpunkt auseinander hervorgehen. So sind etwa die folgenden beiden Zöpfe (in Draufsicht gezeichnet) gleich:

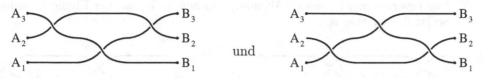

Bild 1.26

Andererseits ist der *triviale Zopf*, der entsteht, indem man die Punkte A_i und B_i durch parallele Stränge verbindet (Abbildung 1.27), von den oben gezeichneten Zöpfen verschieden.

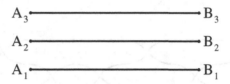

Bild 1.27   Trivialer Zopf

Die Verknüpfung zweier Zöpfe mit n Strängen definiert man folgendermaßen: Sind zwei Zöpfe Z_1, Z_2 mit Anfangspunkten $A_1, \ldots, A_n$ und Endpunkten $B_1, \ldots, B_n$ gegeben, so verschiebe man den Zopf Z_2 mit der Translation T. Dann fallen die Anfangspunkte des so verschobenen Zopfs Z_2' mit den Endpunkten des Zopfes Z_1 zusammen. Nun verschweiße man die Stränge von Z_1 bzw. Z_2' in diesen Punkten. Es entsteht wieder ein Zopf mit n Strängen, den wir mit $Z_1 \circ Z_2$ bezeichnen (siehe Bild 1.28).

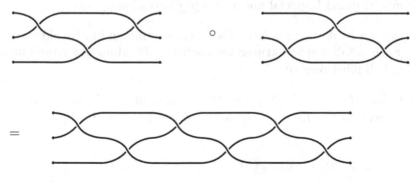

Bild 1.28

Die so definierte Verknüpfung von Zöpfen ist offenbar assoziativ. Sie hat den trivialen Zopf als neutrales Element.

Das Inverse eines Zopfes erhält man, indem man ihn an der Ebene E_2 spiegelt. So ist das Inverse von

gleich

Bild 1.29

denn der aus obigen Zöpfen zusammengesetzte Zopf in Abbildung 1.30 läßt sich zum trivialen Zopf „zurechtzupfen".

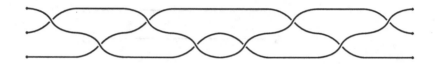

Bild 1.30

Somit erhält man eine Gruppe; sie heißt die Zopfgruppe mit n Strängen. Eine mathematisch präzise Definition der Zopfgruppe geben wir in Abschnitt 6.8.5. Für weitere Literatur über die Zopfgruppe siehe z.B. [Klein 1926] §89, [Moran].

3. In der Linearen Algebra wird gezeigt, daß die Menge der invertierbaren $(n \times n)$-Matrizen über einem Körper $\mathbb{K}$ mit der Matrixmultiplikation als Verknüpfung eine Gruppe bildet. Sie wird mit $GL(n,\mathbb{K})$ bezeichnet („general linear group") . Eine Untergruppe davon ist die Menge aller Matrizen mit Determinante 1; sie wird mit $SL(n,\mathbb{K})$ („special linear group") bezeichnet.

Ein Grundprinzip der modernen Mathematik ist es, zusammen mit Strukturen (wie z.B. Gruppen) auch mit diesen Strukturen verträgliche Abbildungen zu untersuchen. Im vorliegenden Fall führt dies zu

Definition 10 *Seien G und G' Gruppen. Mit $\circ$ bezeichnen wir die Verknüpfung sowohl in G als auch in G'. Eine Abbildung $\varphi : G \to G'$ heißt (Gruppen-) homomorphismus, falls*

$$\varphi(g \circ h) = \varphi(g) \circ \varphi(h) \qquad \text{für alle } g,h \in G$$

Ein bijektiver Gruppenhomomorphismus heißt (Gruppen-) isomorphismus.

Beispiele für Gruppenhomomorphismen

1. Sei $\mathbb{Z}$ die Gruppe der ganzen Zahlen mit der Addition als Verknüpfung, und sei n eine ganze Zahl. Dann ist

$$\varphi: \quad \mathbb{Z} \longrightarrow \mathbb{Z}$$
$$x \longmapsto n \cdot x$$

ein Gruppenhomomorphismus.

2. Es sei $\mathbb{R}$ die Gruppe der reellen Zahlen mit der Addition als Verknüpfung, und $\mathbb{R}_+^*$ die Gruppe der positiven reellen Zahlen mit der Multiplikation als Verknüpfung. Dann ist

$$\varphi: \quad \mathbb{R} \longrightarrow \mathbb{R}_+^*$$
$$x \longmapsto e^x$$

ein Gruppenhomomorphismus.

3. Wir bezeichnen mit Z_n die Gruppe der Zöpfe mit n Strängen. Wir ordnen jedem Zopf eine Permutation $\sigma(z)$ folgendermaßen zu: Für jedes $j \leq n$ gibt es genau einen Faden des Zopfes, der im Punkt B_j endet. Dieser Faden hat einen Anfangspunkt, den wir mit $A_{\sigma(z)(j)}$ bezeichnen. Die Abbildung $j \mapsto \sigma(z)(j)$ ist dann eine Permutation der Zahlen $1, \dots, n$. Ist beispielsweise z der Zopf in Abbildung 1.31,

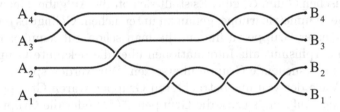

Bild 1.31

so ist

$$\sigma(z) = \begin{pmatrix} 1 & 2 & 3 & 4 \\ 4 & 1 & 2 & 3 \end{pmatrix}$$

Übung: Zeigen Sie, daß die oben definierte Abbildung $\sigma: Z_n \to S_n$ ein Gruppenhomomorphismus ist!

Bemerkungen

i) Ist $\varphi: G \to G'$ ein Gruppenhomomorphismus und bezeichnen e bzw. e' das neutrale Element in G bzw. G', so ist

$$\varphi(e) = e'$$

In der Tat, es gilt

$$\begin{aligned} e' &= \varphi(e)^{-1} \circ \varphi(e) = \varphi(e)^{-1} \circ \varphi(e \circ e) = \varphi(e)^{-1} \circ \varphi(e) \circ \varphi(e) \\ &= e' \circ \varphi(e) \\ &= \varphi(e) \end{aligned}$$

ii) Ist $\varphi : G \to G'$ eine Gruppenhomomorphismus, so ist

$$\varphi(g^{-1}) = \Big(\varphi(g)\Big)^{-1} \qquad \text{für alle } g \in G$$

denn

$$\varphi(g) \circ \varphi(g^{-1}) = \varphi(g \circ g^{-1}) = \varphi(e) = e'$$

iii) Ist $\varphi : G \to G'$ ein Gruppenisomorphismus, so ist die inverse Abbildung $\varphi^{-1} : G' \to G$ ebenfalls ein Gruppenhomomorphismus (und damit ein Gruppenisomorphismus). Um dies zu zeigen, seien $g',h' \in G'$. Dann ist

$$\varphi\Big(\varphi^{-1}(g') \circ \varphi^{-1}(h')\Big) = \varphi\Big(\varphi^{-1}(g')\Big) \circ \varphi\Big(\varphi^{-1}(h')\Big) = g' \circ h'$$

also ist

$$\varphi^{-1}(g') \circ \varphi^{-1}(h') = \varphi^{-1}(g' \circ h')$$

Man nennt zwei Gruppen G und G' *isomorph*, wenn es einen Gruppenisomorphismus zwischen G und G' gibt. Es stellt sich oft die Aufgabe, eine vorgegebene Gruppe, z.B. eine Symmetriegruppe, genau zu untersuchen. Gelingt es dann, einen Isomorphismus mit einer Gruppe zu finden, die man schon gut kennt, so kann man mit Hilfe des Isomorphismus alle Informationen über die bekannte Gruppe in Aussagen über die zu untersuchende Gruppe übersetzen. Wir werden später öfter so vorgehen.

Viele der von uns betrachteten Gruppen waren Gruppen von Abbildungen einer Menge auf sich, so z.B. die Gruppen $\sigma(M)$ oder die Gruppe Iso aller Isometrien der Ebene bzw. des Raums. Auch diese Situation wollen wir noch etwas abstrakter und allgemeiner fassen.

Definition 11 *Sei G eine Gruppe (mit Verknüpfung $\circ$ und neutralem Element e) und M eine beliebige Menge. Eine* Operation *der Gruppe G auf der Menge M ist eine Abbildung*

$$\begin{aligned} G \times M &\longrightarrow M \\ (g,m) &\longmapsto g \cdot m \end{aligned}$$

für die gilt:

$$\begin{array}{lll} i) & (g \circ h) \cdot m = g \cdot (h \cdot m) & \text{für alle } g,h \in G, m \in M \\ ii) & e \cdot m = m & \text{für alle } m \in M. \end{array}$$

Beispiele von Gruppenoperationen

1. Ist M eine Menge und $\sigma(M)$ die Gruppe aller Bijektionen

   von M auf sich, so operiert $\sigma(M)$ auf M durch

$$\begin{aligned} \sigma(M) \times M &\longrightarrow M \\ (\varphi,m) &\longmapsto \varphi(m) \end{aligned}$$

2. Sei G die Gruppe aller Isometrien des Raums, die einen vorgegebenen Würfel in sich überführen. M sei die Menge der Ecken des Würfels. Dann ist

$$
\begin{array}{ccc}
G \times M & \longrightarrow & M \\
(\varphi,v) & \longmapsto & \varphi(v)
\end{array}
$$

eine Gruppenoperation.

3. Ist $\mathbb{K}$ ein Körper, so operiert $GL(n,\mathbb{K})$ auf $\mathbb{K}^n$ durch

$$
\begin{array}{ccc}
GL(n,\mathbb{K}) \times \mathbb{K}^n & \longrightarrow & \mathbb{K}^n \\
(A,v) & \longmapsto & A \cdot v
\end{array}
$$

Bemerkung

Ist

$$
\begin{array}{ccc}
G \times M & \longrightarrow & M \\
(g,m) & \longmapsto & g \cdot m
\end{array}
$$

eine Operation der Gruppe G auf der Menge M, so gilt

$$
m' = g \cdot m \Longleftrightarrow m = g^{-1} \cdot m' \quad \text{für alle } m,m' \in M, g \in G, \tag{1.6}
$$

denn ist $m' = g \cdot m$, so ist $m = e \cdot m = (g^{-1} \circ g) \cdot m = g^{-1} \cdot (g \cdot m) = g^{-1} \cdot m'$. Die umgekehrte Richtung zeigt man genauso.

Definition 12 *Es sei G eine Gruppe, M eine Menge, und*

$$
\begin{array}{ccc}
G \times M & \longrightarrow & M \\
(g,m) & \longmapsto & g \cdot m
\end{array}
$$

eine Gruppenoperation.

i) Ist $g \in G$, $m \in M$, so daß $g \cdot m = m$, so heißt m ein Fixpunkt *von g.*

ii) Ist $m \in M$, so heißt

$$
Stab_G(m) := \{\, g \in G \,|\, g \cdot m = m \,\}
$$

die Stabilisatoruntergruppe *(oder auch* Standgruppe *oder* Isotropiegruppe*) von m in G.*

Übung: Zeigen Sie, daß $Stab_G(m)$ eine Untergruppe von G ist!

iii) Ist allgemeiner N eine Teilmenge von M, so heißt

$$
Stab_G(N) := \{\, g \in G \,|\, g \cdot n \in N \text{ und } g^{-1} \cdot n \in N \text{ für alle } n \in N \,\}
$$

die Stabilisatoruntergruppe von N.

iv) Ist $m \in M$, so heißt

$$G \cdot m = \{\, g \cdot m \mid g \in G \,\}$$

der Orbit (oder die Bahn) von m bezüglich der Operation von G. Der Orbit von m ist also eine Teilmenge von M.

v) Die Operation von G auf M heißt transitiv, *falls es für je zwei Elemente m,m′ von M ein Element $g \in G$ gibt, so daß*

$$g \cdot m = m'$$

Satz 1.3 *Gegeben sei eine Gruppenoperation*

$$\begin{array}{ccc} G \times M & \longrightarrow & M \\ (g,m) & \longmapsto & g \cdot m \end{array}$$

i) Ist $m \in M$, $g \in G$, so ist

$$Stab_G(g \cdot m) = \{\, g \circ h \circ g^{-1} \mid h \in Stab_G(m) \,\}.$$

Allgemeiner ist für eine Teilmenge N von M

$$Stab_G(\, g \cdot m \mid m \in N\,) = \{\, g \circ h \circ g^{-1} \mid h \in Stab_G(N)\,\}$$

ii) Sind m und m′ Elemente von M, so sind ihre Bahnen entweder gleich oder disjunkt, d.h.

$$\text{entweder}\ \ G \cdot m = G \cdot m' \ \text{oder}\ G \cdot m \cap G \cdot m' = \varnothing.$$

iii) Falls G endliche Ordnung hat, so gilt für jedes $m \in M$

$$|G \cdot m| = \frac{|G|}{|Stab_G(m)|} \tag{1.7}$$

wobei für eine beliebige Menge $\mathfrak{M}$ die Anzahl ihrer Elemente mit $|\mathfrak{M}|$ bezeichnet wird. In Worten:

„Die Länge der Bahn von m ist gleich dem Quotienten aus der Gruppenordnung und der Ordnung der Stabilisatoruntergruppe von m.“

Beweis

i) Ist $h \in Stab_G(m)$, so ist nach den Rechenregeln für Gruppenoperationen

$$\begin{aligned} (g \circ h \circ g^{-1}) \cdot (g \cdot m) &= (g \circ h \circ g^{-1} \circ g) \cdot m = (g \circ h) \cdot m = \\ &= g \cdot (h \cdot m) = g \cdot m \,, \end{aligned}$$

also ist $g \circ h \circ g^{-1} \in Stab_G(g \cdot m)$. Dies zeigt, daß

$$\{\, g \circ h \circ g^{-1} \,|\, h \in Stab_G(m)\,\} \subset Stab_G(g \cdot m) \qquad (1.8)$$

Wendet man (1.8) an, indem man g durch g^{-1} und m durch $g \cdot m$ ersetzt, so erhält man

$$\{\, g^{-1} \circ h' \circ g \,|\, h' \in Stab_G(g \cdot m)\,\} \subset Stab_G(m)$$

Dabei wurde verwendet, daß nach (1.6) $g^{-1} \cdot (g \cdot m) = m$, und daß $(g^{-1})^{-1} = g$. Die letzte Formel besagt, daß es für jedes $h' \in Stab_G(g \cdot m)$ ein Element $h \in Stab_G(m)$ gibt, so daß

$$g^{-1} \circ h' \circ g = h$$

oder, was äquivalent ist

$$h' = g \circ h \circ g^{-1}$$

Dies beweist, daß

$$Stab_G(g \cdot m) \subset \{\, g \circ h \circ g^{-1} \,|\, h \in Stab_G(m)\,\}$$

Zusammen mit (1.8) beweist dies den ersten Teil des Satzes.

ii) Seien $m, m' \in M$, so daß $G \cdot m \cap G \cdot m' \neq \varnothing$. Wir wollen zeigen, daß dann $G \cdot m = G \cdot m'$. Dazu wählen wir $m'' \in G \cdot m \cap G \cdot m'$. Nach Definition gibt es $g, g' \in G$, so daß

$$m'' = g \cdot m = g' \cdot m'$$

Setze

$$h := (g')^{-1} \circ g$$

Dann ist nach (1.6) und den Rechenregeln für Gruppenoperationen

$$m' = (g')^{-1} \cdot m'' = (g')^{-1} \cdot (g \cdot m) = h \cdot m$$

Sei nun $n \in G \cdot m'$. Nach Definition gibt es $\gamma \in G$, so daß

$$n = \gamma \cdot m'$$

Dann ist

$$n = \gamma \cdot (h \cdot m) = (\gamma \circ h) \cdot m \in G \cdot m$$

Dies zeigt, daß

$$G \cdot m' \subset G \cdot m$$

Die umgekehrte Inklusion zeigt man analog, und der Fall einer Teilmenge N von M kann ähnlich behandelt werden.

iii) Wir betrachten die Abbildung

$$\Phi : \begin{array}{ccc} G & \longrightarrow & G \cdot m \\ g & \longmapsto & g \cdot m \end{array}$$

Nach Definition ist Φ surjektiv. Das Urbild $\Phi^{-1}(m)$ ist nach Definition gerade $Stab_G(m)$. Es hat also $|Stab_G(m)|$ Elemente. Da G die disjunkte Vereinigung der Mengen $\Phi^{-1}(m')$, $m' \in G \cdot m$ ist, gilt

$$|G| = \sum_{m' \in G \cdot m} |\Phi^{-1}(m')|$$

Wir wollen zeigen, daß auch für jedes andere Element m' der Bahn $G \cdot m$ das Urbild $\Phi^{-1}(m')$ genau $|Stab_G(m)|$ Elemente hat. Dann ist die behauptete Formel (1.7) offensichtlich.

Sei also $m' \in G \cdot m$. Schreibe $m' = g \cdot m$ mit $g \in G$. Wir behaupten, daß

$$\begin{array}{ccc} Stab_G(m) & \longrightarrow & \Phi^{-1}(m') \\ h & \longmapsto & g \circ h \end{array} \tag{1.9}$$

eine bijektive Abbildung ist. Zunächst ist diese Abbildung wohldefiniert, denn für $h \in Stab_G(m)$ ist

$$\Phi(g \circ h) = (g \circ h) \cdot m = g \cdot (h \cdot m) = g \cdot m = m' \ ,$$

also ist $g \circ h \in \Phi^{-1}(m')$. Die Abbildung (1.9) ist injektiv, denn ist $g \circ h = g \circ h'$, so ist $h = (g^{-1} \circ g) \circ h = g^{-1} \circ (g \circ h) = g^{-1} \circ (g \circ h') = h'$. Schließlich ist die Abbildung (1.9) auch surjektiv, denn für $g' \in \Phi^{-1}(m')$ gilt $g' \cdot m = m' = g \cdot m$, also ist $(g^{-1} \circ g') \cdot m = m$. Somit ist $h := g^{-1} \circ g' \in Stab_G(m)$ und $g' = g \circ h$.

Damit ist gezeigt, daß die Abbildung (1.9) bijektiv ist. Insbesondere ist also

$$|\Phi^{-1}(m')| = |Stab_G(m)| \qquad \text{für alle } m' \in G \cdot m$$

Wie bereits erwähnt, ist damit der Satz bewiesen.$\square$

Beispiele und Anwendungen

1. G sei die Symmetriegruppe eines Würfels, und M die Menge der Ecken des Würfels. Wie oben gesagt, operiert G auf M durch

$$\begin{array}{ccc} G \times M & \longrightarrow & M \\ (\varphi, v) & \longmapsto & \varphi(v) \end{array}$$

Wir wollen die Formel (1.7) aus Satz 1.3 in diesem Fall nachprüfen. Sei also v irgendeine Ecke des Würfels. Man überlegt sich leicht, daß G transitiv auf M operiert. Deswegen ist $G \cdot v = M$ und

$$|G \cdot v| = |M| = 8$$

Als nächstes bestimmen wir die Stabilisatoruntergruppe $Stab_G(v)$ der Ecke v. Ist $\varphi \in Stab_G(v)$, so ist nach Satz 1.2 die Abbildung φ

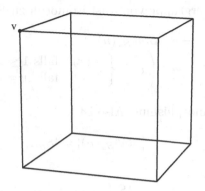

Bild 1.32

- entweder die Identität id,

- oder eine Drehung um eine Achse durch v und O,

- oder eine Spiegelung an einer Ebene durch v und O,

denn die Punktspiegelung p_O oder Abbildungen der Form $p_O \circ \psi$ (wobei ψ eine Drehung um einen Winkel α mit $0 < \alpha < 360°$, $\alpha \neq 180°$ ist) haben ja keine von O verschiedenen Fixpunkte. Für eine Spiegelung in $Stab_G(v)$ muß die Spiegelungsebene eine der drei von v ausgehenden Kanten enthalten (vgl. Bild 1.32). Daraus ergibt sich, daß $Stab_G(v)$ genau drei Spiegelungen enthält. Eine Drehung in $Stab_G(v)$ hat notwendigerweise Drehwinkel $120°$ oder $240°$. So sieht man, daß $Stab_G(v)$ genau zwei Drehungen enthält. Schließlich ist natürlich id in $Stab_G(v)$ enthalten, also ist

$$|Stab_G(v)| = 6$$

Nach (1.7) ergibt sich demnach

$$|G| = |G \cdot v| \cdot |Stab_G(v)| = 8 \cdot 6 = 48$$

was mit unserem Resultat aus Abschnitt 1.1 übereinstimmt. Bemerken Sie, daß die Bestimmung von $G \cdot v$ und $Stab_G(v)$ viel einfacher war als die Bestimmung aller Isometrien des Würfels!

2. Wir betrachten die Operation der symmetrischen Gruppe S_n auf der Menge $M = \{1, \ldots, n\}$

$$
\begin{array}{ccc}
S_n \times M & \longrightarrow & M \\
(\sigma, x) & \longmapsto & \sigma(x)
\end{array}
$$

Diese Operation ist offenbar transitiv. Insbesondere ist also die Bahn des Elementes n von M gleich M. Somit ist

$$|S_n \cdot n| = n$$

Die Stabilisatoruntergruppe von n ist isomorph zu S_{n-1}, denn

$$S_{n-1} \longrightarrow Stab_{S_n}(n)$$

$$\sigma \longmapsto \left(x \mapsto \left\{ \begin{array}{ll} \sigma(x) & \text{falls } 1 \leq x \leq n-1 \\ n & \text{falls } x = n \end{array} \right. \right)$$

ist ein Gruppenisomorphismus. Also ist

$$|Stab_{S_n}(n)| = |S_{n-1}|$$

Formel (1.7) liefert

$$|S_n| = n \cdot |S_{n-1}|$$

Mit vollständiger Induktion folgert man daraus leicht, daß

$$|S_n| = n! := n \cdot (n-1) \cdot (n-2) \cdots 2 \cdot 1. \tag{1.10}$$

3. Sei G eine endliche Gruppe und H eine Untergruppe von G. Wir definieren eine Operation der Gruppe H auf der Menge G durch

$$H \times G \longrightarrow G$$
$$(h,g) \longmapsto h \circ g$$

Für jedes $g \in G$ ist $Stab_H(g) = \{ h \in H \mid h \circ g = g \} = \{e\}$, denn ist $h \circ g = g$, so ist $h = h \circ e = h \circ (g \circ g^{-1}) = (h \circ g) \circ g^{-1} = g \circ g^{-1} = e$. Nach Formel (1.7) haben also alle Bahnen von H in G die Länge $|H|$. Sei r die Anzahl solcher Bahnen. Nach Satz 1.3.$ii)$ sind Bahnen entweder gleich oder disjunkt, also gilt $|G| = r|H|$. Damit haben wir bewiesen:

Satz 1.4 *Sei G eine endliche Gruppe und H eine Untergruppe von G. Dann ist die Ordnung $|H|$ von H ein Teiler der Ordnung $|G|$ von G.*

4. Sei G eine Gruppe. Dann definiert man eine Operation der Gruppe G auf der Menge G durch

$$G \times G \longrightarrow G$$
$$(g,h) \longmapsto g \circ h \circ g^{-1}$$

Diese Operation nennt man die Operation durch *Konjugation* und ihre Bahnen die *Konjugationsklassen* in G. Zwei Elemente $h,h' \in G$ nennt man *konjugiert*, wenn es ein $g \in G$ gibt, so daß $h' = g \circ h \circ g^{-1}$. Ebenso sagt man, daß zwei Teilmengen N,N' von G konjugiert sind, wenn es ein $g \in G$ gibt, so daß $N' = \{ g \circ n \circ g^{-1} \mid n \in N \}$. Teil $i)$ von Satz 1.3 impliziert also:

Bemerkung 13 Sei $G \times M \to M$ eine Operation der Gruppe G auf der Menge M. Sind m, m' Elemente derselben Bahn, so sind ihre Stabilisatoruntergruppen konjugiert.

Für festes $g \in G$ heißt die Abbildung

$$\begin{array}{ccc} G & \longrightarrow & G \\ h & \longmapsto & g \circ h \circ g^{-1} \end{array}$$

die *Konjugation* mit g. Sie ist ein Gruppenhomomorphismus, denn sind h_1, $h_2 \in G$, so ist

$$\begin{aligned} g \circ (h_1 \circ h_2) \circ g^{-1} &= g \circ h_1 \circ e \circ h_2 \circ g^{-1} \\ &= g \circ h_1 \circ (g^{-1} \circ g) \circ h_2 \circ g^{-1} \\ &= (g \circ h_1 \circ g^{-1}) \circ (g \circ h_2 \circ g^{-1}), \end{aligned}$$

und offenbar ist $g \circ e \circ g^{-1} = e$. Dieser Gruppenhomomorphismus ist sogar ein Gruppenisomorphismus; die inverse Abbildung ist die Konjugation mit g^{-1}. Insbesondere gilt also

Lemma 14 *Konjugierte Untergruppen einer Gruppe G sind isomorph.*

In Abschnitt 1.1 haben wir vor allem die Operation der Gruppe aller Isometrien auf der Ebene (bzw. auf dem Raum) betrachtet. Definition 5 besagt, dass zwei Gebilde N, N' genau dann die gleiche Symmetrie haben, wenn es $\psi \in Iso$ gibt, so daß $Iso\big(\psi(N)\big) = Iso(N')$. Da $Iso\big(\psi(N)\big) = \psi \circ Iso(N) \circ \psi^{-1}$, kann man die Definition wie folgt umformulieren.

(1.11) Zwei Teilmengen N und N' der Ebene (bzw. des Raums) haben die gleiche Symmetrie, wenn ihre Stabilisatoruntergruppen $Stab_{Iso}(N)$ und $Stab_{Iso}(N')$ in der Gruppe Iso aller Isometrien konjugiert sind.

5. Es sei

$$\begin{array}{ccc} G \times M & \longrightarrow & M \\ (g,m) & \longmapsto & g \cdot m \end{array}$$

die Operation einer Gruppe G auf einer Menge M. Dann ist für jedes $g \in G$ die Abbildung $\varphi_g : M \to M$, $m \mapsto g \cdot m$ eine bijektive Abbildung von M auf sich, und die inverse Abbildung ist $\varphi_{g^{-1}}$. In der Tat, es gilt allgemeiner

$$\varphi_g \circ \varphi_h = \varphi_{g \circ h} \qquad \text{für alle } g, h \in G, \tag{1.12}$$

und somit ist $\varphi_g \circ \varphi_{g^{-1}} = \varphi_e = id$ und $\varphi_{g^{-1}} \circ \varphi_g = \varphi_e = id$. (1.12) zeigt auch, daß die Abbildung

$$\begin{array}{cccc} \Phi : & G & \longrightarrow & \sigma(M) \\ & g & \longmapsto & \varphi_g \end{array}$$

von G in die Gruppe der bijektiven Abbildungen von M auf sich ein Gruppenhomomorphismus ist.

Ist umgekehrt $\Phi : G \to \sigma(M)$ ein Gruppenhomomorphismus, so ist

$$\begin{array}{ccc} G \times M & \longrightarrow & M \\ (g,m) & \longmapsto & \Big(\Phi(g)\Big)(m) =: g \cdot m \end{array}$$

eine Gruppenoperation, denn es gilt

$$\begin{aligned} (g \circ h) \cdot m &= \Big(\Phi(g \circ h)\Big)(m) = \Big(\Phi(g) \circ \Phi(h)\Big)(m) \\ &= \Big(\Phi(g)\Big)\Big(\big(\Phi(h)\big)(m)\Big) \\ &= \Phi(g)(h \cdot m) = g \cdot (h \cdot m) \qquad \text{und} \end{aligned}$$

$$e \cdot m = \Big(\Phi(e)\Big)(m) = (id)(m) = m$$

Die beiden oben beschriebenen Konstruktionen sind invers zueinander. Salopp gesagt gilt also:

> „Die Angabe einer Operation einer Gruppe G auf einer Menge M ist dasselbe wie die Angabe eines Gruppenhomomorphismus von G nach $\sigma(M)$."

Übung: Zeigen Sie, daß in einer Gruppe stets

$$(g^{-1})^{-1} = g \qquad \text{für alle } g \in G \text{ !}$$

Übung: Es seien σ und τ die Permutationen

$$\sigma := \begin{pmatrix} 1 & 2 & 3 & 4 & 5 \\ 3 & 4 & 5 & 1 & 2 \end{pmatrix} \qquad \tau := \begin{pmatrix} 1 & 2 & 3 & 4 & 5 \\ 5 & 4 & 3 & 1 & 2 \end{pmatrix}$$

Berechnen Sie $\sigma \circ \tau$, $\tau \circ \sigma$, σ^{-1} und τ^{-1}!

Übung: Es sei M eine nichtleere Menge und

$$\begin{array}{ccc} \dot{G} \times M & \longrightarrow & M \\ (g,m) & \longmapsto & g \cdot m \end{array}$$

eine Gruppenoperation. Zeigen Sie, daß die folgenden drei Aussagen äquivalent sind:

a) Es gibt $m \in M$, so daß $G \cdot m = M$.

b) Die Gruppenoperation ist transitiv.

c) $G \cdot m = M$ für alle $m \in M$!

Übung: Sei $G \times M \to M$, $(g,m) \mapsto g \cdot m$ die Operation einer Gruppe G auf einer Menge M, und N eine endliche Teilmenge von M. Zeigen Sie:

$$Stab_G(N) = \{\, g \in G \,|\, g \cdot n \in N \quad \text{für alle} \quad n \in N \,\}$$

Übung: Bestimmen Sie die Ordnung der Symmetriegruppe eines Ikosaeders (vgl. Bild 1.5)!

1.3 Endliche Symmetriegruppen

In diesem Abschnitt wollen wir *alle* möglichen Symmetriegruppen von Polygonen in der Ebene bzw. Polyedern im Raum bestimmen.

Ein Polyeder P im Raum hat nur endlich viele Ecken, und eine Isometrie des Raumes, die das Polyeder in sich überführt, ist durch die Bilder aller Ecken eindeutig bestimmt. Deswegen ist die Symmetriegruppe $Iso(P)$ eines Polyeders P im Raum stets endlich. Ferner gibt es eine eindeutig bestimmte Kugel K kleinsten Radius', so daß das Polyeder P ganz in K enthalten ist. Jede Isometrie, die P auf sich abbildet, bildet dann auch K auf sich ab, läßt also den Mittelpunkt O von K fest. Folglich ist $Iso(P)$ eine endliche Untergruppe der Gruppe aller Isometrien, die den Punkt O festlassen. Ebenso ist die Symmetriegruppe eines Polygons in der Ebene eine endliche Untergruppe der Gruppe aller Isometrien, die den Umkreismittelpunkt des Polygons als Fixpunkt haben. Das Problem der Bestimmung aller Symmetriegruppen von Polygonen in der Ebene bzw. von Polyedern im Raum führt also auf die folgende Aufgabe:

> „Sei O ein fester Punkt in der Ebene bzw. im Raum. Bestimme alle endlichen Untergruppen von $Stab_{Iso}(O)$ bis auf Konjugation!"

Die Einschränkung „bis auf Konjugation" rührt daher, daß wir ja sagen, daß zwei Gebilde die gleiche Symmetrie haben, wenn ihre Symmetriegruppen konjugiert sind (vgl. (1.11)!). Wir bezeichnen mit $O(2)$ bzw. $O(3)$ die Stabilisatoruntergruppen von O in der Gruppe aller Isometrien der Ebene bzw. des Raums. Die oben gestellte Aufgabe für die Ebene löst

Satz 1.5 *Jede endliche Untergruppe von $O(2)$ ist konjugiert zu einer der folgenden Gruppen:*

i) *der Gruppe C_n, die aus den Drehungen um O um die Winkel $j/n \cdot 360°$, $0 \leq j < n$ besteht,*

ii) *der Symmetriegruppe D_n eines regulären n-Ecks ($n \geq 3$) mit Schwerpunkt O,*

iii) *der Kleinschen Vierergruppe V_4, die aus der Identität id, der Drehung um $180°$ um O, und zwei Spiegelungen an zueinander senkrechten Achsen durch O besteht, oder*

iv) *der Gruppe W, die aus der Identität und der Spiegelung an einer Achse durch O besteht.*

Je zwei verschiedene der oben genannten Gruppen sind nicht zueinander isomorph, mit der Ausnahme von C_2 und W.

Beweis Zunächst überzeugt man sich leicht, daß die angegebenen Mengen C_n, D_n, V_4 und W Untergruppen von $O(2)$ sind. Ferner gilt

$$|C_n| = n, \quad |D_n| = 2n, \quad |V_4| = 4, \quad |W| = 2$$

Man verifiziert leicht, daß C_n und V_4 kommutativ sind, D_n aber nicht. Sind zwei Gruppen isomorph, so haben beide die gleiche Ordnung, und ist eine der beiden Gruppen kommutativ, so auch die andere. Dies zeigt schon, daß die Gruppen C_n, D_n, V_4, W paarweise nicht isomorph sind, mit der einzig möglichen Ausnahme von C_4 und V_4 einerseits und C_2 und W andererseits. C_2 und W sind trivialerweise isomorph. In V_4 gilt $g^2 = id$ für jedes $g \in V_4$, in C_4 gilt dies aber nicht für die Drehung um $90°$. Somit sind auch C_4 und V_4 nicht zueinander isomorph.

Die Hauptaussage des Satzes ist, daß jede endliche Untergruppe von $O(2)$ zu einer der angegebenen Gruppen konjugiert ist. Sei also G eine endliche Untergruppe von $O(2)$. Falls $G = \{id\}$, so ist $G = C_1$, und es ist nichts zu zeigen. Wir können von nun an annehmen, daß $|G| \geq 2$. Nach Satz 1.1 ist jedes Element von $G \setminus \{id\}$ eine Drehung um O oder eine Spiegelung an einer Achse durch O. Wir unterscheiden zwei Fälle:

1. Fall: $G \setminus \{id\}$ besteht nur aus Drehungen um O.

Sei α der kleinste in G auftretende Drehwinkel zwischen $0°$ und $360°$, und r_α die Drehung um α. Für jede natürliche Zahl j ist $(r_\alpha)^j = r_{j\alpha}$. Da G endlich ist, gibt es natürliche Zahlen $j_1 > j_2 > 0$, so daß $(r_\alpha)^{j_1} = (r_\alpha)^{j_2}$. Dann ist $(r_\alpha)^{j_1 - j_2} = id$. Dies zeigt, daß die Menge

$$\{\, j \in \mathbb{N} \mid (r_\alpha)^j = id \,\}$$

nicht leer ist. Sei n das Minimum dieser Menge. Dann ist insbesondere $(r_\alpha)^n = id$, also gibt es eine natürliche Zahl m, so daß

$$n \cdot \alpha = m \cdot 360°$$

Als nächstes zeigen wir, daß $m = 1$. Wäre $m > 1$, so gäbe es $n_1 \in \mathbb{N}$ mit $1 < n_1 < n$, so daß

$$n_1 \cdot \alpha > 360° \quad \text{und} \quad (n_1 - 1) \cdot \alpha < 360°$$

Dann wäre $(r_\alpha)^{n_1}$ die Drehung um den Winkel $n_1 \cdot \alpha - 360°$ und $0 < n_1 \cdot \alpha - 360° < n_1 \cdot \alpha - (n_1 - 1) \cdot \alpha < \alpha$.

Somit enthielte G eine Drehung um einen Winkel, der positiv und strikt kleiner als α ist, nämlich $(r_\alpha)^{n_1}$. Dies stünde im Widerspruch zu unserer Wahl von α. Also ist

$$\alpha = \frac{1}{n} \cdot 360°$$

Insbesondere ist deshalb $C_n \subset G$. Wir behaupten, daß $C_n = G$. Falls das nicht der Fall wäre, enthielte G eine Drehung r um einen Winkel β mit $0 < \beta < 360°$, $\beta \notin \{\, j \cdot \alpha \mid 0 < j < n - 1 \,\}$. Dann gäbe es eine eindeutig bestimmte natürliche Zahl j_0, so daß

$$j_0 \, \alpha < \beta < (j_0 + 1)\alpha$$

G enthielte dann aber auch die Drehung $r \circ (r_\alpha)^{-j_0}$ um den Winkel $\beta - j_0\alpha$, der positiv und strikt kleiner als α ist. Wieder ergäbe sich ein Widerspruch zur Wahl von α.

Damit ist gezeigt, daß jede endliche Untergruppe von $O(2)$, die nur aus der Identität und Drehungen besteht, gleich einer der Gruppen C_n ist.

2. Fall: G enthält eine Spiegelung s an einer Geraden g durch O.

Sei H die Menge aller Drehungen in G (einschließlich der Identität). Da die Hintereinanderschaltung zweier Drehungen wieder eine Drehung oder die Identität ist, ist H eine Untergruppe von G. Nach Fall 1 ist also

$$H = C_n \qquad \text{für ein } n \geq 1$$

Sind s_1 und s_2 Spiegelungen an den Achsen g_1 bzw. g_2 durch O, und bilden g_1 und g_2 einen Winkel α mit $0 < \alpha < 180°$, so ist $s_2 \circ s_1$ die Drehung um den Winkel 2α (vgl. Bild 1.33). In der Tat, es gibt keinen von O verschiedenen Punkt X, so daß

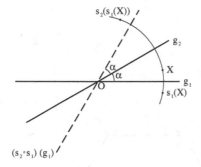

Bild 1.33

$s_1(X) = s_2(X)$. Da $s_2 = s_2{}^{-1}$, hat $s_2 \circ s_1$ keinen von O verschiedenen Fixpunkt. Nach Satz 1.1 ist also $s_2 \circ s_1$ eine Drehung. Um den Drehwinkel zu bestimmen, betrachte man das Bild der Achse g_1. Sie wird von s_1 festgelassen, und von s_2 auf eine Gerade durch O abgebildet, die mit g_1 den Winkel 2α bildet.

Sind insbesondere $s_1, s_2 \in G$, so ist $s_2 \circ s_1 \in H = C_n$, also ist 2α ein Vielfaches von $1/n \cdot 360°$. Dies zeigt, daß der Winkel der Achse einer jeden Spiegelung in G mit der Achse g ein Vielfaches von $1/n \cdot 180°$ ist.

Andererseits ist für jedes $j \in \mathbb{N}$ die Hintereinanderschaltung $r_{j/n \cdot 360°} \circ s$ der Drehung $r_{j/n \cdot 360°}$ um $j/n \cdot 360°$ und der Spiegelung s eine Spiegelung an der Achse, die mit g den Winkel $j/n \cdot 180°$ bildet.

Übung: Zeigen Sie: Ist r_α die Drehung um den Winkel α um O und s die Spiegelung an der Achse g durch O, so ist $r_\alpha \circ s$ die Spiegelung an der Achse g' durch O, die mit g den Winkel $1/2 \, \alpha$ bildet!

Die vorhergehenden Überlegungen zeigen, daß G aus den Elementen von $H = C_n$ und den Spiegelungen an Geraden durch O besteht, die mit g einen Winkel von $j/n \cdot 180°$, $0 \leq j < n$ einschließen. Zeichne nun einen Kreis K um O und wähle einen Durchstoßpunkt von g mit K (vgl. Bild 1.34). Von P ausgehend nehmen wir jeden zweiten Punkt von K, der auf einer Spiegelungsachse eines Elementes von G liegt. Die entstehende Menge bezeichnen wir mit M. Für $n \geq 3$ ist M die Menge der Ecken eines regulären n-Ecks, dessen Symmetriegruppe G ist. Da je zwei reguläre n-Ecke die gleiche Symmetrie haben, ist G zu D_n konjugiert. Im Fall $n = 2$ besteht G aus

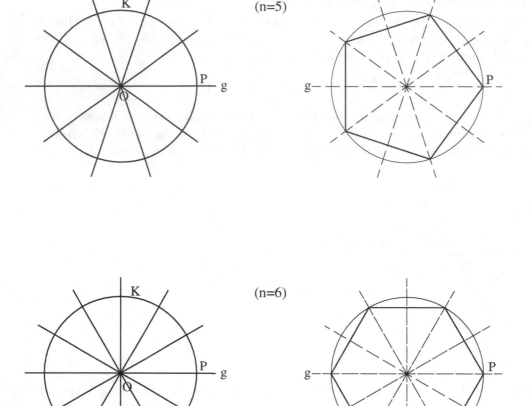

Bild 1.34

der Drehung um 180°, der Spiegelung s und der Spiegelung an einer zu g senkrechten Geraden. Also ist G konjugiert zu V_4. Falls $n = 1$ ist, besteht G nur aus id und s. Da je zwei Spiegelungen konjugiert sind, ist G zu W konjugiert.

Damit ist Satz 1.5 bewiesen.   □

Nach Lemma 14 sind konjugierte Untergruppen isomorph, also zeigt Satz 1.5, daß die aufgelisteten Untergruppen von $O(2)$ alle nicht konjugiert sind, mit der einzig möglichen Ausnahme von W und C_2. Diese Untergruppen sind aber auch nicht konjugiert, denn sonst wäre eine Spiegelung s (das einzige von id verschiedene Element von W) zu der Drehung um 180° (dem einzigen von id verschiedenen Element von C_2) konjugiert. Ist jedoch $\varphi \in Iso$, so ist $\varphi \circ s \circ \varphi^{-1}$ die Spiegelung am Bild der Spiegelungsachse von s unter φ, also keinesfalls eine Drehung um 180°.

Ein wichtiges Hilfsmittel im Beweis von Satz 1.5 war die (triviale) Tatsache, daß die Hintereinanderschaltung zweier Drehungen um O wieder eine Drehung um O ist. Eine ähnliche Aussage gilt auch im Raum.

Satz 1.6 *Sei O ein Punkt im Raum, und seien φ_1 und φ_2 Drehungen um Achsen durch O. Dann ist die Hintereinanderschaltung $\varphi_2 \circ \varphi_1$ wieder eine Drehung um eine Achse durch O oder die Identität.*

Da die Inverse einer Drehung wieder eine Drehung ist, besagt Satz 1.6, daß die Teilmenge von $O(3)$, die aus der Identität und allen Drehungen um Achsen durch O besteht, eine Untergruppe von $O(3)$ ist. Diese Untergruppe bezeichnet man mit $SO(3)$.

Eine Strategie zum Beweis von Satz 1.6 wäre folgende: Nach Satz 1.2 ist jedes Element von $O(3)$, das nicht in $SO(3)$ liegt, eine Spiegelung, die Punktspiegelung an O, oder die Hintereinanderschaltung einer Drehung und der Punktspiegelung an O. Diese Abbildungen kehren alle die „Orientierung" des Raumes um, während die Elemente von $SO(3)$ die „Orientierung" erhalten. Also ist

$$SO(3) = \{\, \varphi \in O(3) \mid \text{„}\varphi \text{ erhält die ‚Orientierung' im Raum"} \,\}$$

Da mit zwei Abbildungen φ_1 und φ_2, die die „Orientierung" erhalten, auch die Hintereinanderschaltung $\varphi_1 \circ \varphi_2$ die „Orientierung" erhält, folgt, daß $SO(3)$ eine Untergruppe von $O(3)$ ist.

Wir wollen jedoch den Begriff der „Orientierung" nicht benutzen und geben einen anderen, konstruktiveren Beweis.

Beweis von Satz 1.6 Der Fall, daß die Drehachsen g_1 von φ_1 und g_2 von φ_2 übereinstimmen, ist trivial. Wir betrachten also den Fall, daß die Drehachsen verschieden sind. Mit α_1 bzw. α_2 bezeichnen wir den Drehwinkel von φ_1 bzw. φ_2. Es sei E die Ebene durch g_1 und g_2. Ferner sei E_1 die Ebene durch g_1, die mit E den Winkel $\frac{1}{2}\alpha_1$ bildet, und E_2 die Ebene durch g_2, so daß E mit E_2 den Winkel $\frac{1}{2}\alpha_2$ bildet. Mit s bzw. s_1 bzw. s_2 bezeichnen wir die Spiegelung an E bzw. E_1 bzw. E_2. Wie in Fall 2 des Beweises von Satz 1.5 sieht man, daß

$$\varphi_1 = s \circ s_1 \qquad \text{und} \qquad \varphi_2 = s_2 \circ s.$$

Dann ist

$$\varphi_2 \circ \varphi_1 = (s_2 \circ s) \circ (s \circ s_1) = s_2 \circ (s \circ s) \circ s_1 = s_2 \circ \text{id} \circ s_1 = s_2 \circ s_1$$

Wie oben sieht man, daß $s_2 \circ s_1$ eine Drehung an der Schnittgeraden von E_1 und E_2 ist. □

Am Anfang von Kapitel 6 geben wir einen anderen Beweis von Satz 1.6.

Der wesentliche Schritt bei der Untersuchung der endlichen Untergruppen von $O(3)$ ist die Klassifikation aller endlichen Untergruppen von $SO(3)$, also der endlichen „Drehgruppen". Wir geben zunächst fünf Typen solcher endlicher Drehgruppen an, und werden danach zeigen, daß dies bis auf Konjugation alle möglichen Typen sind.

(1.13.1) Sei g eine Gerade durch O und $n \geq 1$. Mit $\mathbb{C}_n$ bezeichnen wir die Gruppe aller Drehungen um g mit Winkeln $j/n \cdot 360°$, $0 \leq j \leq n-1$. $\mathbb{C}_n$ ist offensichtlich isomorph zu der Gruppe C_n aus Satz 1.5. Insbesondere ist $|\mathbb{C}_n| = n$. Die Gruppe $\mathbb{C}_n$ heißt auch die *zyklische Gruppe* der Ordnung n.

(1.13.2) Sei E eine Ebene durch O, und P_n ein reguläres n-Eck ($n \geq 3$) in E (vgl. Bild 1.35). Die Stabilisatoruntergruppe von P_n in $SO(3)$ bezeichnen wir mit $\mathbb{D}_n$.

Bild 1.35

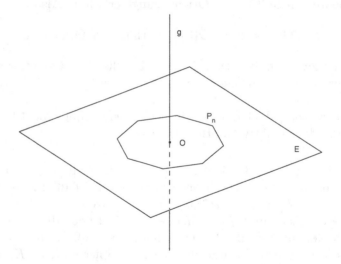

Wir wollen ihre Elemente aufzählen:

Falls eine Drehung φ das n-Eck auf sich abbildet, so führt sie die Ebene E in sich über. Folglich ist ihre Drehachse entweder die Gerade g senkrecht zu E durch O, oder aber ihre Drehachse liegt in E und der Drehwinkel ist 180°. Im ersten Fall ist φ notwendigerweise eine Drehung um einen Winkel $j/n \cdot 360°$ mit $0 \leq j \leq n-1$; und all diese Drehungen liegen auch in $\mathbb{D}_n$. Im zweiten Fall ist die Einschränkung von φ auf E die Spiegelung an der Drehachse g' von φ. Folglich ist g' eine der n Symmetrieachsen von P_n. Umgekehrt führt die Drehung um 180° an einer der Symmetrieachsen von P_n das n-Eck in sich über, liegt also in $\mathbb{D}_n$.

Wir sehen, daß die Abbildung $\mathbb{D}_n \to D_n$ von $\mathbb{D}_n$ in die in Satz 1.5 betrachtete Untergruppe von $O(2)$, die jedem $\varphi \in \mathbb{D}_n$ die Einschränkung von φ auf die Ebene E zuordnet, ein Isomorphismus ist.

Für $n = 2$ bezeichnen wir mit $\mathbb{D}_2$ die Gruppe, die aus der Identität, den Drehungen um 180° an zwei zueinander senkrechten Geraden in E, und der Drehung um 180° an der zu E senkrechten Geraden g besteht. Wie oben sieht man, daß $\mathbb{D}_2$ zu der Gruppe V_4 isomorph ist.

Die Gruppe $\mathbb{D}_n$ heißt die *Diedergruppe* der Ordnung $2\,n$.

(1.13.3) Mit $\mathbb{T}$ bezeichnen wir die Stabilisatoruntergruppe eines regulären Tetraeders mit Mittelpunkt O in $SO(3)$. Man überlegt sich leicht, daß $\mathbb{T}$ transitiv auf der

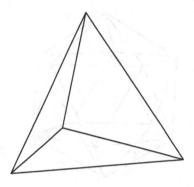

Bild 1.36 Tetraeder

Menge der Ecken des Tetraeders operiert, und daß die Stabilisatoruntergruppe einer Ecke des Tetraeders aus der Identität und den Drehungen um die Gerade durch O und diese Ecke mit den Winkeln 120° und 240° besteht. Die Formel (1.7) aus Satz 1.3 liefert somit

$$|\mathbb{T}| = 3 \cdot (\text{Anzahl der Ecken}) = 3 \cdot 4 = 12$$

$\mathbb{T}$ heißt die *Tetraedergruppe*.

(1.13.4) Sei $\mathbb{O}$ die Stabilisatoruntergruppe eines Würfels mit Mittelpunkt O in $SO(3)$.

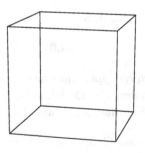

Bild 1.37 Würfel

Wie wir in Beispiel 1 nach Satz 1.3 gesehen haben, ist

$$|\mathbb{O}| = 24$$

$\mathbb{O}$ nennt man im allgemeinen die *Oktaedergruppe*; wir haben ja schon erwähnt, daß Oktaeder und Würfel die gleiche Symmetrie haben (vgl. Seite 20).

(1.13.5) Sei $\mathbb{I}$ die Stabilisatoruntergruppe eines Ikosaeders mit Mittelpunkt O in $SO(3)$. Wir nehmen hier an, daß wir bereits wissen, daß es Ikosaeder gibt, und

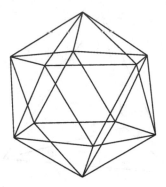

Bild 1.38 Ikosaeder

daß wir ihre wichtigsten Eigenschaften kennen. Das Ikosaeder hat 12 Ecken, 30 Kanten und 20 Seitenflächen (welche eichseitige Dreiecke sind). Die Gruppe $\mathbb{I}$ besteht neben der Identität aus

- Drehungen um Achsen durch die Mittelpunkte von zwei gegenüberliegenden Seitenflächen mit Winkel 120° und 240°,

- Drehungen um Achsen durch zwei gegenüberliegende Kantenmittelpunkte um den Winkel 180°,

- Drehungen um Achsen durch zwei gegenüberliegende Ecken um Winkel von 72°, 144°, 216°, oder 288°.

Wie oben kann man ausrechnen, daß

$$|\mathbb{I}| = 60$$

Die Gruppe $\mathbb{I}$ heißt *Ikosaedergruppe*. Man kann zeigen, daß die Mittelpunkte der Seitenflächen des Ikosaeders ein Dodekaeder bilden, und umgekehrt. Dies zeigt dann, daß $\mathbb{I}$ auch die Symmetriegruppe eines Dodekaeders ist.

Die in (1.13.1)–(1.13.5) angegebenen Gruppen sind paarweise nicht isomorph. Für die Gruppen $\mathbb{C}_n$ und $\mathbb{D}_n$ haben wir dies bereits in Satz 1.5 verifiziert. Da isomorphe Gruppen die gleiche Ordnung haben, bleibt noch zu zeigen, daß

- $\mathbb{T}$ nicht zu $\mathbb{C}_{12}$ oder $\mathbb{D}_6$ isomorph ist,

- $\mathbb{O}$ nicht zu $\mathbb{C}_{24}$ oder $\mathbb{D}_{12}$ isomorph ist,

- $\mathbb{I}$ nicht zu $\mathbb{C}_{60}$ oder $\mathbb{D}_{30}$ isomorph ist.

Übung: Zeigen Sie, daß die Gruppen $\mathbb{T}$, $\mathbb{O}$, $\mathbb{I}$ nicht kommutativ sind!

Da die Gruppen $\mathbb{C}_n$ alle kommutativ sind, $\mathbb{T}$, $\mathbb{O}$ und $\mathbb{I}$ aber nicht, tritt jeweils die erste der beiden Möglichkeiten nicht auf. Um jeweils die zweite Alternative auszuschließen, führen wir noch einen abstrakten Begriff ein:

Definition 15 *Sei G eine Gruppe, $g \in G$. Dann heißt die kleinste natürliche Zahl n, so daß*

$$g^n = e, \qquad aber \ g^j \neq e \qquad für \ 0 < j < n$$

die Ordnung von g in G. Falls es kein $j \in \mathbb{N}$ gibt, so daß $g^j = e$, so sagt man, g habe unendliche Ordnung.

Ist $\Phi : G \to G'$ ein Gruppenisomorphismus, so haben für jedes $g \in G$ die Elemente g in G und $\Phi(g)$ in G' die gleiche Ordnung. Zwei Gruppen sind insbesondere dann nicht isomorph, wenn es ein $n \in \mathbb{N}$ gibt, so daß G Elemente der Ordnung n enthält, G' aber nicht.

Nun kennen wir alle Elemente von $\mathbb{T}$, $\mathbb{O}$ und $\mathbb{I}$. Es zeigt sich, daß

- $\mathbb{T}$ nur Elemente der Ordnung 1,2,3 enthält,

- $\mathbb{O}$ nur Elemente der Ordnung 1,2,3,4 , und

- $\mathbb{I}$ nur Elemente der Ordnung 1,2,3,5 .

Andererseits enthält $\mathbb{D}_n$ eine Drehung um den Winkel $^1/_n \cdot 360°$, also ein Element der Ordnung n. Dies zeigt, daß $\mathbb{T}$ nicht zu $\mathbb{D}_6$, $\mathbb{O}$ nicht zu $\mathbb{D}_{12}$ und $\mathbb{I}$ nicht zu $\mathbb{D}_{30}$ isomorph ist.

Satz 1.7 *Jede endliche Untergruppe von $SO(3)$ ist in $SO(3)$ konjugiert zu einer der Gruppen $\mathbb{C}_n$, $n \geq 1$, $\mathbb{D}_n$, $n \geq 2$, $\mathbb{T}$, $\mathbb{O}$ oder $\mathbb{I}$.*

Beweis Sei G eine endliche Untergruppe von $SO(3)$. Falls $G = \{id\}$, ist $G = \mathbb{C}_1$, und wir sind fertig. Wir können also annehmen, daß $|G| \geq 2$. Jedes von id verschiedene Element von G ist eine Drehung um eine Achse, hat also genau zwei Fixpunkte auf der Sphäre S^2. Deshalb ist die Menge

$$M := \{\, X \in S^2 \mid \ X \text{ ist Fixpunkt eines von } id$$
$$\text{verschiedenen Elementes von } G \,\}$$

endlich. Nach Definition von M liegt ein Punkt $X \in S^2$ genau dann in M, wenn $Stab_G(X) \neq \{id\}$. Ist $X \in M$ und $\varphi \in G$, so ist nach Satz 1.3.i

$$Stab_G\big(\varphi(X)\big) = \varphi \circ Stab_G(X) \circ \varphi^{-1}$$

also ist auch $\varphi(X) \in M$. Deswegen definiert

$$
\begin{array}{ccc}
G \times M & \longrightarrow & M \\
(\varphi,X) & \longmapsto & \varphi(X)
\end{array}
$$

eine Operation von G auf M. Seien $M_1, \ldots, M_r$ die Bahnen von G auf M. Nach Satz 1.3.ii ist M die disjunkte Vereinigung von $M_1, \ldots, M_r$. Für je zwei Punkte einer Bahn M_i hat nach Satz 1.3.i die Stabilisatoruntergruppe in G die gleiche Ordnung; wir bezeichnen diese Ordnung mit n_i. Da die Stabilisatoruntergruppen von Punkten in M alle ungleich $\{id\}$ sind, gilt

$$
n_i \geq 2 \qquad \text{für } i = 1, \ldots, r
$$

Wir unterbrechen kurz den Beweis, um die durchgeführten Konstruktionen am Beispiel $G = \mathbb{O}$ (der Symmetriegruppe des Würfels) zu illustrieren. M ist die Menge der Durchstoßpunkte von Drehachsen von Elementen von $\mathbb{O}$ mit S^2, also die Menge der Ekken, Kanten und Seitenmittelpunkte der Figur, die durch Projektion des Würfels von O aus auf S^2 entsteht (siehe Bild 1.39). Es gibt drei Bahnen, nämlich die Menge M_1 der Kantenmittelpunkte, die Menge M_2 der Ecken, und die Menge M_3 der Seitenflächen. In diesem Fall ist $n_1 = 2$, $n_2 = 3$, $n_3 = 4$. 2cm

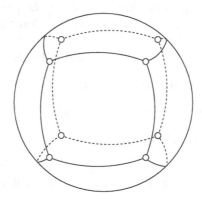

Bild 1.39

Wir fahren nun mit dem Beweis fort. Sei

$$
\mathfrak{M} := \{ (\varphi,X) \in \big(G \backslash \{id\}\big) \times M \mid \varphi(X) = X \}
$$

die Menge aller Paare (φ,X) mit $\varphi \in G$, $\varphi \neq id$ und $X \in M$, für die X ein Fixpunkt von φ ist. Da jedes Element von $G \backslash \{id\}$ eine Drehung ist, also genau zwei Fixpunkte auf S^2 hat, gilt

$$
|\mathfrak{M}| = 2\,(|G| - 1) \tag{1.14}
$$

Andererseits gibt es für jedes $X \in M_i$ genau $(n_i - 1)$ Elemente von $G \backslash \{id\}$, die X als Fixpunkt haben — dies war ja die Definition von n_i. Folglich ist

$$
|\mathfrak{M}| = (n_1 - 1) \cdot |M_1| + (n_2 - 1) \cdot |M_2| + \cdots + (n_r - 1) \cdot |M_r|
$$

Nach Formel (1.7) aus Satz 1.3 ist

$$|M_i| = \frac{1}{n_i} |G|$$

also ist

$$|\mathfrak{M}| = \left(1 - \frac{1}{n_1}\right) \cdot |G| + \left(1 - \frac{1}{n_2}\right) \cdot |G| + \cdots + \left(1 - \frac{1}{n_r}\right) \cdot |G|$$

Zusammen mit (1.14) ergibt dies

$$2\left(|G| - 1\right) = \left(1 - \frac{1}{n_1}\right) \cdot |G| + \left(1 - \frac{1}{n_2}\right) \cdot |G| + \cdots + \left(1 - \frac{1}{n_r}\right) \cdot |G|$$

oder nach Division beider Seiten durch $|G|$ und Umordnen

$$\frac{1}{n_1} + \frac{1}{n_2} + \cdots + \frac{1}{n_r} = r - 2 + \frac{2}{|G|} \qquad (1.15)$$

Da $n_i \geq 2$ für $i = 1, \ldots, r$, ist die linke Seite von (1.15) höchstens gleich $r/2$. Aus (1.15) folgt also

$$\frac{r}{2} \geq r - 2 + \frac{2}{|G|}$$

also insbesondere

$$\frac{r}{2} < 2$$

das heißt

$$r \leq 3 \qquad (1.16)$$

Wir diskutieren nun die Fälle $r = 1$, $r = 2$ und $r = 3$ getrennt:

Fall **r = 1**:
  Formel (1.15) liefert

$$\frac{1}{n_1} = \frac{2}{|G|} - 1$$

Da $|G| \geq 2$, folgt $\frac{2}{|G|} - 1 \leq 0$ oder $1/n_1 \leq 0$. Das ist unmöglich.

Fall **r = 2**:
  Formel (1.15) liefert

$$\frac{1}{n_1} + \frac{1}{n_2} = \frac{2}{|G|}$$

Da $|M_i| = 1/n_i \cdot |G|$ folgt

$$|M_1| + |M_2| = 2$$

also ist

$$|M_1| = |M_2| = 1 \qquad \text{und} \qquad n_1 = n_2 = |G|$$

Wir bezeichnen den Punkt von M_1 mit P_1, und den Punkt von M_2 mit P_2; mit anderen Worten $M_1 = \{P_1\}$, $M_2 = \{P_2\}$. Die Stabilisatoruntergruppe $Stab_G(P_1)$ von P_1 in G hat die Ordnung $n_1 = |G|$, also ist $G = Stab_G(P_1)$. Die Gruppe G besteht also nur aus Drehungen um die Gerade g durch O und P_1. Dasselbe gilt für P_2, also ist P_2 der von P_1 verschiedene Durchstoßpunkt von g mit S^2. Sei E die Ebene senkrecht zu g. Dann bildet jedes Element φ von G die Ebene E in sich ab und induziert eine Drehung in E um O. Aus Satz 1.5 folgt, daß alle Drehwinkel dieser Drehungen Vielfache eines Winkels $^1/_n \cdot 360°$ mit geeignetem n sind, und daß alle Vielfachen vorkommen. Es folgt, daß G die Menge aller Drehungen um die Achse g mit Winkel $^j/_n \cdot 360°$, $0 \le j \le n-1$ ist. Man sieht nun leicht, daß G zu $\mathbb{C}_n$ konjugiert ist.

Fall **r** $= 3$:

Formel (1.15) liefert in diesem Fall

$$\frac{1}{n_1} + \frac{1}{n_2} + \frac{1}{n_3} = 1 + \frac{2}{|G|} \tag{1.17}$$

Insbesondere ist

$$\frac{1}{n_1} + \frac{1}{n_2} + \frac{1}{n_3} > 1 \tag{1.18}$$

Ferner ist per Definition

$$n_i \ge 2 \qquad \text{für } i = 1,2,3 \tag{1.19}$$

Die Ungleichungen (1.18) und (1.19) haben — bis auf Vertauschen von n_1, n_2, n_3 — nur die in Tabelle 1.3 eingetragenen ganzzahligen Lösungen:

Tabelle 1.3

n_1	n_2	n_3	$\|G\|$
2	2	n	$2\,n$
2	3	3	12
2	3	4	24
2	3	5	60

(n beliebig)

In der letzten Spalte haben wir den aus (1.17) berechneten Wert von $|G|$ eingetragen.

Übung: Beweisen Sie, daß die Ungleichungen (1.18), (1.19) nur die in Tabelle 1.3 genannten ganzzahligen Lösungen haben!

Im Prinzip müssen wir nun die vier Fälle getrennt diskutieren und zeigen, daß im Fall $(n_1,n_2,n_3) = (2,2,n)$ die Gruppe G zu $\mathbb{D}_n$ konjugiert ist, daß im Fall $(n_1,n_2,n_3) = (2,3,3)$ die Gruppe G zu $\mathbb{T}$ konjugiert ist, daß im Fall $(n_1,n_2,n_3) = (2,3,4)$ die Gruppe G zu $\mathbb{O}$ konjugiert ist und daß im Fall $(n_1,n_2,n_3) = (2,3,5)$ die Gruppe G zu $\mathbb{I}$ konjugiert ist. Alle diese Argumente sind ähnlich (siehe z.B. [Armstrong] ch. 19), und deshalb betrachten wir nur den Fall $(n_1,n_2,n_3) = (2,3,4)$. (Für Beweise, in denen man diese vier Fälle nicht zu unterscheiden braucht, siehe z.B. [Coxeter 1973] ch. III oder [Tóth, L.] I.2)

Im Fall $(n_1,n_2,n_3) = (2,3,4)$ besteht die Menge M_3 aus $|G|/n_3 = 6$ Punkten. Die Standgruppe jedes Punktes $P \in M_3$ hat die Ordnung 4, besteht also aus den Drehungen um die Achse OP mit Winkeln $90°$, $180°$, $270°$ und der Identität. Wir wählen nun einen Punkt $Q_1 \in M_3$, der nicht auf der Geraden OP liegt. Q_2, Q_3, Q_4, seien die Bilder von Q_1 unter den Drehungen um die Achse OP um den Winkel $90°$, $180°$, $270°$. Sie liegen offenbar in der Bahn M_3 von Q_1. Neben P, Q_1, Q_2, Q_3, Q_4 hat M_3 noch einen sechsten Punkt, den wir P' nennen wollen. Da Q_1, Q_2, Q_3, Q_4 eine Bahn unter der Operation von $Stab_G(P)$ bilden, wird P' von allen Elementen von $Stab_G(P)$ festgelassen, ist also der zu P antipodale Punkt.

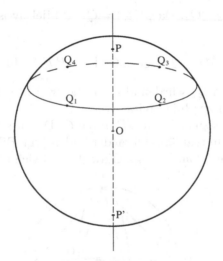

Bild 1.40

Die Punkte Q_1, Q_2, Q_3, Q_4 haben alle den gleichen Abstand von P, liegen also in einer Ebene E senkrecht zur Achse OP (siehe Bild 1.40). Nach Konstruktion bilden Q_1, Q_2, Q_3, Q_4 ein Quadrat, dessen Mittelpunkt der Durchstoßpunkt R der Achse OP durch E ist. Wir behaupten nun, daß E durch O geht, d.h., daß E die „Äquatorialebene" zwischen P und P' ist. Dazu bemerken wir, daß die Drehung φ um die Achse OQ_1 um den Winkel $180°$ in G liegt, also jeden Punkt der Bahn M_3 wieder in einen Punkt von $M_3 = \{ P, P', Q_1, Q_2, Q_3, Q_4 \}$ abbildet. Wäre E nicht die Äquatorialebene, so wäre $\varphi(E)$ eine von E verschiedene Ebene, die E längs der Geraden durch Q_1 in E träfe, die senkrecht auf OQ_1 stünde. Diese Gerade enthielte

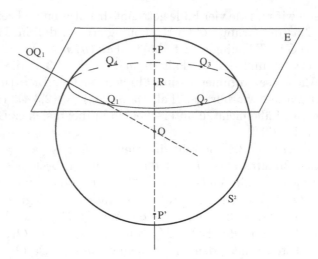

Bild 1.41

keine der Punkte Q_2, Q_3, Q_4. Da $\varphi(Q_1) = Q_1$, φ bijektiv ist und $\varphi(Q_j) \in \varphi(E)$ für $j = 1,2,3$, gälte

$$\varphi(Q_j) \in M_3 \backslash \{\, Q_1, Q_2, Q_3, Q_4 \,\} = \{P, P'\} \quad \text{für } j = 2,3,4$$

Die drei Punkte Q_2, Q_3, Q_4 würden also auf die zwei Punkte P,P' abgebildet. Dies stünde im Widerspruch zur Injektivität von φ.

E ist also die Ebene senkrecht zu OP durch O. Damit sehen wir, daß die Punkte $P, Q_1, Q_2, Q_3, Q_4, P'$ ein reguläres Oktaeder bilden (vgl. Bild 1.42). Nach Konstruktion bilden alle Elemente von G dieses Oktaeder auf sich ab. Die Symmetriegruppe

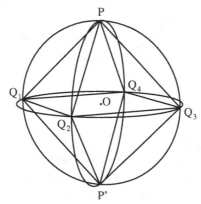

Bild 1.42

des Oktaeders ist dieselbe wie die Symmetriegruppe des Würfels, dessen Ecken die Seitenmittelpunkte des Oktaeders sind (vgl. Bild 1.23, Seite 20). Sie enthält genau 24 Elemente in $SO(3)$. Da $|G| = 24$, ist G gleich der Stabilisatoruntergruppe dieses

Würfels in $SO(3)$. Weil nun je zwei Würfel die gleiche Symmetrie haben, folgt, daß G zu $\mathbb{O}$ konjugiert ist. $\qquad\qquad\qquad\qquad\qquad\qquad\qquad\qquad\qquad\square$

Satz 1.7 gibt einen Überblick über alle endlichen Untergruppen von $SO(3)$. Wir können ihn verwenden, um alle endlichen Untergruppen von $O(3)$ bis auf Konjugation zu klassifizieren. Natürlich sind alle endlichen Untergruppen von $SO(3)$ auch endliche Untergruppen von $O(3)$. Zusätzlich gibt es noch folgende Gruppen:

(1.20.1) Sei g eine Gerade durch O, $n \geq 1$, und $E_1,\ldots,E_n$ Ebenen durch g, von denen zwei aufeinanderfolgende einen Winkel von $1/_n \cdot 180°$ einschließen (vgl. Bild 1.43). Wir bezeichnen mit $\mathbb{C}_n'$ die Menge aller Isometrien, die aus den

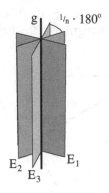

Bild 1.43

Spiegelungen an den Ebenen E_i, $1 \leq i \leq n$ und den Drehungen um die Achse g mit den Winkeln $j/_n \cdot 360°$, $0 \leq j \leq n-1$, besteht. Man prüft leicht nach, daß $\mathbb{C}_n'$ eine Untergruppe von $O(3)$ der Ordnung $2n$ ist und daß

$$\mathbb{C}_n' \cap SO(3) = \mathbb{C}_n$$

(1.20.2) Für $n \geq 3$ sei P_n ein reguläres n-Eck mit Mittelpunkt O in einer Ebene durch O, und $\mathbb{D}_n$ sei seine Standgruppe in $SO(3)$. Ist n gerade, so ist die Punktspiegelung p_O an O ebenfalls eine Symmetrie von P_n. Jede Symmetrie ψ des Polygons P_n im Raum, die nicht schon in $\mathbb{D}_n$ liegt, läßt sich in der Form

$$\psi = p_O \circ \varphi \qquad \text{mit } \varphi \in \mathbb{D}_n$$

schreiben, denn $\psi = (p_O \circ p_O) \circ \psi = p_O \circ (p_O \circ \psi)$, und $p_O \circ \psi$ ist ein Element von $SO(3)$, das P_n in sich überführt. Für gerades n ist die volle Symmetriegruppe des Polygons P_n im Raum also gleich

$$\mathbb{D}_n^* := \mathbb{D}_n \cup \{\, p_O \circ \varphi \mid \varphi \in \mathbb{D}_n \,\} = \mathbb{D}_n \cup (p_O \circ \mathbb{D}_n)$$

Man beachte, daß diese Definition für jedes $n \geq 2$ eine endliche Untergruppe von $O(3)$ liefert, denn sind $\varphi_1, \varphi_2 \in \mathbb{D}_n$, so ist

- $\varphi_1 \circ \varphi_2 \in \mathbb{D}_n$, da $\mathbb{D}_n$ eine Gruppe ist,

- $(p_O \circ \varphi_1) \circ \varphi_2 = p_O \circ (\varphi_1 \circ \varphi_2) \in p_O \circ \mathbb{D}_n$,
  $\varphi_1 \circ (p_O \circ \varphi_2) = p_O \circ (p_O \circ \varphi_1 \circ p_O) \circ \varphi_2 = p_O \circ \varphi_1 \circ \varphi_2 \in p_O \circ \mathbb{D}_n$ nach
  (1.3), und

- $(p_O \circ \varphi_1) \circ (p_O \circ \varphi_2) = \varphi_1 \circ \varphi_2 \in \mathbb{D}_n$ nach (1.3).

Falls n ungerade ist, ist $\mathbb{D}_n^*$ nicht mehr die Symmetriegruppe von P_n, denn p_O führt ja P_n nicht in sich über.

Übung: Finden Sie für ungerades $n \geq 3$ eine Figur, deren Symmetriegruppe $\mathbb{D}_n^*$ ist!

Um die Symmetriegruppe von P_n in dem Fall zu bestimmen, daß n ungerade ist, fassen wir P_n als Teilmenge eines regulären $2n$-Ecks P_{2n} auf (vgl. Bild 1.44).

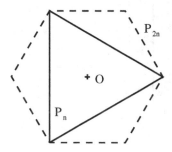

Bild 1.44 $(n = 3)$

Die Symmetriegruppe von P_n ist in diesem Fall

$$\mathbb{D}_n' := \mathbb{D}_n \cup \{ p_O \circ \varphi \mid \varphi \in \mathbb{D}_{2n} \text{ aber } \varphi \notin \mathbb{D}_n \}$$

Wieder ergibt diese Definition für jedes $n \geq 2$ eine endliche Untergruppe von $O(3)$.

Übung: Finden Sie für gerades $n \geq 4$ eine Figur, deren Symmetriegruppe $\mathbb{D}_n'$ ist!

(1.20.3) $\mathbb{T}'$ sei die Standgruppe eines regulären Tetraeders mit Mittelpunkt O in $O(3)$. Dann ist

$$\mathbb{T}' \cap SO(3) = \mathbb{T}$$

Ferner enthält $\mathbb{T}'$ alle Spiegelungen an Ebenen durch eine Kante des Tetraeders und den Mittelpunkt der gegenüberliegenden Kante (vgl. Bild 1.45).

Sei s eine solche Spiegelung. Ist nun $\varphi \in \mathbb{T}'$ ein Element, das nicht in $\mathbb{T}$ liegt, so können wir nach Satz 1.2 schreiben

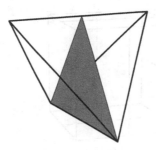

Bild 1.45

$$\varphi = p_O \circ \psi \qquad \text{mit } \psi \in SO(3)$$

Dann ist

$$\varphi' := s \circ \varphi = (s \circ p_O) \circ \psi$$

in $\mathbb{T}'$. Da $s \circ p_O$ die Drehung um $180°$ um die Achse durch O senkrecht zu E ist, ist $\varphi' = (s \circ p_O) \circ \psi$ als Produkt von Elementen von $SO(3)$ wieder in $SO(3)$, das heißt, $\varphi' \in \mathbb{T}$. Offenbar ist $\varphi = s \circ \varphi'$. Wir sehen damit, daß

$$\mathbb{T}' = \mathbb{T} \cup \{\, s \circ \varphi' \,|\, \varphi' \in \mathbb{T}\,\}$$

(1.20.4) Mit $\mathbb{O}^*$ bezeichnen wir die Standgruppe eines Würfels mit Mittelpunkt O in $O(3)$. Offenbar liegt p_O in $\mathbb{O}^*$, und wie oben sieht man, daß

$$\mathbb{O}^* = \mathbb{O} \cup \{\, p_O \circ \varphi \,|\, \varphi \in \mathbb{O}\,\} = \mathbb{O} \cup (p_O \circ \mathbb{O})$$

(1.20.5) $\mathbb{I}^*$ sei die Standgruppe eines Ikosaeders mit Mittelpunkt O in $O(3)$. Es gilt

$$\mathbb{I}^* = \mathbb{I} \cup (p_O \circ \mathbb{I})$$

Neben diesen naheliegenden Gruppen gibt es noch weitere endliche Untergruppen von $O(3)$:

(1.20.6) Wir betrachten einen Würfel mit Mittelpunkt O, dessen Symmetriegruppe $\mathbb{O}^*$ ist. Auf jeder Seitenfläche des Würfels markieren wir eine Strecke, die zu zwei Kanten der Seitenfläche parallel ist und in der Mitte zwischen den beiden Kanten verläuft, so daß die Figur in Bild 1.46 entsteht.

Sei $\mathbb{T}^*$ die Untergruppe aller derjenigen Elemente von $\mathbb{O}^*$, die Markierungsstreifen in Markierungsstreifen überführen. $\mathbb{T}^*$ ist eine Untergruppe von $\mathbb{O}^*$ und $\mathbb{T}^* \neq \mathbb{O}^*$, also teilt $|\mathbb{T}^*|$ die Ordnung 48 von $\mathbb{O}^*$ und es gilt $|\mathbb{T}^*| \leq 24$. Ist A, B, C, D ein in den Würfel einbeschriebenes reguläres Tetraeder, so überführt jede Drehung, die das Tetraeder in sich abbildet, auch den Würfel in sich und bildet Markierungsstreifen auf Markierungsstreifen ab (vgl. Bild 1.47).

Also ist $\mathbb{T}$ eine Untergruppe von $\mathbb{T}^*$. Schließlich ist $p_O \in \mathbb{T}^*$, also ist $\mathbb{T} \cup \{\, p_O \circ \varphi \,|\, \varphi \in \mathbb{T}\,\} \subset \mathbb{T}^*$. Da $\mathbb{T} \cup \{\, p_O \circ \varphi \,|\, \varphi \in \mathbb{T}\,\}$ bereits 24 Elemente hat, folgt

$$\mathbb{T}^* = \mathbb{T} \cup (p_O \circ \mathbb{T})$$

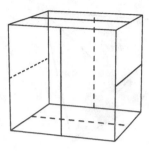

Bild 1.46

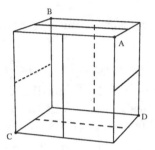

Bild 1.47

(1.20.7) Schließlich seien $\mathbb{C}_n{}^*$ bzw. $\tilde{\mathbb{C}}_n$ die Gruppen

$$\mathbb{C}_n{}^* = \mathbb{C}_n \cup (p_O \circ \mathbb{C}_n) \qquad \tilde{\mathbb{C}}_n = \mathbb{C}_n \cup (s \circ \mathbb{C}_n)$$

wobei s die Spiegelung and der Ebene senkrecht zu der Drehachse von $\mathbb{C}_n$ ist. Fr gerade n ist $\mathbb{C}_n{}^* = \tilde{\mathbb{C}}_n$; für ungerades n sind diese beiden Gruppen verschieden.

Satz 1.8 *Jede endliche Untergruppe von $O(3)$ ist konjugiert zu einer der Gruppen*

a) $\mathbb{C}_n$, $\mathbb{C}_n{}'$, $\mathbb{C}_n{}^*$ *oder* $\tilde{\mathbb{C}}_n$ *mit* $n \geq 1$,

b) $\mathbb{D}_n$, $\mathbb{D}_n{}'$ *oder* $\mathbb{D}_n{}^*$ *mit* $n \geq 2$,

c) $\mathbb{T}$, $\mathbb{T}'$, *oder* $\mathbb{T}^*$,

d) $\mathbb{O}$ *oder* $\mathbb{O}^*$,

e) $\mathbb{I}$ *oder* $\mathbb{I}^*$.

Beweis Sei G' eine endliche Untergruppe von $O(3)$. Falls $G' \subset SO(3)$, so liefert bereits Satz 1.7 das gewünschte Resultat. Wir können also annehmen, daß G' nicht in $SO(3)$ enthalten ist. Setze

$$G := G' \cap SO(3)$$

Dies ist eine endliche Untergruppe von $SO(3)$. Nach Satz 1.7 gibt es also $\psi \in SO(3)$, so daß $\psi \circ G \circ \psi^{-1}$ eine der Gruppen $\mathbb{C}_n$, $\mathbb{D}_n$, $\mathbb{T}$, $\mathbb{O}$, $\mathbb{I}$ ist. Indem wir G' durch $\psi \circ G' \circ \psi^{-1}$ ersetzen, können wir annehmen, daß G eine der Gruppen $\mathbb{C}_n$, $\mathbb{D}_n$, $\mathbb{T}$, $\mathbb{O}$, $\mathbb{I}$ ist. Um Satz 1.8 zu beweisen, verwenden wir die Tatsache, daß sich die Eckpunkte der regulären Polyeder durch ihre Stabilisatoruntergruppen in $\mathbb{T}$ bzw. $\mathbb{O}$ bzw. $\mathbb{I}$ charakterisieren lassen. Dann benutzen wir die folgende Aussage:
„Ist $X \in S^2$ und $\psi \in G'$, so ist

$$Stab_G(\psi(X)) = \psi \circ Stab_G(X) \circ \psi^{-1}, \tag{1.21}$$

$$\text{insbesondere } |Stab_G(\psi(X))| = |Stab_G(X)|.\text{“}$$

Falls ψ in der Untergruppe G liegt, ist dies eine direkte Folgerung aus Satz 1.3.i. Falls ψ nicht in G liegt, ist immer noch klar, daß

$$\psi \circ Stab_G(X) \circ \psi^{-1} \subset Stab_{G'}(\psi(X))$$

Wir schreiben nun entsprechend Satz 1.2 die Abbildung ψ in der Form

$$\psi = \psi' \circ p_O \qquad \text{mit } \psi' \in SO(3)$$

Dann ist $\psi^{-1} = p_O \circ (\psi')^{-1}$. Ist nun $\varphi \in Stab_G(X)$, so ist nach (1.3)

$$\psi \circ \varphi \circ \psi^{-1} = \psi' \circ (p_O \circ \varphi \circ p_O) \circ (\psi')^{-1} = \psi' \circ \varphi \circ (\psi')^{-1} \in SO(3)$$

Also folgt

$$\psi \circ Stab_G(X) \circ \psi^{-1} \subset Stab_G(\psi(X)) \tag{1.22}$$

Indem man verwendet, daß ψ^{-1} den Punkt $\psi(X)$ auf X abbildet, zeigt man analog, daß

$$\psi^{-1} \circ \Big(Stab_G(\psi(X)) \Big) \circ \psi \subset Stab_G(X)$$

Multipliziert man die letzte Inklusion von links mit ψ und von rechts mit ψ^{-1}, so erhält man

$$Stab_G(\psi(X)) \subset \psi \circ Stab_G(X) \circ \psi^{-1}$$

Zusammen mit (1.22) ergibt dies die gewünschte Identität (1.21).

Nach diesem Intermezzo kehren wir zum Beweis von Satz 1.8 zurück. Wir diskutieren die verschiedenen Möglichkeiten für die Untergruppe $G = G' \cap SO(3)$ von G' getrennt.

1. *Fall $G = \mathbb{I}$*: Die Punkte X auf S^2, für die $|Stab_G(X)| = 5$, sind die zwölf Eckpunkte eines Ikosaeders. Aus (1.21) folgt, daß jedes Element φ von G' diese 12-elementige Menge auf sich abbildet. Da φ jeweils eine Isometrie ist, ist φ eine Symmetrie des Ikosaeders. Also ist G' eine Untergruppe der Symmetriegruppe $\mathbb{I}^*$ dieses Ikosaeders. Nach Satz 1.4 teilt die Ordnung $|G'|$ von G' die Ordnung von $\mathbb{I}^*$, also ist $|G'|$ ein Teiler von $120 = |\mathbb{I}^*|$. Ebenso ist $60 = |G|$ ein Teiler von $|G'|$, da G ja eine Untergruppe von G' ist. Folglich ist $|G'| = 60$ oder $|G'| = 120$. Da G eine echte Untergruppe von G' ist, ist $|G'| > 60$, also ist $|G'| = 120$ und somit $G' = \mathbb{I}^*$.

2. *Fall G = $\mathbb{O}$*: Die Punkte X auf S^2, für die $|Stab_G(X)| = 3$, bilden die acht Ekken eines Würfels. Mit denselben Argumenten wie oben zeigt man, daß G' die volle Symmetriegruppe dieses Würfels ist.

3. *Fall G = $\mathbb{T}$*: Sei

$$M = \{\, X \in S^2 \,\big|\, |Stab_G(X)| = 3 \,\}$$

M besteht aus zwei Bahnen unter G, nämlich den Ecken M' des Tetraeders und den Ecken M'' des dualen Tetraeders (vgl. Bild 1.48). M ist die Menge der Ecken eines Würfels. Aus (1.21) folgt wie oben, daß G' eine Untergruppe der Symmetriegruppe $\mathbb{O}^*$ dieses Würfels ist. Da $\mathbb{T}$ eine echte Untergruppe von G' ist, folgt aus Satz 1.4,

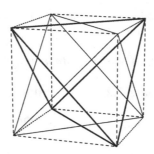

Bild 1.48

daß $12 = |\mathbb{T}|$ ein Teiler von $|G'|$ ist, daß $|G'|$ ein Teiler von $|\mathbb{O}^*| = 48$ ist, und daß $|G'| > 12$. Also ist $|G'| = 24$ oder $|G'| = 48$. Wäre $|G'| = 48$, so wäre $G' = \mathbb{O}^*$ und somit $G = G' \cap SO(3) = \mathbb{O}$, im Widerspruch zu der Annahme, daß $G = \mathbb{T}$. Also ist $|G'| = 24$.

Wie in (1.20.3) sei s eine Spiegelung an einer Ebene durch eine Kante des Tetraeders und den gegenüberliegenden Kantenmittelpunkt. Die volle Symmetriegruppe des Tetraeders ist, wie wir oben festgestellt haben,

$$\mathbb{T}' = \mathbb{T} \cup \{\, s \circ \varphi \,|\, \varphi \in \mathbb{T} \,\}$$

Enthält G' eine der Abbildungen $s \circ \varphi_0$, $\varphi_0 \in \mathbb{T}$, so enthält G' die ganze Menge $\{\, s \circ \varphi \,|\, \varphi \in \mathbb{T} \,\}$, denn für $\varphi \in \mathbb{T}$ ist $s \circ \varphi = (s \circ \varphi_0) \circ (\varphi_0^{-1} \circ \varphi)$, und $\varphi_0^{-1} \circ \varphi \in \mathbb{T} \subset G'$. In diesem Fall ist also $\mathbb{T}' \subset G'$. Da beide Gruppen die gleiche Ordnung haben, ist also in diesem Fall $\mathbb{T}' = G'$.

Wir nehmen nun an, daß $G' \cap \{\, s \circ \varphi \,|\, \varphi \in \mathbb{T} \,\} = \varnothing$. Diese Annahme bedeutet in anderen Worten, daß $G' \cap \mathbb{T}' = \mathbb{T}$. Da $|G'| = 24$, $|\mathbb{T}| = 12$, enthält G' genau 12 Elemente, die nicht in $SO(3)$ liegen. Die Gruppe $\mathbb{O}^*$ enthält 24 derartige Elemente, von denen 12 in $\mathbb{T}'$ liegen und 12 nicht. Folglich ist

$$\mathbb{T} \cup \{\, \varphi' \in \mathbb{O}^* \,|\, \varphi' \notin SO(3),\ \varphi' \notin \mathbb{T}' \,\} = G'$$

Elemente von $\mathbb{O}^*$, die nicht in $SO(3)$ und nicht in $\mathbb{T}'$ liegen, sind von der Form $p_O \circ \varphi$ mit $\varphi \in \mathbb{T}$. Also ist

$$G' = \mathbb{T} \cup (p_O \circ \mathbb{T}) = \mathbb{T}^*$$

Die Fälle 4 und 5, nämlich daß $G = \mathbb{D}_n$ oder $G = \mathbb{C}_n$ behandelt man analog (siehe z.B. [Grove–Benson]). □

Mit Satz 1.8 haben wir unser Ziel, alle möglichen Symmetrien von Polyedern im Raum zu klassifizieren, erreicht. Wir wollen nun in exemplarischer Weise aufzeigen, wie man diese Symmetriegruppen weiter studieren kann.

Satz 1.9 *Die Gruppe $\mathbb{O}$ aller Drehungen im Raum, die einen Würfel in sich über-* *führen, ist isomorph zur symmetrischen Gruppe S_4.*

Beweis Sei M die vierelementige Menge der Raumdiagonalen des Würfels (vgl. Bild 1.49). Jedes Element von $\mathbb{O}$ bildet eine Raumdiagonale wieder auf eine Raum-

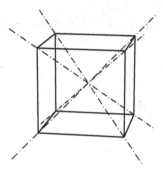

Bild 1.49

diagonale ab. Wir erhalten also eine Operation von $\mathbb{O}$ auf der Menge M. Wie wir am Ende von Abschnitt 1.2 festgestellt haben, entspricht dies einem Gruppenhomomorphismus

$$\Phi : \mathbb{O} \longrightarrow \sigma(M)$$

Dieser Homomorphismus ist injektiv. Sind nämlich φ_1, $\varphi_2 \in \mathbb{O}$, so daß $\Phi(\varphi_1) = \Phi(\varphi_2)$, so ist $\Phi(\varphi_1 \circ \varphi_2^{-1}) = \Phi(\varphi_1) \circ \Phi(\varphi_2)^{-1} = id$. Also operiert $\varphi := \varphi_1 \circ \varphi_2^{-1}$ trivial auf M, d.h. φ bildet jede Raumdiagonale auf sich ab. Wir kennen alle Elemente von $\mathbb{O}$, und man sieht leicht, daß das einzige Element von $\mathbb{O}$, das alle Raumdiagonalen auf sich abbildet, die Identität ist. Also ist $\varphi = id$, das heißt $\varphi_1 = \varphi_2$.

Numeriert man die Raumdiagonalen durch, so erhält man eine Bijektion

$$M \longrightarrow \{\,1,2,3,4\,\}$$

Diese Bijektion induziert einen Isomorphismus

$$\Psi : \sigma(M) \longrightarrow S_4$$

Die Abbildung

$$\Psi \circ \Phi : \mathbb{O} \longrightarrow S_4$$

ist dann noch immer ein injektiver Gruppenhomomorphismus. Da $|\mathbb{O}| = |S_4| = 24$, folgt, daß $\Psi \circ \Phi$ auch surjektiv ist, das heißt, daß $\Psi \circ \Phi$ ein Gruppenisomorphismus ist.

Übungen

1.) Welche Ordnung können Elemente der symmetrischen Gruppe S_6 haben?

2.) Zeigen Sie: $\mathbb{T}$ ist isomorph zu S_4!

3.) Konstruieren Sie einen injektiven Gruppenhomomorphismus $\mathbb{I} \to S_5$ (Hinweis: In ein Ikosaeder läßt sich auf fünf verschiedene Weisen ein Würfel einbeschreiben)!

4.) Zeigen Sie: Ist G eine endliche Untergruppe von *Iso*, so gibt es einen Punkt O, der Fixpunkt aller Elemente von G ist!

5.) Zeigen Sie, daß $\mathbb{C}_n{}'$ zu $\mathbb{D}_n$ isomorph ist, daß diese beiden Gruppen aber in $O(3)$ nicht konjugiert sind!

1.4   Ergänzungen zu Kapitel 1

1.4.1   Reguläre Polyeder

Mit Tetraeder, Würfel, Oktaeder, Dodekaeder und Ikosaeder haben wir fünf besonders regelmäßige Polyeder kennengelernt, die sogenannten *Platonischen Körper*. Sie waren bereits in der Antike bekannt; ihre Konstruktion wird z.B. im letzten Buch der Elemente von Euklid beschrieben. Auf ihre große Bedeutung in der Mathematik- und Kulturgeschichte können wir hier nicht eingehen, wir verweisen für einen ersten Eindruck auf [Brieskorn] I.1, [Coxeter 1963], [Klein 1884], [Slodowy].

Daß die Platonischen Körper besonders symmetrische Polyeder sind, zeigt sich daran, daß ihre Symmetriegruppe

i) transitiv auf der Menge der Ecken operiert,

ii) transitiv auf der Menge der Kanten operiert,

iii) transitiv auf der Menge der Seitenflächen operiert.

Man kann zeigen, daß ein Polyeder, dessen Symmetriegruppe *(i)*, *(ii)*, *(iii)* erfüllt, ein Platonischer Körper ist ([Coxeter 1973], sec. II, [Berger] 12.6). Läßt man eine der obigen Bedingungen weg, so kann man noch immer alle Polyeder auflisten, die die beiden übriggebliebenen Bedingungen erfüllen. Für das gestutzte Ikosaeder aus Abb. 1.50 gelten nur *(i)* und *(ii)*. Dieses gestutzte Ikosaeder hat 60 Ecken, und die Seitenflächen sind reguläre Fünfecke oder Sechsecke. In der Mitte der 80'er Jahre wurde entdeckt, daß sich 60 Kohlenstoffatome zu einem Molekül C_{60} verbinden können, das die Form eines gestutzten Ikosaeders hat. Diese sog. „Buckminster Fullerene" werden

Bild 1.50 T. Koller and H.P. Lüthi, ray traced image of C_{60} (Buckminsterfullerene) with a "caged"metal atom.

in der Chemie und der Festkörperphysik intensiv studiert (siehe z.B.[Curl–Smallcy], [Krätschner–Schuster]).

1.4.2 Kristallographische Gruppen

Neben den endlichen Symmetriegruppen sind die Symmetriegruppen unendlich ausgedehnter Gebilde, in denen sich die Motive periodisch wiederholen, von besonderem Interesse. Die Symmetriegruppe der Figur in Abbildung 1.51 von M.C. Escher

Bild 1.51 © 1995 M.C. Escher / Cordon Art – Baarn – Holland. All rights reserved.

enthält unendlich viele Translationen. Wir bezeichnen mit T die Menge aller Translationen in der Ebene (bzw. im Raum); dies ist eine Untergruppe der Gruppe *Iso* aller Isometrien. Ist G irgendeine Untergruppe von Iso, so ist $G \cap \mathcal{T}$, die Menge aller Translationen in G, eine Untergruppe von G.

Definition: Eine Untergruppe G der Gruppe Iso aller Isometrien der Ebene (bzw. des Raums) heißt *kristallographische Gruppe*, falls

    i) die Stabilisatoruntergruppe $Stab_G(X)$ jedes Punktes X der Ebene (bzw. des Raums) in G endlich ist,

    ii) es Translationen t_1, t_2 (bzw. t_1, t_2, t_3) in linear unabhängige Richtungen gibt, so daß sich jedes Element g von $G \cap \mathcal{T}$ in der Form

$$g = t_1{}^{n_1} \circ t_2{}^{n_2} \quad \text{mit} \quad n_1, n_2 \in \mathbb{Z}$$

$$(\text{bzw.} \quad g = t_1{}^{n_1} \circ t_2{}^{n_2} \circ t_3{}^{n_3} \quad \text{mit} \quad n_1, n_2, n_3 \in \mathbb{Z})$$

    schreiben läßt.

Die Bedingung *ii)* in der obigen Definition formuliert man oft kürzer so:
„$G \cap \mathcal{T}$ wird von Translationen in zwei (bzw. drei) linear unabhängige Richtungen erzeugt.“

Die Symmetriegruppen von Kristallen im Raum oder von „Tapetenmustern“ in der Ebene sind kristallographische Gruppen. Ähnlich wie die endlichen Untergruppen von $SO(3)$ und $O(3)$ lassen sich auch die kristallographischen Gruppen in der Ebene und im Raum klassifizieren. Dabei wird die Klassifikation wieder einfacher, wenn man sich auf orientierungserhaltende Isometrien beschränkt. Es bezeichne Iso^+ die Gruppe aller orientierungserhaltenden Isometrien der Ebene bzw. des Raums. Dann kann man zeigen (siehe z.B. [Berger] 1.7, [Nikulin–Shafarevich] §8):

Satz 1.10 *Jede kristallographische Untergruppe der Gruppe Iso^+ aller orientierungserhaltenden Isometrien der Ebene ist in Iso^+ konjugiert zu der Gruppe aller orientierungserhaltenden Symmetrien einer der fünf Typen von Figuren (in Abbildung 1.52) in der Ebene.*

Man beachte, daß dabei — abhängig von der Größe der Bausteine und links oben in Figur 1.52 auch vom Winkel — unendlich viele Konjugationsklassen auftreten.

Bei der Klassifikation beliebiger kristallographischer Gruppen in der Ebene bis auf Konjugation in der vollen Isometriegruppe Iso erhält man insgesamt 17 Typen von Gruppen (siehe z.B. [Armstrong] ch. 26, [Bix] Kapitel 2, [Quaisser] 5.4). Im Fall des Raumes führen die entsprechenden Klassifikationen jeweils auf über 100 Typen von Gruppen ([Burckhardt], [Quaisser], 6.3).

Ein wichtiger Schritt bei der Durchführung dieser Klassifikationen ist stets die Bestimmung der möglichen Stabilisatoruntergruppen von Punkten in der Ebene bzw. im Raum. So kommen die Sätze 1.5, 1.7, 1.8 zum Tragen. Satz 1.10 zeigt, daß für eine kristallographische Untergruppe von Iso^+ in der Ebene die Stabilisatoruntergruppe eines Punktes entweder trivial oder zu C_2, C_3, C_4 oder C_6 isomorph ist. Insbesondere tritt also C_5 oder C_7 nicht als Stabilisatoruntergruppe eines Punktes auf. Ebenso kann man zeigen, daß $\mathbb{I}$ oder $\mathbb{I}^*$ nicht als Stabilisatoruntergruppen eines Punktes unter einer kristallographischen Raumgruppe auftreten, d.h., daß es keine auf dem Ikosaeder basierende Kristallstruktur gibt.

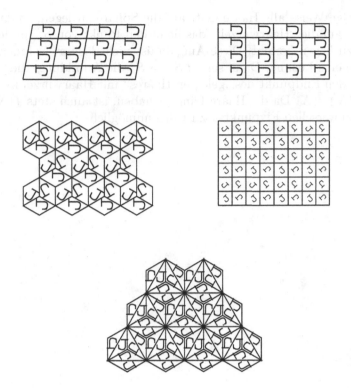

Bild 1.52

Mit der Klassifikation der Symmetriegruppen ist die Frage nach der Bestimmung aller Kristallstrukturen allerdings noch nicht vollständig beantwortet.

Z.B. in [Bigalke–Wippermann] kann man nachlesen, wie viele schöne Strukturen schon in der Ebene auftreten.

1.4.3 Der Brouwersche Fixpunktsatz

In Lemma 3 haben wir bewiesen, daß es für jede Isometrie φ des Raumes, die O als Fixpunkt hat, einen Punkt P auf der Sphäre S^2 um O mit Radius 1 gibt, der entweder Fixpunkt von φ ist oder von φ auf seinen Antipodalpunkt abgebildet wird. Diese Aussage gilt allgemeiner für beliebige stetige Abbildungen von S^2 nach S^2:

Satz 1.11 (Spezialfall des Brouwerschen Fixpunktsatzes)
Sei $f : S^2 \to S^2$ eine stetige Abbildung. Dann gibt es einen Punkt $P \in S^2$, so daß $f(P) = P$ oder $f(P) = p_O(P)$.

Einen Beweis dieses Satzes findet man z.B. in [Milnor] oder [Ossa] 1.6. Eine Konsequenz daraus wird häufig mit dem Satz umschrieben: „Einen Igel kann man nicht kämmen". Damit soll folgender Sachverhalt beschrieben werden: Stellen Sie sich vor, an jedem Punkt von S^2 wäre ein Haar der Länge 1 befestigt. Aufgabe des Coiffeurs ist es, auf stetige Weise alle Haare glatt auf die Sphäre zu legen, so daß die Spitze des Haares nie auf die „Haarwurzel", das heißt den Punkt von S^2, in dem das Haar befestigt ist, zu liegen kommt. Diese Aufgabe ist nicht lösbar. Nehmen wir an, die Aufgabe hätte eine Lösung. Dann sei $f : S^2 \to S^2$ die Abbildung, die jedem Punkt X der Sphäre den Endpunkt des „gelegten Haares" mit Haarwurzel in X zuordnet. Es ist stets $f(X) \neq X$. Da die Haare Länge 1 haben, ist auch stets $f(X) \neq p_O(X)$. Nach dem Brouwerschen Fixpunktsatz ist das unmöglich.

2 Skalarprodukt und Vektorprodukt

Unter einem *Vektor* verstehen wir in diesem Kapitel eine Konfiguration

$$\mathbf{x} = \begin{pmatrix} x_1 \\ x_2 \\ x_3 \end{pmatrix}$$

von untereinandergeschriebenen reellen Zahlen x_1, x_2, x_3. Solche Vektoren wollen wir als „gerichtete Strecken" im Raum interpretieren. Dazu führen wir cartesische Koordinaten im Raum ein. Das heißt, wir wählen drei von einem Punkt O ausgehende Strahlen S_1, S_2, S_3, die paarweise aufeinander senkrecht stehen, so daß S_2 und S_3 – von einem Punkt von S_1 aus gesehen – wie Uhrzeiger, die auf 3 Uhr bzw. 12 Uhr zeigen, liegen. Anders gesagt, S_1, S_2, S_3 liegen wie Zeigefinger, Mittelfinger und Daumen der (wie in Bild 2.1) gespreizten rechten Hand. g_1, g_2, g_3 seien die Geraden, die die Strecken S_1, S_2, S_3 verlängern (siehe Bild 2.2).

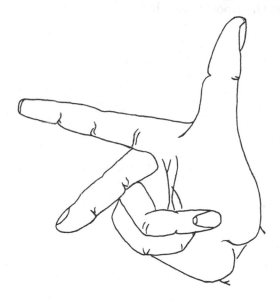

Bild 2.1 Rechte-Hand-Regel

Ist P ein Punkt im Raum, so sind seine cartesischen Koordinaten p_1, p_2, p_3 wie folgt definiert. Es sei π_i die orthogonale Projektion des Raums auf die Gerade g_i ($i = 1,2,3$)(siehe Bild 2.3). Der Punkt $\pi_i(P)$ liegt also auf der Geraden g_i. Die i-te cartesische Koordinate p_i von P ist definiert als der Abstand des Punktes O zum

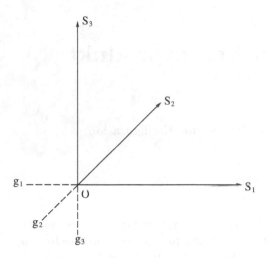

Bild 2.2

Punkt $\pi_i(P)$, falls dieser Punkt auf dem Strahl S_i liegt, und als das Negative des Abstandes von O zu $\pi_i(P)$, falls $\pi_i(P)$ auf der S_i entgegengesetzten Seite von g_i liegt. Offenbar gibt es für jedes Tripel (p_1,p_2,p_3) reeller Zahlen einen eindeutig bestimmten Punkt P im Raum, der p_1,p_2,p_3 als cartesische Koordinaten hat.

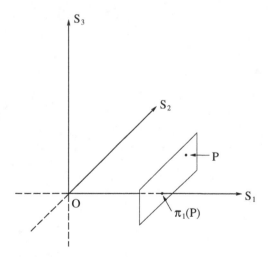

Bild 2.3

Ist nun

$$\mathbf{x} = \begin{pmatrix} x_1 \\ x_2 \\ x_3 \end{pmatrix}$$

ein Vektor, so stellen wir uns vor, daß $\mathbf{x}$ die gerichtete Strecke von O aus zu dem Punkt beschreibt, dessen cartesische Koordinaten x_1,x_2,x_3 sind (siehe Bild 2.4).

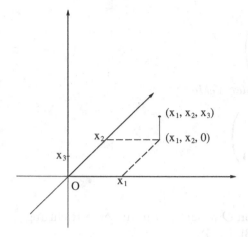

Bild 2.4

Für Vektoren sind eine Reihe von Operationen definiert.

Sind

$$\mathbf{x} = \begin{pmatrix} x_1 \\ x_2 \\ x_3 \end{pmatrix} \text{ und } \mathbf{y} = \begin{pmatrix} y_1 \\ y_2 \\ y_3 \end{pmatrix}$$

Vektoren, so ist die Summe $\mathbf{x} + \mathbf{y}$ *der Vektoren* $\mathbf{x}$ *und* $\mathbf{y}$ *definiert als*

$$\mathbf{x} + \mathbf{y} = \begin{pmatrix} x_1 + y_1 \\ x_2 + y_2 \\ x_3 + y_3 \end{pmatrix}$$

Man überlegt sich leicht, daß $\mathbf{x} + \mathbf{y}$ die gerichtete Strecke beschreibt, die O mit dem Punkt verbindet, der durch Anhängen der gerichteten Strecke $\mathbf{y}$ an die gerichtete Strecke $\mathbf{x}$ entsteht (siehe Bild 2.5).

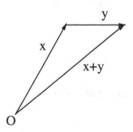

Bild 2.5

Ist

$$\mathbf{x} = \begin{pmatrix} x_1 \\ x_2 \\ x_3 \end{pmatrix}$$

ein Vektor und λ *eine reelle Zahl, so ist* $\lambda \cdot \mathbf{x}$ *der Vektor*

$$\lambda \cdot \mathbf{x} = \begin{pmatrix} \lambda \cdot x_1 \\ \lambda \cdot x_2 \\ \lambda \cdot x_3 \end{pmatrix}$$

das Produkt *von* λ *und* $\mathbf{x}$.

Ist $\lambda > 0$, so beschreibt $\lambda \cdot \mathbf{x}$ den Vektor, der von O ausgehend in dieselbe Richtung wie $\mathbf{x}$ geht, aber die λ-fache Länge hat (siehe Bild 2.6).

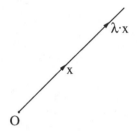

Bild 2.6

Ist $\lambda < 0$, so beschreibt $\lambda \cdot \mathbf{x}$ den Vektor, der von O ausgehend in die zu $\mathbf{x}$ entgegengesetzte Richtung zeigt und die $|\lambda|$ -fache Länge hat.

Sind

$$\mathbf{x} = \begin{pmatrix} x_1 \\ x_2 \\ x_3 \end{pmatrix} \text{ und } \mathbf{y} = \begin{pmatrix} y_1 \\ y_2 \\ y_3 \end{pmatrix}$$

Vektoren, so definiert man das Skalarprodukt *von* $\mathbf{x}$ *und* $\mathbf{y}$ *als die reelle Zahl*

$$\mathbf{x} \cdot \mathbf{y} = x_1 y_1 + x_2 y_2 + x_3 y_3$$

Eine geometrische Interpretation des Skalarproduktes geben wir in Abschnitt 2.1.

Sind

$$\mathbf{x} = \begin{pmatrix} x_1 \\ x_2 \\ x_3 \end{pmatrix} \text{ und } \mathbf{y} = \begin{pmatrix} y_1 \\ y_2 \\ y_3 \end{pmatrix}$$

Vektoren, so definiert man das Vektorprodukt *oder* Kreuzprodukt *von* $\mathbf{x}$ *und* $\mathbf{y}$ *als den Vektor*

$$\mathbf{x} \times \mathbf{y} = \begin{pmatrix} x_2 y_3 - x_3 y_2 \\ x_3 y_1 - x_1 y_3 \\ x_1 y_2 - x_2 y_1 \end{pmatrix}$$

In einer Zeile von $\mathbf{x} \times \mathbf{y}$ stehen die über Kreuz genommenen Produkte der Einträge von $\mathbf{x}$ und $\mathbf{y}$ aus den beiden anderen Zeilen nach dem Schema in Bild 2.7.

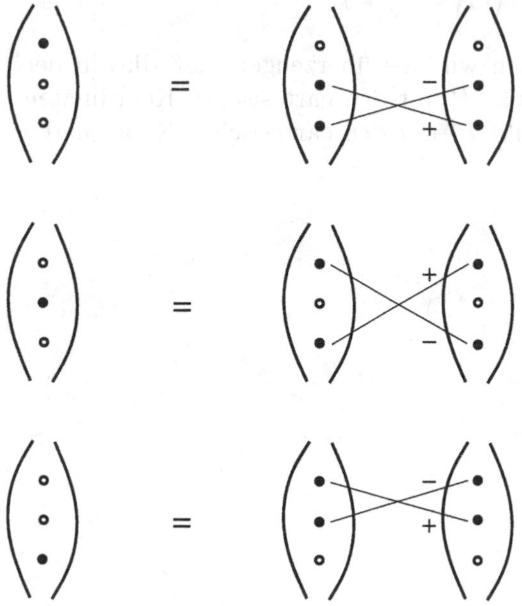

Bild 2.7

Eine geometrische Interpretation des Vektorproduktes geben wir in Abschnitt 2.2.

Übung: Zeigen Sie

$$
\begin{aligned}
(\mathbf{x} + \mathbf{y}) + \mathbf{z} &= \mathbf{x} + (\mathbf{y} + \mathbf{z}) \\
\mathbf{x} + \mathbf{y} &= \mathbf{y} + \mathbf{x} \\
\lambda \cdot (\mathbf{x} + \mathbf{y}) &= \lambda \cdot \mathbf{x} + \lambda \cdot \mathbf{y} \\
(\lambda \cdot \mu) \cdot \mathbf{x} &= \lambda \cdot (\mu \cdot \mathbf{x}) \\
\mathbf{x} \cdot \mathbf{y} &= \mathbf{y} \cdot \mathbf{x} \\
\mathbf{x} \cdot (\mathbf{y} + \mathbf{z}) &= \mathbf{x} \cdot \mathbf{y} + \mathbf{x} \cdot \mathbf{z} \quad \text{und} \quad (\mathbf{x} + \mathbf{y}) \cdot \mathbf{z} = \mathbf{x} \cdot \mathbf{z} + \mathbf{y} \cdot \mathbf{z} \\
(\lambda \cdot \mathbf{x}) \cdot \mathbf{y} &= \lambda \cdot (\mathbf{x} \cdot \mathbf{y}) = \mathbf{x} \cdot (\lambda \cdot \mathbf{y}) \\
\mathbf{x} \times \mathbf{y} &= -\mathbf{y} \times \mathbf{x} \\
\mathbf{x} \times (\mathbf{y} + \mathbf{z}) &= \mathbf{x} \times \mathbf{y} + \mathbf{x} \times \mathbf{z} \\
(\lambda \cdot \mathbf{x}) \times \mathbf{y} &= \lambda \cdot (\mathbf{x} \times \mathbf{y})
\end{aligned}
$$

für Vektoren $\mathbf{x}, \mathbf{y}, \mathbf{z}$ und reelle Zahlen λ, μ !

2.1   Skalarprodukt von Vektoren

Ist $\mathbf{x} = \begin{pmatrix} x_1 \\ x_2 \\ x_3 \end{pmatrix}$ ein Vektor, so definiert man die *Länge* oder *Norm* von $\mathbf{x}$ als

$$\|\mathbf{x}\| = \sqrt{\mathbf{x} \cdot \mathbf{x}} = \sqrt{x_1^2 + x_2^2 + x_3^2}$$

Mit Hilfe des Satzes von Pythagoras wollen wir uns überzeugen, daß dies in der Tat die Länge der Strecke von O zum Punkt P mit den cartesischen Koordinaten x_1, x_2, x_3 ist. Dazu führen wir den Hilfspunkt P' mit den cartesischen Koordinaten $x_1, x_2, 0$ ein (siehe Bild 2.8).

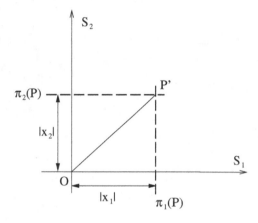

Bild 2.8

Im rechtwinkligen Dreieck $O\ \pi_1(P)\ P'$ hat die Strecke zwischen O und $\pi_1(P)$ die Länge $|x_1|$, und die Strecke zwischen $\pi_1(P)$ und P' hat die Länge $|x_2|$. Nach dem Satz von Pythagoras hat also die Strecke OP' zwischen O und P' die Länge

$$\sqrt{x_1^2 + x_2^2}$$

Nun betrachten wir das rechtwinklige Dreieck $O\ P'\ P$ (siehe Bild 2.9).

Die Strecke OP' hat, wie gesagt, die Länge $\sqrt{x_1^2 + x_2^2}$, die Strecke $P'P$ hat die Länge $|x_3|$, also hat —wiederum nach dem Satz von Pythagoras — die Strecke OP die Länge

$$\sqrt{\left(\sqrt{x_1^2 + x_2^2}\right)^2 + x_3^2} = \sqrt{x_1^2 + x_2^2 + x_3^2} = \|\mathbf{x}\|$$

Bemerkung 16 Kennt man die Länge aller Vektoren, so kann man mit Hilfe der *Polarisationsidentität*

$$\mathbf{x} \cdot \mathbf{y} = \tfrac{1}{2} \left(\|\mathbf{x} + \mathbf{y}\|^2 - \|\mathbf{x}\|^2 - \|\mathbf{y}\|^2 \right) \tag{2.1}$$

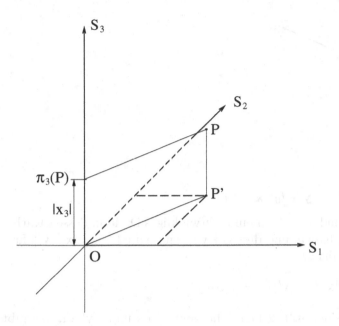

Bild 2.9

das Skalarprodukt von je zwei Vektoren rekonstruieren. Der Beweis der Polarisations-identität bleibt den LeserInnen als Übung überlassen.

Sind $\mathbf{x}$ und $\mathbf{y}$ von $\mathbf{0} = \begin{pmatrix} 0 \\ 0 \\ 0 \end{pmatrix}$ verschiedene Vektoren, so definiert man den *Winkel* zwischen $\mathbf{x}$ und $\mathbf{y}$ folgendermaßen: Zeigen die Strahlen $S_{\mathbf{x}}$ von O aus in Richtung $\mathbf{x}$ und $S_{\mathbf{y}}$ von O aus in Richtung $\mathbf{y}$ weder in die gleiche noch in die entgegengesetzte Richtung, so gibt es genau eine Ebene, die diese beiden Strahlen enthält. Der Winkel zwischen den beiden Strahlen $S_{\mathbf{x}}$ und $S_{\mathbf{y}}$ in dieser Ebene (der zwischen 0° und 180° liegt) ist dann der Winkel zwischen $\mathbf{x}$ und $\mathbf{y}$. Falls der Winkel zwischen $S_{\mathbf{x}}$ und $S_{\mathbf{y}}$ gleich 90° ist oder einer der beiden Vektoren gleich $\mathbf{0}$ ist, so sagen wir, daß $\mathbf{x}$ und $\mathbf{y}$ *aufeinander senkrecht stehen.*

Lemma 17 *Seien* $\mathbf{x}$ *und* $\mathbf{y}$ *Vektoren. Dann stehen* $\mathbf{x}$ *und* $\mathbf{y}$ *genau dann aufeinander senkrecht, wenn* $\mathbf{x} \cdot \mathbf{y} = 0$.

Beweis Falls $\mathbf{x} = \mathbf{0}$, so ist auch $\mathbf{x} \cdot \mathbf{y} = 0$. Wir können also annehmen, daß $\mathbf{x} \neq \mathbf{0}$. Dann liegt auf der Geraden durch $\mathbf{y}$ in Richtung von $\mathbf{x}$ genau ein Punkt $\mathbf{y}'$ so, daß die Vektoren $\mathbf{x}$ und $\mathbf{y}'$ aufeinander senkrecht stehen (siehe Bild 2.10). Die Gerade durch $\mathbf{y}$ in Richtung von $\mathbf{x}$ ist die Menge

$$\{ \, \mathbf{y} + t \cdot \mathbf{x} \mid t \in \mathbb{R} \, \}$$

Also können wir

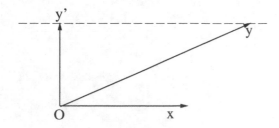

Bild 2.10

$$\mathbf{y}' \ = \ \mathbf{y} + t_0 \cdot \mathbf{x} \quad \text{mit} \ \ t_0 \in \mathbb{R}$$

schreiben. Die Punkte $\mathbf{0}, \mathbf{x}$ und $\mathbf{y}'$ bilden ein rechtwinkliges Dreieck, dessen Katheten die Längen $\|\mathbf{x}\|$ und $\|\mathbf{y}'\|$ haben, und dessen Hypotenuse die Länge $\|\mathbf{x} - \mathbf{y}'\|$ hat. Nach dem Satz von Pythagoras ist

$$\|\mathbf{x}\|^2 + \|\mathbf{y}'\|^2 \ = \ \|\mathbf{x} - \mathbf{y}'\|^2$$

Wenden wir die Polarisationsidentität (2.1) auf die Vektoren $\mathbf{x}$ und $-\mathbf{y}'$ an, so ergibt sich

$$\mathbf{x} \cdot \mathbf{y}' \ = \ 0$$

Folglich ist

$$\mathbf{x} \cdot \mathbf{y} \ = \ \mathbf{x} \cdot \mathbf{y}' - t_0 \cdot \|\mathbf{x}\|^2 \ = \ -t_0 \cdot \|\mathbf{x}\|^2$$

Insbesondere ist $\mathbf{x} \cdot \mathbf{y} = 0$ genau dann, wenn $t_0 = 0$, das heißt, wenn $\mathbf{y} = \mathbf{y}'$. Nach Definition von $\mathbf{y}'$ ist das äquivalent dazu, daß $\mathbf{x}$ und $\mathbf{y}'$ aufeinander senkrecht stehen. $\qquad \square$

Allgemeiner gilt

Satz 2.1 *Seien* $\mathbf{x}$ *und* $\mathbf{y}$ *zwei von* $\mathbf{0}$ *verschiedene Vektoren und* α *der Winkel zwischen* $\mathbf{x}$ *und* $\mathbf{y}$. *Dann gilt*

$$\mathbf{x} \cdot \mathbf{y} \ = \ \|\mathbf{x}\| \cdot \|\mathbf{y}\| \cdot \cos \alpha$$

Beweis Indem wir eventuell $\mathbf{y}$ durch $-\mathbf{y}$ ersetzen, können wir annehmen, daß $-90° \le \alpha \le 90°$. Setze

$$\mathbf{x}' \ := \ \frac{\mathbf{x} \cdot \mathbf{y}}{\|\mathbf{x}\|^2} \cdot \mathbf{x}$$

Dann ist

$$\mathbf{x} \cdot (\mathbf{y} - \mathbf{x}') \ = \ \mathbf{x} \cdot \left(\mathbf{y} - \tfrac{\mathbf{x} \cdot \mathbf{y}}{\|\mathbf{x}\|^2} \cdot \mathbf{x} \right) \ = \ \mathbf{x} \cdot \mathbf{y} - \tfrac{\mathbf{x} \cdot \mathbf{y}}{\|\mathbf{x}\|^2} \mathbf{x} \cdot \mathbf{x} = \mathbf{x} \cdot \mathbf{y} - \mathbf{x} \cdot \mathbf{y} \ = \ 0$$

Nach Lemma 17 stehen $\mathbf{x}$ und $(\mathbf{y} - \mathbf{x}')$ aufeinander senkrecht (siehe Bild 2.11). Die Punkte $\mathbf{0}, \mathbf{x}'$ und $\mathbf{y}$ bilden ein rechtwinkliges Dreieck, dessen Winkel an der Ecke $\mathbf{0}$ gleich α ist. Nach Definition von $\cos \alpha$ ist

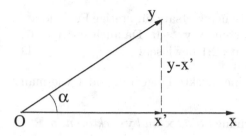

Bild 2.11

$$\|\mathbf{x}'\| = \|\mathbf{y}\| \cdot \cos \alpha$$

Nun ist

$$\|\mathbf{x}'\| = \|\frac{\mathbf{x}\cdot\mathbf{y}}{\|\mathbf{x}\|^2} \cdot \mathbf{x}\| = \frac{|\mathbf{x}\cdot\mathbf{y}|}{\|\mathbf{x}\|}$$

also ist

$$|\mathbf{x}\cdot\mathbf{y}| = \|\mathbf{x}\| \cdot \|\mathbf{y}\| \cdot \cos \alpha$$

Damit ist die behauptete Gleichung bis aufs Vorzeichen bewiesen, d.h. es gilt

$$\mathbf{x}\cdot\mathbf{y} = \pm\|\mathbf{x}\| \cdot \|\mathbf{y}\| \cdot \cos \alpha \qquad (2.2)$$

Um das Vorzeichen zu bestimmen, betrachten wir die Funktion $f : \mathbb{R} \longrightarrow \mathbb{R}$, die jedem $t \in \mathbb{R}$ die Zahl

$$f(t) = \mathbf{x}\cdot(\mathbf{y}+t\cdot\mathbf{x})$$

zuordnet. Offenbar ist

$$f(t) > 0 \quad \text{für} \quad t > \frac{|\mathbf{x}\cdot\mathbf{y}|}{\|\mathbf{x}\|^2} \qquad (2.3)$$

Ferner bilden $\mathbf{x}$ und $\mathbf{y}+t\cdot\mathbf{x}$ für alle nichtnegativen t einen spitzen Winkel (siehe Bild 2.12).

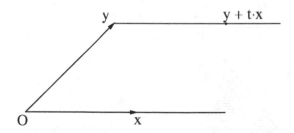

Bild 2.12

Deswegen ist

$$f(t) \neq 0 \quad \text{für} \quad t \geq 0 \qquad (2.4)$$

Da f eine stetige Funktion ist, folgt aus dem Zwischenwertsatz für stetige Funktionen ([Forster] 1,§11), daß $f(0) > 0$. Mit anderen Worten, $\mathbf{x} \cdot \mathbf{y} > 0$. Da auch $\cos \alpha > 0$, gilt also das Vorzeichen $+$ in (2.2). Damit ist Satz 2.1 bewiesen.   □

Da stets $|\cos \alpha| \leq 1$, ergibt sich aus Satz 2.1 eine direkte Folgerung, oder wie man auch sagt, ein Korollar.

Korollar 18 (Cauchy - Schwarz'sche Ungleichung) *Sind* $\mathbf{x}$ *und* $\mathbf{y}$ *Vektoren in* $\mathbb{R}^3$, *so ist*

$$|\mathbf{x} \cdot \mathbf{y}| \leq \|\mathbf{x}\| \cdot \|\mathbf{y}\|$$

Bemerkung 19 Die Definition des Skalarprodukts überträgt sich auf naheliegende Weise auf Vektoren

$$\begin{pmatrix} x_1 \\ x_2 \\ \vdots \\ x_n \end{pmatrix}$$

beliebiger Länge n. Im weitern werden wir ab und zu auch den Fall $n = 2$ benutzen. Satz 2.1 und Korollar 18 gelten natürlich auch in diesem Fall.

2.2   Das Vektorprodukt

Sind $\mathbf{x}$ und $\mathbf{y}$ von $\mathbf{0}$ verschiedene Vektoren, und zeigt $\mathbf{y}$ weder in die Richtung von $\mathbf{x}$ noch in die entgegengesetzte Richtung, so bilden der Punkt O, der Punkt mit den Koordinaten x_1, x_2, x_3, der Punkt mit den Koordinaten y_1, y_2, y_3 und der Punkt mit den Koordinaten $x_1 + y_1, x_2 + y_2, x_3 + y_3$ ein Parallelogramm (siehe Bild 2.13). Wir nennen es das von $\mathbf{x}$ und $\mathbf{y}$ aufgespannte Parallelogramm. Es liegt in der von $\mathbf{x}$ und $\mathbf{y}$ aufgespannten Ebene. Die Fläche dieses Parallelogramms ist

$$\|\mathbf{x}\| \cdot \|\mathbf{y}\| \cdot \sin \alpha$$

wobei α den Winkel zwischen $\mathbf{x}$ und $\mathbf{y}$ bezeichnet.

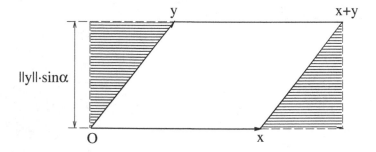

Bild 2.13

Zeigt $\mathbf{y}$ in die selbe Richtung wie $\mathbf{x}$ oder in die entgegengesetzte Richtung, so sagen wir, die Fläche des von $\mathbf{x}$ und $\mathbf{y}$ aufgespannten Parallelogramms sei 0.

Satz 2.2 *Seien* **x** *und* **y** *zwei von* **0** *verschiedene Vektoren. Dann gilt*

(i) *Der Vektor* **x** × **y** *steht senkrecht auf* **x** *und* **y**.

(ii) *Die Länge von* **x** × **y** *ist die Fläche des von* **x** *und* **y** *aufgespannten Parallelogramms.*

(iii) *Rechte-Hand-Regel: Seien* **x** *und* **y** *von Null verschiedene Vektoren, die weder in die gleiche noch in entgegengesetzte Richtung zeigen. Legt man den Zeigefinger der (wie in Bild 2.1) gespreizten rechten Hand in Richtung von* **x** *und den Mittelfinger in Richtung von* **y**, *so zeigt der Daumen in Richtung von* **x** × **y** .

Beweis (i) Es ist zu zeigen, daß

$$\mathbf{x} \cdot (\mathbf{x} \times \mathbf{y}) = 0 \quad \text{und} \quad \mathbf{y} \cdot (\mathbf{x} \times \mathbf{y}) = 0$$

Dies rechnen wir direkt nach:

$$
\begin{aligned}
\mathbf{x} \cdot (\mathbf{x} \times \mathbf{y}) &= \begin{pmatrix} x_1 \\ x_2 \\ x_3 \end{pmatrix} \cdot \begin{pmatrix} x_2 y_3 - x_3 y_2 \\ x_3 y_1 - x_1 y_3 \\ x_1 y_2 - x_2 y_1 \end{pmatrix} \\
&= x_1 x_2 y_3 - x_1 x_3 y_2 + x_2 x_3 y_1 \\
&\quad - x_2 x_1 y_3 + x_3 x_1 y_2 - x_3 x_2 y_1 \\
&= 0
\end{aligned}
$$

Also ist **x** · (**x** × **y**) = 0 für alle Vektoren **x**,**y**. Indem wir die Rollen von **x** und **y** vertauschen, folgt daraus auch

$$0 = \mathbf{y} \cdot (\mathbf{y} \times \mathbf{x}) = -\mathbf{y} \cdot (\mathbf{x} \times \mathbf{y})$$

denn es ist ja **x** × **y** = −**y** × **x** .

(ii) Nach dem, was wir oben gesagt haben, ist zu zeigen, daß

$$\|\mathbf{x} \times \mathbf{y}\| = \|\mathbf{x}\|\, \|\mathbf{y}\|\, |\sin \alpha|$$

Wegen der Formel

$$\sin^2 \alpha + \cos^2 \alpha = 1$$

und Satz 2.1 genügt es, zu zeigen, daß

$$\|\mathbf{x} \times \mathbf{y}\|^2 + (\mathbf{x} \cdot \mathbf{y})^2 = \|\mathbf{x}\|^2 \|\mathbf{y}\|^2$$

Das können wir wieder direkt nachrechnen:

$$
\begin{aligned}
&\|\mathbf{x} \times \mathbf{y}\|^2 + (\mathbf{x} \cdot \mathbf{y})^2 \\
&= (x_2 y_3 - x_3 y_2)^2 + (x_3 y_1 - x_1 y_3)^2 + (x_1 y_2 - x_2 y_1)^2 \\
&\quad + (x_1 y_1 + x_2 y_2 + x_3 y_3)^2
\end{aligned}
$$

Faßt man erst alle Quadrate und dann alle gemischten Terme, die beim Ausmultiplizieren entstehen, zusammen, so ergibt sich

$$x_2^2 y_3^2 + x_3^2 y_2^2 + x_3^2 y_1^2 + x_1^2 y_3^2 + x_1^2 y_2^2 + x_2^2 y_1^2$$
$$+ \; x_1^2 y_1^2 + x_2^2 y_2^2 + x_3^2 y_3^2$$
$$- \; 2x_2 y_3 x_3 y_2 - 2x_3 y_1 x_1 y_3 - 2x_1 y_2 x_2 y_1$$
$$+ \; 2x_1 y_1 x_2 y_2 + 2x_1 y_1 x_3 y_3 + 2x_2 y_2 x_3 y_3$$
$$= \; (x_1^2 + x_2^2 + x_3^2) \cdot (y_1^2 + y_2^2 + y_3^2)$$

Also ist in der Tat

$$\| \mathbf{x} \times \mathbf{y} \|^2 + (\mathbf{x} \cdot \mathbf{y})^2 = \| \mathbf{x} \|^2 \| \mathbf{y} \|^2$$

(iii) Mit (i) und (ii) haben wir bewiesen, daß $\mathbf{x} \times \mathbf{y}$ senkrecht auf $\mathbf{x}$ und $\mathbf{y}$ steht und die Länge $\| \mathbf{x} \| \| \mathbf{y} \| \, |\sin \alpha|$ hat. Ist $\sin \alpha = 0$, so sind wir fertig. Andernfalls ist $\mathbf{x} \times \mathbf{y}$ durch die eben genannten beiden Bedingungen bis aufs Vorzeichen bestimmt. Wir müssen uns jetzt nur noch um dieses Vorzeichen kümmern. Liegen $\mathbf{x}$ und $\mathbf{y}$ beide in der Ebene E, die von g_1 und g_2 aufgespannt wird, d.h. ist $x_3 = y_3 = 0$, so ist

$$\mathbf{x} \times \mathbf{y} = \begin{pmatrix} 0 \\ 0 \\ x_1 y_2 - x_2 y_1 \end{pmatrix}$$

Die dritte Komponente von $\mathbf{x} \times \mathbf{y}$ ist also das Skalarprodukt des Vektors $\begin{pmatrix} x_1 \\ x_2 \end{pmatrix}$ mit dem Vektor $\mathbf{y}^\perp = \begin{pmatrix} y_2 \\ -y_1 \end{pmatrix}$, der in der Ebene E aus $\begin{pmatrix} y_1 \\ y_2 \end{pmatrix}$ durch Drehung um O um den Winkel $-90°$ hervorgeht. Also ist in diesem Fall die dritte Komponente von $\mathbf{x} \times \mathbf{y}$ gleich

$$\left\| \begin{pmatrix} x_1 \\ x_2 \end{pmatrix} \right\| \cdot \left\| \begin{pmatrix} y_2 \\ -y_1 \end{pmatrix} \right\| \cdot \cos(\alpha - 90°) = \| \mathbf{x} \| \cdot \| \mathbf{y} \| \cdot \sin \alpha$$

In anderen Worten, die dritte Komponente von $\mathbf{x} \times \mathbf{y}$ ist positiv genau dann, wenn der Winkel, den $\mathbf{x}$ und $\mathbf{y}$ einschließen, zwischen $0°$ und $180°$ liegt. Somit gilt die Rechte - Hand - Regel in dem Spezialfall, daß $x_3 = y_3 = 0$. Den allgemeinen Fall führen wir nun mit Hilfe eines „Stetigkeitsarguments" auf diesen Spezialfall zurück. Falls $\mathbf{x}$ und $\mathbf{y}$ nicht beide in der Ebene E liegen und $\alpha \neq 0°, 180°$, so spannen $\mathbf{x}$ und $\mathbf{y}$ eine Ebene E' auf, die die Ebene E längs einer Geraden g trifft (siehe Bild 2.14). Sei β der Winkel zwischen diesen beiden Ebenen. Mit $R(t)$ bezeichnen wir die Drehung um die Achse g mit Drehwinkel $t \cdot \beta$. Dann ist $R(0)$ die Identität id, während $R(1)$ die Ebene E auf die Ebene E' abbildet. Setze

$$\mathbf{x}(t) \; := \; R(t)(\mathbf{x}) \qquad \mathbf{y}(t) \; := \; R(t)(\mathbf{y})$$

Dann ist

$$\| \mathbf{x}(t) \| \; = \; \| \mathbf{x} \| \qquad \| \mathbf{y}(t) \| \; = \; \| \mathbf{y} \|$$

und der Winkel zwischen $\mathbf{x}(t)$ und $\mathbf{y}(t)$ ist stets gleich α. Desweiteren bezeichne $\mathbf{z}(t)$ den Vektor senkrecht zu $\mathbf{x}(t)$ und $\mathbf{y}(t)$ der Länge $\| \mathbf{x}(t) \| \cdot \| \mathbf{y}(t) \| \cdot \sin \alpha$, der zusammen mit $\mathbf{x}(t)$ und $\mathbf{y}(t)$ die Rechte-Hand-Regel erfüllt. Es ist anschaulich klar, daß $\mathbf{z}(t)$ stetig von t abhängt. Aus den bereits bewiesenen Teilen (i) und (ii) folgt, daß für $t \in [0,1]$

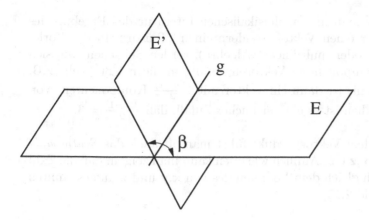

Bild 2.14

$$\mathbf{x}(t) \times \mathbf{y}(t) \;=\; \varepsilon(t) \cdot \mathbf{z}(t)$$

mit $\varepsilon(t) = \pm 1$. Da $\mathbf{x}(t)$ und $\mathbf{y}(t)$ sowie $\mathbf{z}(t)$ stetig von t abhängen, ist $t \to \varepsilon(t)$ eine stetige Funktion auf dem Intervall $[0,1]$. Diese stetige Funktion nimmt nur die Werte $+1$ und -1 an, also folgt aus dem Zwischenwertsatz, daß

$$\varepsilon(0) \;=\; \varepsilon(1)$$

$\mathbf{x}(0)$ und $\mathbf{y}(0)$ aber liegen beide in der Ebene E. Wir haben uns oben überlegt, daß für Vektoren in der Ebene E die Rechte-Hand-Regel gilt. Somit ist

$$\mathbf{x}(0) \times \mathbf{y}(0) \;=\; \mathbf{z}(0) \qquad \varepsilon(0) \;=\; 1$$

Folglich ist auch $\varepsilon(1) = 1$, also

$$\mathbf{x} \times \mathbf{y} \;=\; \mathbf{x}(1) \times \mathbf{y}(1) \;=\; \mathbf{z}(1)$$

Somit gilt die Rechte - Hand - Regel auch für das Vektorprodukt von $\mathbf{x}$ und $\mathbf{y}$. $\quad\square$

Aus der geometrischen Beschreibung des Skalarprodukts in Satz 2.1 und des Vektorprodukts in Satz 2.2 ergibt sich

Korollar 20 *Ist R eine Drehung um eine Achse durch O, so gilt für je zwei Vektoren* $\mathbf{x},\mathbf{y}$

$$R(\mathbf{x}) \cdot R(\mathbf{y}) \;=\; \mathbf{x} \cdot \mathbf{y} \quad , \quad R(\mathbf{x}) \times R(\mathbf{y}) \;=\; R(\mathbf{x} \times \mathbf{y})$$

Bemerkung 21 Die zweite Gleichung aus Korollar 20 besagt, daß das Vektorprodukt mit Drehungen im Raum verträglich ist. Dies gilt nicht für beliebige lineare Abbildungen. Ist etwa $A(\mathbf{x}) = \lambda \cdot \mathbf{x}$, so gilt

$$A(\mathbf{x}) \times A(\mathbf{y}) \;=\; \lambda^2 \cdot \mathbf{x} \times \mathbf{y} \quad \text{aber} \quad A(\mathbf{x} \times \mathbf{y}) \;=\; \lambda \cdot \mathbf{x} \times \mathbf{y}$$

Aus diesem Grund nennt man in der physikalischen Literatur das Ergebnis des Vektorprodukts nicht wieder einen Vektor, sondern einen „Tensor". In der Vorlesung über Lineare Algebra (oder multilineare Algebra) werden Sie sehen, wie sich das Vektorprodukt auf n-komponentige Vektoren verallgemeinern läßt (siehe z.B. [Kowalsky], §45). Das Ergebnis ist dann ein Vektor mit $\frac{n(n-1)}{2}$ Komponenten. Von diesem Standpunkt aus gesehen ist es ein glücklicher Zufall, daß $\frac{3(3-1)}{2} = 3$.

Neben dem Skalar- und dem Vektorprodukt führt man oft auch das *Spatprodukt* $(\mathbf{x} \times \mathbf{y}) \cdot \mathbf{z}$ dreier Vektoren $\mathbf{x}, \mathbf{y}, \mathbf{z}$ ein. Ähnlich wie oben kann man zeigen, daß die Zahl $(\mathbf{x} \times \mathbf{y}) \cdot \mathbf{z}$ dem Betrag nach gleich dem Volumen des von $\mathbf{x}, \mathbf{y}$ und $\mathbf{z}$ aufgespannten Parallelepipeds ist (siehe Bild 2.15).

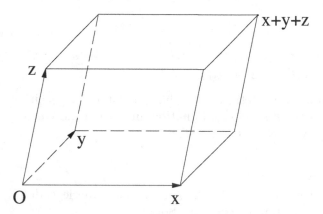

Bild 2.15

Es stellt sich heraus, daß das Spatprodukt gleich der Determinante der (3×3)-Matrix ist, deren Spalten die Vektoren $\mathbf{x}, \mathbf{y}$ und $\mathbf{z}$ sind.

$$(\mathbf{x} \times \mathbf{y}) \cdot \mathbf{z} = \det \begin{pmatrix} x_1 & y_1 & z_1 \\ x_2 & y_2 & z_2 \\ x_3 & y_3 & z_3 \end{pmatrix}$$

Deshalb verzichten wir hier darauf, das Spatprodukt eingehender zu diskutieren, und verweisen auf Bücher über Lineare Algebra.

Übung: Zeigen Sie, daß für je drei Vektoren $\mathbf{x}, \mathbf{y}, \mathbf{z}$
i) $(\mathbf{x} \times \mathbf{y}) \times \mathbf{z} = (\mathbf{x} \cdot \mathbf{z}) \cdot \mathbf{y} - (\mathbf{y} \cdot \mathbf{z}) \cdot \mathbf{x}$
ii) $(\mathbf{x} \times \mathbf{y}) \times \mathbf{z} + (\mathbf{y} \times \mathbf{z}) \times \mathbf{x} + (\mathbf{z} \times \mathbf{x}) \times \mathbf{y} = 0$
iii) $(\mathbf{x} \times \mathbf{y}) \cdot (\mathbf{z} \times \mathbf{w}) = (\mathbf{x} \cdot \mathbf{z})(\mathbf{y} \cdot \mathbf{w}) - (\mathbf{x} \cdot \mathbf{w})(\mathbf{y} \cdot \mathbf{z})$ für Vektoren $\mathbf{x}, \mathbf{y}, \mathbf{z}, \mathbf{w}$
iv) Geben Sie ein Beispiel von drei Vektoren $\mathbf{x}, \mathbf{y}, \mathbf{z}$, so daß $(\mathbf{x} \times \mathbf{y}) \times \mathbf{z} \neq \mathbf{x} \times (\mathbf{y} \times \mathbf{z})$!

Übung: Sei A die Abbildung, die

$$\begin{pmatrix} x_1 \\ x_2 \\ x_3 \end{pmatrix} \text{ auf } \begin{pmatrix} x_1 + x_2 \\ x_2 \\ x_3 \end{pmatrix}$$

abbildet. Zeigen Sie, daß es Vektoren $\mathbf{x}, \mathbf{y}$ gibt, so daß $A(\mathbf{x}) \times A(\mathbf{y}) \neq A(\mathbf{x} \times \mathbf{y})$!

2.3 Ergänzungen zu Kapitel 2

2.3.1 Divergenz, Gradient und Rotation

Ist $f(x_1, x_2, x_3)$ eine differenzierbare Funktion in den drei Variablen x_1, x_2, x_3, so definiert man den *Gradienten* von f als die Abbildung $\nabla f : \mathbb{R}^3 \to \mathbb{R}^3$, die durch

$$\nabla f(\mathbf{x}) = \begin{pmatrix} \frac{\partial f}{\partial x_1}(\mathbf{x}) \\ \frac{\partial f}{\partial x_2}(\mathbf{x}) \\ \frac{\partial f}{\partial x_3}(\mathbf{x}) \end{pmatrix}$$

gegeben ist. Dabei ist $\frac{\partial f}{\partial x_j}(\mathbf{x})$ die j-te partielle Ableitung von f an der Stelle $\mathbf{x} \in \mathbb{R}^3$, das heißt, die Ableitung, die man erhält, wenn man alle Variablen außer der j-ten fest hält. Beispielsweise ist für

$$f(x_1, x_2, x_3) = x_1^2 + x_2^3 + x_3^7 + x_1 x_2 x_3 \tag{2.5}$$

$$\nabla f(\mathbf{x}) = \begin{pmatrix} 2x_1 + x_2 x_3 \\ 3x_2^2 + x_1 x_3 \\ 7x_3^6 + x_1 x_2 \end{pmatrix} \tag{2.6}$$

Ist $F : \mathbb{R}^3 \to \mathbb{R}^3$ eine differenzierbare Abbildung, das heißt

$$F(x_1, x_2, x_3) = \begin{pmatrix} F_1(x_1, x_2, x_3) \\ F_2(x_1, x_2, x_3) \\ F_3(x_1, x_2, x_3) \end{pmatrix}$$

mit differenzierbaren Funktionen F_1, F_2, F_3, so definiert man die *Divergenz* von F als die Funktion $\nabla \cdot F : \mathbb{R}^3 \to \mathbb{R}$, die durch

$$\nabla \cdot F(\mathbf{x}) = \frac{\partial F}{\partial x_1}(\mathbf{x}) + \frac{\partial F}{\partial x_2}(\mathbf{x}) + \frac{\partial F}{\partial x_3}(\mathbf{x})$$

gegeben ist. Ebenso definiert man die *Rotation* $\nabla \times F$ von F durch

$$\nabla \times F(\mathbf{x}) = \begin{pmatrix} \frac{\partial F_3}{\partial x_2}(\mathbf{x}) - \frac{\partial F_2}{\partial x_3}(\mathbf{x}) \\ \frac{\partial F_1}{\partial x_3}(\mathbf{x}) - \frac{\partial F_3}{\partial x_1}(\mathbf{x}) \\ \frac{\partial F_2}{\partial x_1}(\mathbf{x}) - \frac{\partial F_1}{\partial x_2}(\mathbf{x}) \end{pmatrix}$$

Den Gradienten von f bezeichnet man oft auch mit grad f, die Divergenz von F mit
div F, und die Rotation mit rot F. Formal ist die Rotation $\nabla \times F$ der Ausdruck,
den man erhält, wenn man das Vektorprodukt der „Vektoren"

$$\begin{pmatrix} \frac{\partial}{\partial x_1} \\ \frac{\partial}{\partial x_2} \\ \frac{\partial}{\partial x_3} \end{pmatrix} \quad \text{und} \quad \begin{pmatrix} F_1 \\ F_2 \\ F_3 \end{pmatrix}$$

bildet. Ebenso kann man die Divergenz $\nabla \cdot F$ als formales Skalarprodukt der obigen
Vektoren ansehen. Schließlich entspricht der Gradient ∇f bis auf Vertauschen
der Faktoren dem Produkt des „Skalars" f mit dem Vektor $\begin{pmatrix} \frac{\partial}{\partial x_1} \\ \frac{\partial}{\partial x_2} \\ \frac{\partial}{\partial x_3} \end{pmatrix}$. Divergenz,
Gradient und Rotation spielen eine wichtige Rolle in der Analysis in drei Variablen.
Die zentralen Aussagen sind dort die Integralsätze von Gauß und Stokes. Hierüber
können Sie sich informieren in Büchern über Vektoranalysis wie etwa [Jänich] Kapitel
10, [Heuser] Kapitel 24,25, [Marsden–Tromba], [Meyberg–Vachenauer] Kapitel 8,
[Burg–Haf–Wille] Kapitel 3.

2.3.2   Die Lorentzkraft

Um die Bewegung eines geladenen Teilchens in einem Magnetfeld zu beschreiben,
ist es günstig, das Vektorprodukt zu verwenden. Es gilt nämlich:

Bewegt sich ein Teilchen der Ladung e mit Geschwindigkeit **v** *in einem Magnetfeld*
B, so übt das Magnetfeld auf das Teilchen die Kraft

$$F = e \cdot \mathbf{v} \times B$$

aus.

Diese Kraft heißt die *Lorentzkraft*. Nach Satz 2.2 impliziert diese Formel unter anderem, daß die Lorentzkraft senkrecht auf der Bewegungsrichtung des Teilchens und
senkrecht auf dem Magnetfeld steht. Sei beispielsweise

$$B = \begin{pmatrix} 0 \\ 0 \\ b \end{pmatrix}$$

ein konstantes Magnetfeld der Stärke b in x_3-Richtung. Betrachten wir ein Teilchen,
dessen Orts- und Geschwindigkeitsvektoren zur Zeit 0 in der x_1-x_2-Ebene liegen.
Nach den Newton'schen Gesetzen ist die Bewegungsgleichung des Teilchens

$$\ddot{\mathbf{x}} = \frac{e}{m} \cdot \dot{\mathbf{x}} \times B$$

Hier bezeichnet m die Masse des Teilchens, $\mathbf{x}(t)$ die Lage des Teilchens, und $\dot{\mathbf{x}}(t) = \frac{d}{dt}\mathbf{x}(t)$ bzw. $\ddot{\mathbf{x}}(t) = \frac{d^2}{dt^2}\mathbf{x}(t)$ die Geschwindigkeit bzw. die Beschleunigung zur Zeit t. Also gilt im vorliegenden Fall

$$\ddot{x}_1 = \frac{eb}{m}\dot{x}_2 \qquad \ddot{x}_2 = -\frac{eb}{m}\dot{x}_1 \qquad \ddot{x}_3 = 0$$

Unsere Annahme war, daß $x_3(0) = \dot{x}_3(0) = 0$. Also ist $x_3(t) = 0$ für alle Zeit t. Die allgemeine Lösung des Differentialgleichungssystems

$$\ddot{x}_1 = \frac{eb}{m}\dot{x}_2 \qquad \ddot{x}_2 = -\frac{eb}{m}\dot{x}_1$$

ist

$$
\begin{aligned}
x_1(t) &= C_1 + A\sin\frac{eb}{m}(t - t_0) \\
x_2(t) &= C_2 + A\cos\frac{eb}{m}(t - t_0)
\end{aligned}
$$

Man sieht, daß sich das Teilchen auf einer Kreisbahn bewegt. Mit nicht-konstanten Magnetfeldern kann man natürlich auch interessantere Ablenkungen bewegter geladener Teilchen bewirken, dies geschieht z.B. hunderttausendfach in der Röhre eines Fernsehapparates. Die Grundgleichungen der Elektrodynamik, in der die Wechselbeziehungen zwischen elektrischen und magnetischen Feldern studiert werden, sind die sogenannten „Maxwell'schen Gleichungen". Diese lassen sich am einfachsten in der Sprache der Vektoranalysis, d.h. unter Verwendung des Skalar-und Vektorproduktes sowie der Operationen „Divergenz", „Gradient" und „Rotation" formulieren (siehe z.B. [Jackson]).

2.3.3 Infinitesimale Drehungen

Gegeben sei ein Vektor ω der Länge 1 in $\mathbb{R}^3$. Für $t \in \mathbb{R}$ bezeichne R_t die Drehung um die von ω aufgespannte Achse $\mathbb{R} \cdot \omega$ mit Drehwinkel $t \cdot \frac{360°}{2\pi}$ im Gegenuhrzeigersinn (wenn man von ω aus auf die zu ω senkrechte Achse schaut). Wir interessieren uns für den Unterschied zwischen $R_t\mathbf{x}$ und $\mathbf{x}$, wenn t „infinitesimal klein" ist. Dieser Unterschied wird durch die t-Ableitung der vektorwertigen Funktion $t \mapsto R_t\mathbf{x}$ an der Stelle $t = 0$ ausgedrückt.

Lemma 22

$$\frac{\mathrm{d}}{\mathrm{d}t}R_t\mathbf{x}\Big|_{t=0} = \omega \times \mathbf{x}$$

Beweis Sei S eine Drehung, die den Vektor ω auf den Vektor $(0,0,1)$ abbildet. Dann ist

$$R_t = S^{-1} \circ \begin{pmatrix} \cos\frac{360°}{2\pi}t & -\sin\frac{360°}{2\pi}t & 0 \\ \sin\frac{360°}{2\pi}t & \cos\frac{360°}{2\pi}t & 0 \\ 0 & 0 & 1 \end{pmatrix} \circ S$$

Folglich ist

$$
\frac{d}{dt} R_t \mathbf{x}\Big|_{t=0} = S^{-1} \circ \left(\frac{d}{dt} \begin{pmatrix} \cos\frac{360°}{2\pi}t & -\sin\frac{360°}{2\pi}t & 0 \\ \sin\frac{360°}{2\pi}t & \cos\frac{360°}{2\pi}t & 0 \\ 0 & 0 & 1 \end{pmatrix} \Big|_{t=0} \right) \circ S\,\mathbf{x}
$$

$$
= S^{-1} \circ \begin{pmatrix} 0 & -1 & 0 \\ 1 & 0 & 0 \\ 0 & 0 & 0 \end{pmatrix} \circ S\,\mathbf{x}
$$

Andererseits ist nach Korollar 20

$$
\omega \times \mathbf{x} = S^{-1}\left((S\omega) \times (S\mathbf{x}) \right) = S^{-1}\left(\begin{pmatrix} 0 \\ 0 \\ 1 \end{pmatrix} \times S\mathbf{x} \right)
$$

Setzen wir $\mathbf{y} = S\mathbf{x}$, so ist

$$
\begin{pmatrix} 0 & -1 & 0 \\ 1 & 0 & 0 \\ 0 & 0 & 0 \end{pmatrix} \begin{pmatrix} y_1 \\ y_2 \\ y_3 \end{pmatrix} = \begin{pmatrix} -y_2 \\ y_1 \\ 0 \end{pmatrix} = \begin{pmatrix} 0 \\ 0 \\ 1 \end{pmatrix} \times \begin{pmatrix} y_1 \\ y_2 \\ y_3 \end{pmatrix} = \begin{pmatrix} 0 \\ 0 \\ 1 \end{pmatrix} \times S\mathbf{x}
$$

und daraus folgt die behauptete Formel.   □

Wir werden das Thema der infinitesimalen Drehungen in Abschnitt 6.2 wieder aufgreifen.

3   Das Parallelenaxiom

Heutzutage ist die gebräuchlichste Methode, Probleme der ebenen Geometrie zu behandeln, sie durch Einführung von cartesischen Koordinaten in Probleme der Vektoranalysis zu übersetzen. Das bedeutet, daß man zwei aufeinander senkrecht stehende Geraden g_1, g_2 in der Ebene wählt, jede dieser Geraden orientiert, und dann einem Punkt P der Ebene ein Paar (p_1,p_2) von reellen Zahlen folgendermaßen zuordnet: Seien π_1 bzw. π_2 die orthogonalen Projektionen der Ebene auf g_1 bzw. g_2. Dann sei p_1 bzw. p_2 der orientierte Abstand von $\pi_1(P)$ bzw. $\pi_2(P)$ vom Schnittpunkt von g_1 und g_2 (siehe Bild 3.1).

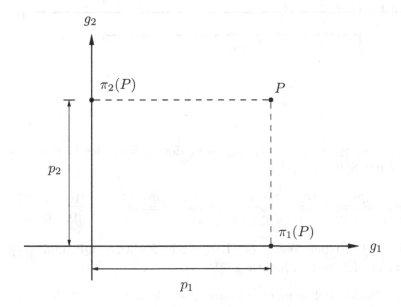

Bild 3.1

Auf diese Weise erhält man eine Bijektion Φ zwischen der Ebene und der Menge $\mathbb{R}^2$ aller Paare reeller Zahlen. Sie hat folgende Eigenschaften:

1. Sind P,Q Punkte der Ebene, und ist $\Phi(P) = (p_1,p_2)$, $\Phi(Q) = (q_1,q_2)$, so ist der Abstand zwischen P und Q gleich $\sqrt{|p_1 - q_1|^2 + |p_2 - q_2|^2}$. Dies folgt direkt aus dem Satz von Pythagoras (siehe Bild 3.2).

2. Sind P,Q,R drei verschiedene Punkte in der Ebene, und ist $\Phi(P) = (p_1,p_2)$,

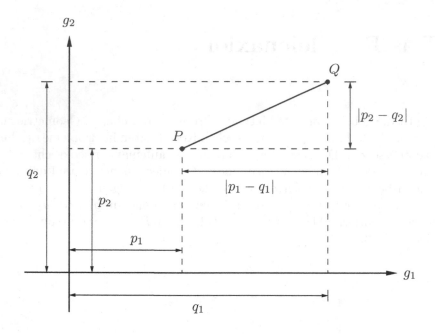

Bild 3.2

$\Phi(Q) = (q_1, q_2)$, $\Phi(R) = (r_1, r_2)$, so ist der Cosinus des Winkels zwischen P und R mit Spitze Q gleich

$$\frac{(p_1 - q_1)(r_1 - q_1) + (p_2 - q_2)(r_2 - q_2)}{\sqrt{|p_1 - q_1|^2 + |p_2 - q_2|^2} \cdot \sqrt{|r_1 - q_1|^2 + |r_2 - q_2|^2}} = \frac{(\mathbf{p} - \mathbf{q}) \cdot (\mathbf{r} - \mathbf{q})}{\|\mathbf{p} - \mathbf{q}\| \, \|\mathbf{r} - \mathbf{q}\|},$$

denn $\frac{\mathbf{p} - \mathbf{q}}{\|\mathbf{p} - \mathbf{q}\|}$ ist der Vektor der Länge 1 in Richtung QP, und $\frac{\mathbf{r} - \mathbf{q}}{\|\mathbf{r} - \mathbf{q}\|}$ ist der Vektor der Länge 1 in Richtung QR.

Mit Hilfe der Bijektion Φ kann man nahezu alle „elementaren" Probleme der ebenen Geometrie in Fragen der linearen Algebra, der Algebra und / oder der Analysis übersetzen. Beispiele und Verallgemeinerungen hiervon werden wir in Kapitel 4 sehen.

Die eben skizzierte Methode ist recht modern, sie geht im wesentlichen auf R. Descartes (1596-1650) zurück. Ihr *analytisches* Vorgehen steht im Gegensatz zu der *synthetischen* Auffassung der Geometrie, die in der griechischen Philosophie entwickelt worden ist und 2000 Jahre lang, insbesondere durch Euklid's *Elemente*, die Art und Weise, Geometrie zu betreiben, dominiert hat (insbesondere in Europa und Nordafrika). Das synthetische Vorgehen ist, grob gesagt, das folgende: Man formuliert zunächst einige Tatsachen über geometrische Objekte (wie Punkte, Geraden, Winkel etc.), die allgemein einsichtig und beweislos anzuerkennen sind, und folgert aus ihnen durch rein logisches Schließen neue, im Allgemeinen nicht a priori offensichtliche Tatsachen (wie den Satz von Pythagoras oder die Konstruktion eines Dreiecks mit Zirkel und Lineal, wenn die Längen von zwei Seiten und einer Winkelhalbierenden vorgegeben sind).

Wir reproduzieren hier die ersten Seiten von Euklid's *Elementen* in der deutschen Übersetzung von C.Thaer. In ihnen werden die geometrischen Grundtatsachen, aus denen alles Andere durch rein logisches Schließen folgt, in einer Reihe von *Definitionen, Postulaten* und *Axiomen* aufgeführt.

Definitionen

1. Ein **Punkt** ist, was keine Teile hat,

2. Eine **Linie** breitenlose Länge.

3. Die Enden einer Linie sind Punkte.

4. Eine **gerade Linie (Strecke)** ist eine solche, die zu den Punkten auf ihr gleichmäßig liegt.

5. Eine **Fläche** ist, was nur Länge und Breite hat.

6. Die Enden einer Fläche sind Linien.

7. Eine **ebene** Fläche ist eine solche, die zu den geraden Linien auf ihr gleichmäßig liegt.

8. Ein ebener **Winkel** ist die Neigung zweier Linien in einer Ebene gegeneinander, die einander treffen, ohne einander gerade fortzusetzen.

9. Wenn die den Winkel umfassenden Linien gerade sind, heißt der Winkel **geradlinig**.

10. Wenn eine gerade Linie, auf eine gerade Linie gestellt, einander gleiche Nebenwinkel bildet, dann ist jeder der beiden gleichen Winkel ein **Rechter**;
und die stehende gerade Linie heißt **senkrecht** zu (**Lot** auf) der, auf der sie steht.

11. **Stumpf** ist ein Winkel, wenn er größer als ein Rechter ist,

12. **Spitz**, wenn kleiner als ein Rechter.

13. Eine **Grenze** ist das, worin etwas endigt.

14. Eine **Figur** ist, was von einer oder mehreren Grenzen umfaßt wird.

15. Ein **Kreis** ist eine ebene, von einer einzigen Linie [die **Umfang (Bogen)** heißt] umfaßte Figur mit der Eigenschaft, daß alle von einem innerhalb der Figur gelegenen Punkte bis zur Linie [zum Umfang des Kreises] laufenden Strecken einander gleich sind;

16. Und **Mittelpunkt** des Kreises heißt dieser Punkt.

17. Ein **Durchmesser** des Kreises ist jede durch den Mittelpunkt gezogene, auf beiden Seiten vom Kreisumfang begrenzte Strecke;
eine solche hat auch die Eigenschaft, den Kreis zu halbieren.

18. Ein **Halbkreis** ist die vom Durchmesser und dem durch ihn abgeschnittenen Bogen umfaßte Figur; [und Mittelpunkt ist beim Halbkreise derselbe Punkt wie beim Kreise].

19. **Geradlinige Figuren** sind solche, die von Strecken umfaßt werden,
dreiseitige die von drei,
vierseitige die von vier,
vielseitige die von mehr als vier Strecken umfaßten.

20. Von den dreiseitigen Figuren ist ein **gleichseitiges Dreieck** jede mit drei gleichen Seiten,
ein **gleichschenkliges** jede mit nur zwei gleichen Seiten,
ein **schiefes** jede mit drei ungleichen Seiten.

21. Weiter ist von den dreiseitigen Figuren ein **rechtwinkliges** Dreieck jede mit einem rechten Winkel,
    ein **stumpfwinkliges** jede mit einem stumpfen Winkel,
    ein **spitzwinkliges** jede mit drei spitzen Winkeln.

22. Von den vierseitigen Figuren ist ein **Quadrat** jede, die gleichseitig und rechtwinklig ist,
    ein **längliches Rechteck** jede, die zwar rechtwinklig
    aber nicht gleichseitig ist,
    ein **Rhombus** jede, die zwar gleichseitig aber nicht rechtwinklig ist,
    ein **Rhomboid** jede, in der die gegenüberliegenden Seiten sowohl als Winkel einander gleich sind und die dabei weder gleichseitig noch rechtwinklig ist;
    die übrigen vierseitigen Figuren sollen **Trapeze** heißen.

23. **Parallel** sind gerade Linien, die in derselben Ebene liegen und dabei, wenn man sie nach beiden Seiten ins unendliche verlängert, auf keiner einander treffen.

Postulate

Gefordert soll sein:

1. Daß man von jedem Punkt nach jedem Punkt die Strecke ziehen kann,

2. Daß man eine begrenzte gerade Linie zusammenhängend gerade verlängern kann,

3. Daß man mit jedem Mittelpunkt und Abstand den Kreis zeichnen kann,

4. Daß alle rechten Winkel einander gleich sind,

5. Und daß, wenn eine gerade Linie beim Schnitt mit zwei geraden Linien bewirkt, daß innen auf derselben Seite entstehende Winkel zusammen kleiner als zwei Rechte werden, dann die zwei geraden Linien bei Verlängerung ins unendliche sich treffen auf der Seite, auf der die Winkel liegen, die zusammen kleiner als zwei Rechte sind.

Axiome

1. Was demselben gleich ist, ist auch einander gleich.

2. Wenn Gleichem Gleiches hinzugefügt wird, sind die Ganzen gleich

3. Wenn von Gleichem Gleiches weggenommen wird, sind die Reste gleich.

4. Wenn Ungleichem Gleiches hinzugefügt wird, sind die Ganzen ungleich.

5. Die Doppelten von demselben sind einander gleich.

6. Die Halben von demselben sind einander gleich.

7. Was einander deckt, ist einander gleich.

8. Das Ganze ist größer als der Teil.

9. Zwei Strecken umfassen keinen Flächenraum.

Wenn Sie die *Definitionen* durchgehen, sehen Sie, daß mit ihnen nicht beabsichtigt ist, neue Begriffe zu schaffen. Es sind also nicht „Definitionen" in dem Sinn, wie sie heutzutage allgemein in der Mathematik verwendet werden (wie zum Beispiel die Definition des Begriffs *Gruppe* in Abschnitt 1.2). Vielmehr sollen die *Definitionen* nur abgrenzen und beschreiben, was bereits existiert – in der platonischen Philosophie wird den Ideen (etwa derjenigen des Punktes) ja ein selbständiges Sein zugesprochen. Die Grenze zwischen *Postulaten* und *Axiomen* ist fließend; schon im Altertum haben

Umstellungen stattgefunden. Der Unterscheidung liegt wohl die Einstellung zugrunde, daß ein *Postulat* (Forderung) ein spezieller geometrischer Grundsatz ist, der die Möglichkeit der Konstruktion eines Gebildes sicherstellen soll, während ein *Axiom* (allgemein Eingesehenes) ein allgemein logischer Grundsatz ist, den kein Vernünftiger, auch wenn er nichts von Geometrie versteht, bestreiten wird.

Bereits im Altertum wurde kritisiert, daß *Postulat 5* nicht ebenso „allgemein einsichtig" ist wie die anderen Postulate, Axiome und Definitionen. In etwas modernerer Sprache formuliert besagt *Postulat 5*, daß, *„wenn eine gerade Linie l beim Schnitt mit zwei geraden Linien g_1 und g_2 bewirkt, daß die innen auf derselben Seite entstehenden Winkel α_1 und α_2 zusammen kleiner als zwei Rechte werden* (d.h. $\alpha_1 + \alpha_2 < 180°$), *dann die zwei geraden Linien g_1, g_2 bei Verlängerung ins Unendliche sich treffen auf der Seite, auf der die Winkel liegen, die zusammen kleiner als* 180° *sind"* (siehe Bild 3.3).

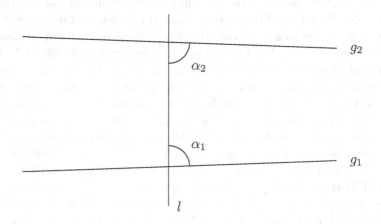

Bild 3.3

Aus der Kritik entstand die Frage, ob es möglich sei, *Postulat 5* wegzulassen und es aus den restlichen Axiomen, Postulaten und Definitionen durch rein logisches Schließen herzuleiten. Es gab bereits in der griechischen Mathematik eine Reihe von Versuchen, dies zu tun; die Argumente stellten sich aber als fehlerhaft heraus (siehe z.B. [Greenberg], Kap.5).

Eine Möglichkeit, *Postulat 5* aus den übrigen Axiomen, Postulaten und Definitionen herzuleiten, wäre natürlich, einen Widerspruchsbeweis zu führen. Das heißt, man nimmt alle Postulate, Axiome und Definitionen außer *Postulat 5* an und zusätzlich die Negation von *Postulat 5*, und versucht, daraus einen Widerspruch herzuleiten. Dies wurde unter Anderen von G. Saccheri (1667-1733) oder J. Lambert (1728-1777) versucht. Sie kamen zu seltsamer und seltsamer anmutenden Folgerungen aus den Annahmen, aber nie zu einem Widerspruch. Erst Mitte des 19. Jahrhunderts wurde deutlich, daß es nicht möglich ist, das *Postulat 5* aus allen übrigen Axiomen,

Postulaten und Definitionen herzuleiten. Man sagt, daß es *unabhängig* von den anderen Aussagen ist. Ziel dieses Kapitels ist es, die Unabhängigkeit von *Postulat 5* zu beweisen.

3.1 Axiome der Euklidischen Geometrie

Wir haben bereits oben diskutiert, daß das System von Definitionen, Postulaten und Axiomen in Euklid's *Elementen* den modernen Anforderungen an mathematische Präzision nicht genügt. So wurden denn auch in einigen Beweisen Eigenschaften der Relation „zwischen" verwendet, die vorher nirgendwo formuliert waren ([Golos], S.57). Dieser Mangel an Präzision erschwert eine Diskussion über Abhängigkeit und Unabhängigkeit von Axiomen zusätzlich. Deshalb wollen wir zunächst eine präzise Formulierung der euklidischen Axiome für die Ebene geben, die nur auf der Sprache der Mengenlehre basiert und die es (im Prinzip) erlaubt, von der geometrischen Anschauung völlig zu abstrahieren. Die Objekte, von denen in den Axiomen die Rede sein wird, werden wohl „Punkte", „Geraden" etc. genannt, sie sind aber nur Elemente weiter nicht spezifizierter Mengen. Alle Beweise, die danach durchgeführt werden, beruhen nur auf den in den Axiomen aufgelisteten Beziehungen zwischen diesen Objekten. Um die Korrektheit der Schlüsse nachzuprüfen, kann man (und sollte vielleicht sogar) auf die geometrische Anschauung verzichten. Wie David Hilbert, der als erster eine derartig radikale Axiomatisierung der Geometrie vorgenommen hat, einmal gesagt haben soll, muß man jederzeit an Stelle von „Punkten", „Geraden", „Ebenen" auch „Tische", „Stühle", „Bierseidel" sagen können ([Blumenthal], S.403). David Hilbert hat in seinem Buch *Grundlagen der Geometrie* ein solches Axiomensystem angegeben und die Herleitung der üblichen Sätze der euklidischen Geometrie durchgeführt. Hilbert's Axiome betreffen, wie die Axiome von Euklid, die Geometrie im *Raum*. Wir wollen uns hier auf *ebene* Geometrie beschränken und verwenden deshalb eine Modifikation des Hilbert'schen Axiomensystems, die dem Buch von [Greenberg] entnommen ist.

Um die Axiomatik für euklidische Geometrie präziser zu formulieren, werden wir eine Definition der folgenden Form geben: *Eine euklidische Ebene besteht aus einer Menge E, einem System $\mathcal{G}$ von Teilmengen von E, . . . , die folgende Eigenschaften (Axiome) erfüllen . . .* , und dann eine Reihe von Beziehungen zwischen Elementen der Menge E, der Menge $\mathcal{G}$ etc. angeben. Wir könnten das jetzt sofort tun, wollen aber – zur Motivation – die einzelnen Teile der Definition und die geometrische Vorstellung, die man mit ihnen verbinden kann (aber nicht muß), vorher diskutieren.

E soll die Menge der Punkte der Ebene repräsentieren. Wir werden deshalb Elemente von E auch „Punkte" nennen (wie gesagt, im Prinzip könnten wir auch vereinbaren, sie „Tische" zu nennen). Die Elemente des Systems $\mathcal{G}$ sind Teilmengen von E, die wir „Geraden" nennen. Als weiterer Aspekt der Definition werden wir die Vorstellung aufnehmen, daß auf einer Geraden ein Punkt *zwischen* zwei andern liegen kann oder nicht. Dies geschieht dadurch, daß wir als weiteren konstituierenden Teil einer euklidischen Ebene eine Teilmenge $\mathcal{Z}$ von $E \times E \times E$ nehmen, mit der geometrischen Vorstellung, daß $(P,Q,R) \in \mathcal{Z}$ genau dann, wenn Q auf der Geraden durch P und R *zwischen* P und R liegt. Die Kongruenz von *Strecken* formalisieren wir durch die Angabe einer Äquivalenzrelation $\cong$ auf der Menge $E \times E$. Statt $(P,Q) \cong (P',Q')$ werden wir auch $PQ \cong P'Q'$ schreiben und sagen, daß die Strecken PQ und $P'Q'$ *kongruent* sind. [1] Schließlich nehmen wir noch den Begriff der Kongruenz von *Winkeln* in die Definition auf. Dies geschieht durch Angabe einer Äquivalenzrelation $\simeq$ auf der Menge $\{(P,Q,R) \in E \times E \times E \,|\, \text{es gibt keine Gerade } g \text{ mit } P,Q,R \in g\}$. Statt $(P,Q,R) \simeq (P',Q',R')$ schreiben wir auch $\angle PQR \simeq \angle P'Q'R'$ und sagen, die *Winkel* $\angle PQR$ und $\angle P'Q'R'$ seien *kongruent*.

Nach diesen Vorbemerkungen und Einführungen von Sprechweisen kommen wir nun zur Definition.

Definition 23 *Eine* euklidische Ebene *ist ein 5-Tupel* $(E,\mathcal{G},\mathcal{Z}, \cong , \simeq)$*, bestehend aus einer Menge E, einem nicht leeren System $\mathcal{G}$ von Teilmengen von E, einer Teilmenge $\mathcal{Z}$ von $E \times E \times E$, einer Äquivalenzrelation $\cong$ auf $E \times E$ und einer Äquivalenzrelation $\simeq$ auf $\{E \times E \times E\,|\,$ es gibt kein $g \in \mathcal{G}$ mit $P,Q,R \in g\}$, die zusammen die unten aufgeführten Eigenschaften (Axiome) (I 1..3), (L1..4), (K1..6), (S1,2) und (P) erfüllen.*

Wir geben nun die Axiome an, und zwar in einzelnen Gruppen, die die verschiedenen Daten betreffen. Um die Notation zu vereinfachen, führen wir ab und zu neue Sprechweisen ein, die aber nur unter Verwendung der obigen Daten definiert werden. Sind z.B. $P \in E$, $g \in \mathcal{G}$, so sagen wir, die Gerade g „gehe durch den Punkt P", falls $P \in g$.

Inzidenzaxiome *(Axiome der Verknüpfung)*

(I 1) *Durch je zwei verschiedene Punkte geht genau eine Gerade.*

(I 2) *Jede Gerade enthält mindestens zwei voneinander verschiedene Punkte.*

(I 3) *Es gibt drei Punkte, die nicht alle auf einer Geraden liegen.*

Um klar zu machen, daß wir in diesen Axiomen nur Begriffe aus dem 5-Tupel $(E,\mathcal{G},\mathcal{Z}, \cong , \simeq)$ verwendet haben, schreiben wir die Axiome noch einmal mit Quantoren in der formalen Sprache der Logik und Mengenlehre:

(I 1') $\forall P,Q \in E : [P \neq Q \Longrightarrow (\exists! g \in \mathcal{G} : P \in g \wedge Q \in g)]$

(I 2') $\forall g \in \mathcal{G} \ \exists P,Q \in g : P \neq Q$

(I 3') $\exists P,Q,R \in E : [\forall g \in \mathcal{G} : (P,Q \in g \Longrightarrow R \notin g)]$

---

[1] Man beachte, daß man eine Äquivalenzrelation auf einer Menge M als eine Teilmenge R von $M \times M$ auffassen kann, sodaß für alle $x,y,z \in M$ gilt: (i) $(x,x) \in R$, (ii) $(x,y) \in R \Longrightarrow (y,x) \in R$ und (iii) $(x,y) \in R$ und $(y,z) \in R \Longrightarrow (x,z) \in R$.

Axiome der Lage *(Anordnungsaxiome)*

(L1) *Liegt ein Punkt Q zwischen zwei Punkten P und R, so liegen P, Q und R auf einer Geraden, sind paarweise verschieden, und Q liegt auch zwischen R und P.*

(L2) *Sind P und Q zwei verschiedene Punkte, und ist g die nach (I 1) eindeutige Gerade durch P und Q, so gibt es Punkte A, B, C auf g, so daß P zwischen A und B, B zwischen P und Q, und Q zwischen B und C liegt.*

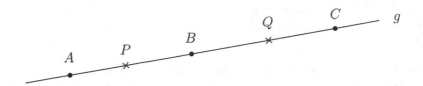

(L3) *Unter drei verschiedenen Punkten P, Q, R auf einer Geraden gibt es genau einen, der zwischen den beiden anderen liegt.*

Axiom (L3) schließt z.B. *kreisförmige* Geraden aus.

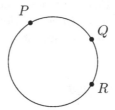

Bevor wir Axiom (L4) formulieren, führen wir folgende Sprechweise ein: Ist $g \in \mathcal{G}$ und sind $P,Q \in E$ mit $P \notin g$, $Q \notin g$, so sagen wir, daß P und Q auf derselben Seite von g liegen, falls es keinen Punkt X von g gibt, so daß X zwischen P und Q liegt.

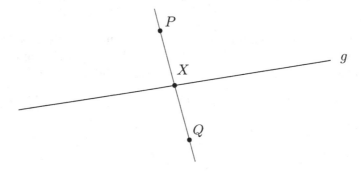

(L4a) *Ist $g \in \mathcal{G}$, und liegen von drei Punkten P, Q, R sowohl P und Q als auch Q und R auf derselben Seite von g, so liegen auch P und R auf derselben Seite von g.*

(L4b) *Ist $g \in \mathcal{G}$, und liegen von drei Punkten P, Q, R weder P und Q noch Q und R auf derselben Seite von g, so liegen P und R auf derselben Seite von g.*

Wieder führen wir jetzt eine Sprechweise ein: Sind P und Q verschiedene Punkte, so gibt es nach Axiom (I1) genau eine Gerade durch P und Q. Der *Strahl* $S(P,Q)$ von P aus in Richtung Q sei die Menge aller Punkte X auf g, die entweder gleich P oder Q sind, oder zwischen P und Q liegen, oder für die Q zwischen P und X liegt. In Formeln:

$$S(P,Q) := \{X \in g \mid X = P \text{ oder } X = Q \text{ oder } (P,X,Q) \in \mathcal{Z} \text{ oder} (P,Q,X) \in \mathcal{Z}\}$$

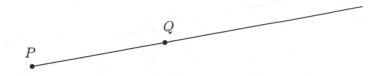

Kongruenzaxiome

(K1) *Sind P, Q, P' und R Punkte mit $R \neq P'$, so gibt es genau einen Punkt Q' auf dem Strahl $S(P',R)$ so daß die Strecken PQ und $P'Q'$ kongruent sind.*

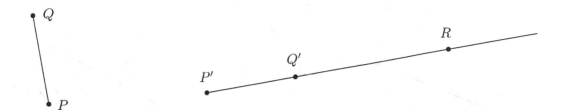

(K2) *Für je zwei Punkte P und Q gilt $PQ \cong QP$.*

(K3) *Liegen von sechs Punkten P, Q, R und P', Q', R' der Punkt Q zwischen P und R und der Punkt Q' zwischen P' und R' und ist $PQ \cong P'Q'$ und $QR \cong Q'R'$, so ist auch $PR \cong P'R'$.*

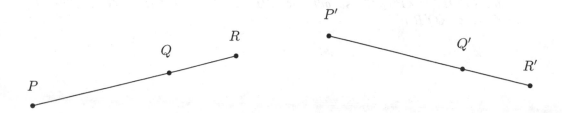

(K4) *Für drei Punkte P, Q, R, die nicht auf einer Geraden liegen, gilt ∠PQR ≃ ∠RQP. Ferner gilt ∠PQR ≃ ∠P'QR' für irgend zwei von Q verschiedene Punkte P' ∈ S(Q,P) und R' ∈ S(Q,R).*

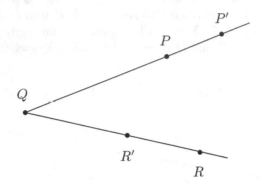

(K5) *Sind P, Q, R, X, P' ≠ Q' Punkte aus E, so daß die Punkte P, Q, R nicht auf einer Geraden liegen und X nicht auf der Geraden durch P' und Q' liegt, so gibt es genau einen von Q' ausgehenden Strahl S, so daß für alle Punkte R' von S, die von Q' verschieden sind, ∠PQR ≃ ∠P'Q'R' ist und R' auf derselben Seite der Geraden durch P' und Q' liegt wie X.*

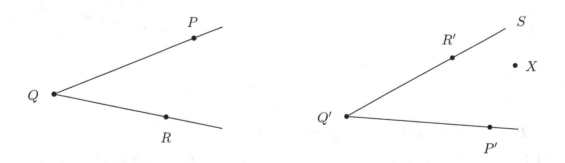

(K6) *Sind P, Q, R, P', Q', R' Punkte aus E, so daß weder P, Q und R noch P', Q' und R' auf einer Geraden liegen, und gilt PQ ≅ P'Q', QR ≅ Q'R' und ∠PQR ≃ ∠P'Q'R', so gilt auch PR ≅ P'R', ∠QPR ≃ ∠Q'P'R' und ∠QRP ≃ ∠Q'R'P'.*

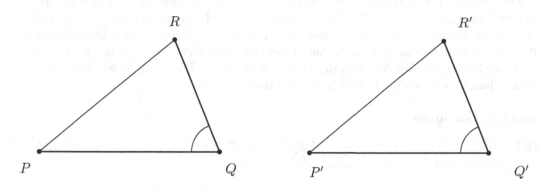

In der geometrischen Umgangssprache bedeutet (K1), daß sich eine vorgegebene Strecke auf einem vorgegebenen Strahl in eindeutiger Weise abtragen läßt. (K4) besagt, daß ein Winkel durch die ausgehenden Strahlen bis auf Kongruenz bestimmt ist. (K5) bedeutet, daß man einen vorgegebenen Winkel an einem vorgegebenen Strahl auf jeder Seite eindeutig abtragen kann. Schließlich besagt (K6), daß zwei Dreiecke kongruent sind, wenn zwei Seiten und der jeweils eingeschlossene Winkel kongruent sind.

Axiom (K6) wird bei Euklid als Lehrsatz formuliert und aus den Definitionen, Postulaten und Axiomen hergeleitet. Es ist instruktiv, sich den „Beweis" genauer anzusehen. Es folgt die entsprechende Passage aus der Übersetzung von C. Thaer:

§ 4 (L. 1)

Wenn in zwei Dreiecken zwei Seiten zwei Seiten entsprechend gleich sind und die von den gleichen Strecken umfaßten Winkel einander gleich, dann muß in ihnen auch die Grundlinie der Grundlinie gleich sein, das Dreieck muß dem Dreieck gleich sein, und die übrigen Winkel müssen den übrigen Winkeln entsprechend gleich sein, nämlich immer die, denen gleiche Seiten gegenüberliegen.

ABC, DEF seien zwei Dreiecke, in denen zwei Seiten AB, AC zwei Seiten DE, DF entsprechend gleich sind, nämlich AB = DE und AC = DF, ferner ∠BAC = ∠EDF. Ich behaupte, daß auch Grdl. BC = Grdl. EF, ferner △ABC = △DEF und die übrigen Winkel den übrigen Winkeln entsprechend gleich sein müssen, immer die, denen gleiche Seiten gegenüberliegen, ABC = DEF und ACB = DFE.

Deckt man nämlich △ABC auf △DEF und legt dabei Punkt A auf Punkt D sowie die gerade Linie AB auf DE, so muß auch Punkt B E decken, weil AB = DE; da so AB DE deckt, muß auch die gerade Linie AC DF decken, weil ∠BAC = ∠EDF; daher muß auch Punkt C Punkt F decken, weil gleichfalls AC = DF. B deckte aber E; folglich muß die Grundlinie BC die Grundlinie EF decken [denn würde, während B E und C F deckt, die Grundlinie BC EF nicht decken, so würden zwei Strecken einen Flächenraum umfassen; das ist aber unmöglich (Ax. 9). Also muß die Grundlinie BC EF decken] und ihr gleich sein (Ax. 7); folglich muß auch das ganze Dreieck ABC das ganze Dreieck DEF decken und ihm gleich sein, auch müssen die übrigen Winkel die übrigen Winkel decken und ihnen gleich sein, ABC = DEF und ACB = DFE.

Wenn also in zwei Dreiecken zwei Seiten zwei Seiten entsprechend gleich sind und die von den gleichen Strecken umfaßten Winkel einander gleich, dann muß in ihnen auch die Grundlinie der Grundlinie gleich sein, das Dreieck muß dem Dreieck gleich sein, und die übrigen Winkel müssen den übrigen Winkeln entsprechend gleich sein, nämlich immer die, denen gleiche Winkel gegenüberliegen - dies hatte man beweisen sollen.

Der zweite Abschnitt des Beweises beginnt mit „Deckt man nämlich das Dreieck $\triangle ABC$ auf das Dreieck $\triangle DEF$". Es wird also auf Bewegungen oder *Isometrien* der Ebene Bezug genommen – etwas, von dem vorher weder in den Definitionen, Postulaten und Axiomen noch in den vorhergehenden Überlegungen die Rede war. Hier wird also auf die Anschauung Bezug genommen. Dies wollen wir unbedingt vermeiden; und deshalb ist (K6) hier ein Axiom.

Stetigkeitsaxiome

(S1) *Sind P, Q, P', Q' Punkte, sodaß $P \neq Q$, $P' \neq Q'$, so gibt es eine natürliche Zahl n und Punkte $R_1,...,R_n \in S(P',Q')$, so daß*

1. *für $j = 1,...,n-1$ der Punkt R_j zwischen P' und Q' liegt oder gleich Q' ist,*

2. *Q' zwischen P' und R_n liegt,*

3. *die Strecken $P'R_1$ und $R_{j-1}R_j$ $(2 \leq j \leq n)$ alle zur Strecke PQ kongruent sind.*

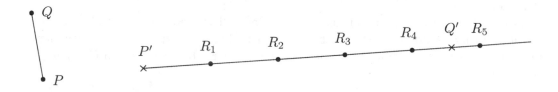

(S2) *Ist eine Gerade g disjunkte Vereinigung zweier nichtleerer Teilmengen Σ_1 und Σ_2 von g, sodaß kein Punkt von Σ_1 zwischen zwei Punkten von Σ_2 liegt, und umgekehrt, so gibt es genau einen Punkt Q auf g, so daß für alle Punkte $P \in \Sigma_1$, $R \in \Sigma_2$, die von Q verschieden sind, der Punkt Q zwischen P und R liegt.*

Das Axiom (S1) besagt in der Umgangssprache, daß man, wenn man die Strecke PQ genügend oft auf dem Strahl $S(P',Q')$ abträgt, schließlich über den Punkt Q' hinauskommt. (S1) nennt man auch das *Archimedische Axiom* und (S2) das *Dedekind'sche Axiom*. Diese beiden Axiome sind sehr ähnlich zu den Axiomen, die man bei einer Charakterisierung des Körpers $\mathbb{R}$ der reellen Zahlen verwendet, um zu sagen, daß $\mathbb{R}$ *archimedisch angeordnet* bzw. *vollständig* ist (vgl. [Forster] 1, §3).

Schließlich kommen wir zu dem Axiom, um das sich die Diskussion hauptsächlich dreht.

Parallelenaxiom

(P) *Ist g eine Gerade und P ein Punkt, der nicht auf dieser Geraden liegt, so gibt es höchstens eine Gerade g' durch P mit $g \cap g' = \emptyset$.*

Definieren wir zwei Geraden g, g' als *parallel*, wenn $g = g'$ oder $g \cap g' = \emptyset$, so besagt (P), daß es zu einer Geraden g durch einen Punkt $P \notin g$ höchstens eine Parallele gibt.

Damit ist unsere Definition einer *euklidischen Ebene* beendet. Man kann sich überlegen, daß die obigen Axiome denselben mathematischen Sachverhalt beschreiben wie Euklid's Axiome für die Ebene, und daß das Weglassen von Axiom (P) dem Weglassen des *Postulates 5* entspricht. *Postulat 5* und Axiom (P) sagen wirklich nahezu dasselbe aus: Sei g eine Gerade und P ein Punkt, der nicht auf g liegt. Wähle eine Gerade l durch P, einen Punkt $Q \in g$ und einen Punkt $X \in g$, der nicht auf l liegt. Für eine Gerade g' durch P gibt es dann drei Möglichkeiten: Ist Y ein Punkt von g', der auf derselben Seite von l liegt wie X, so können sich $\angle XQP$ und $\angle QPY$ zu einem Winkel ergänzen, der kleiner, gleich, oder größer als $180°$ ist (siehe Bild 3.14).

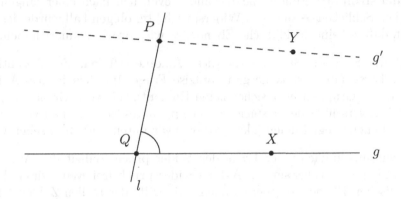

Bild 3.14

Übung: Formulieren Sie in Begriffen der obigen Definition der „euklidischen Ebene", was es heißt, daß sich zwei Winkel zu einem Winkel ergänzen, der kleiner (bzw. gleich) $180°$ ist!

Im ersten (und auch im dritten) Fall fordert *Postulat 5*, daß sich g und g' schneiden. Das heißt, g und g' können sich nur dann nicht schneiden, wenn sich die obigen Winkel zu $180°$ ergänzen. Diese Bedingung, daß sich die Winkel zu $180°$ ergänzen, bestimmt g' eindeutig. Also impliziert *Postulat 5*, daß es höchstens eine Parallele zu g durch P gibt, und damit das Axiom (P). Umgekehrt kann man zeigen, daß auch (P) das *Postulat 5* impliziert (unter Verwendung der anderen Definitionen, Postulate und Axiome).

Ausgehend von der obigen Definition einer „euklidischen Ebene" kann man nun eine große Menge von Sätzen beweisen, die in jeder „euklidischen Ebene" gelten; genauso wie wir in Kapitel 1 Sätze bewiesen haben, die in jeder Gruppe gelten. Man kommt dabei zu sämtlichen bekannten Sätzen aus der elementaren Geometrie (siehe z.B. [Greenberg], [Hilbert]). Das wollen wir hier nicht tun, sondern die Diskussion des Parallelenaxioms fortführen.

Wenn immer ein Axiomensystem vorliegt, stellen sich die folgenden Fragen:

Unabhängigkeit: Waren alle Axiome nötig, oder ist es möglich, ein Axiom (oder einen Teil davon) wegzulassen und seine Aussagen aus den übrigen Axiomen herzuleiten?

Das ist genau die Frage, die wir für das Parallelenaxiom stellen. Konkret lautet die Frage: Kann man zeigen, daß in jedem System $(E, \mathcal{G}, \mathcal{Z}, \cong, \simeq)$, in dem die Axiome (I 1..3), (L1..4), (K1..6), (S1,2) gelten, auch (P) gilt? Das würde bedeuten, daß man das Parallelenaxiom aus den anderen Axiomen herleiten kann. Wie gesagt, ist die Antwort „Nein". Wir werden dies im nächsten Abschnitt begründen.

Widerspruchsfreiheit: Führen die Axiome – eventuell nach einer langen Kette logischen Schließens – zu einem Widerspruch? Im obigen Fall würde das implizieren, daß es keine „euklidische Ebene", so wie wir sie definiert haben, gibt.

Eindeutigkeit: Sind alle Systeme, die diese Axiome erfüllen, „im Wesentlichen" gleich? Diese Frage ist keine ganz präzise Frage. Im Beispiel des Axiomensystems für Gruppen liegt sicher keine Eindeutigkeit vor, wir haben ja viele wesentlich verschiedene Beispiele von Gruppen gesehen. Im Fall von „euklidischen Ebenen" liegt Eindeutigkeit vor, wie wir unten (Satz 3.2) sehen werden.

Wenden wir uns zunächst der Frage der Widerspruchsfreiheit der Axiome der euklidischen Ebene zu. Sicher sind die Axiome widerspruchsfrei, wenn wir ein Beispiel einer „euklidischen Ebene" angeben können. Mit Hilfe der reellen Zahlen läßt sich ein naheliegendes Beispiel konstruieren. Sind $\mathbf{x} = (x_1, x_2) \in \mathbb{R}^2$, $\mathbf{y} = (y_1, y_2) \in \mathbb{R}^2$, so bezeichnen wir das *Skalarprodukt* von $\mathbf{x}$ und $\mathbf{y}$ mit $\mathbf{x} \cdot \mathbf{y} := x_1 y_1 + x_2 y_2$ und die *Länge* von $\mathbf{x}$ mit $\|\mathbf{x}\| := \sqrt{x_1^2 + x_2^2}$.

Satz 3.1 *Es sei $E := \mathbb{R}^2$, $\mathcal{G}$ das System der Teilmengen von $E = \mathbb{R}^2$ der Form $\{(x_1, x_2) \in \mathbb{R}^2 \mid ax_1 + bx_2 = c\}$, wobei $a, b, c \in \mathbb{R}$, $a^2 + b^2 \neq 0$, $\mathcal{Z} := \{(\mathbf{x}, \mathbf{y}, \mathbf{z}) \in E \times E \times E \mid \mathbf{x} \neq \mathbf{z} \text{ und } \mathbf{y} = \mathbf{x} + t(\mathbf{z} - \mathbf{x}) \text{ für eine reelle Zahl } t \text{ mit } 0 < t < 1\}$, $\cong$ die Äquivalenzrelation auf $E \times E$, definiert durch*

$$(\mathbf{x}, \mathbf{y}) \cong (\mathbf{x}', \mathbf{y}') \iff \|\mathbf{x} - \mathbf{y}\| = \|\mathbf{x}' - \mathbf{y}'\|,$$

$\simeq$ *die Äquivalenzrelation auf* $\{(\mathbf{x}, \mathbf{y}, \mathbf{z}) \in E \times E \times E \mid \forall g \in \mathcal{G} : \mathbf{x}, \mathbf{y} \in g \implies \mathbf{z} \notin g\}$, *definiert durch*

$$(\mathbf{x}, \mathbf{y}, \mathbf{z}) \simeq (\mathbf{x}', \mathbf{y}', \mathbf{z}') \iff \frac{(\mathbf{x} - \mathbf{y}) \cdot (\mathbf{z} - \mathbf{y})}{\|\mathbf{x} - \mathbf{y}\| \, \|\mathbf{z} - \mathbf{y}\|} = \frac{(\mathbf{x}' - \mathbf{y}') \cdot (\mathbf{z}' - \mathbf{y}')}{\|\mathbf{x}' - \mathbf{y}'\| \, \|\mathbf{z}' - \mathbf{y}'\|}.$$

Dann ist das 5-Tupel $(E, \mathcal{G}, \mathcal{Z}, \cong, \simeq)$ eine „euklidische Ebene", d.h. es erfüllt die Axiome (I1..3), (L1..4), (K1..6), (S1,2), (P).

Den Beweis des Satzes überlassen wir den LeserInnen als Übung. Wie oben gesagt, impliziert Satz 3.1, daß die Axiome einer euklidischen Ebene widerspruchsfrei sind, wenn nur die Axiome für die reellen Zahlen widerspruchsfrei sind. Schwieriger zu beweisen ist der folgende

Satz 3.2 *Seien* $(E,\mathcal{G},\mathcal{Z}, \cong , \simeq)$ *und* $(E',\mathcal{G}',\mathcal{Z}', \cong' , \simeq')$ *„euklidische Ebenen".* *Dann gibt es eine Bijektion.* $F : E \longrightarrow E'$ *mit* $F(g) \in \mathcal{G}'$ *für alle* $g \in \mathcal{G}$, $F^{-1}(g') \in \mathcal{G}$ *für alle* $g' \in \mathcal{G}'$, *sodaß für alle* $P,Q,R,\hat{P},\hat{Q},\hat{R} \in E$ *gilt:*

$$(P,Q,R) \in \mathcal{Z} \iff (F(P),F(Q),F(R)) \in \mathcal{Z}'$$
$$PQ \cong \hat{P}\hat{Q} \iff F(P)F(Q) \cong' F(\hat{P})F(\hat{Q})$$
$$\angle PQR \simeq \angle \hat{P}\hat{Q}\hat{R} \iff \angle F(P)F(Q)F(R) \simeq' \angle F(\hat{P})F(\hat{Q})F(\hat{R})$$

Satz 3.2 besagt, daß das in Satz 3.1 gegebene Beispiel „bis auf Isomorphie" das einzige Beispiel einer euklidischen Ebene ist. Für einen Beweis von Satz 3.2 siehe z.B. [Efimow].

Aus diesen beiden Sätzen folgt, daß jede Aussage, die man aus den Axiomen einer euklidischen Ebene herleiten kann, auch in $\mathbb{R}^2$ gilt – und umgekehrt. Man kann also die euklidische Geometrie auf zwei Weisen betreiben: *Synthetisch*, d.h., indem man Sätze aus den Axiomen herleitet, oder *analytisch*, indem man unter anderem mit Methoden der Vektoranalysis oder der Zahlentheorie Sätze über $\mathbb{R}^2$ beweist, die eine geometrische Natur haben. Natürlich ist in diesem Zusammenhang ein Satz über $\mathbb{R}^2$ nicht dann interessant, wenn die entsprechenden Formeln ein schönes Druckbild ergeben, sondern wenn sie einen interessanten geometrischen Sachverhalt beschreiben. Satz 3.1 und Satz 3.2 besagen, daß die synthetische und die analytische Vorgehensweise völlig äquivalent sind. Es ist im Prinzip nur eine Geschmacksfrage, welche man vorzieht. Der synthetische Ansatz hat den Vorteil, geometrischer und anschaulicher zu sein (siehe z.B. [Kunz]). Beim analytischen Vorgehen sind viele Beweise von gleicher Struktur – nämlich Rechnen mit Koordinaten. In den Kapiteln 4, 5 und 6 gehen wir aus diesem Grund auch meist analytisch vor.

Die Vorteile der analytischen Methode haben sich insbesondere bei Unmöglichkeitsbeweisen für Konstruktionen in der euklidischen Ebene gezeigt. Will man beispielsweise beweisen, daß es nicht möglich ist, durch Konstruktion mit Zirkel und Lineal einen allgemeinen Winkel in drei gleiche Teile zu teilen, so geht man folgendermaßen vor: In der Ebene $\mathbb{R}^2$ sei ein Winkel gegeben, d.h. zwei Strahlen S_1, S_2 durch einen Punkt Q. Mit dem Zirkel schlage man einen Kreis K mit beliebigem Radius $r > 0$ um Q. P_1 bzw. P_2 bezeichne den Schnittpunkt von K mit S_1 resp. S_2. Die Koordinaten von Q,P_1,P_2 sind gewisse reelle Zahlen. Nun überlegt man sich, welche Typen von reellen Zahlen als Koordinaten von Punkten auftreten, die man aus Q,P_1,P_2 durch Konstruktion mit Zirkel und Lineal erhält. Die Menge der so entstehenden Zahlen ist eine echte Teilmenge von $\mathbb{R}$ – wir bezeichnen sie mit $M(Q,P_1,P_2)$. Es sei nun R der Punkt auf K, für den der Winkel $\angle P_1QR$ ein Drittel des Winkels $\angle P_1QP_2$ ist (siehe Bild 3.15).

Falls man den Winkel $\angle P_1QR$ mit Zirkel und Lineal dreiteilen kann, liegen die Koordinaten von R in $M(Q,P_1,P_2)$. Man kann aber zeigen – und das ist der schwierige Teil des Beweises –, daß für allgemeine Wahl der Strahlen S_1 und S_2 dies nicht

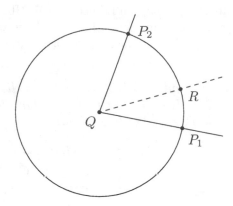

Bild 3.15

der Fall ist (siehe z. B. [Moise], Ch. 19 oder [Artin], Kap. 13.4). Somit ist es also
unmöglich, einen allgemeinen Winkel mit Zirkel und Lineal in drei gleiche Teile zu
teilen.[2]

Natürlich wäre es im Prinzip auch möglich, einen derartigen Beweis synthetisch
zu führen; das würde aber sehr unübersichtlich.

Übung: i) Gegeben sei eine vierelementige Menge E, ferner bezeichne $\mathcal{G}$ die Menge
aller zweielementigen Teilmengen von E. Zeigen Sie, daß für das Paar $(E,\mathcal{G})$ die
Axiome (I1), (I2), (I3) und das Parallelenaxiom (P) erfüllt sind!

ii) Konstruieren Sie eine Menge $\mathcal{G}$ von Teilmengen einer neunelementigen Menge
E, so daß die obigen Axiome erfüllt sind!

Übung: Formulieren Sie (L1...4) in der Sprache der Mengenlehre und der formalen
Logik! Es ist vielleicht nützlich, eine Abkürzung für die Sprechweise „P, Q liegen
auf derselben Seite von g" einzuführen.

Übung: Ist das in Abschnitt 1.2 angegebene Axiomensystem für Gruppen unabhängig?

3.2   Das Poincaré-Modell der hyperbolischen Ebene

Wir kehren zu der Frage der Unabhängigkeit des Parallelenaxioms zurück. Um zu
beweisen, daß es von den anderen Axiomen unabhängig ist, genügt es, ein Beispiel ei-
nes 5-Tupels $(E,\mathcal{G},\mathcal{Z}, \cong , \simeq)$ anzugeben, in dem die Axiome (I 1..3), (L1..4), (K1..6),

---

[2] genauer: Es gibt eine dichte Teilmenge M im Intervall $[0° , 360°]$, so daß nur die Winkel α aus
$[0° , 360°] \setminus M$ mit Zirkel und Lineal in drei gleiche Teile geteilt werden können.

(S1,2) alle gelten, die Aussage (P) aber nicht. Wäre es nämlich möglich, das Parallelenaxiom aus den anderen Axiomen durch rein logisches Schließen herzuleiten, so würden all diese Schlüsse auch auf das System $(E,\mathcal{G},\mathcal{Z}, \cong , \simeq)$ des Beispiels zutreffen, und (P) würde auch in diesem Beispiel gelten. Ein Modell einer Geometrie, in dem alle Axiome bis auf das Parallelenaxiom gelten, wurde zuerst von E. Beltrami 1868 angegeben. Wir beschreiben hier ein „isomorphes" Modell, das H. Poincaré zugeschrieben wird. Wir werden also jetzt eine Punktmenge E, ein System $\mathcal{G}$ von Teilmengen von E etc. angeben, und dann nachprüfen, daß die Axiome (I 1..3), (L1..4), (K1..6), (S1,2) erfüllt sind, (P) aber nicht.

Als Punktmenge nehmen wir die *obere Halbebene*

$$H := \{z \in \mathbb{C} \mid \operatorname{Im} z > 0\}$$

Erinnern Sie sich, daß jede komplexe Zahl z auf eindeutige Weise in der Form $z = x + iy$ mit $x,y \in \mathbb{R}$ geschrieben werden kann. x heißt der *Realteil* $\operatorname{Re} z$ von z, und y der *Imaginärteil* $\operatorname{Im} z$. Das Systen $\mathcal{G}$ von Teilmengen von H besteht aus zwei Teilen: Als erstes nehmen wir *Halbgeraden*, die senkrecht auf der reellen Achse stehen. Genauer: $\mathcal{G}_1$ sei das System der Mengen

$$g_\alpha := \{z \in H \mid \operatorname{Re} z = \alpha\} ,$$

wobei $\alpha \in \mathbb{R}$ eine beliebige reelle Zahl ist (siehe Bild 3.16).

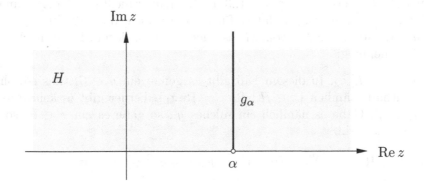

Bild 3.16

Als zweites nehmen wir *Halbkreise* in H mit Mittelpunkt auf der reellen Achse. Genauer: $\mathcal{G}_2$ sei das System der Mengen

$$g_{x,r} := \left\{z \in H \,\middle|\, |z - x| = r\right\} ,$$

wobei x über alle reellen, r über alle positiven reellen Zahlen läuft (siehe Bild 3.17).

Wir setzen

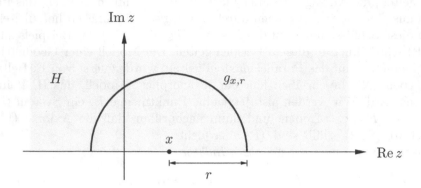

Bild 3.17

$$\mathcal{G} := \mathcal{G}_1 \cup \mathcal{G}_2$$

Damit haben wir die ersten beiden Daten eines 5-Tupels definiert, von dem wir zeigen wollen, daß alle Axiome einer „euklidischen Ebene" bis auf das Parallelenaxiom erfüllt sind. In den Inzidenzaxiomen (I 1..3) kommen nur Elemente von E und $\mathcal{G}$ vor, und dasselbe gilt für das Parallelenaxiom (P). Wir können also schon jetzt nachprüfen, daß H und $\mathcal{G}$ die Axiome (I 1..3) erfüllen, aber nicht (P). Um Axiom (I 1) nachzuprüfen, müssen wir zeigen, daß es für je zwei verschiedene Punkte $z_1, z_2 \in H$ genau ein $g \in \mathcal{G}$ gibt, so daß sowohl z_1 als auch z_2 auf g liegen. Dazu machen wir eine Fallunterscheidung:

1. Fall $\operatorname{Re} z_1 = \operatorname{Re} z_2$: In diesem Fall gibt es genau ein $g \in \mathcal{G}_1$, das sowohl z_1 als auch z_2 enthält, nämlich $\{z \in H \mid \operatorname{Re} z = \operatorname{Re} z_1\}$. Ferner gibt es kein $g' \in \mathcal{G}_2$, so daß $z_1, z_2 \in g'$. Gäbe es nämlich ein solches g', so gäbe es ein $x \in \mathbb{R}$, so daß $|z_1 - x|^2 = |z_2 - x|^2$, d.h.

$$(\operatorname{Re} z_1 - x)^2 + (\operatorname{Im} z_1)^2 = (\operatorname{Re} z_2 - x)^2 + (\operatorname{Im} z_2)^2$$

Da $\operatorname{Re} z_1 = \operatorname{Re} z_2$ und $\operatorname{Im} z_1, \operatorname{Im} z_2 > 0$, impliziert diese Gleichung $\operatorname{Im} z_1 = \operatorname{Im} z_2$, und somit ist $z_1 = z_2$. Wir waren aber davon ausgegangen, daß $z_1 \neq z_2$. Natürlich ist es auch anschaulich klar, daß es keinen Halbkreis mit Mittelpunkt auf der reellen Achse gibt, der sowohl z_1 als auch z_2 enthält (siehe Bild 3.18).

2. Fall $\operatorname{Re} z_1 \neq \operatorname{Re} z_2$: In diesem Fall gibt es natürlich kein Element von $\mathcal{G}_1$, das sowohl z_1 als auch z_2 enthält. Sei nun

$$g = \left\{ z \in H \;\middle|\; |z - x| = r \right\}, x \in \mathbb{R}, r > 0$$

ein Element von $\mathcal{G}_2$. Dann gilt:

$$z_1, z_2 \in g \iff r^2 = |z_1 - x|^2 = |z_2 - x|^2$$

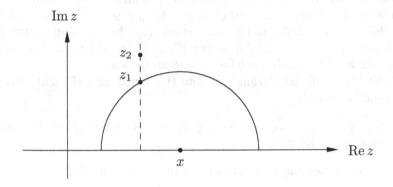

Bild 3.18

Die letzte Gleichung formen wir um:

$$(\operatorname{Re} z_1 - x)^2 + (\operatorname{Im} z_1)^2 = (\operatorname{Re} z_2 - x)^2 + (\operatorname{Im} z_2)^2$$
$$(\operatorname{Re} z_1)^2 - 2x \operatorname{Re} z_1 + x^2 + (\operatorname{Im} z_1)^2 = (\operatorname{Re} z_2)^2 - 2x \operatorname{Re} z_2 + x^2 + (\operatorname{Im} z_2)^2$$

Dies ergibt

$$(\operatorname{Re} z_1)^2 + (\operatorname{Im} z_1)^2 - (\operatorname{Re} z_2)^2 - (\operatorname{Im} z_2)^2 = 2x(\operatorname{Re} z_1 - \operatorname{Re} z_2)$$

oder

$$x = \frac{|z_1|^2 - |z_2|^2}{2(\operatorname{Re} z_1 - \operatorname{Re} z_2)}$$

Also sind x und $r = |z_2 - x|$ durch z_1, z_2 eindeutig bestimmt. Auch dieses Argument hat eine geometrische Interpretation: x ist der Schnittpunkt der Mittelsenkrechten auf die Verbindungsstrecke von z_1 und z_2 mit der reellen Achse, und r ist der Abstand von x zu z_2 (siehe Bild 3.19).

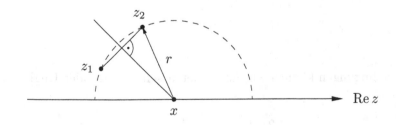

Bild 3.19

Damit ist gezeigt, daß H und $\mathcal{G}$ das Axiom (I 1) erfüllen. Die Axiome (I 2) und (I 3) sind leicht nachzuprüfen: (I 2) besagt, daß jedes $g \in \mathcal{G}$ mindestens zwei Punkte enthält, und das ist klar aus der Definition. Axiom (I 3) besagt, daß es drei Punkte in H gibt, die nicht alle auf ein und demselben Element von $\mathcal{G}$ liegen. Wir überlassen es den LeserInnen als Übung, drei solche Punkte zu finden.

Schließlich ist klar, daß das Parallelenaxiom (P) für H und $\mathcal{G}$ *nicht* gilt. Es gilt sogar das genaue Gegenteil:

Lemma 24 *Sind $g \in \mathcal{G}$, $z_0 \in H$ und ist $z_0 \notin g$, so gibt es unendlich viele verschiedene $g' \in \mathcal{G}$ mit $z_0 \in g'$ und $g \cap g' = \emptyset$.*

Beweis Wir beweisen Lemma 24 zunächst nur im Spezialfall, daß

$$g = \{z \in H \mid \operatorname{Re} z = 0\}, \quad \operatorname{Re} z_0 \neq 0. \tag{3.1}$$

Das ist natürlich ausreichend, um zu zeigen, daß das Parallelenaxiom (P) für H und $\mathcal{G}$ nicht gilt. Später, wenn wir etwas mehr Theorie zur Verfügung haben, werden wir zeigen, daß man die allgemeine Aussage von Lemma 24 aus dem obigen Spezialfall herleiten kann (Übung nach Korollar 30). Betrachten wir also den Spezialfall (3.1). Ist $x \in \mathbb{R}$, $r(x) := |z_0 - x|$ und $g_{x,r}$ das Element von $\mathcal{G}$

$$g_{x,r} := \left\{ z \in H \mid |z - x| = r(x) \right\},$$

so ist $z_0 \in g_{x,r}$. Ferner ist $g_{x,r} \cap g = \emptyset$ genau dann, wenn erstens x und $\operatorname{Re} z_0$ das gleiche Vorzeichen haben und zweitens $r(x) < |x|$ (siehe Bild 3.20).

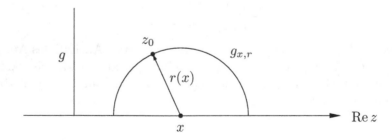

Bild 3.20

Diese beiden Bedingungen können wir zusammenfassen zu folgender Ungleichung für x

$$2x \operatorname{Re} z_0 > |z_0|^2, \tag{3.2}$$

die offensichtlich unendlich viele Lösungen hat. $\square$

Wir fahren jetzt fort, die Daten anzugeben, die ein 5-Tupel $(H, \mathcal{G}, \mathcal{Z}, \cong, \simeq)$ ergeben werden, in dem alle Axiome für eine „euklidische Ebene" außer dem Parallelenaxiom gelten. Als nächstes spezifizieren wir die Menge $\mathcal{Z}$, welche die Beziehung „zwischen" beschreibt. Wir setzen $\mathcal{Z} := \mathcal{Z}_1 \cup \mathcal{Z}_2$ (siehe Bilder 3.21 und 3.22) mit

$$\mathcal{Z}_1 := \{\, (z_1, z_2, z_3) \in H \times H \times H \mid \operatorname{Re} z_1 = \operatorname{Re} z_2 = \operatorname{Re} z_3, z_1 \neq z_3,$$

$$\text{es gibt ein } t,\ 0 < t < 1,\ \text{so daß } z_2 = t z_1 + (1 - t) z_3 \,\},$$

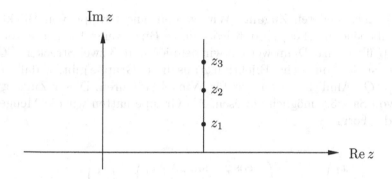

Bild 3.21

$$\mathcal{Z}_2 := \{\, (z_1, z_2, z_3) \in H \times H \times H \mid \operatorname{Re} z_1 < \operatorname{Re} z_2 < \operatorname{Re} z_3 \text{ oder } \operatorname{Re} z_1 > \operatorname{Re} z_2 > \operatorname{Re} z_3,$$

$$\text{es gibt ein } g \in \mathcal{G}_2 \text{ mit } z_1, z_2, z_3 \in g \,\}.$$

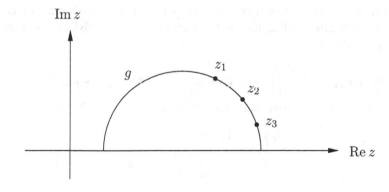

Bild 3.22

Übung: Zeigen Sie, daß die Axiome (L1..4) und das Dedekind'sche Axiom (S2) erfüllt sind!

Schließlich müssen wir noch die Äquivalenzrelationen $\cong$ und $\simeq$ angeben, die die Kongruenz von Strecken bzw. Winkeln beschreiben. Im Fall von Satz 3.1 hatten wir für das Modell $\mathbb{R}^2$ einer euklidischen Ebene ein Maß für die Länge von Strecken und die Größe von Winkeln eingeführt und definiert, daß zwei Strecken (bzw. Winkel) kongruent sind, wenn sie gleiche Länge (bzw. Größe) haben. Ein ähnliches Vorgehen wäre auch hier möglich: Man kann auf der oberen Halbebene H einen Abstand definieren (der von dem üblichen euklidischen Abstand verschieden ist) und die übliche euklidische Winkelmessung verwenden, um Kongruenz von Strecken und Winkeln so zu definieren, daß die verbleibenden Axiome (K1..6) und (S1) erfüllt sind.

Wir wählen einen anderen Zugang: Wir werden eine Gruppe von Bijektionen der oberen Halbebene angeben, so daß jede dieser Bijektionen Elemente von $\mathcal{G}$ in Elemente von $\mathcal{G}$ überführt. Dann werden wir definieren, daß zwei Strecken PQ und $P'Q'$ kongruent sind, wenn es eine Bijektion φ aus dieser Gruppe gibt, so daß $\varphi(P) = P'$ und $\varphi(Q) = Q'$. Ähnlich werden wir für Winkel verfahren. Dieser Zugang wäre auch im Fall von Satz 3.1 möglich gewesen. Als Gruppe hätten wir die Menge aller Abbildungen der Form

$$
\begin{array}{ccc}
\mathbb{R}^2 & \longrightarrow & \mathbb{R}^2 \\
\begin{pmatrix} x_1 \\ x_2 \end{pmatrix} & \longmapsto & \begin{pmatrix} \cos\varphi & \sin\varphi \\ -\sin\varphi & \cos\varphi \end{pmatrix} \begin{pmatrix} x_1 \\ x_2 \end{pmatrix} + \begin{pmatrix} t_1 \\ t_2 \end{pmatrix}
\end{array}
$$

mit $\varphi, t_1, t_2 \in \mathbb{R}$ nehmen können.

Übung: Zeigen Sie, daß die obigen Abbildungen eine Gruppe bilden! Verwenden Sie Bemerkung 4 aus Abschnitt 1.1, um zu zeigen, daß diese Gruppe die Gruppe aller orientierungserhaltenden Isometrien der Ebene ist!

Um die Gruppe von Bijektionen von H angeben zu können, die wir zur Definition von $\cong$ und $\simeq$ verwenden werden, machen wir zunächst einen Exkurs über *gebrochen lineare Transformationen*.

Definition 25 *Ist $A = \begin{pmatrix} a & b \\ c & d \end{pmatrix}$ eine komplexe (2×2)-Matrix mit*

$\det A := ad - bc \neq 0$, *so nennt man die Abbildung φ_A, die für $c \neq 0$ gegeben ist durch*

$$
\begin{array}{rcl}
\varphi_A : \mathbb{C} \setminus \{-d/c\} & \longrightarrow & \mathbb{C} \\
z & \longmapsto & \dfrac{az+b}{cz+d} = \dfrac{1}{c}\left(a - \dfrac{ad-bc}{cz+d}\right)
\end{array}
$$

bzw. für $c = 0$ durch

$$
\begin{array}{rcl}
\varphi_A : \mathbb{C} & \longrightarrow & \mathbb{C} \\
z & \longmapsto & \dfrac{az+b}{cz+d} = \dfrac{a}{d}z + \dfrac{b}{d} \, ,
\end{array}
$$

eine gebrochen lineare Transformation *oder* Möbius-Transformation.

Man beachte, daß die Bedingung $\det A := ad - bc \neq 0$ sicherstellt, daß c und d nicht beide Null sind, so daß der Nenner $cz + d$ nicht identisch verschwindet. Man sieht leicht, daß die zur Einheitsmatrix gehörende gebrochen lineare Abbildung die Identität ist. Genauer gilt

$$\varphi_A = id \iff \text{Es gibt } \lambda \in \mathbb{C}, \lambda \neq 0, \text{ so daß } A = \lambda \begin{pmatrix} 1 & 0 \\ 0 & 1 \end{pmatrix} \qquad (3.3)$$

Beispiele von gebrochen linearen Transformationen:

i) Ist $A = \begin{pmatrix} 1 & b \\ 0 & 1 \end{pmatrix}$, so ist φ_A die Translation um b:

$$\varphi_A(z) = z + b$$

ii) Ist $A = \begin{pmatrix} \lambda & 0 \\ 0 & 1/\lambda \end{pmatrix}$ mit $\lambda \in \mathbb{R} \setminus \{0\}$, so ist φ_A die Streckung um den Faktor λ^2 vom Ursprung aus

$$\varphi_A(z) = \lambda^2 \cdot z$$

iii) Ist $A = \begin{pmatrix} 0 & 1 \\ 1 & 0 \end{pmatrix}$, so ist $\varphi_A(z) = \frac{1}{z}$.

Die Abbildung $\mathbb{C} \setminus \{0\} \longrightarrow \mathbb{C} \setminus \{0\}, z \mapsto \overline{\varphi_A(z)} = \frac{1}{\overline{z}}$, die aus der Hintereinanderschaltung von φ_A mit der Spiegelung $z \mapsto \overline{z}$ an der reellen Achse entsteht, nennt man die *Inversion am Einheitskreis*. Ist nämlich $z = r\,e^{i\varphi} \in \mathbb{C} \setminus \{0\}$, so ist

$$\overline{\varphi_A(z)} = \frac{1}{\overline{z}} = \frac{1}{r} e^{i\varphi}$$

Das Bild von z ist also der Punkt auf der Geraden durch 0 und z, dessen Abstand von 0 das Reziproke des Abstandes von z von 0 ist. Insbesondere sind alle Punkte des Einheitskreises $S^1 = \{z \in \mathbb{C} / \mid z \mid = 1\}$ Fixpunkte der Inversion am Einheitskreis.

Wir bezeichnen mit $GL(2,\mathbb{C})$ die Menge aller komplexen (2×2)-Matrizen A, deren Determinante $\det A$ von Null verschieden ist.

Übung:

Sei $A = \begin{pmatrix} a & b \\ c & d \end{pmatrix}$ eine komplexe (2×2)-Matrix. Zeigen Sie: A ist invertierbar genau dann, wenn $\det A \neq 0$. In diesem Fall ist $A^{-1} = \dfrac{1}{\det A} \begin{pmatrix} d & -b \\ -c & a \end{pmatrix}$!

Zeigen Sie: $\det(AB) = \det A \cdot \det B$ für alle komplexen (2×2)-Matrizen A, B!

Zeigen Sie: $GL(2,\mathbb{C})$ mit Matrizenmultiplikation ist eine Gruppe, und $SL(2,\mathbb{C}) = \{A \in GL(2,\mathbb{C}) \mid \det A = 1\}$ ist eine Untergruppe von $GL(2,\mathbb{C})$!

Die Rechenregeln für $GL(2,\mathbb{C})$ übertragen sich in Rechenregeln für gebrochen lineare Transformationen, denn es gilt:

Lemma 26   *1. Sind $A, B \in GL(2,\mathbb{C})$, so ist*

$$\varphi_B \circ \varphi_A = \varphi_{BA}$$

auf der Menge aller komplexen Zahlen, für die sowohl die linke als auch die rechte Seite der obigen Formel definiert ist.

2. Sei $A = \begin{pmatrix} a & b \\ c & d \end{pmatrix} \in GL(2,\mathbb{C})$. Ist $c \neq 0$, so ist φ_A eine Bijektion

$$\varphi_A : \mathbb{C} \setminus \{-d/c\} \longrightarrow \mathbb{C} \setminus \{a/c\}$$

Ist $c = 0$, so ist φ_A die Bijektion

$$\varphi_A : \mathbb{C} \longrightarrow \mathbb{C}, \quad z \longmapsto \frac{a}{d}z + \frac{b}{d}$$

In beiden Fällen ist die zugehörige inverse Abbildung $\varphi_{A^{-1}}$.

Der Beweis von Lemma 26 vereinfacht sich, wenn man die folgende Rechenregel verwendet:

Bemerkung 27 Ist $A = \begin{pmatrix} a & b \\ c & d \end{pmatrix} \in GL(2,\mathbb{C})$ und $z \in \mathbb{C}$, $z \neq -d/c$, so kann man $\varphi_A(z) = \dfrac{az+b}{cz+d}$ auch folgendermaßen erhalten: Wähle irgend zwei komplexe Zahlen z_1 und z_2 so daß $z = z_1/z_2$, und setze $\begin{pmatrix} u_1 \\ u_2 \end{pmatrix} = A \begin{pmatrix} z_1 \\ z_2 \end{pmatrix}$. Dann ist

$$\varphi_A(z) = \frac{az+b}{cz+d} = \frac{az_1/z_2 + b}{cz_1/z_2 + d} = \frac{az_1 + bz_2}{cz_1 + dz_2} = \frac{u_1}{u_2}$$

Beweis von Lemma 26: Wir wenden die Rechenregel aus Bemerkung 27 auf beide Seiten der in Teil *1* behaupteten Gleichung

$$\varphi_B \circ \varphi_A = \varphi_{BA}$$

an. Ist $z \in \mathbb{C}$, so wähle wie oben $z_1, z_2 \in \mathbb{C}$ so daß $z = z_1/z_2$. Sei

$$\begin{pmatrix} u_1 \\ u_2 \end{pmatrix} = A \begin{pmatrix} z_1 \\ z_2 \end{pmatrix}. \tag{3.4}$$

Dann ist, wie gesagt, $\varphi_A(z) = u_1/u_2$. Das Bild $\varphi_B(\varphi_A(z))$ von $\varphi_A(z)$ unter φ_B erhält man nach der Rechenregel von Bemerkung 27, indem man zwei komplexe Zahlen wählt, deren Quotient $\varphi_A(z)$ ist, die Matrix B auf den aus diesen beiden Zahlen gebildeten Vektor anwendet, und den Quotienten der beiden Komponenten des entstehenden Vektors bildet. Als die beiden Zahlen, deren Quotient $\varphi_A(z)$ ist, kann man natürlich u_1 und u_2 wählen. Ist also

$$\begin{pmatrix} w_1 \\ w_2 \end{pmatrix} = B \begin{pmatrix} u_1 \\ u_2 \end{pmatrix}, \tag{3.5}$$

so ist

$$\varphi_B \circ \varphi_A(z) = \varphi_B(\varphi_A(z)) = \frac{w_1}{w_2}$$

Aus (3.4), (3.5) folgt

$$\begin{pmatrix} w_1 \\ w_2 \end{pmatrix} = B\,A \begin{pmatrix} z_1 \\ z_2 \end{pmatrix}$$

Indem man wieder Bemerkung 27 anwendet, sieht man, daß

$$\varphi_{BA}(z) = \frac{w_1}{w_2}$$

Damit ist Teil *1* des Lemmas bewiesen. Teil *2* folgt direkt aus Teil *1* , denn

$$\varphi_{A^{-1}} \circ \varphi_A = \varphi_1 = id \quad \text{und} \quad \varphi_A \circ \varphi_{A^{-1}} = \varphi_1 = id \; ,$$

wobei $\mathbb{1}$ die (2×2)-Einheitsmatrix $\begin{pmatrix} 1 & 0 \\ 0 & 1 \end{pmatrix}$ bezeichnet. $\square$

Die Gruppe der Bijektionen von H, die wir zur Definition der Kongruenzrelationen verwenden wollen, besteht aus gebrochen linearen Transformationen φ_A, wobei A eine (2×2)-Matrix mit *reellen* Einträgen und Determinante 1 ist. Wir definieren

$$SL(2,\mathbb{R}) := \left\{ \begin{pmatrix} a & b \\ c & d \end{pmatrix} \in GL(2,\mathbb{C}) \;\middle|\; a,b,c,d \in \mathbb{R}, \; \det\begin{pmatrix} a & b \\ c & d \end{pmatrix} = 1 \right\}$$

Übung: (i) Zeigen Sie, daß $SL(2,\mathbb{R})$ eine Untergruppe von $GL(2,\mathbb{C})$ ist!
(ii) Zeigen Sie, daß es für jede reelle (2×2)-Matrix A mit $\det A > 0$ eine Matrix $A' \in SL(2,\mathbb{R})$ gibt, so daß $\varphi_A = \varphi_{A'}$!

Wir müssen nun verifizieren, daß die gebrochen linearen Transformationen φ_A mit $A \in SL(2,\mathbb{R})$ die obere Halbebene H bijektiv auf sich abbilden und Elemente des Systems $\mathcal{G}$ von Teilmengen von H wieder auf Elemente von $\mathcal{G}$ abbilden. Dies, und noch mehr, ist in den folgenden beiden Propositionen enthalten:

Proposition 28   1. *Für jedes $A \in SL(2,\mathbb{R})$ induziert φ_A eine Bijektion $(\varphi_A)_{|H}$ der oberen Halbebene H auf sich.*

2. *Wir nennen die Menge aller $A \in SL(2,\mathbb{R})$ mit $\varphi_A(i) = i$ die Stabilisatoruntergruppe $Stab_{SL(2,\mathbb{R})}(i)$ des Punktes $i \in H$. Es gilt:*

$$Stab_{SL(2,\mathbb{R})}(i) = \left\{ \begin{pmatrix} a & -b \\ b & a \end{pmatrix} \;\middle|\; a,b \in \mathbb{R}, a^2 + b^2 = 1 \right\}$$

3. *Sind z,z' zwei verschiedene Punkte von H, so gibt es eine bis auf Multiplikation mit -1 eindeutig bestimmte Matrix $A \in SL(2,\mathbb{R})$ so daß*

$$\varphi_A(z) = i, \ Re\,\varphi_A(z') = 0, \ Im\,\varphi_A(z') > 1$$

4. *Ist $A = \begin{pmatrix} a & b \\ c & d \end{pmatrix} \in SL(2,\mathbb{R})$ und $A' = \begin{pmatrix} a & -b \\ -c & d \end{pmatrix}$ so ist*

$$\varphi_{A'}(-\bar{z}) = -\overline{\varphi_A(z)}$$

Übung:

i) Zeigen Sie:
$$\left\{ \begin{pmatrix} a & b \\ -b & a \end{pmatrix} \,\middle|\, a,b \in \mathbb{R}, a^2 + b^2 = 1 \right\} = \left\{ \begin{pmatrix} \cos\varphi & -\sin\varphi \\ \sin\varphi & \cos\varphi \end{pmatrix} \,\middle|\, \varphi \in \mathbb{R} \right\}!$$

ii) Was ist die Fixpunktmenge der Abbildung $z \longmapsto -\bar{z}$?

Beweis von Proposition 28:

1. Nach Bemerkung 27 ist für jedes $A \in SL(2,\mathbb{R})$ die Abbildung φ_A definiert und injektiv auf $\mathbb{C}$ mit Ausnahme des einen Punktes $-d/c$, der ja nicht in H liegt. Dasselbe gilt für die inverse Abbildung $\varphi_{A^{-1}}$. Deshalb genügt es, zu zeigen, daß

$$\varphi_A(H) \subset H \text{ für alle } A \in SL(2,\mathbb{R})$$

Mit anderen Worten, es genügt zu zeigen, daß

$$Im\,\varphi_A(z) > 0 \text{ für alle } z \in H, A = \begin{pmatrix} a & b \\ c & d \end{pmatrix} \in SL(2,\mathbb{R})$$

Für jede komplexe Zahl w berechnet sich der Imaginärteil als

$$Im\,w = \frac{1}{2i}(w - \overline{w})$$

Wir wenden diese Formel auf $Im\,\varphi_A(z)$ an:

$$Im\,\varphi_A(z) = \frac{1}{2i}\left(\frac{az+b}{cz+d} - \overline{\left(\frac{az+b}{cz+d}\right)} \right) = \frac{1}{2i}\left(\frac{az+b}{cz+d} - \frac{a\bar{z}+b}{c\bar{z}+d} \right)$$

$$= \frac{1}{2i} \frac{(az+b)(c\bar{z}+d) - (a\bar{z}+b)(cz+d)}{(cz+d)(c\bar{z}+d)}$$

$$= \frac{1}{2i} \frac{adz + bc\bar{z} - ad\bar{z} - bcz}{|cz+d|^2} = \frac{1}{2i} \frac{(ad-bc)(z-\bar{z})}{|cz+d|^2}$$

$$= \frac{1}{|cz+d|^2} \cdot \frac{1}{2i}(z - \bar{z}) = \frac{1}{|cz+d|^2} Im\,z$$

Da $z \in H$, ist der letzte Ausdruck positiv.

2. Ist $A = \begin{pmatrix} a & b \\ c & d \end{pmatrix} \in SL(2,\mathbb{R})$, so gilt

$$\varphi_A(i) = i \iff \frac{ai+b}{ci+d} = i \iff ai+b = -c+di \iff d = a \text{ und } c = -b$$

Damit eine Matrix der Form $A = \begin{pmatrix} a & -b \\ b & a \end{pmatrix}$ in $SL(2,\mathbb{R})$ liegt, ist notwendig und hinreichend, daß $\det A = a^2 + b^2 = 1$.

3. Zunächst zeigen wir, daß es $\tilde{A} \in SL(2,\mathbb{R})$ gibt, so daß

$$\varphi_{\tilde{A}}(z) = i. \tag{3.6}$$

In der Tat, für $\tilde{A} = \begin{pmatrix} \tilde{a} & \tilde{b} \\ \tilde{c} & \tilde{d} \end{pmatrix} \in SL(2,\mathbb{R})$ ist (3.6) äquivalent zu $\tilde{a}z + \tilde{b} = i(\tilde{c}z + \tilde{d})$, das heißt zu

$$\tilde{b} = -\tilde{a}\,\mathrm{Re}\,z - \tilde{c}\,\mathrm{Im}\,z, \quad \tilde{d} = \tilde{a}\,\mathrm{Im}\,z - \tilde{c}\,\mathrm{Re}\,z. \tag{3.7}$$

Wählt man $\tilde{a}$ und $\tilde{c}$ so, daß $(\tilde{a}^2 + \tilde{c}^2)\,\mathrm{Im}\,z = 1$, und definiert man $\tilde{b}$ und $\tilde{d}$ durch (3.7), so ist

$$\tilde{a}\tilde{d} - \tilde{b}\tilde{c} = (\tilde{a}^2 + \tilde{c}^2)\,\mathrm{Im}\,z = 1$$

Somit liegt die Matrix $\tilde{A} = \begin{pmatrix} \tilde{a} & \tilde{b} \\ \tilde{c} & \tilde{d} \end{pmatrix}$ in $SL(2,\mathbb{R})$, und wegen (3.7) ist $\varphi_{\tilde{A}}(z) = i$. Wir setzen $z'' := \varphi_{\tilde{A}}(z')$.

Als nächstes zeigen wir, daß es $B \in Stab_{SL(2,\mathbb{R})}(i)$ gibt, so daß

$$\mathrm{Re}\,\varphi_B(z'') = 0. \tag{3.8}$$

Nach Teil *2* von Proposition 28 ist

$$Stab_{SL(2,\mathbb{R})}(i) = \left\{ \begin{pmatrix} a & -b \\ b & a \end{pmatrix} \;\middle|\; a,b \in \mathbb{R}, a^2 + b^2 = 1 \right\}$$

Wir haben also zu zeigen, daß es $a,b \in \mathbb{R}$ mit $a^2 + b^2 = 1$ gibt, so daß $\dfrac{az'' - b}{bz'' + a}$ rein imaginär ist. Wegen

$$\mathrm{Re}\,\frac{az'' - b}{bz'' + a} = \frac{1}{|bz'' + a|^2}\,\mathrm{Re}\left((az'' - b)(b\overline{z}'' + a)\right)$$

ist dazu äquivalent:

$$f(a,b) := (a^2 - b^2)\,\mathrm{Re}\,z'' - ab(1 - |z''|^2) = 0. \tag{3.9}$$

Wir suchen eine Lösung (a,b) der Gleichung (3.9) auf der Kreislinie (siehe Bild 3.23)

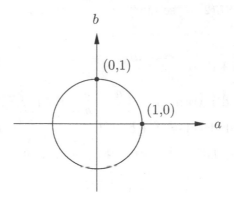

Bild 3.23

$$S^1 := \{(a,b) \in \mathbb{R}^2 \mid a^2 + b^2 = 1\}$$

Da $f(1,0) = \operatorname{Re} z'' = -f(0,1)$, folgt aus dem Zwischenwertsatz, daß Gleichung (3.9) auf S^1 eine Lösung hat. Damit ist gezeigt, daß es ein $B \in Stab_{SL(2,\mathbb{R})}(i)$ gibt, welches (3.8) erfüllt.

Da $z' \neq z$, ist auch $\varphi_B(z'') = \varphi_{B\tilde{A}}(z')$ verschieden von

$$\varphi_{B\tilde{A}}(z) = \varphi_B(\varphi_{\tilde{A}}(z)) = \varphi_B(i) = i$$

Insbesondere ist $\operatorname{Im} \varphi_B(z'') \neq 1$. Ist $\operatorname{Im} \varphi_B(z'') > 1$, so setzen wir $A := B\tilde{A}$ und erhalten die in Teil *3* von Proposition 28 geforderten Eigenschaften. Ist $\operatorname{Im} \varphi_B(z'') < 1$, so setze

$$C := \begin{pmatrix} 0 & -1 \\ 1 & 0 \end{pmatrix}$$

Dann ist $\varphi_C(w) = -1/w$ für alle $w \in H$. Insbesondere ist

$$\varphi_C(i) = i, \ \operatorname{Re}\varphi_C(\varphi_B(z'')) = 0 \ \text{ und } \ \operatorname{Im}\varphi_C(\varphi_B(z'')) > 1$$

In diesem Fall hat also $A := CB\tilde{A}$ die gewünschten Eigenschaften.

Um die Eindeutigkeit zu beweisen, betrachten wir eine zweite Matrix A', so daß

$$\varphi_{A'}(z) = i, \ \operatorname{Re}\varphi_{A'}(z') = 0 \ \text{und} \ \operatorname{Im}\varphi_{A'}(z') > 1$$

Wir schreiben $\varphi_{A'}(z') = it$ mit $t > 1$ und setzen $D := A'A^{-1}$. Dann ist $\varphi_D(i) = i$, das heißt $\varphi_D \in Stab_{SL(2,\mathbb{R})}(i)$. Nach Teil *3* der Proposition können wir schreiben

$$D = \begin{pmatrix} \alpha & -\beta \\ \beta & \alpha \end{pmatrix} \text{ mit } \alpha^2 + \beta^2 = 1$$

Ferner gilt $\operatorname{Re}\varphi_D(it) = 0$ und $\operatorname{Im}\varphi_D(it) > 1$. Setzen wir die spezielle Form von φ_D ein, so erhalten wir

$$\varphi_D(it) = \frac{\alpha it - \beta}{\beta it + \alpha} = \frac{\alpha\beta(t^2 - 1)}{\alpha^2 + \beta^2 t^2} + i\frac{(\alpha^2 + \beta^2)t}{\alpha^2 + \beta^2 t^2}$$

Wegen $\operatorname{Re}\varphi_D(it) = 0$ und $t > 1$ ist $\alpha\beta = 0$, also $\alpha = 0$ oder $\beta = 0$. Im ersten Fall wäre $D = \pm\begin{pmatrix} 0 & -1 \\ 1 & 0 \end{pmatrix}$, und somit hätte $\varphi_D(i) = i/t$ einen Imaginärteil, der kleiner als 1 ist. Also muß $\beta = 0$ sein, d.h. $D = \pm id$ und somit $A' = \pm A$.

4. $\varphi_{A'}(-\overline{z}) = \dfrac{-a\overline{z} - b}{c\overline{z} + d} = -\overline{\dfrac{az + b}{cz + d}} = -\overline{\varphi_A(z)}$. $\qquad\qquad\square$

Proposition 29   *1. Für jedes $A \in SL(2,\mathbb{R})$ und jedes $g \in \mathcal{G}$ ist $\varphi_A(g) \in \mathcal{G}$.*

2. Ist $(z_1, z_2, z_3) \in \mathcal{Z}$ und $A \in SL(2,\mathbb{R})$, so ist $(\varphi_A(z_1), \varphi_A(z_2), \varphi_A(z_3)) \in \mathcal{Z}$.

3. Sind $z_1, z_2, z_1', z_2' \in H$, so daß $z_1 \neq z_2$, $z_1' \neq z_2'$, so gibt es genau eine gebrochen lineare Abbildung φ_A mit $A \in SL(2,\mathbb{R})$, die den Strahl von z_1 aus in Richtung z_2 in den Strahl von z_1' aus in Richtung z_2' überführt. In Formeln

$$\varphi_A(z_1) = z_1' \quad \text{und} \quad \varphi_A(S(z_1, z_2)) = S(z_1', z_2')$$

Beweis

1. Es ist der naheliegendste Beweis, die Definitionen einzusetzen und alles nachzurechnen. Dies tun wir hier auch. In Bemerkung 44 geben wir einen eleganteren Beweis, der auf der Tatsache beruht, daß jede gebrochen lineare Transformation Kreise und Geraden in Kreise oder Geraden überführt (Proposition 42). Nun aber zum rechnerischen Beweis von Proposition 29.*1* . Wir schreiben $A^{-1} = \begin{pmatrix} a & b \\ c & d \end{pmatrix}$. Dann ist

$$\varphi_A(g) = (\varphi_{A^{-1}})^{-1}(g) = \{z \in H \mid \varphi_{A^{-1}}(z) \in g\} = \{z \in H \mid \tfrac{az+b}{cz+d} \in g\}$$

1. Fall: $g \in \mathcal{G}_1$, d.h. es gibt $\alpha \in \mathbb{R}$ so daß $g = \{w \in H \mid \operatorname{Re} w = \alpha\}$. Nach obiger Formel ist

$$z \in \varphi_A(g)$$
$$\iff \frac{az + b}{cz + d} \in g \iff \operatorname{Re}\frac{az + b}{cz + d} = \alpha \iff \frac{az + b}{cz + d} + \frac{a\overline{z} + b}{c\overline{z} + d} = 2\alpha$$
$$\iff \frac{2acz\overline{z} + (ad + bc)(z + \overline{z}) + 2bd}{c^2 z\overline{z} + cd(z + \overline{z}) + d^2} = 2\alpha$$

Dies wiederum ist äquivalent zu

$$2c(a - \alpha c)z\overline{z} + (ad + bc - 2\alpha cd)(z + \overline{z}) + 2d(b - \alpha d) = 0.$$

$$\tag{3.10}$$

- Falls $c = 0$ oder $a - \alpha c = 0$, so ist (3.10) äquivalent zu

$$2(ad + bc - 2\alpha cd)\operatorname{Re} z + 2d(b - \alpha d) = 0$$

In dieser Situation ist $ad + bc - 2\alpha cd \neq 0$. Denn für $c = 0$ wird $ad + bc - 2\alpha cd = ad = ad - bc = 1$, und ist $a - \alpha c = 0$, so wird

$$ad + bc - 2\alpha cd = ad + bc - 2ad = -(ad - bc) = -1$$

Also ist in dieser Situation (3.10) äquivalent zu

$$\operatorname{Re} z = \alpha' \text{ mit } \alpha' := \frac{d(\alpha d - b)}{ad + bc - 2\alpha cd},$$

das heißt, zu

$$z \in \{w \in H \mid \operatorname{Re} w = \alpha'\}$$

Diese Menge ist ein Element des Systems $\mathcal{G}_1$.

- Falls $c(a - \alpha c) \neq 0$, so ist (3.10) äquivalent zu

$$z\bar{z} - x'(z + \bar{z}) + x'^2 - r'^2 = 0, \tag{3.11}$$

wobei

$$x' := -\frac{d(a - \alpha c) + c(b - \alpha d)}{2c(a - \alpha c)}$$

$$r' := \sqrt{x'^2 - \frac{d(b - \alpha d)}{c(a - \alpha c)}}$$

Man beachte, daß der Ausdruck unter der Wurzel positiv ist, denn

$$x'^2 - \frac{d(b - \alpha d)}{c(a - \alpha c)} = \frac{[d(a - \alpha c) - c(b - \alpha d)]^2}{4c^2(a - \alpha c)^2} = \frac{1}{4c^2(a - \alpha c)^2}$$

(3.11) wiederum ist äquivalent zu $(z - x')\overline{(z - x')} = r'^2$, also

$$z \in \left\{w \in H \;\middle|\; |z - x'| = r'\right\}$$

Diese Menge ist ein Element des Systems $\mathcal{G}_2$.

2. Fall: $g \in \mathcal{G}_2$, das heißt es gibt $r > 0$, $x \in \mathbb{R}$ so daß

$$g = \left\{w \in H \;\middle|\; |z - x| = r\right\}$$

Wieder ist

$$z \in \varphi_A(g)$$

$$\iff \left|\frac{az + b}{cz + d} - x\right| = r \iff |(a - cx)z + (b - dx)|^2 = |r(cz + d)|^2$$

Dies liefert eine Gleichung für z der Form (3.11); der Beweis läßt sich dann fortsetzen wie dort.

2. Ist $g = g_{x,r}$ eine Gerade aus dem System $\mathcal{G}_2$, so definiert

$$\pi_g : g \longrightarrow \mathbb{R}$$
$$z \longmapsto \operatorname{Re} z$$

eine Bijektion von g auf das offene Intervall $I_g :=]x - r, x + r[\subset \mathbb{R}$. Für $g = g_\alpha \in \mathcal{G}_1$ setzen wir $\pi_g(z) := \operatorname{Im} z$ und erhalten eine Bijektion zwischen g und $I_g := \{y \in \mathbb{R} \mid y > 0\}$.

Sei nun g die Gerade durch z_1, z_2, z_3 und g' die Gerade durch $\varphi(z_1)$, $\varphi(z_2)$, $\varphi(z_3)$. Da $(z_1, z_2, z_3) \in \mathcal{Z}$, liegt $\pi_g(z_2)$ in I_g zwischen $\pi_g(z_1)$ und $\pi_g(z_3)$. Die Abbildung

$$F := \pi_{g'} \circ \varphi_A \circ \pi_g^{-1} : I_g \longrightarrow I_{g'}$$

ist eine stetige Bijektion, also monoton, und $F(\pi_g(z_2)) = \pi_{g'}(\varphi_A(z_2))$ liegt zwischen $F(\pi_g(z_1)) = \pi_{g'}(\varphi_A(z_1))$ und $F(\pi_g(z_3)) = \pi_{g'}(\varphi_A(z_3))$. Deshalb ist $(\varphi_A(z_1), \varphi_A(z_2), \varphi_A(z_3)) \in \mathcal{Z}$.

3. Aus den Teilen *1* und *2* der Proposition folgt, daß gebrochen lineare Transformationen φ_A mit $A \in SL(2, \mathbb{R})$ Strahlen stets wieder auf Strahlen abbilden. Um auch später die Beweise zu vereinfachen, führen wir einen speziellen Strahl

$$S_0 := \{ti \mid t \in [1, \infty[\} = S(i, 2i)$$

ein, nämlich den vom Punkt i ausgehenden, gegen ∞ gehenden Teil der imaginären Achse (siehe Bild 3.24).

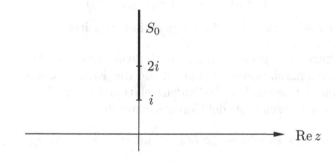

Bild 3.24

Teil *3* in Proposition 28 zeigt, daß es eindeutig bestimmte gebrochen lineare Transformationen φ_B und $\varphi_{B'}$ mit $B, B' \in SL(2, \mathbb{R})$ gibt, so daß

$$\varphi_B(z_1) = \varphi_{B'}(z_1') = i \quad \text{und} \quad \varphi_B(S(z_1, z_2)) = \varphi_{B'}(S(z_1', z_2')) = S_0$$

Dann ist $\varphi_{B'}^{-1} \circ \varphi_B$ die eindeutig bestimmte gebrochen lineare Transformation mit den geforderten Eigenschaften. $\square$

Korollar 30 *Sind* $z, z' \in H$ *und* $g, g' \in \mathcal{G}$ *so daß* $z \in g$, $z' \in g'$, *so gibt es* $A \in$ $SL(2,\mathbb{R})$ *mit* $\varphi_A(z) = z'$ *und* $\varphi_A(g) = g'$.

Beweis Wähle $w \in g$, $w' \in g'$ so, daß $w \neq z$, $w' \neq z'$. Nach Teil *3* der obigen Proposition gibt es $A \in SL(2,\mathbb{R})$ mit $\varphi_A(z) = z'$ und $\varphi_A(S(z,w)) = S(z',w')$. Da $S(z,w) \subset g$, $S(z',w') \subset g'$, folgt $\varphi_A(g) = g'$. $\qquad\square$

Übung: Verwenden Sie Korollar 30, um Lemma 24 aus dem Spezialfall (3.1) herzuleiten!

Bemerkung 31 (nicht wesentlich für das Folgende) Lemma 26 und Proposition 28 zeigen, daß die Abbildung

$$\begin{aligned} SL(2,\mathbb{R}) \times H &\longrightarrow H \\ (A,z) &\longmapsto \varphi_A(z) \end{aligned}$$

eine Operation der Gruppe $SL(2,\mathbb{R})$ auf H definiert. Die Aussage von Korollar 30 impliziert, daß diese Operation transitiv ist. Genauer: Man definiere eine Operation von $SL(2,\mathbb{R})$ auf der Menge

$$\mathcal{F} := \{(z,g) \in H \times \mathcal{G} \mid z \in g\}$$

durch

$$\begin{aligned} SL(2,\mathbb{R}) \times \mathcal{F} &\longrightarrow \mathcal{F} \\ (A,(z,g)) &\longmapsto (\varphi_A(z),\varphi_A(g)) \end{aligned}$$

Dann besagt Korollar 30 gerade, daß diese Operation transitiv ist.

Nach diesem Exkurs über gebrochen lineare Transformationen kommen wir zur Definition der Äquivalenzrelationen $\cong$ und $\simeq$, die die Konstruktion des 5-Tupels $(H, \mathcal{G}, \mathcal{Z}, \cong, \simeq)$ komplettieren. Die Äquivalenzrelation $\cong$ auf $H \times H$, welche die Kongruenz von Strecken beschreibt, definieren wir durch

$$(z_1,z_2) \cong (z_1',z_2') \iff \text{es gibt } A \in SL(2,\mathbb{R}) \text{ mit } \varphi_A(z_1) = z_1',\ \varphi_A(z_2) = z_2'$$

Dies ist in der Tat eine Äquivalenzrelation, denn für $z_1, z_1', z_1'', z_2, z_2', z_2'' \in H$ und $A, B \in SL(2,\mathbb{R})$ gilt

- $(z_1,z_2) = (\varphi_{\mathbb{1}}(z_1),\varphi_{\mathbb{1}}(z_2))$

- Ist $(z_1',z_2') = (\varphi_A(z_1),\varphi_A(z_2))$, so ist
  $(z_1,z_2) = (\varphi_{A^{-1}}(z_1'),\varphi_{A^{-1}}(z_2'))$

- Ist $(z_1',z_2') = (\varphi_A(z_1),\varphi_A(z_2))$ und $(z_1'',z_2'') = (\varphi_B(z_1'),\varphi_B(z_2'))$, so ist
  $(z_1'',z_2'') = (\varphi_{B \circ A}(z_1),\varphi_{B \circ A}(z_2))$

Schließlich definieren wir die Äquivalenzrelation $\simeq$ auf

$$\{(z_1,z_2,z_3) \in H \times H \times H \mid \text{es gibt kein } g \in \mathcal{G} \text{ so daß } z_1,z_2,z_3 \in g\}$$

welche die Kongruenz von Winkeln beschreibt, durch

$$(z_1,z_2,z_3) \simeq (z_1',z_2',z_3') \iff$$

es gibt $A \in SL(2,\mathbb{R})$ so daß

$$\varphi_A(z_2) = z_2' \text{ und } \begin{cases} \varphi_A(z_1) \in S(z_2',z_1') \text{ und } \varphi_A(z_3) \in S(z_2',z_3') \\ \text{oder} \\ \varphi_A(z_3) \in S(z_2',z_1') \text{ und } \varphi_A(z_1) \in S(z_2',z_3') \end{cases}$$

Wir erinnern daran, daß $S(z,z')$ den Strahl von z aus in Richtung z' bezeichnet (siehe Bild 3.25).

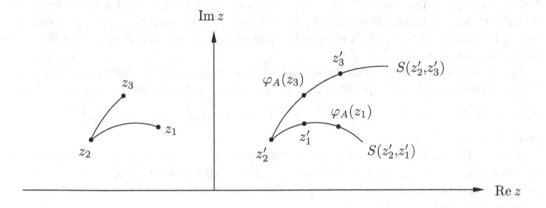

Bild 3.25

Übung: Zeigen Sie, daß $\simeq$ eine Äquivalenzrelation ist!

Übung: Sei $\sigma : H \longrightarrow H$, $z \longmapsto -\overline{z}$ die Spiegelung an der imaginären Achse. Zeigen Sie:

a) Sind $z_1,z_2 \in H$, so sind die Strecken z_1z_2 und $\sigma(z_1)\sigma(z_2)$ kongruent!

b) Sind z_1,z_2,z_3 drei Punkte von H, die nicht auf einer Geraden liegen, so ist $\angle z_1z_2z_3 \simeq \angle \sigma(z_1)\sigma(z_2)\sigma(z_3)$!

Hinweis: Verwenden Sie Proposition 28.4, 5 und für Teil (b) auch Proposition 29.3!

Wir formulieren jetzt den bereits mehrfach angekündigten Satz, der impliziert, daß das Parallelenaxiom (P) unabhängig von den übrigen Axiomen ist.

Satz 3.3 *Das oben definierte 5-Tupel* $(H,\mathcal{G},\mathcal{Z}, \cong , \simeq)$ *erfüllt alle Axiome einer „euklidischen Ebene" bis auf das Parallelenaxiom* (P). *Das Parallelenaxiom* (P) *wird von diesem 5-Tupel verletzt.*

Beweis Wir haben bereits gezeigt, daß das Parallelenaxiom nicht erfüllt ist (Lemma 24) und daß die Axiome (I1..3), (L1..4) und (S2) erfüllt sind. Wir haben also noch die Gültigkeit der Kongruenzaxiome (K1..6) und des Archimedischen Axioms (S1) zu überprüfen.

Das Axiom (K1) besagt im vorliegenden Kontext, daß es für jedes vorgegebene System z_1, z_2, z_1', z_3' von Punkten in H mit $z_1' \neq z_3'$ genau einen Punkt $z_2' \in S(z_1', z_3')$ gibt, so daß[3] $z_1 z_2 \cong z_1' z_2'$. Falls $z_1 = z_2$, so ist $z_1' z_2' \cong z_1 z_2$ genau dann, wenn $z_1' = z_2'$. Wir betrachten nun den Fall, daß $z_1 \neq z_2$. Nach Proposition 29.3 gibt es eine bis aufs Vorzeichen eindeutig bestimmte Matrix $A \in SL(2,\mathbb{R})$ so daß

$$\varphi_A(z_1) = z_1' \quad \text{und} \quad \varphi_A\left(S(z_1, z_2)\right) = S(z_1', z_3')$$

Dann liegt $z_2' := \varphi_A(z_2)$ auf dem Strahl $S(z_1', z_3')$ und $z_1 z_2 \cong z_1' z_2'$. Ist z_2'' ein weiterer Punkt auf $S(z_1', z_3')$ so daß $z_1 z_2 \cong z_1' z_2''$, so gibt es nach Definition der Kongruenz von Strecken eine Matrix $B \in SL(2,\mathbb{R})$ so daß $\varphi_B(z_1) = z_1'$ und $\varphi_B(z_2) = z_2''$. Dann ist $\varphi_B\left(S(z_1, z_2)\right) = S(z_1', z_3')$. Nach der Eindeutigkeitsaussage von Proposition 29.3 ist $\varphi_A = \varphi_B$ und somit $z_2' = z_2''$.

Das Axiom (K2) besagt, daß für je zwei Punkte $z_1, z_2 \in H$ gilt, daß $z_1 z_2 \cong z_2 z_1$. Unter Verwendung von Proposition 28.4 können wir annehmen, daß $z_1 = i$, $z_2 = it$ mit $t > 0$. Setzt man $A := \begin{pmatrix} 0 & -\sqrt{t} \\ 1/\sqrt{t} & 0 \end{pmatrix}$, so ist $\varphi_A(i) = it$ und $\varphi_B(it) = i$. Deshalb ist $z_1 z_2 \cong z_2 z_1$.

Axiom (K3) besagt, daß für je sechs Punkte z_1, z_2, z_3 und z_1', z_2', z_3', von denen z_2 zwischen z_1 und z_3, und z_2' zwischen z_1' und z_3' liegt, wenn $z_1 z_2 \cong z_1' z_2'$ und $z_2 z_3 \cong z_2' z_3'$, dann auch $z_1 z_3 \cong z_1' z_3'$ gilt. Unter Verwendung vom Proposition 29.2 können wir annehmen, daß

$$z_1 = z_1' = i \quad \text{und} \quad z_2, z_2', z_3, z_3' \in S_0$$

Wegen

$$z_1 z_2 \cong z_1' z_2' = z_1 z_2'$$

sind $z_1 z_2$ und $z_1 z_2'$ kongruente Strecken auf dem Strahl S_0 mit dem Anfangspunkt $z_1 = i$. Aus (K1) folgt, daß $z_2 = z_2'$. Nun folgt aus

$$z_2 z_3 \cong z_2' z_3' \cong z_2 z_3'$$

wieder mit (K1), daß $z_3 = z_3'$. Also ist $z_1 z_3 \cong z_1' z_3'$.

Die Aussage von Axiom (K4), daß $\angle PQR$ nur von den Strahlen $S(Q,P)$ und $S(Q,R)$ abhängt, ist eine direkte Konsequenz der Definition.

Axiom (K5) besagt, daß man an jedem Strahl S einen vorgegebenen Winkel $\angle z_1 z_2 z_3$ auf jeder Seite in genau einer Weise antragen kann. Unter Verwendung von Proposition 29.3 können wir annehmen, daß $S = S_0$. Dann besagt Proposition 29.3, daß es eindeutig bestimmte gebrochen lineare Transformationen φ_A, φ_B mit $A, B \in SL(2,\mathbb{R})$ gibt, so daß $\varphi_A(z_2) = \varphi_B(z_2) = i$, $\varphi_A(S(z_2, z_1)) = S_0$ und

---

[3] Hier – und im Folgenden – bezeichnet $z_1 z_2$ die *Strecke* $z_1 z_2$, nicht das Produkt der komplexen Zahlen z_1 und z_2.

$\varphi_B(S(z_2,z_3)) = S_0$. $S(i,\varphi_A(z_3))$ und $S(i,\varphi_B(z_1))$ sind dann die beiden eindeutig bestimmten Strahlen, die mit S_0 einen zu $\measuredangle z_1 z_2 z_3$ kongruenten Winkel einschliessen (siehe Bild 3.26).

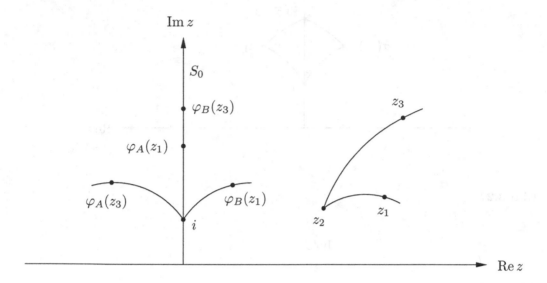

Bild 3.26

Axiom (K6) besagt, daß zwei Dreiecke $z_1 z_2 z_3$ und $z_1' z_2' z_3'$, von denen zwei Seiten und der eingeschlossene Winkel kongruent sind, d.h.

$$z_1 z_2 \cong z_1' z_2' \,,\; z_2 z_3 \cong z_2' z_3' \,,\; \measuredangle z_1 z_2 z_3 \simeq \measuredangle z_1' z_2' z_3'$$

überhaupt kongruent sind. Nach Proposition 29.3 können wir wieder annehmen, daß $z_2 = z_2' = i$ und $z_3, z_3' \in S_0$. Da

$$z_2 z_3 \cong z_2' z_3' = z_2 z_3'$$

folgt aus (K1), daß $z_3 = z_3'$. Aus (K5) und der Kongruenz der Winkel $\measuredangle z_1 z_2 z_3$ und $\measuredangle z_1' z_2' z_3' = \measuredangle z_1' z_2 z_3$ folgt nun, daß $S(z_2, z_1')$ entweder gleich $S(z_2, z_1)$ ist oder gleich dem Bild von $S(z_2, z_1)$ unter der Abbildung $\sigma : z \longmapsto -\bar{z}$ (siehe Bild 3.27).
Nun ist

$$z_2 z_1 \cong z_2' z_1' = z_2 z_1'$$

also folgt mit (K1), daß $z_1' = z_1$ oder $z_1' = \sigma(z_1)$. Mit Hilfe der Übung direkt vor Satz 3.3 ist die Kongruenz der Dreiecke $z_1 z_2 z_3$ und $z_1' z_2' z_3'$ leicht nachzuprüfen.

Das Archimedische Axiom (S1) schließlich besagt, daß es zu vorgegebenen Punkten z_1, z_2, z_1', z_2' mit $z_1 \neq z_2$, $z_1' \neq z_2'$ eine natürliche Zahl n gibt, so daß nach n-maligem Abtragen der Strecke $z_1 z_2$ auf dem Strahl $S(z_1', z_2')$ der Endpunkt über z_2'

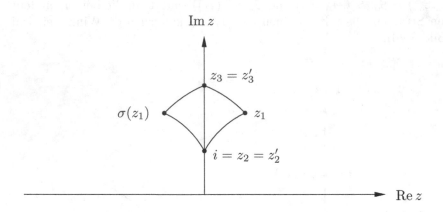

Bild 3.27

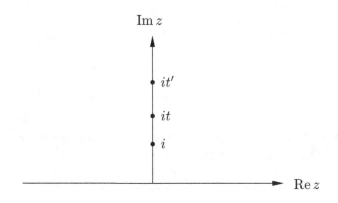

Bild 3.28

hinausragt. Mit Proposition 29.3 können wir wiederum annehmen, daß $z_1 = z_1' = i$ und $z_2 = it$, $z_2' = it'$ mit $t, t' > 1$ (siehe Bild 3.28).

Nun ist für $r > s > 0$ die Strecke zwischen ir und is kongruent zur Strecke zwischen i und it genau dann, wenn $r = st$. In diesem Fall ist nämlich mit

$$A = \begin{pmatrix} \sqrt{s} & 0 \\ 0 & 1/\sqrt{s} \end{pmatrix}$$

$\varphi_A(i) = is$ und $\varphi_A(it) = its = ir$. Folglich sind die Strecken zwischen i und it, zwischen it und it^2, ... , jeweils kongruent. Nun gibt es aber $n \in \mathbb{N}$ so daß $t^n > t'$.

Damit ist Satz 3.3 bewiesen. $\square$

Das eben konstruierte System $(H, \mathcal{G}, \mathcal{Z}, \cong, \simeq)$ heißt das *Poincaré-Modell der hyperbolischen Ebene*. In ihm gelten die Axiome (I 1..3), (L1..4), (K1..6), (S1,2) sowie die Negation des Parallelenaxioms.

Übung: Formulieren Sie die Negation des Parallelenaxioms!

Wir haben das Poincaré-Modell der hyperbolischen Ebene als Teilmenge der Menge $\mathbb{C}$ der komplexen Zahlen konstruiert, und der Beweis von Satz 3.3 beruhte auf Sätzen über reelle und komplexe Zahlen. Diese Sätze folgen alle aus den üblichen Axiomen für reelle Zahlen (vgl. [Forster]). Also zeigt Satz 3.3 eigentlich nur: *Falls die üblichen Axiome für die reellen Zahlen widerspruchsfrei sind, so sind auch die Axiome (I 1..3), (L1..4), (K1..6), (S1,2) zusammen mit der Negation des Parallelenaxioms widerspruchsfrei.* Die reellen Zahlen kann man aus den natürlichen Zahlen konstruieren (siehe z.B. [Ebbinghaus et al.] Kapitel 2), also folgt die Widerspruchsfreiheit von (I 1..3), (L1..4), (K1..6), (S1,2) zusammen mit der Negation des Parallelenaxioms bereits aus der (natürlich nicht bewiesenen) Widerspruchsfreiheit des üblichen Axiomensystems für Mengenlehre und natürliche Zahlen.

Man hätte das Poincaré-Modell der hyperbolischen Ebene auch rein in der Sprache der euklidischen Geometrie beschreiben können, denn die Objekte sind ja (gewisse) Punkte der euklidischen Ebene, Halbkreise in der euklidischen Ebene, Halbgeraden in der euklidischen Ebene und so weiter. Ebenso hätte man Satz 3.3 rein mit Hilfe der euklidischen Geometrie, d.h. nur unter Verwendung von Sätzen, die aus den Axiomen der euklidischen Geometrie folgen, beweisen können. Das zeigt: *Wenn die Axiome der euklidischen Geometrie widerspruchsfrei sind, so ist auch das Axiomensystem, in dem man das Parallelenaxiom durch seine Negation ersetzt, widerspruchsfrei.* Diese Aussage ist wohl die definitive Antwort auf die Frage nach der Unabhängigkeit des Parallelenaxioms.

Man kann zeigen, daß (ähnlich wie in Satz 3.2) jedes System, in dem die Axiome (I 1..3), (L1..4), (K1..6), (S1,2) sowie die Negation des Parallelenaxioms gelten, isomorph zum Poincaré-Modell der hyperbolischen Ebene ist [Efimow]. Ein solches System nennt man eine *hyperbolische Ebene*. Folglich kann man die hyperbolische Ebene sowohl synthetisch (d.h. ausgehend von den Axiomen) als auch analytisch (d.h. ausgehend von der obigen Beschreibung des Poincaré-Modells) studieren. Wir wählen den zweiten Zugang, da die Geometrie der oberen Halbebene auch in vielen anderen Gebieten der Mathematik eine Rolle spielt, so z.B. in der Reduktionstheorie binärer quadratischer Formen (siehe Abschnitt 3.5.3 oder [Scharlau–Opolka]), in der Theorie elliptischer Funktionen (siehe z.B. [Lang]) oder bei der Uniformisierung Riemannscher Flächen (siehe z.B. [Lehner]). Wir wollen nur einige wenige Aspekte der Geometrie der hyperbolischen Ebene herausgreifen, nämlich die Längenmessung, die Winkelmessung und den Satz, daß die Winkelsumme in einem hyperbolischen Dreieck stets kleiner als 180° ist. Systematische synthetische Untersuchungen der hyperbolischen Ebene findet man z.B. in den Büchern von [Efimow] oder [Kelly–Matthews].

Übung: Zeigen Sie, daß bei einer Definition der Kongruenzrelation für Strecken in H mittels des euklidischen Abstands in $\mathbb{C}$ das Axiom (K1) verletzt wäre!

Übung: Beweisen Sie Teil *2* von Proposition 28, indem Sie zeigen, daß für jedes $A \in SL(2,\mathbb{R})$ gilt:

$$\varphi_A(H) \subset \mathbb{C} \setminus \mathbb{R}, \quad \varphi_A(H) \text{ ist zusammenhängend und } \operatorname{Im} \varphi_A(i) > 0 \ !$$

Übung: Bestimmen Sie die Stabilisatoruntergruppe des Punktes $(i,g) \in \mathcal{F}$ bezüglich der in Bemerkung 31 definierten Operation von $SL(2,\mathbb{R})$ auf $\mathcal{F}$! Hier bezeichne g die imaginäre Achse $\{z \in H \mid \operatorname{Re} z = 0\}$.

Übung: Sei G eine Gruppe, M eine Menge und $G \times M \to M$, $(g,m) \mapsto g \cdot m$ eine Gruppenoperation. Dann definiert

$$m_1 \sim m_2 :\Longleftrightarrow m_1 = g \cdot m_2 \text{ für ein } g \in G$$

eine Äquivalenzrelation $\sim$ auf M!

Übung: Zeigen Sie, daß die Strecke zwischen $-1 + i$ und $1 + i$ nicht kongruent ist zur Strecke zwischen $-2 + i$ und $2 + i$!

3.3 Das Doppelverhältnis und die Längenmessung in der hyperbolischen Ebene

Um eine Längenmessung für Strecken in H zu finden, die kongruenten Strecken die gleiche Länge zuordnet, kann man folgendermaßen vorgehen: Man fixiert zunächst eine Referenzstrecke, z.B. die Strecke zwischen i und $e \cdot i$ (e ist die Basis des natürlichen Logarithmus) und normiert deren Länge auf 1. Dann sagt man, zwei Punkte $z,z' \in H$ haben den Abstand n (n eine natürliche Zahl), wenn nach n-maligem Abtragen der Referenzstrecke auf dem Strahl $S(z,z')$ gerade der Punkt z' erreicht wird. Ebenso sagt man, z und z' haben den Abstand $1/n$, wenn nach n-maligem Abtragen der Strecke zz' auf dem Strahl $S(i,e \cdot i)$ gerade der Punkt $e \cdot i$ erreicht wird. Dann sagt man, z und z' haben den Abstand m/n, falls durch m-maliges Abtragen einer Strecke der Länge $1/n$ (d.h. einer Strecke zwischen zwei Punkten, die den Abstand $1/n$ haben) auf dem Strahl $S(z,z')$ gerade der Punkt z' erreicht wird. Schließlich definiert man für irgend zwei Punkte $z,z' \in H$ den Abstand $d(z,z')$ als

$$d(z,z') := \sup \left\{ m/n \in \mathbb{Q} \ \middle| \ \begin{array}{l} \text{es gibt einen Punkt } z'' \text{ zwischen } z \text{ und } z', \\ \text{dessen Abstand zu } z \text{ gleich } m/n \text{ ist} \end{array} \right\}$$

Man kann zeigen, daß diese Definition in H, oder allgemeiner, in jedem System, in dem die Axiome (I1..3), (L1..4), (K1..6), (S1,2) gelten, einen Abstand mit den folgenden Eigenschaften ergibt:

(i) Zwei Strecken $z_1 z_2$ und $z_1' z_2'$ sind genau dann kongruent, wenn
$d(z_1, z_2) = d(z_1', z_2')$.

(ii) $d(z_1, z_3) = d(z_1, z_2) + d(z_2, z_3) \iff z_2$ liegt zwischen z_1 und z_3.

(iii) $d(z, z) = 0$ für alle $z \in H$.

Wie gesagt, wählen wir nicht die gerade skizzierte synthetische Methode zur Definition des Abstands. Wir werden statt dessen eine Formel für d angeben und dann (i), (ii), (iii) verifizieren.

Eine solche Formel kann man folgendermaßen erraten:
Sind $z_1 = it_1, z_2 = it_2,, z_1' = it_1', z_2' = it_2'$ mit $0 < t_1 \leq t_2, 0 < t_1' \leq t_2'$ Punkte auf der hyperbolischen Geraden $g_0 = \{it \,/\, t > 0\}$, so sind die Strecken $z_1 z_2$ und $z_1' z_2'$ genau dann kongruent, wenn $\frac{t_2}{t_1} = \frac{t_2'}{t_1'}$ (denn die zu der Matrix $\begin{pmatrix} \sqrt{t_1'/t_1} & 0 \\ 0 & \sqrt{t_1/t_1'} \end{pmatrix}$ gehörende gebrochen lineare Transformation bildet die Strecke $z_1 z_2$ auf die Strecke mit Anfangspunkt z_1' und Endpunkt $i\frac{t_2}{t_1}t_1'$ ab). Deswegen liegt es nahe, für die Abstandsmessung auf der Geraden $g_0 = \{it \,/\, t > 0\}$ eine logarithmische Skala zu verwenden. Tut man dies, d.h. setzt man den Abstand zwischen it und it' gleich $|\log \frac{t'}{t}|$, so ist für Punkte auf der Geraden g_0 die obige Bedingung (ii) erfüllt. Nun kann man diese Abstandsdefinition auf ganz H ausdehnen, indem man für $z_1, z_2 \in H$ die nach Proposition 28.3 existierende Matrix $A \in SL(2, \mathbb{R})$ ausrechnet, für die $\varphi_A(z_1) = i, \varphi_A(z_2) = it$ mit $t \geq 1$. Aus den Koeffizienten von A, z_1 und z_2 berechnet sich t, und man setzt den Abstand zwischen z_1 und z_2 gleich dem Abstand von i und it, also $\log t$. Dies ergibt dann eine Formel für eine Abstandsmessung auf der oberen Halbebene.

Wir führen die eben skizzierte Rechnung nicht durch, sondern geben direkt die Formel an, die sich aus ihr ergibt, und verifizieren dann (unter anderem) die Eigenschaften (i), (ii) und (iii). Ausgedrückt wird diese Formel mit Hilfe des *Doppelverhältnisses* von vier komplexen Zahlen.

Definition 32 *Sind z_1, z_2, z_3, z_4 komplexe Zahlen mit $\{z_1, z_2\} \cap \{z_3, z_4\} = \emptyset$, so heißt*

$$\mathrm{DV}(z_1, z_2, z_3, z_4) := \frac{z_1 - z_3}{z_2 - z_3} : \frac{z_1 - z_4}{z_2 - z_4}$$

das Doppelverhältnis *von z_1, z_2, z_3, z_4.*

Übung: Zeigen Sie:

$$\mathrm{DV}(z_1, z_2, z_3, z_4) = \mathrm{DV}(z_2, z_1, z_3, z_4)^{-1} = \mathrm{DV}(z_1, z_2, z_4, z_3)^{-1} !$$

Ein wichtiges Hilfsmittel bei der Konstruktion des Abstands ist

Proposition 33 *Seien z_1, z_2, z_3, z_4 komplexe Zahlen so, daß $z_1 \neq z_3$, $z_1 \neq z_4$ und so, daß z_2, z_3, z_4 paarweise verschieden sind. Dann ist das Doppelverhältnis von z_1, z_2, z_3, z_4 genau dann reell, wenn die Punkte z_1, z_2, z_3, z_4 entweder alle vier auf einem Kreis oder alle vier auf einer Geraden liegen. In Formeln:*

$DV(z_1,z_2,z_3,z_4) \in \mathbb{R} \iff$

$\quad \exists z_0 \in \mathbb{C}, r \in \mathbb{R} : |z_j - z_0| = r \quad (j = 1,..,4)$

$\quad$ *oder*

$\quad \exists a,b,c \in \mathbb{R}, (a,b) \neq (0,0) : a\,Re\,z_j + b\,Im\,z_j + c = 0 \quad (j = 1,..,4)$

Liegen die Punkte z_1,z_2,z_3,z_4 auf einem Kreis, so ist das Doppelverhältnis $DV(z_1,z_2,z_3,z_4)$ genau dann positiv, wenn es auf dem Kreis ein Segment zwischen z_3 und z_4 gibt, das z_1 und z_2 nicht trifft (präziser: z_3 und z_4 gehören zur selben Zusammenhangskomponente des Komplements von $\{z_1,z_2\}$ in diesem Kreis). Liegen z_1,z_2,z_3,z_4 auf einer Geraden, so ist $DV(z_1,z_2,z_3,z_4)$ genau dann positiv, wenn die Punkte z_1 und z_2 entweder beide zwischen z_3 und z_4 liegen oder beide nicht zwischen z_3 und z_4 liegen (siehe Bild 3.29).

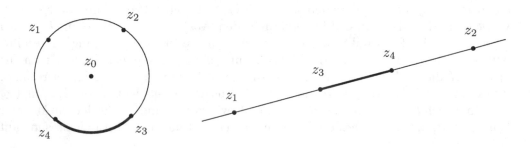

Bild 3.29

Wir verschieben den Beweis der Proposition 33 auf später und formulieren zunächst die Formel für den Abstand von Punkten in der hyperbolischen Ebene.

Ist $g = g_{x,r}$ eine *hyperbolische Gerade aus dem System* $\mathcal{G}_2$, das heißt

$$g = \left\{ z \in H \,\middle|\, |z - x| = r \right\} \text{ für ein } x \in \mathbb{R} \text{ und ein } r > 0$$

und sind $z_1, z_2 \in g$ mit $Re\,z_1 < Re\,z_2$, so setze (siehe Bild 3.30)

$$d(z_1,z_2) := |\log DV(z_1,z_2,x-r,x+r)| \qquad (3.12)$$

Da $x - r$, z_1, z_2 und $x + r$ auf einem Kreis liegen, und die *hyperbolische Strecke* zwischen z_1 und z_2 weder $x - r$ noch $x + r$ trifft, ist nach Proposition 33 die Zahl $DV(z_1,z_2,x-r,x+r)$ reell und positiv. Es macht somit Sinn, den natürlichen Logarithmus dieser Zahl zu bilden. Man sieht leicht (z.B. aus der obigen Übung), daß

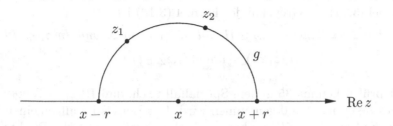

Bild 3.30

$$
\begin{aligned}
d(z_1,z_2) &= \left| \log \mathrm{DV}(z_1,z_2,x-r,x+r) \right| \\
&= \left| \log \mathrm{DV}(z_1,z_2,x+r,x-r) \right| \\
&= \left| \log \mathrm{DV}(z_2,z_1,x-r,x+r) \right| = d(z_2,z_1)
\end{aligned}
\tag{3.13}
$$

Ist $g = g_\alpha$ eine hyperbolische Gerade *aus dem System* $\mathcal{G}_1$, das heißt

$$
g = \{ z \in H \mid \mathrm{Re}\, z = \alpha \} \text{ für ein } \alpha \in \mathbb{R}
$$

so setze für $z_1,z_2 \in g$

$$
d(z_1,z_2) := \left| \log \frac{z_1 - \alpha}{z_2 - \alpha} \right|
\tag{3.14}
$$

Man beachte, daß in diesem Fall $z_1 - \alpha$ und $z_2 - \alpha$ beide rein imaginär mit positivem Imaginärteil sind, so daß $\frac{z_1-\alpha}{z_2-\alpha}$ reell und positiv ist. Ferner gilt wieder, daß $d(z_1,z_2) = d(z_2,z_1)$.

Nach (I 1) liegen je zwei verschiedene Punkte von H auf genau einer hyperbolischen Geraden, also definieren (3.12) und (3.14) eine Funktion $d : H \times H \longrightarrow \mathbb{R}$. Diese Funktion ist die analytische Beschreibung des Abstands auf H.

Satz 3.4 *Die oben definierte Funktion* $d : H \times H \longrightarrow \mathbb{R}$ *erfüllt*

1. $d(z_1,z_2) \geq 0$, *und* $d(z_1,z_2) = 0$ *genau dann, wenn* $z_1 = z_2$.

2. $d(z_1,z_2) = d(z_2,z_1)$.

3. $d(z_1,z_3) \leq d(z_2,z_1) + d(z_2,z_3)$. *Gleichheit der beiden Ausdrücke liegt genau dann vor, wenn* z_2 *zwischen* z_1 *und* z_3 *liegt (d.h.* $(z_1,z_2,z_3) \in \mathcal{Z})$ *oder* $z_1 = z_2$ *oder* $z_2 = z_3$.

4. *Sind* $z_1,z_2,z_1',z_2' \in H$, *so ist* $d(z_1,z_2) = d(z_1',z_2')$ *genau dann, wenn es* $A \in SL(2,\mathbb{R})$ *gibt, so daß* $\varphi_A(z_1) = z_1'$ *und* $\varphi_A(z_2) = z_2'$ *(d.h. wenn die Strecken* $z_1 z_2$ *und* $z_1' z_2'$ *kongruent sind).*

Bemerkung 34 Die Teile *1, 2* und *3* des Satzes implizieren, daß d eine *Metrik* auf H im Sinne der Topologie ist (vgl. z.B. [Forster] 2,§1).

Bevor wir uns dem Beweis von Proposition 33 und Satz 3.4 zuwenden, bemerken wir, daß Formel (3.14) ein Grenzfall der Formel (3.12) ist.

Lemma 35 *Für zwei Punkte $z_1, z_2 \in H$ mit $\mathrm{Re}\, z_1 = \mathrm{Re}\, z_2$ und $\mathrm{Im}\, z_1 < \mathrm{Im}\, z_2$ ist:*

$$d(z_1, z_2) = \lim_{\substack{t \to 0 \\ t \in \mathbb{R}}} d(z_1, z_2 + t)$$

Beweis Wir prüfen Lemma 35 in dem Spezialfall nach, daß $\mathrm{Re}\, z_1 = \mathrm{Re}\, z_2 = 0$ und daß der Limes $t \to 0$ mit $t > 0$ genommen wird. Der Beweis im allgemeinen Fall ist ganz ähnlich. Es bezeichne $g(t)$ die hyperbolische Gerade durch die Punkte z_1 und

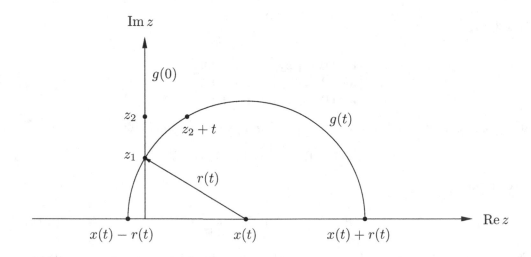

Bild 3.31

$z_2 + t$. Dann ist $g(0) = \{ z \in H \mid \mathrm{Re}\, z = 0 \}$, während für $t > 0$ (siehe Bild 3.31)

$$g(t) = \left\{ z \in H \;\middle|\; |z - x(t)| = r(t) \right\}$$

mit

$$x(t) := \frac{t^2 + (\mathrm{Im}\, z_2)^2 - (\mathrm{Im}\, z_1)^2}{2t}, \quad r(t) := \sqrt{(\mathrm{Im}\, z_1)^2 + x(t)^2}$$

Es gilt $\lim_{t \searrow 0}(x(t) - r(t)) = 0$ und $\lim_{t \searrow 0} x(t) = \infty = \lim_{t \searrow 0}(x(t) + r(t))$, und somit

$$\lim_{t \searrow 0} \mathrm{DV}(z_1, z_2 + t, x(t) - r(t), x(t) + r(t))$$

$$= \lim_{t \searrow 0} \left(\frac{z_1 - (x(t) - r(t))}{z_2 + t - (x(t) - r(t))} : \frac{z_1 - (x(t) + r(t))}{z_2 + t - (x(t) + r(t))} \right)$$

$$= \lim_{t \searrow 0} \frac{z_1 - (x(t) - r(t))}{z_2 + t - (x(t) - r(t))} : \lim_{t \searrow 0} \frac{z_1 - (x(t) + r(t))}{z_2 + t - (x(t) + r(t))}$$

$$= \frac{z_1}{z_2} : 1 = \frac{z_1}{z_2}$$

Daraus folgt Lemma 35 durch Bilden des Logarithmus. □

Zum Beweis von Proposition 33 und Satz 3.4 holen wir etwas weiter aus. Die obige Überlegung zeigt, das in gewissem Sinne die hyperbolische Gerade $g(0)$ ein Grenzfall der hyperbolischen Geraden $g(t)$ ist, und daß einer der „Fußpunkte" dieser Geraden beim Grenzübergang „gegen Unendlich strebt". Dies ist eine Motivation dafür, den Zahlbereich zu erweitern um einen Punkt, den wir ∞ nennen wollen.

Definition 36 ∞ *sei ein neues Symbol. Wir nennen die Menge* $\mathbb{C} \cup \{\infty\}$ *die* Riemann'sche Zahlenkugel *und bezeichnen sie mit* $\mathbb{P}_1\mathbb{C}$.

Die Einführung des Symbols ∞ bietet viele praktische Vorteile. Einer davon ist, daß die Probleme bei der Beschreibung des Definitions- und des Wertebereichs gebrochen linearer Transformationen wegfallen.

Bemerkung 37 Ist $A = \begin{pmatrix} a & b \\ c & d \end{pmatrix} \in GL(2,\mathbb{C})$, so ist

$$
\begin{aligned}
\mathbb{P}_1\mathbb{C} &\longrightarrow \mathbb{P}_1\mathbb{C} \\
z &\longmapsto \begin{cases} \dfrac{az+b}{cz+d}, & z \neq -d/c, \infty \\ \infty, & z = -d/c \text{ oder } z = \infty,\, c = 0 \\ a/c, & z = \infty,\, c \neq 0 \end{cases}
\end{aligned}
$$

eine Bijektion von $\mathbb{P}_1\mathbb{C}$ auf sich. Wir bezeichnen sie (mit leicht mißbräuchlicher Schreibweise) wieder mit φ_A. Wie in Abschnitt 3.2 verifiziert man, daß

$$\varphi_{AB} = \varphi_A \circ \varphi_B, \quad (\varphi_A)^{-1} = \varphi_{A^{-1}}, \quad \varphi_{\mathbb{1}} = id$$

Jetzt müssen wir uns bei diesen Formeln keine Gedanken mehr über Definitions- und Wertebereich machen.

Auch die Definition des Doppelverhältnisses läßt sich erweitern. Sind z_1, z_2, z_3, z_4 Punkte auf der Riemann'schen Zahlenkugel $\mathbb{P}_1\mathbb{C}$, so daß $\{z_1, z_2\} \cap \{z_3, z_4\} = \emptyset$, so setze

$$
\mathrm{DV}(z_1, z_2, z_3, z_4) := \begin{cases}
\dfrac{z_1 - z_3}{z_2 - z_3} : \dfrac{z_1 - z_4}{z_2 - z_4} & (z_1, z_2, z_3, z_4 \neq \infty) \\[2mm]
\dfrac{z_1 - z_3}{z_2 - z_3} & (z_4 = \infty \text{ und } z_1, z_2, z_3 \neq \infty) \\[2mm]
\dfrac{z_2 - z_4}{z_1 - z_4} & (z_3 = \infty \text{ und } z_1, z_2, z_4 \neq \infty) \\[2mm]
\dfrac{z_1 - z_3}{z_1 - z_4} & (z_2 = \infty \text{ und } z_1, z_3, z_4 \neq \infty) \\[2mm]
\dfrac{z_2 - z_4}{z_2 - z_3} & (z_1 = \infty \text{ und } z_2, z_3, z_4 \neq \infty) \\[2mm]
1 & (z_1 = z_2 = \infty \text{ oder } z_3 = z_4 = \infty)
\end{cases}
$$

Proposition 38 (Invarianz des Doppelverhältnisses unter gebrochen linearen Transformationen)
Sind $z_1, z_2, z_3, z_4 \in \mathbb{P}_1\mathbb{C}$, *so daß* $\{z_1, z_2\} \cap \{z_3, z_4\} = \emptyset$, *und ist* $A \in GL(2,\mathbb{C})$, *so ist*

$$\mathrm{DV}(z_1, z_2, z_3, z_4) = \mathrm{DV}(\varphi_A(z_1), \varphi_A(z_2), \varphi_A(z_3), \varphi_A(z_4))$$

Beweis Natürlich läßt sich Proposition 38 einfach durch Einsetzen der Definitionen beweisen. Wir geben einen etwas eleganteren Beweis. Dazu definieren wir die folgenden Teilmengen von $GL(2,\mathbb{C})$:

$$P_+ := \left\{ \begin{pmatrix} 1 & t \\ 0 & 1 \end{pmatrix} \middle| t \in \mathbb{C} \right\}$$

$$P_- := \left\{ \begin{pmatrix} 1 & 0 \\ t & 1 \end{pmatrix} \middle| t \in \mathbb{C} \right\} \tag{3.15}$$

$$T := \left\{ \begin{pmatrix} a & 0 \\ 0 & d \end{pmatrix} \middle| a,d \in \mathbb{C}, ad \neq 0 \right\}$$

Übung: Zeigen Sie, daß P_+, P_- und T Untergruppen von $GL(2,\mathbb{C})$ sind!

Der *Gauß'sche Algorithmus* impliziert nun, daß sich jede Matrix

$$A = \begin{pmatrix} a & b \\ c & d \end{pmatrix} \in GL(2,\mathbb{C}) \text{ mit } a \neq 0$$

in der Form

$$A = LDR \text{ mit } L \in P_-,\, D \in T, R \in P_+ \tag{3.16}$$

schreiben läßt. In der Tat, eine Zeilenumformung (Subtraktion des c/a-fachen der ersten Zeile von der zweiten) führt A in eine Matrix der Form $\begin{pmatrix} a' & b' \\ 0 & d' \end{pmatrix}$ über. Dieser Zeilenumformung entspricht Linksmultiplikation mit dem Element $\begin{pmatrix} 1 & 0 \\ -c/a & 1 \end{pmatrix}$ von P_-. Nennen wir dieses Element L^{-1}, so ist

$$L^{-1}A = \begin{pmatrix} a' & b' \\ 0 & d' \end{pmatrix}$$

Da $\det L = 1$, ist $a'd' = \det \begin{pmatrix} a' & b' \\ 0 & d' \end{pmatrix} = \det A \neq 0$. Setze $D := \begin{pmatrix} a' & 0 \\ 0 & d' \end{pmatrix}$. Dann ist

$$R := D^{-1}L^{-1}A = D^{-1}\begin{pmatrix} a' & b' \\ 0 & d \end{pmatrix} = \begin{pmatrix} 1 & b'/a' \\ 0 & 1 \end{pmatrix} \in P_+$$

Offenbar ist $A = LDR$.

Ebenso ist jede Matrix $A = \begin{pmatrix} a & b \\ c & d \end{pmatrix} \in SL(2,\mathbb{C})$ mit $a = 0$ von der Form

$$A = JDR \text{ mit } J := \begin{pmatrix} 0 & 1 \\ 1 & 0 \end{pmatrix},\, D \in T,\, R \in P_+. \tag{3.17}$$

Da $\varphi_{AB} = \varphi_A \circ \varphi_B$ für alle $A,B \in GL(2,\mathbb{C})$, genügt es, Proposition 38 für den Fall nachzuprüfen, daß $A \in P_+$ oder $A \in P_-$ oder $A \in T$ oder $A = J$, denn jede Matrix läßt sich als Produkt von solchen Matrizen schreiben. Wir können den Bereich der Matrizen, für den wir Proposition 38 nachzuprüfen haben, noch weiter einschränken: Für jede Matrix $L = \begin{pmatrix} 1 & 0 \\ t & 1 \end{pmatrix} \in P_-$ gilt

$$L = J \begin{pmatrix} 1 & t \\ 0 & 1 \end{pmatrix} J,$$

das heißt, salopp geschrieben,

$$P_- = \{J\} \circ P_+ \circ \{J\}$$

Deshalb genügt es nun, Proposition 38 nur im Fall $A \in P_+$ oder $A \in T$ oder $A = J$ nachzuprüfen. Für $A = \begin{pmatrix} 1 & t \\ 0 & 1 \end{pmatrix} \in P_+$ ist

$$\varphi_A(z) = \begin{cases} z + t & \text{falls } z \neq \infty \\ \infty & \text{falls } z = \infty \end{cases},$$

und Proposition 38 ist trivial. Falls $A = \begin{pmatrix} a & 0 \\ 0 & d \end{pmatrix} \in T$, so ist

$$\varphi_A(z) = \begin{cases} \frac{a}{d} z & \text{falls } z \neq \infty \\ \infty & \text{falls } z = \infty \end{cases},$$

und wieder ist Proposition 38 trivial. Schließlich ist für $A = J$

$$\varphi_A(z) = \begin{cases} \infty & \text{falls } z = 0 \\ 0 & \text{falls } z = \infty \\ 1/z & \text{sonst} \end{cases}$$

Wieder ist es einfach, Proposition 38 nachzuprüfen. Damit ist der Beweis von Proposition 38 beendet. □

Die Zerlegung (3.16), (3.17) der Elemente von $GL(2,\mathbb{C})$ heißt *L-R-Zerlegung* oder *Bruhat-Zerlegung* . Sie läßt sich in naheliegender Weise auf invertierbare $(n \times n)$-Matrizen verallgemeinern ([Brieskorn], 7.4).

Bemerkung 39 Im obigen Beweis haben wir gezeigt, daß sich jedes Element A der Gruppe $GL(2,\mathbb{C})$ schreiben läßt als Produkt von Matrizen aus P_+ und T, und der Matrix J. Dabei können Matrizen mehrmals an verschiedenen Stellen der Produktdarstellung auftreten (hier z.B. die Matrix J). Ist allgemein G eine Gruppe, so heißt eine Teilmenge $\mathcal{E}$ von G ein *Erzeugendensystem* von G, falls sich jedes Element von G in der Form

$$g = g_1^{\varepsilon_1} \circ g_2^{\varepsilon_2} \circ \cdots \circ g_n^{\varepsilon_n}$$

mit $\varepsilon_i \in \mathbb{Z}$, $g_j \in \mathcal{E}$ schreiben läßt. Es ist also in unserem Fall

$$P_+ \cup T \cup \{J\} \tag{3.18}$$

Erzeugendensystem von $GL(2,\mathbb{C})$.

Von Nutzen beim Rechnen mit Doppelverhältnissen ist das folgende

Lemma 40 *Seien $z_1, z_2, z_3, z_4 \in \mathbb{P}_1\mathbb{C}$ mit $z_2 \neq z_3 \neq z_4 \neq z_2$. Dann gibt es eine eindeutig bestimmte gebrochen lineare Transformation φ, so daß*

$$\varphi(z_2) = 1, \varphi(z_3) = 0, \varphi(z_4) = \infty. \qquad (3.19)$$

In diesem Fall ist $\mathrm{DV}(z_1, z_2, z_3, z_4) = \varphi(z_1)$.

Beweis Zunächst beweisen wir die *Existenz* der gebrochen linearen Abbildung φ. Wir definieren Vektoren $v_3, v_4 \in \mathbb{C}^2$ als

$$v_j := \begin{cases} \binom{z_j}{1} & \text{falls } z_j \neq \infty \\[2mm] \binom{1}{0} & \text{falls } z_j = \infty \end{cases}$$

Da $z_3 \neq z_4$, sind die Vektoren v_3, v_4 linear unabhängig in $\mathbb{C}^2$, bilden also eine Basis von $\mathbb{C}^2$. Je zwei Basen von $\mathbb{C}^2$ lassen sich aber durch eine Matrix in $GL(2,\mathbb{C})$ ineinander überführen. Also gibt es $A \in GL(2,\mathbb{C})$, so daß

$$Av_3 = \begin{pmatrix} 0 \\ 1 \end{pmatrix} \text{ und } Av_4 = \begin{pmatrix} 1 \\ 0 \end{pmatrix}$$

Mit Hilfe von Bemerkung 27 sieht man, daß $\varphi_A(z_3) = 0$ und $\varphi_A(z_4) = \infty$. Dann ist $\varphi_A(z_2) \neq 0, \infty$. Also ist

$$B := \begin{pmatrix} 1 & 0 \\ 0 & \varphi_A(z_2) \end{pmatrix} \in GL(2,\mathbb{C})$$

Dann ist $\varphi_B(0) = 0$, $\varphi_B(\infty) = \infty$ und $\varphi_B(\varphi_A(z_2)) = 1$. Setzen wir also $\varphi := \varphi_{BA}$, so ist (3.19) erfüllt. Damit ist die Existenz gezeigt.

Zur *Eindeutigkeit*: Sei φ' eine weitere gebrochen lineare Abbildung mit

$$\varphi'(z_2) = 1, \; \varphi'(z_3) = 0 \text{ und } \varphi'(z_4) = \infty$$

Dann ist $\psi := \varphi' \circ \varphi^{-1}$ eine gebrochen lineare Abbildung mit den Fixpunkten 0, 1 und ∞. Schreibe $\psi = \varphi_A$ mit $A = \begin{pmatrix} a & b \\ c & d \end{pmatrix} \in GL(2,\mathbb{C})$. Da $0 = \psi(0) = b/d$, ist $b = 0$. Da $\infty = \psi(\infty)$, ist $c = 0$. Also $1 = \psi(1) = a/d$, d.h. $a = d$. Also ist $A = a \cdot id$ und somit $\psi = \varphi_A = id$. Dies zeigt, daß $\varphi = \varphi'$.

Schließlich ist für alle $z \in \mathbb{P}_1\mathbb{C}$

$$\mathrm{DV}(z, 1, 0, \infty) = z$$

Wendet man dies auf $z = \varphi(z_1)$ an, so ergibt sich die letzte Aussage von Lemma 40 als direkte Konsequenz der in Proposition 38 gezeigten Invarianz des Doppelverhältnisses unter gebrochen linearen Transformationen. $\qquad \square$

Korollar 41 *Sind z_2, z_3, z_4 paarweise verschieden, so gilt*

$$\mathrm{DV}(z_1, z_2, z_3, z_4) = 1 \iff z_1 = z_2\,,$$

$$\mathrm{DV}(z_1, z_2, z_3, z_4) = \mathrm{DV}(z_1', z_2, z_3, z_4) \iff z_1 = z_1'$$

Um den Beweis von Proposition 33 vorzubereiten, betrachten wir das System $\mathcal{K}$ von Teilmengen von $\mathbb{P}_1\mathbb{C}$ wie folgt: $\mathcal{K}_1$ sei das System von Teilmengen der Form

$$\{z \in \mathbb{C} \mid a\,\mathrm{Re}\,z + b\,\mathrm{Im}\,z + c = 0\} \cup \{\infty\} \text{ mit } a, b, c \in \mathbb{R} \ (a, b) \neq (0, 0)$$

und $\mathcal{K}_2$ sei das System von Teilmengen der Form

$$\{z \in \mathbb{C} \mid |z - z_0| = r\} \text{ mit } z_0 \in \mathbb{C}\,, r > 0$$

$\mathcal{K}_1$ besteht aus den reellen *Geraden* in $\mathbb{C}$, die um den Punkt ∞ ergänzt wurden. Die Elemente von $\mathcal{K}_2$ sind die *Kreise* in $\mathbb{C}$. Setze $\mathcal{K} := \mathcal{K}_1 \cup \mathcal{K}_2$.

Proposition 42 *Gebrochen lineare Transformationen führen Kreise und Geraden in Kreise oder Geraden über, d.h.*

$$\varphi_A(k) \in \mathcal{K} \text{ für alle } k \in \mathcal{K}, \ A \in GL(2,\mathbb{C})$$

Beweis Ist $\mathcal{E}$ ein Erzeugendensystem von $GL(2,\mathbb{C})$, so genügt es zu zeigen, daß für $A \in \mathcal{E}$ oder $A^{-1} \in \mathcal{E}$ gilt:

$$\varphi_A(k) \in \mathcal{K} \text{ für alle } k \in \mathcal{K}$$

Nach Bemerkung 39 ist $\mathcal{E} := P_+ \cup T \cup \{J\}$ ein Erzeugendensystem für $GL(2,\mathbb{C})$. Ferner ist für jedes $A \in \mathcal{E}$ auch $A^{-1} \in \mathcal{E}$. Für $A \in P_+$ ist φ_A von der Form

$$\varphi_A(z) := \begin{cases} z + t & \text{falls } z \neq \infty \\ \infty & \text{falls } z = \infty \end{cases}$$

mit $t \in \mathbb{C}$. Offenbar führt eine solche Transformation jedes Element von $\mathcal{K}_1$(bzw. $\mathcal{K}_2$) wieder in ein Element von $\mathcal{K}_1$(bzw. $\mathcal{K}_2$) über. Dasselbe gilt für Abbildungen φ_A mit $A \in T$, denn sie sind ja von der Gestalt

$$\varphi_A(z) := \begin{cases} \lambda z & \text{falls } z \neq \infty \\ \infty & \text{falls } z = \infty \end{cases}$$

mit $\lambda \in \mathbb{C} \setminus \{0\}$. Schließlich betrachten wir noch den Fall $A = J$, das heißt

$$\varphi_A(z) := \begin{cases} \infty & \text{falls } z = 0 \\ 0 & \text{falls } z = \infty \\ 1/z & \text{sonst} \end{cases}$$

Sei zunächst

$$k = \{z \in \mathbb{C} \mid a\operatorname{Re}z + b\operatorname{Im}z + c = 0\} \cup \{\infty\}$$
$$= \{z \in \mathbb{C} \mid (a+ib)\overline{z} + (a-ib)z + 2c = 0\} \cup \{\infty\}$$

ein Element von $\mathcal{K}_1$ $(a,b,c \in \mathbb{R}, (a,b) \neq (0,0))$. Ist $c \neq 0$, so ist

$$\varphi_J(k) = \{z \in \mathbb{C} \mid (a+ib)z + (a-ib)\overline{z} + 2cz\overline{z} = 0\}$$
$$= \left\{z \in \mathbb{C} \,\middle|\, \left|z + \frac{(a-ib)}{2c}\right| = \left|\frac{(a-ib)}{2c}\right|\right\}$$

ein Element von $\mathcal{K}_2$. Für $c = 0$ ist

$$\varphi_J(k) = \{z \in \mathbb{C} \mid (a+ib)z + (a-ib)\overline{z} = 0\} \cup \{\infty\}$$
$$= \{z \in \mathbb{C} \mid a\operatorname{Re}z - b\operatorname{Im}z = 0\} \cup \{\infty\}$$

ein Element von $\mathcal{K}_1$. Nun sei

$$k = \{z \in \mathbb{C} \mid |z - z_0| = r\} = \{z \in \mathbb{C} \mid z\overline{z} - z_0\overline{z} - \overline{z_0}z + z_0\overline{z_0} - r^2 = 0\}$$

ein Element von $\mathcal{K}_2$. Ist $|z_0| \neq r$, so ist

$$\varphi_J(k) = \{z \in \mathbb{C} \mid (|z_0|^2 - r^2)z\overline{z} - z_0z - \overline{z_0}\overline{z} + 1 = 0\}$$
$$= \left\{z \in \mathbb{C} \,\middle|\, \left|z - \frac{\overline{z_0}}{|z_0|^2 - r^2}\right| = \frac{r}{|\,|z_0|^2 - r^2|}\right\}$$

wieder ein Element von $\mathcal{K}_2$. Ist $|z_0| = r$, so ist

$$\varphi_A(k) = \{z \in \mathbb{C} \mid z_0z_0 + \overline{z_0z_0} - 1 = 0\} \cup \{\infty\}$$

ein Element von $\mathcal{K}_1$. Damit ist Proposition 42 bewiesen. $\square$

Bemerkung 43 Im Beweis von Proposition 42 war der wesentliche Schritt, zu zeigen, daß die Abbildung $z \mapsto \frac{1}{z}$ Kreise und Geraden auf Kreise oder Geraden abbildet. Wie zu Beginn von Abschnitt 3.2 bemerkt, ist die Inversion am Einheitskreis die Hintereinanderschaltung der Spiegelung an der reellen Achse und der Abbildung $z \mapsto \frac{1}{z}$. Offenbar bildet die Spiegelung an der reellen Achse Kreise auf Kreise und Geraden auf Geraden ab. Folglich bildet auch die Inversion am Einheitskreis Kreise und Gerade auf Kreise oder Geraden ab. Umgekehrt kann man Proposition 42 beweisen , wenn man weiß, daß (3.18) ein Erzeugendensystem von $GL(2,\mathbb{C})$ ist, und zeigen kann, daß die Inversion am Einheitskreis die Eigenschaft hat, Kreise und Geraden auf Kreise oder Geraden abzubilden. Am Ende dieses Abschnitts skizzieren wir in zwei Übungen einen geometrischen Beweis für die letztgenannte Tatsache.

Bemerkung 44 Wir verwenden Proposition 42, um einen zweiten Beweis von Proposition 29.1 zu geben, die besagt, daß gebrochen lineare Transformationen φ_A mit $A \in SL(2,\mathbb{R})$ hyperbolische Geraden wieder in hyperbolische Geraden überführen. Dazu bemerken wir zunächst, daß $\mathcal{G}_1$ aus den Schnitten $\ell \cap H$ besteht, wobei ℓ über alle von der reellen Achse verschiedenen Geraden läuft, die symmetrisch bezüglich Spiegelung an der reellen Achse sind und nicht mit der reellen Achse übereinstimmen.

In anderen Worten:

$$\mathcal{G}_1 = \{\ell \cap H \, / \, \ell \in \mathcal{K}_1 \, , \, \ell = \bar{\ell} \, , \, \ell \neq \mathbb{R} \cup \{0\}\}$$

Ebenso ist

$$\mathcal{G}_2 = \{k \cap H \, / \, k \in \mathcal{K}_2 \, , \, k = \bar{k}\}$$

Jede hyperbolische Gerade g läßt sich also in der Form

$$g = k \cap H$$

mit $k \in \mathcal{K}_1 \cup \mathcal{K}_2$, $k = \bar{k}$, $k \neq \mathbb{R} \cup \{\infty\}$ schreiben. Ist $A \in SL(2,\mathbb{R})$, so ist nach Proposition 42 $\varphi_A(k) \in \mathcal{K}_1 \cup \mathcal{K}_2$. Außerdem ist nach Proposition 28.1 auch $\varphi_A(H) = H$. Somit ist

$$\varphi_A(g) = \varphi_A(k) \cap H \qquad \text{und} \qquad \varphi_A(k) \neq \mathbb{R} \cup \{\infty\}$$

Da A reelle Koeffizienten hat, ist auch

$$\overline{\varphi_A(k)} = \varphi_A(\bar{k}) = \varphi_A(k)$$

Deshalb ist $\varphi_A(g) \in \mathcal{G}$. $\qquad\qquad\qquad\qquad\qquad\qquad\qquad\qquad\qquad\qquad$ □

Wir kommen nun endlich zum

Beweis von Proposition 33: Nach Lemma 40 gibt es eine gebrochen lineare Transformation φ so daß $\varphi(z_2) = 1$, $\varphi(z_3) = 0$, $\varphi(z_4) = \infty$, und es gilt $DV(z_1,z_2,z_3,z_4) = \varphi(z_1)$. Die Punkte z_1,z_2,z_3,z_4 liegen nach Proposition 42 genau dann auf einem Kreis oder einer Geraden, wenn die Punkte $\varphi(z_1)$, $\varphi(z_2) = 1$, $\varphi(z_3) = 0$, $\varphi(z_4) = \infty$ alle auf einem Element von $\mathcal{K}$ liegen. Das einzige Element von $\mathcal{K}$, das die drei Punkte $0,1,\infty$ enthält, ist die „komplettierte" reelle Achse

$$\mathbb{R} \cup \{\infty\} := \{z \in \mathbb{C} \mid \operatorname{Im} z = 0\} \cup \{\infty\}$$

$\varphi(z_1)$ liegt genau dann auf $\mathbb{R} \cup \{\infty\}$, wenn $\varphi(z_1)$ reell ist, d.h. genau dann, wenn $DV(z_1,z_2,z_3,z_4) \in \mathbb{R}$. Damit ist der erste Teil der Proposition bewiesen. Schließlich trifft die Strecke zwischen $\varphi(z_1)$ und $\varphi(z_2) = 1$ die Punkte $\varphi(z_3) = 0$ und $\varphi(z_4) = \infty$ genau dann nicht, wenn $\varphi(z_1) = DV(z_1,z_2,z_3,z_4) > 0$. $\qquad$ □

Mit Proposition 33 ist garantiert, daß die Definition des Abstandes auf H, die wir in (3.12) resp. (3.14) gegeben haben, sinnvoll ist. Man beachte, daß die in (3.14) für den Fall $\operatorname{Re} z_1 = \operatorname{Re} z_2 = \alpha$ gegebene Definition auch in der Form

$$d(z_1,z_2) = |\log DV(z_1,z_2,\alpha,\infty)| \tag{3.20}$$

geschrieben werden kann. $\qquad\qquad\qquad\qquad\qquad\qquad\qquad\qquad\qquad\qquad\qquad$ □

Beweis von Satz 3.4 Nach Definition ist $d(z_1,z_2) \geq 0$ für alle $z_1,z_2 \in H$. Daß $d(z_1,z_2) = 0$ genau dann, wenn $z_1 = z_2$, folgt direkt aus (3.12), (3.20) und Korollar 41. Weiter wurde bereits in (3.13) und (3.14) gezeigt, daß $d(z_1,z_2) = d(z_2,z_1)$. Damit sind die Teile *1* und *2* von Satz 3.4 bereits bewiesen.

Wir beweisen nun zunächst Aussage *4*. Seien also $z_1,z_2,z_1',z_2' \in H$. Im Fall, daß $z_1 = z_2$ oder $z_1' = z_2'$, ist die Aussage trivial. Sei also $z_1 \neq z_2$ und $z_1' \neq z_2'$. Dann gibt es eindeutig bestimmte hyperbolische Geraden g, g', sodaß $z_1,z_2 \in g$ und $z_1',z_2' \in g'$. Die Mengen g bzw. g' sind Halbkreise oder Halbgeraden, also gibt es eindeutig bestimmte Elemente $k,k' \in \mathcal{K}$, so daß $g \subset k$ und $g' \subset k'$. Seien w_1,w_2 resp. w_1',w_2' die Schnittpunkte von k bzw. k' mit der komplettierten reellen Achse $\mathbb{R} \cup \{\infty\}$. Gemäß Definition und (3.20) ist (siehe Bild 3.32)

$$d(z_1,z_2) = |\log \mathrm{DV}(z_1,z_2,w_1,w_2)|, \quad d(z_1',z_2') = |\log \mathrm{DV}(z_1',z_2',w_1',w_2')|$$

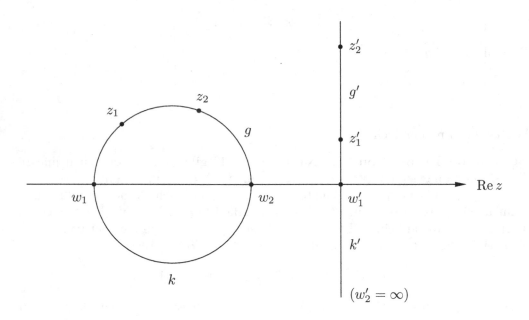

Bild 3.32

Gibt es $A \in SL(2,\mathbb{R})$ mit $\varphi_A(z_1) = z_1'$ und $\varphi_A(z_2) = z_2'$, so ist

$$\varphi_A(\mathbb{R} \cup \{\infty\}) = \mathbb{R} \cup \{\infty\}$$

und somit $\varphi_A(\{w_1,w_2\}) = \{w_1',w_2'\}$. Damit folgt mit Proposition 38, daß $d(z_1,z_2) = d(z_1',z_2')$. Wir nehmen nun umgekehrt an, daß $d(z_1,z_2) = d(z_1',z_2')$. Indem wir – falls nötig – w_1' und w_2' vertauschen, können wir annehmen, daß

$$\mathrm{DV}(z_1,z_2,w_1,w_2) = \mathrm{DV}(z_1',z_2',w_1',w_2')$$

Nach Proposition 29.*3* gibt es $A \in SL(2,\mathbb{R})$ mit $\varphi_A(z_2) = z_2'$ und so, daß φ_A den Strahl von z_1 aus in Richtung w_1 auf den Strahl von z_1' aus in Richtung w_1' abbildet. Dann ist $\varphi_A(w_1) = w_1'$ und somit auch $\varphi_A(w_2) = w_2'$. Also folgt mit Proposition 38:

$$
\begin{aligned}
\mathrm{DV}(z_1',z_2',w_1',w_2') &= \mathrm{DV}(z_1,z_2,w_1,w_2) \\
&= \mathrm{DV}(\varphi_A(z_1),\varphi_A(z_2),\varphi_A(w_1),\varphi_A(w_2)) \\
&= \mathrm{DV}(\varphi_A(z_1),z_2',w_1',w_2').
\end{aligned}
$$

Aus Korollar 41 folgt nun, daß $z_1' = \varphi_A(z_1)$. Damit ist Teil *4* von Satz 3.4 bewiesen.

Es bleibt, Teil *3* zu beweisen. Seien also $z_1,z_2,z_3 \in H$. Der Fall $z_1 = z_3$ ist trivial. Wir betrachten also die Situation $z_1 \neq z_3$. Wegen Proposition 29.*3* können wir annehmen, daß $z_1 = i$, $z_3 = it$ mit $t > 1$. Dann ist $d(z_1,z_3) = \log t$. Wir unterscheiden zwei Fälle.

1. Fall: z_2 liegt auf der imaginären Achse, das heißt $z_2 = it'$ mit $t' > 0$. In dem Fall, daß $1 \leq t' \leq t$, d.h., daß z_2 zwischen z_1 und z_3 liegt oder daß entweder $z_1 = z_2$ oder $z_2 = z_3$, ist

$$d(z_1,z_2) = \log t', \quad d(z_2,z_3) = \log(t/t')$$

Damit folgt, daß $d(z_1,z_3) = d(z_1,z_2) + d(z_2,z_3)$. Im Fall $t' < 1$ ist

$$d(z_1,z_2) = -\log t', \quad d(z_2,z_3) = \log(t/t')$$

und somit

$$d(z_1,z_3) = \log t < \log t - 2\log t' = -\log t' + \log(t/t') = d(z_1,z_2) + d(z_2,z_3)$$

Analog argumentiert man im Fall $t' > t$.

2. Fall: $\operatorname{Re} z_2 \neq 0$. Wir setzen $z_2' := z_2 - \operatorname{Re} z_2$ (siehe Bild 3.33).

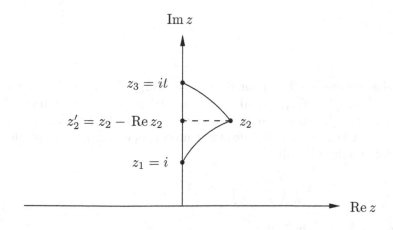

Bild 3.33

Nach dem, was wir für den 1. Fall bewiesen haben, ist

$$d(z_1, z_3) \leq d(z_1, z_2') + d(z_2', z_3)$$

Es genügt also zu zeigen, daß

$$d(i, z_2') < d(i, z_2) \tag{3.21}$$

und

$$d(z_3, z_2') < d(z_3, z_2). \tag{3.22}$$

Beweisen wir zunächst (3.21). In dem Fall, daß $\operatorname{Im} z_2 = 1$, ist die Aussage trivial (denn $z_1 = i$). Wir betrachten den Fall, daß $\operatorname{Im} z_2 > 1$; der Fall $\operatorname{Im} z_2 < 1$ kann dann analog behandelt werden. Nach Proposition 29.3 gibt es genau einen Punkt $z_2'' = i\tau$ mit $\tau > 1$, so daß die Strecken $z_1 z_2''$ und $z_1 z_2$ kongruent sind (siehe Bild 3.34).

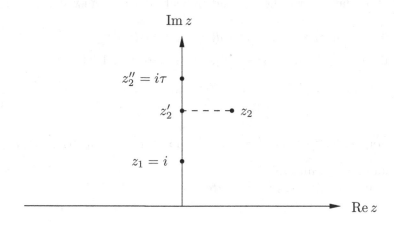

Bild 3.34

Nach dem bereits bewiesenen Teil 4 von Satz 3.4 ist $d(z_1, z_2) = d(z_1, z_2'')$. Wir müssen also zeigen, daß $d(z_1, z_2'') > d(z_1, z_2')$, oder, was äquivalent ist, daß $\tau > \operatorname{Im} z_2$. Da die Strecken $z_1 z_2''$ und $z_1 z_2$ kongruent sind, gibt es ein $A \in SL(2, \mathbb{R})$ so daß $\varphi_A(z_1) = z_1$ und $\varphi_A(z_2'') = z_2$. A liegt in der Stabilisator-Untergruppe von $z_1 = i$, ist also nach Proposition 28.2 von der Gestalt

$$A = \begin{pmatrix} a & -b \\ b & a \end{pmatrix} \text{ mit } a^2 + b^2 = 1$$

Die Gleichung $\varphi_A(z_2'') = z_2$ bedeutet

$$\frac{ai\tau - b}{bi\tau + a} = z_2$$

oder

$$\frac{ab(\tau^2 - 1)}{a^2 + b^2\tau^2} + \frac{a^2 + b^2}{a^2 + b^2\tau^2}i\tau = \operatorname{Re} z_2 + i\operatorname{Im} z_2$$

Wegen $a^2 + b^2 = 1$ folgt für den Imaginärteil:

$$\operatorname{Im} z_2 = \frac{1}{1 + b^2(\tau^2 - 1)}\tau$$

Da $b \neq 0$ und $\tau > 1$, ist $\operatorname{Im} z_2 < \tau$.

Schließlich beweisen wir noch (3.22). Setze

$$B := \begin{pmatrix} 1/\sqrt{t} & 0 \\ 0 & \sqrt{t} \end{pmatrix} \in SL(2,\mathbb{R})$$

Dann ist

$$\varphi_B(z_3) = i \quad \varphi_B(z_2) = z_2/t \quad \varphi_B(z_2') = z_2/t' = i\operatorname{Im}\varphi_B(z_2)$$

Aus (3.21) folgt, daß

$$d(\varphi_B(z_3),\varphi_B(z_2')) < d(\varphi_B(z_3),\varphi_B(z_2))$$

Da nach dem bereits bewiesenen Teil *4* des Satzes die Abbildung φ_B den Abstand erhält, folgt die behauptete Gleichung (3.22). $\qquad\square$

Übung: Zeigen Sie, daß

$$\left(P_+ \cap SL(2,\mathbb{R})\right) \cup \left(T \cap SL(2,\mathbb{R})\right) \cup \left\{\begin{pmatrix} 0 & -1 \\ 1 & 0 \end{pmatrix}\right\}$$

ein Erzeugendensystem von $SL(2,\mathbb{R})$ ist!

Die folgenden beiden Übungen ergeben einen geometrischen Beweis der Tatsache, daß die Inversion am Einheitskreis die Eigenschaft hat, Kreise und Geraden in Kreise oder Geraden zu überführen (vgl. die Bemerkung nach Proposition 42).

Übung: Sei k ein Kreis in $\mathbb{R}^2$ mit Mittelpunkt m und $p \in \mathbb{R}^2$, $p \neq m$ ein Punkt, der nicht auf k liegt. Mit n und n' bezeichnen wir die beiden Schnittpunkte der Geraden durch p und m mit dem Kreis k (siehe Bild 3.35).
Zeigen Sie: Ist ℓ eine Gerade durch p, die k in zwei Punkten q,q' schneidet, so ist (siehe Bild 3.35)

$$\| p - q \| \cdot \| p - q' \| = \| p - n \| \cdot \| p - n' \|!$$

Hinweise: Überlegen Sie sich zunächst, daß die Winkel $\angle\, n\, q\, n'$ und $\angle\, n\, q'\, n'$ rechte Winkel sind (*Thaleskreis*)! Zeigen Sie, daß die Dreiecke $z\, q\, n$ und $z\, q'\, n'$ ähnlich sind! Verwenden Sie dies, um zu sehen, daß $\frac{\|z-n'\|}{\|z-n\|} = \frac{\|z-q'\|}{\|z-q\|}$!

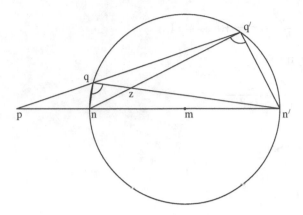

Bild 3.35

Folgern Sie daraus $\angle p\,q'\,n \,=\, \angle p\,n'\,q$. Verwenden Sie die Ähnlichkeit der Dreiecke $p\,q'\,n$ und $p\,n'\,q$!

Übung: Geben Sie einen geometrischen Beweis dafür, daß die Inversion am Einheitskreis $z \mapsto \frac{1}{\bar{z}}$

a)   eine Gerade durch 0 in eine Gerade durch 0,

b)   eine Gerade, die nicht durch 0 geht in einen Kreis durch 0,

c)   einen Kreis durch 0 in eine Gerade, die nicht durch 0 geht, und

d)   einen Kreis, der nicht durch 0 geht in einen Kreis, der nicht durch 0 geht

überführt!

Hinweise: Zu b):   Sei g eine Gerade, die nicht durch 0 geht, und z_0 der Punkt von g mit minimalem Abstand zu 0. Zeigen Sie, daß für jedes $z \in g, z \neq z_0$ die Dreiecke $0\,z_0\,z$ und $0\,\frac{1}{\bar{z}}\,\frac{1}{\bar{z}_0}$ ähnlich sind! Insbesondere ist $\angle 0\,\frac{1}{\bar{z}}\,\frac{1}{\bar{z}_0} = 90°$. Die Punkte $\frac{1}{\bar{z}}, z \in g$ liegen auf dem Kreis mit Mittelpunkt $\frac{1}{2\bar{z}_0}$ und Radius $\frac{1}{2|z_0|}$ (Thaleskreis).

Zu c):   Sei k ein Kreis mit Mittelpunkt $m \neq 0$ und Radius $r \neq |\,m\,|$. Mit n bzw. n' bezeichnen wir die Schnittpunkte von k mit der Geraden durch 0 und m. Setzen Sie

$$\rho := |\,n\,| \cdot |\,n'\,|$$

Sei nun $z \in k$. Die Gerade durch 0 und z schneidet k in zwei Punkten, z und z'. Nach der vorhergehenden Übung ist $|\,z\,| \cdot |\,z'\,| = \rho$. Es sei $m'(z)$ Schnittpunkt der Geraden durch 0 und m mit der Parallelen zu der Geraden durch z' und m, die durch den Punkt $\frac{1}{\bar{z}}$ geht.

Zeigen Sie, daß $|\,m'(z)\,| = |\,m\,|\,/\rho$. Dann ist $m' = m'(z)$ unabhängig von z! Zeigen Sie, daß $|\,\frac{1}{\bar{z}} - m'\,| = \frac{r}{\rho}$!

3.4 Die Winkelmessung in der hyperbolischen Ebene

Ähnlich wie die Streckenmessung kann man auch die Winkelmessung ausgehend von den Axiomen definieren. Es stellt sich aber heraus, daß das Ergebnis im Poincaré-Modell die übliche Winkelmessung ist. Das heißt, der Winkel zwischen zwei hyperbolischen Strahlen S_1 und S_2 ist der euklidische Winkel zwischen ihren Tangentialvektoren τ_{S_1} und τ_{S_2} (siehe Bild 3.36).

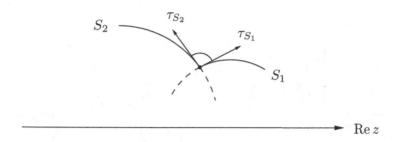

Bild 3.36

Wir wollen diese Aussage zunächst präzise formulieren und dann beweisen.

Ist $S = S(z_0, z_1)$ ein Strahl im Poincaré-Modell der hyperbolischen Ebene, so definiert man den *Einheits-Tangentialvektor τ_S an den Strahl S im Anfangspunkt z_0* folgendermaßen: Wähle differenzierbare Funktionen

$$x : (-\varepsilon, \varepsilon) \longrightarrow \mathbb{R} \qquad y : (-\varepsilon, \varepsilon) \longrightarrow \mathbb{R}$$
$$t \longmapsto x(t) \qquad\qquad t \longmapsto y(t)$$

auf einem Intervall $(-\varepsilon, \varepsilon)$ um 0, so daß mit $z(t) := x(t) + iy(t)$ gilt:

(i) $z(0) = z_0$

(ii) $t \longmapsto z(t)$ ist eine Bijektion zwischen $(-\varepsilon, \varepsilon)$ und einer Umgebung $U(z_0)$ von z_0 auf der hyperbolischen Geraden durch z_0 und z_1.

(iii) $z(t) \in S \Longleftrightarrow t \geq 0$

(iv) $\dot{z}(0) := \dot{x}(0) + i\,\dot{y}(0) \neq 0$

Hier steht $\cdot$ für die Ableitung nach t. Den Einheits-Tangentialvektor τ_S an den Strahl im Anfangspunkt z_0 definieren wir als

$$\tau_S := \frac{1}{|\dot{z}(0)|} (\dot{x}(0), \dot{y}(0))$$

Damit diese Definition Sinn macht, müssen wir nachprüfen, daß sie unabhängig von den getroffenen Auswahlen ist, und daß es überhaupt Funktionen x und y wie oben gibt. Der zweite Punkt ist einfach: Sei g die hyperbolische Gerade durch z_0 und z_1. Ist $g \in \mathcal{G}_1$, d.h. $\operatorname{Re} z_0 = \operatorname{Re} z_1$, so setze

$$x(t) := \operatorname{Re} z_0 = \operatorname{Re} z_1 , \quad y(t) := \operatorname{Im} z_0 + t(z_1 - z_0)$$

und wähle ε klein genug. Ist $g \in \mathcal{G}_2$, d.h. $g = \left\{ z \in H \,\middle|\, |z - m| = r \right\}$ für ein $m \in \mathbb{R}$ und ein $r > 0$, so setze

$$x(t) := \operatorname{Re} z_0 + t(\operatorname{Re} z_1 - \operatorname{Re} z_0), \quad y(t) := \sqrt{r^2 - (x(t) - m)^2}$$

und wähle wieder ε klein genug. Es ist leicht nachzuprüfen, daß (i)-(iv) erfüllt sind (siehe Bild 3.37).

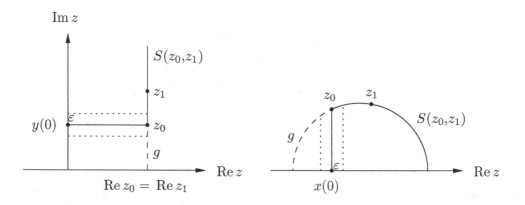

Bild 3.37

Um die Unabhängigkeit von den Auswahlen zu überprüfen, seien

$$\tilde{x} : [-\tilde{\varepsilon}, \tilde{\varepsilon}] \longrightarrow \mathbb{R}, \qquad \tilde{y} : [-\tilde{\varepsilon}, \tilde{\varepsilon}] \longrightarrow \mathbb{R}$$

Funktionen, die ebenfalls die obigen Bedingungen (i)-(iv) erfüllen. Nach (iv) ist $\dot{x}(0) \neq 0$ oder $\dot{y}(0) \neq 0$. Wir diskutieren den Fall, daß $\dot{x}(0) \neq 0$. Der Fall $\dot{x}(0) = 0$, $\dot{y}(0) \neq 0$ ist analog. Nach dem Satz über inverse Funktionen gibt es $\varepsilon_1 > 0$, so daß $x_{|(-\varepsilon_1, \varepsilon_1)}$ umkehrbar ist, mit differenzierbarer Umkehrabbildung x^{-1}. Wähle $\tilde{\varepsilon}_1 > 0$ so daß $\tilde{x}((-\tilde{\varepsilon}_1, \tilde{\varepsilon}_1)) \subset x((-\varepsilon_1, \varepsilon_1))$ und setze

$$f : \begin{array}{ccc} (-\tilde{\varepsilon}_1, \tilde{\varepsilon}_1) & \longrightarrow & (-\varepsilon_1, \varepsilon_1) \\ t & \longmapsto & x^{-1}(\tilde{x}(t)) \,. \end{array}$$

f ist eine differenzierbare Funktion, und $\tilde{x}(t) = x(f(t))$ für alle $t \in (-\tilde{\varepsilon}_1, \tilde{\varepsilon}_1)$. Die Projektion von g auf die Achse $\{z \in \mathbb{C} \mid \operatorname{Im} z = 0\}$ ist injektiv, also ist auch $\tilde{y}(t) = y(f(t))$ für alle $t \in (-\tilde{\varepsilon}_1, \tilde{\varepsilon}_1)$. Aus der Kettenregel folgt nun, daß $\dot{\tilde{x}}(0) = \dot{f}(0)\dot{x}(0)$ und $\dot{\tilde{y}}(0) = \dot{f}(0)\dot{y}(0)$, also $\dot{\tilde{z}}(0) = \dot{f}(0)\dot{z}(0)$. Da $\dot{z}(0) \neq 0$ und $\dot{\tilde{z}}(0) \neq 0$ nach (iv), muß[4] $\dot{f}(0) = |\dot{\tilde{z}}(0)|/|\dot{z}(0)|$ sein, und es folgt

---

[4] Wegen (i)..(iii) haben t und $f(t)$ überall dasselbe Vorzeichen. Daher ist $\dot{f}(0) = \lim_{t \to 0} \frac{f(t)}{t}$ positiv.

$$\frac{1}{|\dot{\tilde{z}}(0)|}(\dot{\tilde{x}}(0),\dot{\tilde{y}}(0)) = \frac{1}{|\dot{z}(0)|}(\dot{x}(0),\dot{y}(0))$$

Damit ist gezeigt, daß die Definition des Einheits-Tangentialvektors an S Sinn macht.

Den *Winkel* zwischen zwei hyperbolischen Strahlen $S,S' \in H$ mit gemeinsamem Anfangspunkt z_0 definiert man als

$$W(S,S') := \arccos(\tau_S \cdot \tau_{S'})$$

wobei $\tau_S \cdot \tau_{S'}$ das Skalarprodukt von τ_S und $\tau_{S'}$ bezeichnet. Es ist klar, daß $W(S,S') = W(S',S)$.

Übung: Seien S, S' und S'' von z_0 ausgehende Strahlen, so daß S'' zwischen S und S' liegt. Dann ist $W(S,S') = W(S,S'') + W(S'',S')$!

Um zu zeigen, daß die obige Definition eine sinnvolle Winkelmessung für das Poincaré-Modell der hyperbolischen Ebene ergibt, ist noch nachzuprüfen, daß zwei Winkel $\angle PQR$ und $\angle P'Q'R'$ genau dann kongruent sind, wenn gilt:

$$W(S(Q,P),S(Q,R)) = W(S(Q',P'),S(Q',R'))$$

Die Kongruenz von Winkeln haben wir mit Hilfe der Operation von $SL(2,\mathbb{R})$ auf H definiert. Deshalb, und wegen Axiom (K5), genügt es zu zeigen, daß gebrochen lineare Transformationen φ_A, $A \in SL(2,\mathbb{R})$, *winkeltreu* sind.

Proposition 45 *Sind S,S' hyperbolische Strahlen in H mit gleichem Anfangspunkt, und ist $A \in SL(2,\mathbb{R})$, so ist $W(\varphi_A(S),\varphi_A(S')) = W(S,S')$.*

Diese Proposition ist ein Spezialfall der allgemeinen Aussage, daß beliebige gebrochen lineare Transformationen winkeltreu sind. Um sie zu formulieren, geben wir noch eine Definition.

Definition 46 *Ist (a,b) ein Intervall in $\mathbb{R}$, so nennt man eine Abbildung $z : (a,b) \longrightarrow \mathbb{C}$ auch eine* komplexwertige Funktion *auf (a,b). Sei heißt* differenzierbar, *wenn die beiden Funktionen $x : t \longmapsto \operatorname{Re} z(t)$ und $y : t \longmapsto \operatorname{Im} z(t)$ differenzierbar sind. Ferner schreiben wir $\dot{z}(t) := \dot{x}(t) + i\dot{y}(t)$.*

Satz 3.5 (Winkeltreue der gebrochen linearen Transformationen)
Seien $t \longmapsto z_j(t) = x_j(t) + iy_j(t)$ $(j := 1,2,3,4)$ differenzierbare komplexwertige Funktionen auf dem Intervall $(-\varepsilon,\varepsilon)$, so daß $z_1(0) = z_2(0)$ und $z_3(0) = z_4(0)$. Gibt es $A \in GL(2,\mathbb{C})$, so daß

$$z_3(t) = \varphi_A(z_1(t))\,,\ z_4(t) = \varphi_A(z_2(t)) \text{ für alle } t \in (-\varepsilon,\varepsilon)$$

so sind die Winkel zwischen den durch $\dot{z}_1(0)$ und $\dot{z}_2(0)$ bzw. $\dot{z}_3(0)$ und $\dot{z}_4(0)$ beschriebenen Vektoren gleich, das heißt

$$\frac{1}{|\dot{z}_1(0)||\dot{z}_2(0)|}\begin{pmatrix}\dot{x}_1(0)\\\dot{y}_1(0)\end{pmatrix} \cdot \begin{pmatrix}\dot{x}_2(0)\\\dot{y}_2(0)\end{pmatrix} = \frac{1}{|\dot{z}_3(0)||\dot{z}_4(0)|}\begin{pmatrix}\dot{x}_3(0)\\\dot{y}_3(0)\end{pmatrix} \cdot \begin{pmatrix}\dot{x}_4(0)\\\dot{y}_4(0)\end{pmatrix}$$

Es ist klar, daß Proposition 45 direkt aus Satz 3.5 folgt. Satz 3.5 wiederum ist ein Spezialfall eines Satzes aus der Funktionentheorie über die Winkeltreue holomorpher Abbildungen ([Remmert], Kap. 2.1), auf den wir hier nicht eingehen wollen. Zum Beweis von Satz 3.5 stellen wir einige Rechenregeln für differenzierbare komplexwertige Abbildungen zusammen.

Lemma 47 *Seien* $t \longmapsto z(t)$ *und* $t \longmapsto w(t)$ *differenzierbare komplexwertige Funktionen auf* $(-\varepsilon,\varepsilon)$. *Dann gilt:*

1. *Die komplexwertige Funktion* $t \longmapsto p(t) := z(t)w(t)$ *ist ebenfalls differenzierbar auf* $(-\varepsilon,\varepsilon)$, *und es ist* $\dot{p}(t) = z(t)\dot{w}(t) + \dot{z}(t)w(t)$.

2. *Ist* $z(t) \neq 0$ *für alle* $t \in (-\varepsilon,\varepsilon)$, *so ist auch die komplexwertige Funktion* $t \longmapsto q(t) := 1/z(t)$ *differenzierbar auf* $(-\varepsilon,\varepsilon)$, *und es ist* $\dot{q}(t) = -\dfrac{\dot{z}(t)}{z(t)^2}$.

3. *Ist* $A = \begin{pmatrix} a & b \\ c & d \end{pmatrix} \in GL(2,\mathbb{C})$ *so daß* $cz(t) + d \neq 0$ *für alle* $t \in (-\varepsilon,\varepsilon)$, *so ist auch die komplexwertige Funktion* $f(t) := \dfrac{az(t)+b}{cz(t)+d}$ *differenzierbar, und es ist* $\dot{f}(t) = \dfrac{ad - bc}{(cz(t)+d)^2}\dot{z}(t)$.

Beweis

1. Schreibe $z(t) = x(t) + iy(t)$, $w(t) = u(t) + iv(t)$ mit reellwertigen Funktionen x,y,u,v. Dann ist

$$p(t) = x(t)u(t) - y(t)v(t) + i(x(t)v(t) + y(t)u(t))$$

also eine differenzierbare Funktion. Ihre Ableitung ist

$$\dot{p}(t) = x(t)\dot{u}(t) - y(t)\dot{v}(t) + i(x(t)\dot{v}(t) + y(t)\dot{u}(t)) + \dot{x}(t)u(t) - \dot{y}(t)v(t) + i(\dot{x}(t)v(t) + \dot{y}(t)u(t)),$$

was offenbar mit dem behaupteten Wert übereinstimmt.

2. Der Beweis ist analog – mit der Funktion

$$q(t) = \frac{1}{x(t) + iy(t)} = \frac{x(t)}{x(t)^2 + y(t)^2} - i\frac{y(t)}{x(t)^2 + y(t)^2}$$

3. Die komplexwertige Funktion $az(t) + b = ax(t) + b + iay(t)$ ist auf $(-\varepsilon,\varepsilon)$ differenzierbar. $cz(t) + d$ hat keine Nullstelle und ist ebenfalls differenzierbar, also ist wegen *2* und *1* die Funktion

$$f(t) = (az(t) + b)\frac{1}{cz(t) + d}$$

differenzierbar. Wenden wir die Rechenregeln aus *1* und *2* an, so ergibt sich:

$$\dot{f}(t) = a\dot{z}(t)\frac{1}{cz(t)+d} - (az(t)+b)\frac{c\dot{z}(t)}{(cz(t)+d)^2}$$
$$= \left(\frac{acz(t)+ad}{(cz(t)+d)^2} - \frac{acz(t)+bc}{(cz(t)+d)^2}\right)\dot{z}(t) = \frac{ad-bc}{(cz(t)+d)^2}\dot{z}(t),$$

wie behauptet. $\qquad\qquad\square$

Beweis von Satz 3.5

$A = \begin{pmatrix} a & b \\ c & d \end{pmatrix} \in GL(2,\mathbb{C})$ habe die angegebenen Eigenschaften. Dann folgt mit Lemma 47.3

$$\dot{z}_3(0) = \lambda\dot{z}_1(0) \text{ und } \dot{z}_4(0) = \lambda\dot{z}_2(0), \text{ wo } \lambda := \frac{\det A}{(cz_1(0)+d)^2}$$

Schreibe $\lambda = re^{i\varphi} = r(\cos\varphi + i\sin\varphi)$ mit $r > 0$, $\varphi \in \mathbb{R}$; also

$$\begin{pmatrix} \dot{x}_3(0) \\ \dot{y}_3(0) \end{pmatrix} = r\begin{pmatrix} \cos\varphi & -\sin\varphi \\ \sin\varphi & \cos\varphi \end{pmatrix}\begin{pmatrix} \dot{x}_1(0) \\ \dot{y}_1(0) \end{pmatrix}, \quad \begin{pmatrix} \dot{x}_4(0) \\ \dot{y}_4(0) \end{pmatrix} = r\begin{pmatrix} \cos\varphi & -\sin\varphi \\ \sin\varphi & \cos\varphi \end{pmatrix}\begin{pmatrix} \dot{x}_2(0) \\ \dot{y}_2(0) \end{pmatrix}$$

Die Matrix $\begin{pmatrix} \cos\varphi & -\sin\varphi \\ \sin\varphi & \cos\varphi \end{pmatrix}$ beschreibt die Drehung um den Winkel φ. Das Skalarprodukt von Vektoren bleibt unter einer Drehung erhalten. Also ist

$$\begin{pmatrix} \dot{x}_3(0) \\ \dot{y}_3(0) \end{pmatrix} \cdot \begin{pmatrix} \dot{x}_4(0) \\ \dot{y}_4(0) \end{pmatrix} = r^2\begin{pmatrix} \dot{x}_1(0) \\ \dot{y}_1(0) \end{pmatrix} \cdot \begin{pmatrix} \dot{x}_2(0) \\ \dot{y}_2(0) \end{pmatrix}$$

Andererseits ist

$$|\dot{z}_3(0)| = r|\dot{z}_1(0)| \text{ und } |\dot{z}_4(0)| = r|\dot{z}_2(0)|$$

und es folgt Satz 3.5. $\qquad\qquad\square$

Wir sind nun in der Lage, den Satz, daß die Winkelsumme in einem hyperbolischen Dreieck stets kleiner als 180° ist, zu formulieren und zu beweisen. Der Beweis wird jedoch einfacher, wenn wir zu einem anderen Modell der hyperbolischen Ebene übergehen, dem Poincaré'schen *Scheibenmodell*. Hier ist die zugrundeliegende Punktmenge das Innere des Einheitskreises

$$E := \left\{ z \in \mathbb{C} \,\middle|\, |z| < 1 \right\}$$

und das System $\mathcal{G}'$ von Geraden besteht aus

1. den Mengen $k \cap E$, wobei $k \in \mathcal{K}_1$ eine Gerade durch 0 ist,

2. den Mengen $k' \cap E$, wobei $k' \in \mathcal{K}_2$ ein Kreis ist, der den Einheitskreis $S^1 := \left\{ z \in \mathbb{C} \,\middle|\, |z| = 1 \right\}$ senkrecht schneidet (siehe Bild 3.38).

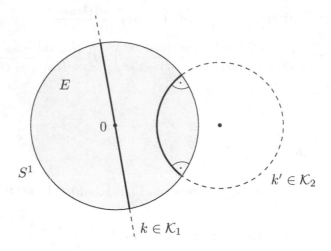

Bild 3.38

Die Relation „zwischen" definiert man auf die naheliegende Weise, und Kongruenz definiert man mit Hilfe gebrochen linearer Abbildungen φ_B, wobei B in der Untergruppe

$$SU(1,1) := \left\{ A \in GL(2,\mathbb{C}) \;\middle|\; A\begin{pmatrix} 1 & 0 \\ 0 & -1 \end{pmatrix}\overline{A}^\top = \begin{pmatrix} 1 & 0 \\ 0 & -1 \end{pmatrix},\ \det A = 1 \right\}$$

von $GL(2,\mathbb{C})$ liegt.

Übung: Zeigen Sie:

   a) $SU(1,1)$ ist eine Untergruppe von $GL(2,\mathbb{C})$!

   b) $SU(1,1) = \left\{ \begin{pmatrix} a & b \\ \overline{b} & \overline{a} \end{pmatrix} \;\middle|\; a,b \in \mathbb{C}, |a|^2 - |b|^2 = 1 \right\}$!

   Daß die oben skizzierte Konstruktion wirklich ein Modell der hyperbolischen Ebene ergibt, und daß dieses Modell isomorph ist zu dem in Abschnitt 3.2 beschriebenen Poincaré-Modell, sieht man folgendermaßen:
   Es sei

$$C := \frac{1}{\sqrt{2}}\begin{pmatrix} 1 & -i \\ 1 & i \end{pmatrix}$$

Die gebrochen lineare Abbildung

$$\Phi := \varphi_C \colon \quad z \longmapsto \frac{z-i}{z+i}$$

heißt die *Cayley-Transformation*. Gemäß Bemerkung 37 ist Φ eine Bijektion der Riemann'schen Zahlenkugel $\mathbb{P}_1\mathbb{C}$ auf sich, und es gilt

$$\Phi^{-1}(z) = \varphi_{C^{-1}}(z) = i\frac{1+z}{1-z}$$

Satz 3.6   *1. Die Cayley-Transformation Φ bildet die komplettierte reelle Achse $\mathbb{R} \cup \{\infty\}$ bijektiv auf den Einheitskreis S^1 und die obere Halbebene H bijektiv auf das Innere E von S^1 ab. Es ist $\Phi(i) = 0$.*

2. $SU(1,1)$ und $SL(2,\mathbb{R})$ sind vermöge $C := \dfrac{1}{\sqrt{2}} \begin{pmatrix} 1 & -i \\ 1 & i \end{pmatrix}$ konjugierte Untergruppen von $GL(2,\mathbb{C})$ – das heißt:

$$SU(1,1) = \{CA\,C^{-1} \mid A \in SL(2,\mathbb{R})\}$$

3. Für jedes $B \in SU(1,1)$ induziert φ_B eine Bijektion von E auf sich. Ist $g' \in \mathcal{G}'$, so ist auch $\varphi_B(g') \in \mathcal{G}'$.

4. Für jedes $g \in \mathcal{G}$ ist $\Phi(g) \in \mathcal{G}'$, und für jedes $g' \in \mathcal{G}'$ ist $\Phi^{-1}(g') \in \mathcal{G}$.

Beweis

1. Zunächst ist aus der folgenden Skizze ersichtlich, daß für $z \in \mathbb{C}$ gilt (siehe Bild 3.39):

$$|z+i| > |z-i| \iff \operatorname{Im} z > 0, \quad |z+i| = |z-i| \iff \operatorname{Im} z = 0.^5$$

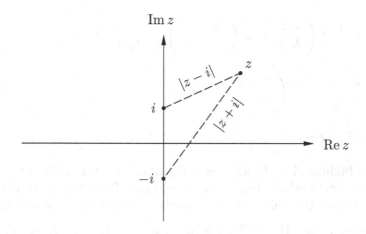

Bild 3.39

Wegen $\Phi(\infty) = 1$ erhalten wir daraus:

$$|\Phi(z)| < 1 \iff \operatorname{Im} z > 0, \quad |\Phi(z)| = 1 \iff z \in \mathbb{R} \cup \{\infty\}$$

Dabei haben wir benützt, daß Φ eine Bijektion ist. Auch die Einschränkungen von Φ auf E resp. S^1 sind bijektiv, und es folgt der erste Teil der Behauptung.

---

[5] Zum Beweis berechne man $|z+i|^2 - |z-i|^2$!

2. Für eine Matrix $A = \begin{pmatrix} a & b \\ c & d \end{pmatrix}$ bezeichne $A^\top$ die *transponierte Matrix*

$A^\top = \begin{pmatrix} a & c \\ b & d \end{pmatrix}$. Man rechnet leicht nach, daß

$$C^{-1} \begin{pmatrix} 1 & 0 \\ 0 & -1 \end{pmatrix} \left(\overline{C}^{-1}\right)^\top = i \begin{pmatrix} 0 & -1 \\ 1 & 0 \end{pmatrix}$$

Ist also $A = \begin{pmatrix} a & b \\ c & d \end{pmatrix} \in GL(2,\mathbb{C})$ mit $\det A = 1$ so gilt

$$CAC^{-1} \begin{pmatrix} 1 & 0 \\ 0 & -1 \end{pmatrix} \overline{(CAC^{-1})}^\top = \begin{pmatrix} 1 & 0 \\ 0 & -1 \end{pmatrix}$$

$$\Longleftrightarrow C\,A\,C^{-1} \begin{pmatrix} 1 & 0 \\ 0 & -1 \end{pmatrix} \left(\overline{C}^{-1}\right)^\top \overline{A}^\top \overline{C}^\top = \begin{pmatrix} 1 & 0 \\ 0 & -1 \end{pmatrix}$$

$$\Longleftrightarrow C^{-1} \begin{pmatrix} 1 & 0 \\ 0 & -1 \end{pmatrix} \left(\overline{C}^{-1}\right)^\top \overline{A}^\top = A^{-1} C^{-1} \begin{pmatrix} 1 & 0 \\ 0 & -1 \end{pmatrix} \left(\overline{C}^{-1}\right)^\top$$

$$\Longleftrightarrow \begin{pmatrix} 0 & -1 \\ 1 & 0 \end{pmatrix} \overline{A}^\top = A^{-1} \begin{pmatrix} 0 & -1 \\ 1 & 0 \end{pmatrix}$$

$$\Longleftrightarrow \begin{pmatrix} 0 & -1 \\ 1 & 0 \end{pmatrix} \begin{pmatrix} \overline{a} & \overline{c} \\ \overline{b} & \overline{d} \end{pmatrix} = \begin{pmatrix} d & -b \\ -c & a \end{pmatrix} \begin{pmatrix} 0 & -1 \\ 1 & 0 \end{pmatrix}$$

$$\Longleftrightarrow \begin{pmatrix} -\overline{b} & -\overline{d} \\ \overline{a} & \overline{c} \end{pmatrix} = \begin{pmatrix} b & -d \\ a & c \end{pmatrix}$$

$$\Longleftrightarrow A \in SL(2,\mathbb{R})$$

Da die Abbildung $A \mapsto CAC^{-1}$ eine Bijektion von $GL(2,\mathbb{C})$ auf sich ist und die Determinante erhält, folgt *2* aus der obigen Berechnung. In einer Übung am Ende dieses Abschnitts ist ein geometrischer Beweis angedeutet.

3. Sei zunächst $g \in \mathcal{G}_2$. Das heißt, g ist der Durchschnitt von H mit einem Kreis k, der die reelle Achse senkrecht schneidet. Da Φ winkeltreu ist, schneiden sich $\Phi(k')$ und $\Phi(\mathbb{R} \cup \{\infty\}) = S^1$ wieder senkrecht. Folglich ist

$$\Phi(g) = \Phi(k) \cap \Phi(H) = \Phi(k) \cap E \in \mathcal{G}'$$

Offenbar trifft $\Phi(k)$ den Punkt $1 = \Phi(\infty)$ nicht.

Ist umgekehrt $g' \in k' \cap E$ ein Element von $\mathcal{G}'$, wobei $k' \in \mathcal{K}$ senkrecht zu S^1 liegt und den Punkt 1 nicht enthält, so sieht man wie oben, daß $\Phi^{-1}(g') \in \mathcal{G}_2$.

Sei nun $g \in \mathcal{G}_1$. Wähle $A \in SL(2,\mathbb{R})$ so, daß $\varphi_A(g) \in \mathcal{G}_2$. Dann ist nach dem eben Bewiesenen $\Phi(\varphi_A(g)) \in \mathcal{G}'$. Nach *2* ist $CA^{-1}C^{-1} \in SU(1,1)$, also ist $\varphi_{CA^{-1}C^{-1}}[\Phi(\varphi_A(g))] \in \mathcal{G}'$. Aber

$$\varphi_{CA^{-1}C^{-1}} \circ \Phi \circ \varphi_A = \varphi_{CA^{-1}C^{-1}} \circ \varphi_C \circ \varphi_A = \varphi_C = \Phi$$

Damit ist auch in diesem Fall gezeigt, daß $\Phi(g) \in \mathcal{G}'$.

Ist schließlich $g' \in \mathcal{G}'$ von der Form $k' \cap E$, wobei $k' \in \mathcal{K}$ den Punkt 1 enthält, so zeigt man wie oben, daß $\Phi^{-1}(g') \in \mathcal{G}_1$. Damit ist Satz 3.6 bewiesen.

$\square$

Um nun den Satz über die Winkelsumme des hyperbolischen Dreiecks zu formulieren, sei noch folgende abkürzende Schreibweise eingeführt: Sind $z_1, z_2, z_3 \in H$ drei Punkte, die nicht auf einer hyperbolischen Geraden liegen, so nennen wir

$$W(z_1, z_2, z_3) := W(S(z_2, z_1), S(z_2, z_3))$$

die Größe des Winkels $\angle z_1 z_2 z_3$.

Satz 3.7 *Für drei Punkte z_1, z_2, z_3 von H, die nicht auf einer gemeinsamen hyperbolischen Geraden liegen, gilt stets (siehe Bild 3.40)*

$$W(z_1, z_2, z_3) + W(z_2, z_3, z_1) + W(z_3, z_1, z_2) < 180°$$

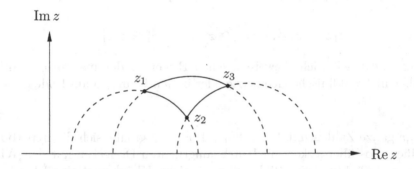

Bild 3.40

Beweis (Skizze) Nach Teil *3* von Proposition 28 können wir ohne Beschränkung der Allgemeinheit annehmen, daß $z_3 = i$. Da die Cayley-Transformation Φ als gebrochen lineare Transformation winkeltreu ist, genügt es zu zeigen, daß die Winkelsumme des Dreiecks $\Phi(z_1)\Phi(z_2)\Phi(z_3)$ im Poincaré-Scheibenmodell strikt kleiner als $180°$ ist. Nun ist aber $\Phi(z_3) = \Phi(i) = 0$, also hat das betreffende Dreieck die Gestalt gemäß Bild 3.41. Vergleicht man dieses Dreieck mit dem euklidischen Dreieck durch die selben Ecken, so ist offensichtlich die Winkelsumme strikt kleiner als im euklidischen Fall, wo sie bekanntlich $180°$ beträgt. $\square$

Zum Abschluß formulieren wir noch den Satz, daß ein Dreieck in der hyperbolischen Ebene durch seine Winkel bis auf Kongruenz bestimmt ist.

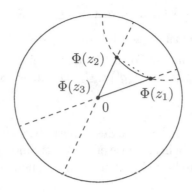

Bild 3.41

Satz 3.8 *Seien z_1, z_2, z_3 und z_1', z_2', z_3' Punkte in H so, daß weder alle drei Punkte z_1, z_2, z_3 noch alle drei Punkte z_1', z_2', z_3' auf einer hyperbolischen Geraden liegen. Es gelte*

$$\angle z_1 z_2 z_3 \simeq \angle z_1' z_2' z_3', \quad \angle z_2 z_3 z_1 \simeq \angle z_2' z_3' z_1', \quad \angle z_3 z_1 z_2 \cong \angle z_3' z_1' z_2'$$

Dann ist

$$z_1 z_2 \cong z_1' z_2', \quad z_2 z_3 \cong z_2' z_3', \quad z_3 z_1 \cong z_3' z_1'$$

Diesen Satz wollen wir nicht beweisen, einen Beweis findet man in den zitierten Büchern über nichteuklidische Geometrie oder in den Übungen am Ende dieses Abschnitts.

Sind p, q, r ganze Zahlen mit $1/p + 1/q + 1/r < 1$, so läßt sich die hyperbolische Ebene H lückenlos überdecken mit lauter kongruenten Dreiecken mit den Winkeln $1/p \cdot 180°, 1/q \cdot 180°, 1/r \cdot 180°$. Bild 3.42 aus [Fricke–Klein] zeigt eine Überdeckung von E mit Dreiecken vom Typ $(p, q, r) = (2, 3, 7)$. Die Symmetriegruppen solcher und ähnlicher Konfigurationen sind sozusagen die „hyperbolischen kristallographischen Gruppen". Sie spielen eine wichtige Rolle in vielen Gebieten der Mathematik (siehe z.B. [Lehner]). Auch in Figuren von M. C. Escher wird mit dieser Art von Symmetrie operiert ([Coxeter et al.]).

Übung: Die Gruppe $SL(2, \mathbb{C}) = \left\{ A \in GL(2, \mathbb{C}) \,\middle|\, \det A = 1 \right\}$ operiert auf der Menge $\mathcal{K}$ aller Geraden und Kreise auf der Riemannschen Zahlenkugel durch

$$SL(2, \mathbb{C}) \times \mathcal{K} \longrightarrow \mathcal{K}, \quad (A, k) \longmapsto \varphi_A(k)$$

Zeigen Sie, daß $SL(2, \mathbb{R})$ die Stabilisatoruntergruppe der komplettierten reellen Achse $\mathbb{R} \cup \{\infty\}$ ist, während die Stabilisatoruntergruppe von S^1 gleich $SU(1, 1)$ ist! Verwenden Sie dies und Bemerkung 13 aus Abschnitt 1.2, um Teil *1* von Satz 3.5 zu beweisen!

Bild 3.42

Übung: Zeigen Sie, daß es für jedes $\varepsilon > 0$ ein hyperbolisches Dreieck gibt, dessen Winkelsumme kleiner als ε ist! (Hinweis: Modifizieren Sie die Figur in Bild 3.43 etwas!)

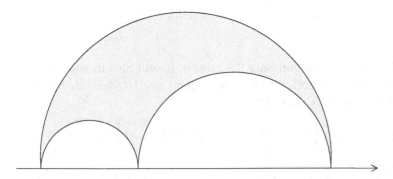

Bild 3.43

Übung: (i) Zeigen Sie ohne Verwendung von Satz 3.7, daß die Winkelsumme in dem hyperbolischen Viereck mit den Ecken $-1+i$, $1+i$, $-1+2i$, $1+2i$ kleiner als 360° ist!

(ii) Zeigen Sie mit Hilfe von Satz 3.7, daß die Winkelsumme in jedem hyperbolischen Viereck kleiner als 360° ist!

Übung: (i) Beweisen Sie Satz 3.8 unter der zusätzlichen Annahme, daß

$$\angle z_2 z_3 z_1 = \angle z_3 z_2 z_1$$

(Hinweis: Zeigen Sie zunächst, daß $z_1 z_2 \cong z_1 z_3$ und $z_1' z_2' \cong z_1' z_3'$, das heißt, daß die Dreiecke gleichschenklig sind! Zeigen Sie, daß man o.B.d.A. annehmen kann, daß $z_1 = z_1' = i$, $z_2' \in S(z_1, z_2)$, $z_3' \in S(z_1, z_3)$! Betrachten Sie nun die Dreiecke $\Phi(z_1)\Phi(z_2)\Phi(z_3)$ und $\Phi(z_1')\Phi(z_2')\Phi(z_3')$ (siehe Bild 3.44)!)

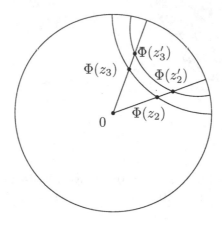

Bild 3.44

(ii) Folgern Sie den allgemeinen Fall von Satz 3.8 aus (i), indem Sie ein gegebenes Dreieck in gleichschenklige Dreiecke zerlegen! *Übung:* Zeigen Sie: Ist $z_0 \in H$, $r > 0$, so gibt es $w(z_0, r) \in H$ und $R(z_0, r) > 0$, so daß

$$\{z \in H \mid d(z_0, z) = r\} = \left\{ z \in \mathbb{C} \ \middle| \ |z - w(z_0, r)| = R(z_0, r) \right\}\ !^6$$

Im Allgemeinen ist $w(z_0, r) \neq z_0$.
(Hinweis: Gehen Sie zunächst zum Poincaré'schen Scheibenmodell über und betrachten Sie den Fall $z_0 = 0$! Verwenden Sie dann Proposition 42!)

3.5   Ergänzungen zu Kapitel 3

3.5.1   Das Beltrami–Klein–Modell

Ein anderes Modell eines Systems $(E', \mathcal{G}', \mathcal{Z}', \cong', \simeq')$, das alle Axiome einer *euklidischen Ebene* bis auf das Parallelenaxiom erfüllt, ist das sogenannte Beltrami–Klein–Modell. Die zugrundeliegende Punktmenge ist wieder das Innere eines Kreises

---

[6] Mit anderen Worten: Im Poincaré-Modell der hyperbolischen Geometrie sind hyperbolische Kreise auch „euklidische Kreise".

$$E'_c := \left\{ z \in \mathbb{C} \,\middle|\, |z| < c \right\},$$

wobei c eine positive reelle Zahl ist. (Sobald das Modell beschrieben ist, kann man nachprüfen, daß zwei Modelle, die zu verschiedenen Werten von c gehören, isomorph sind.) Das System $\mathcal{G}'$ ist im Beltrami–Klein–Modell einfach zu beschreiben: Es ist die Menge aller Geradenstücke innerhalb des Kreises E'_c.

Die Relation „zwischen" wird wieder auf die naheliegende Weise definiert. Um Kongruenz von Strecken zu definieren, führt man einen Abstand ein, der genauso konstruiert wird wie im Poincaré-Modell. Sind $z_1, z_2 \in E'_c$ zwei verschiedene Punkte, so seien w_1 und w_2 die Schnittpunkte der euklidischen Geraden durch z_1 und z_2 mit dem Rand von E'_c. Man setzt (siehe Bild 3.45)

$$d(z_1, z_2) := |\log \mathrm{DV}(z_1, z_2, w_1, w_2)|$$

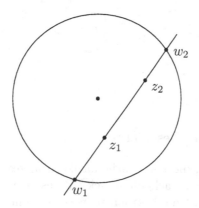

Bild 3.45

und sagt, zwei Strecken $z_1 z_2$ und $z'_1 z'_2$ seien kongruent, wenn $d(z_1, z_2) = d(z'_1, z'_2)$. Kongruenz von Winkeln ist schwieriger zu definieren (siehe [Greenberg], Kap. 7); insbesondere kann man in diesem Modell nicht die euklidische Winkelmessung übernehmen. Andererseits sind in diesem Modell *hyperbolische Geraden* wenigstens „gerade".

Man kann sich durch eine geometrische Konstruktion davon überzeugen, daß das Beltrami–Klein–Modell zum Poincaré'schen Scheibenmodell isomorph ist (siehe Bild 3.46). Dazu lege man eine Sphäre vom Radius $1/2$ auf die komplexe Ebene, so daß der „Südpol" gerade auf den Nullpunkt zu liegen kommt. Projektion vom Nordpol aus induziert dann eine Bijektion zwischen der Einheitskreisscheibe E in der komplexen Ebene und der unteren Hemisphäre. Parallelprojektion senkrecht zur komplexen Ebene bildet die untere Hemisphäre bijektiv auf $E'_{1/2}$ ab. Setzt man diese beiden Abbildungen zusammen, so erhält man eine Bijektion $\Psi : E \longrightarrow E'_{1/2}$. Man

kann zeigen, daß Ψ hyperbolische Geraden aus dem Poincaré'schen Scheibenmodell
auf hyperbolische Geraden im Beltrami–Klein–Modell abbildet und überhaupt einen
Isomorphismus zwischen den beiden Modellen definiert (vgl. [Greenberg], Kap.7,
[Hilbert–Cohn Vossen], Abschnitt 36).

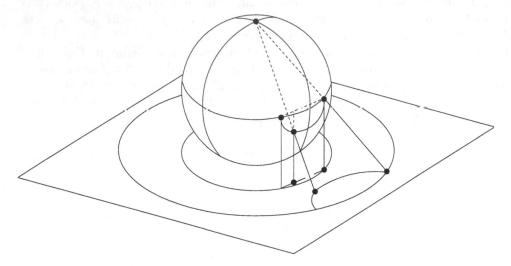

Bild 3.46

3.5.2   Bemerkungen zur Geschichte

Historische Betrachtungen, die von Mathematikern angestellt werden, hinterlassen
zuweilen einen etwas schalen Nachgeschmack. Abgesehen davon, daß sie manchmal
schlecht recherchiert sind, ist die Betrachtungsweise nicht selten einseitig: Entwick-
lungen in der Mathematik und Werke einzelner Mathematiker werden nur danach
beurteilt, ob sie einen Beitrag zur Theorie, wie wir sie heute sehen, geliefert haben. Besonders schlimm ist ein derartiges Vorgehen bei dem Thema dieses Kapitels: euklidische und nicht-euklidische Geometrie. Der „moderne" Standpunkt ist ja,
dies alles als Spiel mit Axiomensytemen aufzufassen, die von 5-Tupeln von Mengen mit irgendwelchen Eigenschaften handeln. Nimmt man das als Maßstab für
historische Betrachtungen, fallen alle philosophischen, naturphilosophischen und er-
kenntnistheoretischen Probleme, die mit Diskussion und Kritik des Begriffs „Raum"
zusammenhängen, unter den Tisch oder werden lächerlich gemacht.

Nachdem wir nun auf einige Fehler, die man machen kann, hingewiesen haben,
werden wir sie leider auch fast alle machen. Von dem Standpunkt aus gesehen, den
wir in diesem Kapitel eingenommen haben, läßt sich die historische Entwicklung
grob in fünf Phasen einteilen (für ausführlichere Darstellungen siehe z.B. [Stillwell],
[Kline], [Pont], [Reichardt], [Rosenfeld]).

Axiomatisierung der Geometrie

Mathematik als eine eigenständige, organische Disziplin der Wissenschaft wurde nach allgemeiner Überzeugung in Griechenland in der Zeit zwischen 600 und 300 vor Christus entwickelt. Selbstverständlich waren Tatsachen, die wir heute mathematische Sätze nennen würden,schon früher und auch in anderen Kulturen bekannt (siehe z.B. [Neugebauer], [van der Waerden 1956]). Die Vorstellung, daß solche Tatsachen eines Beweises bedürfen, fehlte jedoch nahezu völlig.

In der griechischen Philosophie diente die Mathematik als Beispiel dafür, daß es möglich ist, durch Deduktion zu allgemein gültigen Wahrheiten zu gelangen. Sie war Teil eines größeren Systems von Erkenntnissen, das die Philosophen durch Philosophieren und nicht durch Experimentieren zu erreichen suchten. Ein Zitat aus Plato's „Politeia" (Buch VI, Rec. 510) beschreibt ein wenig die Sichtweise auf die Mathematik, die in der Blütezeit der griechischen Philosophie vorherrschte:

„Dieses, sagte er, was du da erklärst, habe ich nicht gehörig verstanden. – Hernach aber, sprach ich; denn wenn folgendes noch vorangeschickt ist, wirst du es leichter verstehen. Denn ich denke, du weißt, daß die, welche sich mit der Meßkunst und den Rechnungen und dergleichen abgeben, das Gerade und Ungerade und die Gestalten und die drei Arten der Winkel und was dem sonst verwandt ist in jeder Verfahrensart voraussetzend, nachdem sie dies als wissend zugrunde gelegt, keine Rechenschaft weiter darüber weder sich noch andern geben zu müssen glauben, als sei dies schon allen deutlich, sondern hiervon beginnend gleich das Weitere ausführen und dann folgerechterweise bei dem anlangen, auf dessen Untersuchung sie ausgegangen waren. – Allerdings, sagte er, dies ja weiß ich. – Auch daß sie sich der sichtbaren Gestalten bedienen und immer auf diese ihre Reden beziehen, unerachtet sie nicht von diesen handeln, sondern von jenem, dem diese gleichen, und um des Vierecks selbst willen und seiner Diagonale ihre Beweise führen, nicht um dessen willen, welches sie zeichnen, und so auch sonst überall: dasjenige selbst, was sie nachbilden und abzeichnen, wovon es auch Schatten und Bilder im Wasser gibt, dessen bedienen sie sich zwar als Bilder, sie suchen aber immer jenes selbst zu erkennen, was man nicht anders sehen kann als mit Verständnis. – Du hast recht, sagte er. –"

In diesem Umfeld gab es vermutlich viele Ansätze, die Geometrie zu axiomatisieren. Euklid's Elemente, die um ca. 300 v. Chr. entstanden, sind das Ergebnis einer langen Entwicklung und fassen so eine Jahrhunderte währende Diskussion zusammen. Es ist bekannt, daß bereits in Plato's Akademie die möglichen Grenzen der Erkenntnis diskutiert wurden. Genauer: Es stellte sich die Frage, ob es im Prinzip möglich sei, jede vorgelegte Frage auf der Basis der bekannten Wahrheiten und Hypothesen zu entscheiden. Insofern ist es nicht erstaunlich, daß die Diskussion um das Parallelenaxiom nahezu gleichzeitig mit der Entwicklung eines deduktiven Aufbaus der Geometrie begann (siehe [Tóth, I.]).

Versuche, das Parallelenaxiom aus den anderen euklidischen Axiomen herzuleiten

Die ersten dokumentierten Versuche findet man in dem etwa 450 n. Chr. entstandenen Kommentar zu Euklid's Elementen von Proklos Diodachos, der einen seiner beiden Beweise Ptolomäus zuschreibt. Für eine kritische Diskussion eines der beiden Beweise siehe [Greenberg], Kap.5. Bekanntlich wurde die Überlieferung der griechischen Mathematik im Mittelalter hauptsächlich im arabischen Sprachraum gepflegt. Entsprechend fand auch eine intensive Auseinandersetzung mit dem Parallelenaxiom statt, siehe z.B. [Rosenfeld] ch. 2. In Europa gab es im Mittelalter relativ wenige originelle Arbeiten zur Mathematik überhaupt und entsprechend nahezu keine Beiträge zum Parallelenaxiom. In der Renaissance erwachte auch in Europa das Interesse an griechischer Mathematik.

Wir wollen nicht alle Arbeiten erwähnen, sondern nur kurz auf die Untersuchungen von G. Saccheri (1667-1733) und J. Lambert (1728-1777) eingehen. Beide versuchten, das Parallelenaxiom durch Widerspruch zu beweisen. Sie nahmen also das Gegenteil des Parallelenaxioms an und zogen Folgerungen, die wir heute als Sätze der nicht-euklidischen Geometrie bezeichnen würden. Beispielsweise bewies Lambert, daß die Fläche eines hyperbolischen Dreiecks mit den Winkeln α, β, γ proportional zu $180° - \alpha - \beta - \gamma$ ist. Sowohl Saccheri als auch Lambert war klar, daß sie mit ihren Untersuchungen nicht wirklich zu einem Widerspruch gekommen waren.

Erkenntnis, daß eine nicht-euklidische Geometrie denkbar ist

Ziel aller bisher beschriebenen Arbeiten war es, in irgendeiner Weise das Parallelenaxiom aus den anderen Axiomen herzuleiten. Saccheri und Lambert sahen die seltsamen Tatsachen und Formeln, die sie aus der Annahme der Negation des Parallelenaxioms herleiten konnten, als Indiz dafür, daß sie nahe an einem Widerspruch waren. Eine nicht-euklidische Geometrie war für sie eine Absurdität, die es einfach nicht geben konnte. Der erste Mathematiker, der diese Überlegung nicht teilte, war C.F. Gauß (1777-1855). Auch er untersuchte Konsequenzen der Negation des Parallelenaxioms; die Konsistenz der entstehenden Theorie ließ ihn aber die Position einnehmen, daß eine nicht-euklidische Geometrie durchaus existieren könne (siehe z.B. [Bühler], Kap.9). Er ist mit dieser Position aber nie an eine breite Öffentlichkeit getreten, vermutlich, weil er die entstehenden philosophischen Auseinandersetzungen scheute. In Briefen, insbesondere an Schumacher und Gerling, vertrat er seine Position aber deutlich.

Unabhängig von Gauß kamen zwei andere Mathematiker zu ähnlichen Schlüssen, nämlich J. Bolyai und N. Lobachevski, die beide ihre Einsichten und Überzeugungen veröffentlichten. Die Geschichte dieser Veröffentlichungen ist nahezu tragisch. Janos Bolyai schrieb einen Anhang zu einem Mathematiklehrbuch seines Vaters Wolfgang, in dem er seine Erkenntnisse darstellte. Gauß erhielt dieses 1831 erschienene Buch und schrieb über den Anhang an Wolfgang Bolyai:

„...Es ist kein Glück, alt zu werden. Mein Vater war schon 1808 gestorben. So viel in Kürze über meine häuslichen Verhältnisse. Jetzt einiges über die Arbeit Deines

Sohnes. – Wenn ich damit anfange, *daß ich solche nicht loben darf*, so wirst Du wohl einen Augenblick stutzen, aber ich kann nicht anders; sie loben hieße, mich selbst zu loben, denn der ganze Inhalt der Schrift, der Weg, den Dein Sohn eingeschlagen hat, und die Resultate, zu denen er geführt ist, kommen fast durchgehends mit meinen eigenen, zum Teile schon seit 30-35 Jahren angestellten Meditationen überein. In der Tat bin ich dadurch auf das Äußerste überrascht. – Mein Vorsatz war, von meiner eigenen Arbeit, von der übrigens bis jetzt wenig zu Papier gebracht war, bei meinen Lebzeiten gar nichts bekannt werden zu lassen. Die meisten Menschen haben gar nicht den rechten Sinn für das, worauf es dabei ankommt, und ich habe nur wenige Menschen gefunden, die das, was ich ihnen mitteilte, mit besonderem Interesse aufnahmen. Um das zu können, muß man erst recht lebendig gefühlt haben, was eigentlich fehlt, und darüber sind die meisten Menschen ganz unklar. Dagegen war meine Absicht, mit der Zeit alles zu Papier zu bringen, daß es wenigstens mit mir dereinst nicht unterginge. – Sehr bin ich also überrascht, daß diese Bemühung mir nun erspart werden kann, und höchst erfreulich ist es mir, daß gerade der Sohn meines alten Freundes es ist, der mir auf eine so merkwürdige Art zuvorgekommen ist...." Janos Bolyai, der vermutete, daß Gauß seine Ideen gestohlen hätte, war tief enttäuscht über diese Antwort; verbittert zog er sich von der Mathematik zurück.

Die erste Arbeit, die nicht-euklidische Geometrie postuliert, wurde im Jahre 1829 von N. Lobachevski veröffentlicht. Unglücklicherweise verwendete Lobachevski die Argumente der nicht-euklidischen Geometrie auch dazu, einige Integrale zu berechnen, und bei einem machte er einen Fehler. Das falsche Ergebnis wurde von einigen seiner Zeitgenossen bemerkt, die daraufhin die ganze Theorie als unseriös abtaten ([Rosenfeld], pp. 208-210). Gauß erhielt erst 1841 Kenntnis von Lobachevski's Arbeiten. Er lobte sie zwar im Freundes- und Bekanntenkreis sehr, unternahm aber nichts, sie einer großen Öffentlichkeit vorzustellen.

Offenbar ist es auch heute noch schwierig, emotionsfrei die Bedeutung der Arbeiten von Gauß, Bolyai und Lobachevski zu würdigen und die Prioritätsfragen zu diskutieren; vergleichen Sie etwa die Einschätzungen von Lobachevski's Arbeiten in [Rosenfeld] und in [Kline].

Modelle für die nicht-euklidische Geometrie

Das Interesse einer größeren mathematischen Öffentlichkeit an der nicht-euklidischen Geometrie stieg nach Gauß' Tod 1855, als aus seinem Nachlass deutlich wurde, daß er sich mit solchen Fragen intensiv auseinandergesetzt hatte. In dieser Zeit wurden auch die Arbeiten von Bolyai und Lobachevski aus der Versenkung geholt und studiert.

Zum ersten wirklichen Modell der hyperbolischen Ebene wurde E. Beltrami durch Untersuchungen der Differentialgeometrie von Flächen konstanter negativer Krümmung geführt. Ein Papiermodell von Beltrami's Beispiel einer nichteuklidischen Ebene ist übrigens erhalten ([Capelo–Ferrari]). Das Modell von Beltrami wurde von Felix Klein ([Klein 1871]) weiter ausgearbeitet und vereinfacht zu dem in Abschnitt 3.5.1 oben beschriebenen Modell. Klein hat übrigens auch die systematische Verwendung des Gruppenbegriffs in der Geometrie (und anderen Gebieten der Mathematik) propagiert, ein Standpunkt, den wir hier (wie fast alle Mathematiker heutzutage) eingenommen haben.

Die obere Halbebene und die Operation von $SL(2,\mathbb{R})$ auf der oberen Halbebene war in der zweiten Hälfte des 19. Jahrhunderts den Mathematikern wohlvertraut. Erst H. Poincaré bemerkte in seinen Untersuchungen über Fuchs'sche Gruppen (d.h. Gruppen wie die am Ende von Abschnitt 3.4 erwähnten) um 1882, daß damit ein Modell der hyperbolischen Ebene konstruiert werden kann ([Poincaré], ch.III, [Gray], appendix 4).

Die „formale Periode"

In den Jahren seit 1870 entstand, insbesondere durch die Arbeiten von G. Cantor, die Mengenlehre, wie wir sie heute kennen. Es traten bald auch die ersten Antinomien auf. Diese Probleme in den Grundlagen der Mathematik führten dazu, daß man sich intensiv mit der Axiomatisierung der Mengenlehre und anderer Gebiete der Mathematik zu beschäftigen begann. Sozusagen als Modellproblem hierfür betrachtete D. Hilbert die Geometrie. In seiner Vorlesung 1899 und dem daraus entstandenen Buch ([Hilbert]) entwickelte er den formalen Standpunkt, den wir hier auch eingenommen haben. Zumindest formal macht er auch keinen Unterschied zwischen dem Parallelenaxiom und all den andern Axiomen. So diskutiert er in Kapitel II des Buches die Frage der Unabhängigkeit der Kongruenz- und Stetigkeitsaxiome. Übrigens hat die damals begonnene Diskussion der Axiomatik der Mengenlehre später zu einem weiteren spektakulären Unabhängigkeitsbeweis geführt. Die sogenannte *Kontinuumshypothese* besagt, jede unendliche und nicht abzählbare Menge habe mindestens die Mächtigkeit der Menge der reellen Zahlen. Im Jahre 1963 gelang es P. Cohen zu zeigen, daß die Kontinuumshypothese von den anderen üblichen Axiomen der Mengenlehre in derselben Weise unabhängig ist wie das Parallelenaxiom von den anderen Axiomen der euklidischen Geometrie.

3.5.3 Reduktion binärer quadratischer Formen und ebene Gitter

Eine *binäre quadratische Form* (oder quadratische Form in zwei Veränderlichen) ist eine Abbildung

$$q : \mathbb{R}^2 \longrightarrow \mathbb{R}$$

der Form

$$q(x_1,x_2) = \alpha x_1^2 + 2\beta x_1 x_2 + \gamma x_2^2$$

mit $\alpha,\beta,\gamma \in \mathbb{R}$. Ist eine binäre quadratische Form q vorgegeben, so stellt sich das Problem, die Menge $q(\mathbb{Z}^2)$ ihrer Werte auf den ganzen Zahlen zu bestimmen. Ist etwa $\alpha = 5$, $\beta = 12$, $\gamma = 29$, so ist dies die Frage, für welche w die Gleichung

$$5x_1^2 + 24x_1 x_2 + 29x_2^2 = w$$

eine ganzzahlige Lösung (x_1, x_2) hat. Wir wollen diese Frage hier nicht beantworten (für die obige quadratische Form siehe z.B. [Hardy–Wright]), sondern nur diskutieren, weshalb die Untersuchung binärer quadratischer Formen auf natürliche Weise zur Betrachtung der oberen Halbebene H und der Operation von $SL(2,\mathbb{R})$ auf H durch gebrochen lineare Transformationen führt. Die Menge der Werte, die eine binäre quadratische Form auf den ganzen Zahlen annimmt, ändert sich natürlich nicht, wenn man in $\mathbb{R}^2$ eine Koordinatentransformation durchführt, die ganzzahlige Koeffizienten hat, und für die die inverse Koordinatentransformation ebenfalls ganzzahlige Koeffizienten hat. Wir setzen

$$SL(2,\mathbb{Z}) := \left\{ \begin{pmatrix} a & b \\ c & d \end{pmatrix} \mid a,b,c,d \in \mathbb{Z}, \ \det \begin{pmatrix} a & b \\ c & d \end{pmatrix} = 1 \right\}$$

Übung: (i) Zeigen Sie, daß $SL(2,\mathbb{Z})$ eine Untergruppe von $SL(2,\mathbb{R})$ ist!

(ii) Ist $A \in SL(2,\mathbb{R})$ eine Matrix mit ganzzahligen Einträgen und positiver Determinante, so hat A^{-1} genau dann auch nur ganzzahlige Einträge, wenn $A \in SL(2,\mathbb{Z})$!

Die Matrizen aus $SL(2,\mathbb{Z})$ beschreiben also gerade die Koordinatenwechsel mit obigen Eigenschaften, die eine positive Determinante haben. Da der Koordinatenwechsel, der durch Vertauschen der beiden Koordinaten x_1 und x_2 entsteht, durch die Matrix $\begin{pmatrix} 0 & 1 \\ 1 & 0 \end{pmatrix}$, deren Determinante -1 ist, beschrieben wird, genügt es, Koordinatenwechsel mit positiver Determinante zu betrachten.

Definition 48 *Wir nennen zwei binäre quadratische Formen q,q' äquivalent, wenn es $A \in SL(2,\mathbb{Z})$ und $\lambda \in \mathbb{R}, \lambda \neq 0$ gibt, so daß*

$$q' = \lambda \cdot (q \circ A^{-1})$$

Dabei bezeichnet $q \circ A^{-1}$ die Abbildung $\mathbb{R}^2 \to \mathbb{R}$, $\mathbf{x} \mapsto q(A^{-1}\mathbf{x})$. In der obigen Definition hätten wir genauso gut einfach $q \circ A$ statt $q \circ A^{-1}$ schreiben können. Daß wir $q \circ A^{-1}$ gewählt haben, liegt daran, daß $(A,q) \mapsto q \circ A^{-1}$ eine Gruppenoperation von $SL(2,\mathbb{Z})$ auf der Menge der quadratischen Formen definiert, $(A,q) \mapsto q \circ A$ aber nicht.

Beispiel Es sei

$$q(x_1, x_2) = 5x_1^2 + 24x_1 x_2 + 29x_2^2$$

und

$$A = \begin{pmatrix} 1 & 2 \\ 2 & 5 \end{pmatrix}$$

Dann ist

$$A^{-1} = \begin{pmatrix} 5 & -2 \\ -2 & 1 \end{pmatrix}$$

und $q \circ A^{-1}$ ist die Abbildung

$$(x_1,x_2) \longmapsto 5 \cdot (5x_1 - 2x_2)^2 + 24 \cdot (5x_1 - 2x_2)(-2x_1 + x_2) + 29 \cdot (-2x_1 + x_2)^2 = x_1^2 + x_2^2$$

Sind zwei binäre quadratische Formen äquivalent, und kennt man die Menge der Werte, die die eine Form auf $\mathbb{Z}^2$ annimmt, so kennt man auch die Werte, die die andere Form auf $\mathbb{Z}^2$ annimmt. Diese beiden Mengen gehen ja durch Multiplikation mit dem Skalar λ auseinander hervor. Deswegen möchten wir „Normalformen" für binäre quadratische Formen konstruieren, das heißt, eine Klasse besonders einfach aussehender quadratischer Formen angeben, so daß jede binäre quadratische Form zu einer (und möglichst nur einer) Form aus dieser Klasse äquivalent ist. Mit diesem Problem wollen wir uns jetzt beschäftigen.

Zunächst bemerken wir, daß sich eine binäre quadratische Form

$$q(x_1,x_2) = \alpha x_1^2 + 2\beta x_1 x_2 + \gamma x_2^2$$

auch in der Gestalt

$$q(x_1,x_2) = x_2^2 \cdot \left(\alpha \left(\frac{x_1}{x_2} \right)^2 + 2\beta \frac{x_1}{x_2} + \gamma \right) \tag{3.23}$$

schreiben läßt. Deshalb ist es naheliegend, den Ausdruck

$$D(q) := \alpha\gamma - \beta^2$$

die *Diskriminante* von q zu nennen (vgl. auch Kapitel 4.1).

Übung: Zeigen Sie: Sind q und q' binäre quadratische Formen und ist $q' = \lambda \cdot q \circ A^{-1}$ mit $A \in SL(2,\mathbb{Z})$, so ist $D(q') = \lambda^2 D(q)$!

Die Vorzeichen der Diskriminanten zweier äquivalenter quadratischer Formen sind also gleich. Der Fall nichtpositiver Diskriminante ist einfach zu behandeln.

Lemma 49 *Sei*
$$q(x_1,x_2) = \alpha x_1^2 + 2\beta x_1 x_2 + \gamma x_2^2$$
eine binäre quadratische Form, die nicht identisch Null ist.
i) Ist $D(q) < 0$, so gibt es $\mu_1, \mu_2 \in \mathbb{R}$ so daß

$$q(x_1,x_2) = \alpha(x_1 - \mu_1 x_2)(x_1 - \mu_2 x_2)$$

ii) Ist $D(q) = 0$, so gibt es $\mu \in \mathbb{R}$ so daß

$$q(x_1,x_2) = \alpha(x_1 - \mu x_2)^2$$

Beweis Im Fall (i) hat die Gleichung

$$\alpha y^2 + 2\beta y + \gamma = 0$$

zwei verschiedene Lösungen μ_1, μ_2. Dann ist

$$\alpha y^2 + 2\beta y + \gamma = \alpha(y - \mu_1)(y - \mu_2)$$

und die Behauptung folgt sofort aus (3.23). Der Fall (ii) ist analog. $\square$

Übung: i) Ist $q(x_1, x_2) = \alpha(x_1 - \mu_1 x_2)(x_1 - \mu_2 x_2)$ und $A = \begin{pmatrix} a & b \\ c & d \end{pmatrix} \in SL(2, \mathbb{Z})$, so

ist $q \circ A^{-1}$ die Form $(x_1, x_2) \mapsto (c\mu_1 + d)(c\mu_2 + d)\left[\left(x_1 - \frac{a\mu_1 + b}{c\mu_1 + d}x_2\right)\left(x_1 - \frac{a\mu_2 + b}{c\mu_2 + d}x_2\right)\right]$!

ii) Sind $\mu_1, \mu_2 \in \mathbb{Q}$, so ist die Form $(x_1 - \mu_1 x_2)(x_1 - \mu_2 x_2)$ äquivalent zu einer Form der Gestalt $x_1(x_1 - \varepsilon x_2)$ mit $\varepsilon \in \mathbb{Q}$!

Lemma 49 zeigt, daß für eine binäre quadratische Form q gilt

$$D(q) < 0 \iff \text{Es gibt } (x_1, x_2), (x_1', x_2') \in \mathbb{R}^2 \text{ so daß } q(x_1, x_2) > 0 \text{ und } q(x_1', x_2') < 0$$

In diesem Fall nennt man q *indefinit*. Ebenso ist

$$D(q) > 0 \iff q(x_1, x_2) \neq 0 \text{ für alle } (x_1, x_2) \neq (0, 0)$$

In diesem Fall nennt man q *definit*. Wir konzentrieren uns hier auf definite Formen; für weitergehende Informationen über indefinite Formen siehe z.B. [Scharlau–Opolka] Kap. 4. Eine erster Schritt bei der Suche nach einer Normalform ist

Lemma 50 *Jede binäre quadratische Form mit positiver Diskriminante ist äquivalent zu einer Form der Gestalt*

$$q_\tau(x_1, x_2) = x_1^2 + 2\tau_1 x_1 x_2 + (\tau_1^2 + \tau_2^2)x_2^2 = |x_1 + x_2\tau|^2$$

mit $\tau = \tau_1 + i\tau_2 \in H$.

Beweis Sei $q(x_1, x_2) = \alpha x_1^2 + 2\beta x_1 x_2 + \gamma x_2^2$. Ist $D(q) = \alpha\gamma - \beta^2 > 0$, so ist $\alpha \neq 0$ und $\frac{\gamma}{\alpha} - \left(\frac{\beta}{\alpha}\right)^2 > 0$. Wir setzen

$$\tau_1 := \frac{\beta}{\alpha}, \quad \tau_2 := \sqrt{\frac{\gamma}{\alpha} - \left(\frac{\beta}{\alpha}\right)^2}$$

Dann ist

$$q = \alpha \cdot q_\tau$$

$\square$

Es stellt sich nun die Frage, wann zwei Formen q_τ, q_τ' äquivalent sind. Die Antwort ist

Lemma 51 *Seien $\tau,\tau' \in H$. Die binären Formen q_τ und $q_{\tau'}$ sind genau dann äquivalent, wenn es $A = \begin{pmatrix} a & b \\ c & d \end{pmatrix} \in SL(2,\mathbb{Z})$ gibt, so daß*

$$\tau' = \frac{a\tau + b}{c\tau + d}$$

Beweis Wie oben schreiben wir

$$\varphi_A(\tau) = \frac{a\tau + b}{c\tau + d}$$

Nun gilt

$$
\begin{aligned}
q_{\varphi_A(\tau)}(x_1,x_2) &= |x_1 + x_2\varphi_A(\tau)|^2 = |x_1 + x_2\tfrac{a\tau+b}{c\tau+d}|^2 \\
&= \tfrac{1}{|c\tau+d|^2}\,|(dx_1 + bx_2) + (cx_1 + ax_2)\tau|^2 = \tfrac{1}{|c\tau+d|^2}\left(q_\tau \circ (A')^{-1}\right)(x_1,x_2)
\end{aligned}
$$

wobei

$$A' = \begin{pmatrix} a & -b \\ -c & d \end{pmatrix} = \begin{pmatrix} 1 & 0 \\ 0 & -1 \end{pmatrix} \circ A \circ \begin{pmatrix} 1 & 0 \\ 0 & -1 \end{pmatrix}$$

Die Abbildung $A \mapsto \begin{pmatrix} a & -b \\ -c & d \end{pmatrix} = \begin{pmatrix} 1 & 0 \\ 0 & -1 \end{pmatrix} \circ A \circ \begin{pmatrix} 1 & 0 \\ 0 & -1 \end{pmatrix}$ ist ein Isomorphismus von $SL(2,\mathbb{Z})$ auf sich. Deshalb folgt Lemma 51 aus der obigen Rechnung. $\qquad\square$

Um eine Normalform für binäre quadratische Formen zu finden, genügt es also, eine Teilmenge $\mathcal{F}_l$ von H zu finden, so daß jede Bahn der $SL(2,\mathbb{Z})$-Operation auf H die Menge $\mathcal{F}_l$ in genau einem Punkt trifft. Nach Lemmata 50 und 51 ist dann jede binäre quadratische Form zu genau einer Form q_τ mit $\tau \in \mathcal{F}_l$ äquivalent. Eine Menge $\mathcal{F}_l$ mit den obigen Eigenschaften nennt man einen *Fundamentalbereich* für die Operation von $SL(2,\mathbb{Z})$ auf H. Um einen solchen Fundamentalbereich anzugeben, setzen wir zunächst (siehe Bild 3.47)

$$\mathcal{F} := \left\{ \tau \in H \mid |\tau| \geq 1 \text{ und } -\tfrac{1}{2} \leq \operatorname{Re}\tau \leq \tfrac{1}{2} \right\}$$

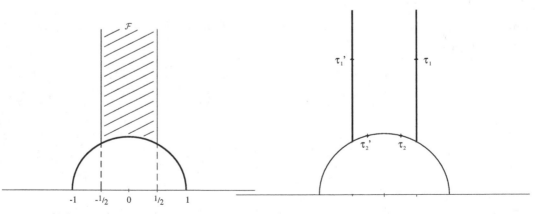

Bild 3.47

Lemma 52 *(i) Für jedes $\tau \in H$ gibt es $A \in SL(2,\mathbb{Z})$ so daß $\varphi_A(\tau) \in \mathcal{F}$.*
(ii) Sind τ,τ' zwei verschiedene Punkte von $\mathcal{F}$ und ist $\tau' = \varphi_A(\tau)$ für ein $A \in SL(2,\mathbb{Z})$, so ist $\operatorname{Im}\tau' = \operatorname{Im}\tau$ und es liegt einer der folgenden drei Fälle vor (siehe Bild 3.47)

a) $\operatorname{Re}\tau = -\frac{1}{2}$, $\operatorname{Re}\tau' = +\frac{1}{2}$

b) $\operatorname{Re}\tau = +\frac{1}{2}$, $\operatorname{Re}\tau' = -\frac{1}{2}$

c) $|\tau| = |\tau'| = 1$ und $\tau' = -1/\tau$

Bevor wir Lemma 52 beweisen, formulieren wir die oben erwähnte Folgerung für binäre quadratische Formen

Satz 3.9 *Jede binäre quadratische Form mit positiver Diskriminante ist äquivalent zu einer und nur einer Form q_τ mit*

$$-\tfrac{1}{2} < \operatorname{Re}\tau \leq \tfrac{1}{2} \ , \quad |\tau| \geq 1$$
$$\text{und} \quad \operatorname{Re}\tau \geq 0 \ \text{falls} \ |\tau| = 1$$

Lemma 52 kann man natürlich beweisen, indem man die Operation von $SL(2,\mathbb{Z})$ auf H sorgfältig untersucht (siehe z.B. [Lang] ch.3.1). Wir wählen hier einen geometrischeren Zugang und formulieren das Problem der Klassifikation definiter quadratischer Formen um in das Problem der Klassifikation von Gittern in $\mathbb{C}$.

Definition 53 *i) Ein Gitter in $\mathbb{C}$ ist eine Teilmenge von $\mathbb{C}$ der Form*

$$\Gamma = \{ \ m\omega_1 + n\omega_2 \mid m,n \in \mathbb{Z} \ \}$$

wobei ω_1,ω_2 über $\mathbb{R}$ linear unabhängige Vektoren in $\mathbb{C}$ sind. Hier fassen wir $\mathbb{C}$ als zweidimensionalen $\mathbb{R}$- Vektorraum auf. (siehe Bild 3.48).

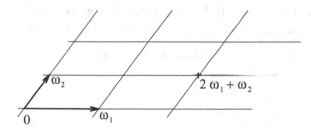

Bild 3.48

ii) Zwei Gitter Γ,Γ' in $\mathbb{C}$ heißen äquivalent, wenn es eine von 0 verschiedene komplexe Zahl λ gibt, so daß

$$\Gamma' = \{ \ \lambda\gamma \mid \gamma \in \Gamma \ \}$$

iii) Ist Γ ein Gitter in $\mathbb{C}$, so bilden zwei Elemente $\omega_1',\omega_2' \in \Gamma$ eine Basis des Gitters, falls

$$\Gamma = \{ \ m\omega_1' + n\omega_2' \mid m,n \in \mathbb{Z} \ \}$$

Bemerkungen: i) Ist Γ ein Gitter in $\mathbb{C}$ und λ eine von 0 verschiedene komplexe Zahl, so schreiben wir
$$\lambda \cdot \Gamma \; := \; \{\, \lambda\gamma \mid \gamma \in \Gamma \,\}$$
Zwei Gitter Γ, Γ' sind also genau dann äquivalent, wenn es $\lambda \in \mathbb{C}$ mit $\lambda \neq 0$ gibt, so daß $\Gamma' = \lambda \cdot \Gamma$. Schreibt man $\lambda = re^{i\varphi} = r(\cos\varphi + i\sin\varphi)$, so sieht man, daß das Gitter $\lambda \cdot \Gamma$ aus dem Gitter Γ durch Drehen um den Winkel φ und anschließendes Strecken um den Faktor r hervorgeht.

ii) Sind ω_1, ω_2 und ω_1', ω_2' Basen ein und desselben Gitters Γ, so lassen sich ω_1' und ω_2' als ganzzahlige Linearkombination von ω_1 und ω_2 schreiben, und umgekehrt. Das zeigt, daß es in diesem Fall eine Matrix $\begin{pmatrix} a & b \\ c & d \end{pmatrix}$ mit ganzzahligen Einträgen gibt, deren Inverse ebenfalls ganzzahlige Einträge hat, so daß
$$\begin{aligned} \omega_1' &= a\omega_1 + b\omega_2 \\ \omega_2' &= c\omega_1 + d\omega_2 \end{aligned}$$

Wir sagen, eine Basis ω_1, ω_2 eines Gitters sei eine *orientierte Basis*, wenn man ω_1 entgegen dem Uhrzeigersinn um einen Winkel α mit $0 < \alpha < 180°$ drehen kann, um ein Vielfaches von ω_2 zu erhalten.

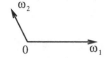

Bild 3.49

In diesem Fall ist $\omega_2 = re^{i\alpha} \cdot \omega_1$ mit einem $r > 0$, das heißt $\operatorname{Im}\omega_2/\omega_1 > 0$. Umgekehrt überlegt man sich leicht, daß eine Basis ω_1, ω_2 von $\Gamma \setminus \{0\}$ genau dann eine orientierte Basis von Γ ist, wenn $\operatorname{Im}\omega_2/\omega_1 > 0$. Ist ω_1, ω_2 eine orientierte Basis von Γ, so bilden zwei andere Elemente ω_1', ω_2' von $\Gamma \setminus \{0\}$ genau dann ebenfalls eine orientierte Basis von Γ, wenn es $A = \begin{pmatrix} a & b \\ c & d \end{pmatrix} \in SL(2,\mathbb{Z})$ gibt, so daß
$$\begin{aligned} \omega_1' &= a\omega_1 + b\omega_2 \\ \omega_2' &= c\omega_1 + d\omega_2 \end{aligned}$$

Übungen: i) Sei Γ ein Gitter in $\mathbb{C}$ und ω_1, ω_2 eine Basis von Γ. Dann hat die quadratische Form
$$(x_1, x_2) \longmapsto |x_1\omega_1 + x_2\omega_2|^2$$
positive Diskriminante!

ii) Seien Γ und Γ' zwei Gitter in $\mathbb{C}$. Zeigen Sie, daß die folgenden drei Aussagen äquivalent sind:

a) Γ und Γ' sind als Gitter äquivalent,

b) Für jede orientierte Basis ω_1, ω_2 von Γ und ω_1', ω_2' von Γ' sind die quadratischen Formen

$$(x_1,x_2) \longmapsto |x_1\omega_1 + x_2\omega_2|^2 \quad \text{und}$$
$$(x_1,x_2) \longmapsto |x_1\omega_1' + x_2\omega_2'|^2$$

äquivalent,

c) Es gibt orientierte Basen ω_1,ω_2 von Γ und ω_1',ω_2' von Γ' so daß die quadratischen Formen

$$(x_1,x_2) \longmapsto |x_1\omega_1 + x_2\omega_2|^2 \quad \text{und}$$
$$(x_1,x_2) \longmapsto |x_1\omega_1' + x_2\omega_2'|^2$$

äquivalent sind!

Für $\tau \in H$ sei Γ_τ das Gitter

$$\Gamma_\tau := \mathbb{Z} \cdot 1 + \mathbb{Z} \cdot \tau$$

Offenbar bilden 1 und τ eine orientierte Basis des Gitters Γ_τ. Die obige Übung und Lemma 50 zeigen, daß man eine Bijektion zwischen der Menge der Äquivalenzklassen von Gittern in $\mathbb{C}$ und der Menge der Äquivalenzklassen definiter binärer quadratischer Formen erhält, wenn man einem Gitter die Äquivalenzklasse der Form $(x_1,x_2) \mapsto |x_1\omega_1 + x_2\omega_2|^2$ zuordnet, wobei ω_1,ω_2 irgendeine orientierte Basis von Γ ist. Den Beweis von Lemma 52 bereiten wir nun mit einer Reihe von Teilbehauptungen vor:

(1) *Ein Gitter Γ ist äquivalent zu dem Gitter Γ_τ genau dann, wenn es eine orientierte Basis ω_1,ω_2 von Γ gibt, so daß $\omega_2/\omega_1 = \tau$.*

Beweis Ist Γ äquivalent zu Γ_τ, so gibt es $\lambda \in \mathbb{C}$, $\lambda \neq 0$ so daß $\Gamma = \lambda \cdot \Gamma_\tau$. Dann bilden $\omega_1 = \lambda$ und $\omega_2 = \lambda \cdot \tau$ eine orientierte Basis von Γ. Ist umgekehrt ω_1,ω_2 eine orientierte Basis von Γ, mit $\omega_2/\omega_1 = \tau$, so ist

$$\frac{1}{\omega_1} \cdot \Gamma = \frac{1}{\omega_1} (\mathbb{Z} \cdot \omega_1 + \mathbb{Z} \cdot \omega_2) = \mathbb{Z} \cdot 1 + \mathbb{Z} \cdot \omega_2/\omega_1 = \Gamma_\tau$$

also sind Γ und Γ_τ äquivalent. $\qquad\square$

(2) *Sind $\tau,\tau' \in H$, so sind die Gitter Γ_τ und Γ_τ' genau dann äquivalent, wenn es $A \in SL(2,\mathbb{Z})$ gibt, so daß $\tau' = \varphi_A(\tau)$.*

Beweis Γ_τ und Γ_τ' sind nach Teilbehauptung (1) genau dann äquivalent, wenn es eine orientierte Basis ω_1,ω_2 von Γ_τ gibt, so daß $\omega_2/\omega_1 = \tau'$. Orientierte Basen von Γ_τ sind von der Form $\omega_1 = d + c\tau$, $\omega_2 = b + a\tau$ mit $\begin{pmatrix} a & b \\ c & d \end{pmatrix} \in SL(2,\mathbb{Z})$. Dann ist $\tau' = \omega_2/\omega_1 = \frac{a\tau+b}{c\tau+d} = \varphi_A(\tau)$. $\qquad\square$

(3) *Ist $\tau \in H$, so ist $\tau \in \mathcal{F}$ genau dann, wenn 1 ein Element minimaler Länge in $\Gamma_\tau \setminus \{0\}$ ist und τ ein Element minimaler Länge unter allen von 1 reell linear unabhängigen Elementen von Γ_τ ist.*

Beweis Sei zunächst $\tau \in \mathcal{F}$. Jedes von 1 linear unabhängige Element w von Γ_τ ist von der Form

$$w = m\tau + n \qquad \text{mit } m,n \in \mathbb{Z}, \, m \neq 0$$

Ist $|m| \geq 2$, so ist

$$|w|^2 \geq m^2 (\operatorname{Im}\tau)^2 \geq 4(\operatorname{Im}\tau)^2 > (\operatorname{Re}\tau)^2 + (\operatorname{Im}\tau)^2 = |\tau|^2$$

denn für $\tau \in \mathcal{F}$ ist $|\operatorname{Re}\tau| \leq \frac{1}{2} < \frac{1}{2}\sqrt{3} \leq |\operatorname{Im}\tau|$.

Ist $|m| = 1$, so ist $|\operatorname{Im}w| = |\operatorname{Im}\tau|$ und $|\operatorname{Re}w| = |\operatorname{Re}\tau + n| \geq |\operatorname{Re}\tau|$, da ja $-\frac{1}{2} \leq \operatorname{Re}\tau \leq \frac{1}{2}$.

In beiden Fällen ist also

$$|w| \geq |\tau| \geq 1$$

Dies zeigt, daß τ unter allen von 1 linear unabhängigen Elementen von Γ_τ minimale Länge hat, und daß alle von 1 linear unabhängigen Elemente auch mindestens Länge 1 haben. Die Vielfachen von 1 in $\Gamma_\tau \setminus \{0\}$ haben trivialerweise mindestens Länge 1. Sei nun $\tau \notin \mathcal{F}$. Falls $|\operatorname{Re}\tau| > \frac{1}{2}$, so gibt es $n \in \mathbb{Z}$ so, daß $|\operatorname{Re}\tau + n| \leq \frac{1}{2}$. Dann liegt $\tau + n$ in Γ_τ und hat kleinere Länge als τ. Außerdem ist $\tau + n$ von 1 linear unabhängig, also hat τ unter den von 1 linear unabhängigen Elementen von Γ_τ nicht minimale Länge. Falls $|\tau| < 1$, so ist 1 nicht von minimaler Länge unter allen Elementen von $\Gamma_\tau \setminus \{0\}$. $\square$

Wir kommen nun zum *Beweis von Lemma 52*:

Sei zunächst $\tau \in H$. Wir wollen zeigen, daß es $A \in SL(2,\mathbb{Z})$ gibt, so daß $\varphi_A(\tau) \in \mathcal{F}$. Nach Teilbehauptung (2) genügt es zu zeigen, daß Γ_τ zu einem Gitter $\Gamma_{\tau'}$ mit $\tau' \in \mathcal{F}$ äquivalent ist. Dazu wählen wir zunächst einen Vektor ω_1 in $\Gamma_\tau \setminus \{0\}$ minimaler Länge. Schreibe

$$\omega_1 = a + b\tau \qquad \text{mit } a,b \in \mathbb{Z}$$

a und b sind teilerfremd, denn wäre $T \geq 2$ ein gemeinsamer Teiler von a und b, so wäre $\frac{a}{T} + \frac{b}{T}\tau$ ein Element von $\Gamma_\tau \setminus \{0\}$, das kürzer als ω_1 wäre. Bekanntlich läßt sich der größte gemeinsame Teiler zweier ganzer Zahlen als ganzzahlige Linearkombination dieser Zahlen darstellen (vgl. [Courant–Robbins], Ergänzungen zu Kapitel 1, §4). Also gibt es $d,c \in \mathbb{Z}$ so daß $ad - bc = 1$. Setze

$$\omega_2 = c + d\tau$$

Dann ist ω_1, ω_2 eine orientierte Basis von Γ_τ. Wir setzen

$$\tau'' = \omega_2 / \omega_1$$

Nach Teilbehauptung (1) sind die Gitter Γ_τ und $\Gamma_{\tau''}$ äquivalent, weil sie durch Multiplikation mit $1/\omega_1$ ineinander übergehen. Deshalb ist 1 ein Element minimaler Länge in $\Gamma_{\tau''} \setminus \{0\}$. Für jedes $n \in \mathbb{Z}$ ist $\Gamma_{\tau''} = \Gamma_{\tau''+n}$. Wir wählen n so, daß der Realteil von

$$\tau' := \tau'' + n$$

zwischen $-\frac{1}{2}$ und $\frac{1}{2}$ liegt. Da 1 minimale Länge hat, ist $|\tau'| \geq 1$, also ist $\tau' \in \mathcal{F}$. Damit ist der erste Teil von Lemma 52 gezeigt.

Seien nun $\tau, \tau' \in \mathcal{F}$ verschiedene Punkte, die im gleichen $SL(2,\mathbb{Z})$-Orbit liegen. Nach Teilbehauptung (2) sind dann Γ_τ und $\Gamma_{\tau'}$ äquivalent. Folglich gibt es eine orientierte Basis ω_1, ω_2 von Γ_τ, so daß $\tau' = \omega_2/\omega_1$. Wegen Teilbehauptung (3) ist ω_1 ein Vektor minimaler Länge in $\Gamma_\tau \setminus \{0\}$, und ω_2 ist von minimaler Länge unter allen von ω_1 linear unabhängigen Vektoren in Γ_τ. Insbesondere ist

$$|\omega_1| = 1$$

da ja 1 auch ein Vektor minimaler Länge in Γ_τ ist.

1.Fall: $\omega_1 = \pm 1$. Indem wir eventuell (ω_1, ω_2) durch $(-\omega_1, -\omega_2)$ ersetzen, können wir annehmen, daß $\omega_1 = 1$. Dann ist $\tau' = \omega_2$ von der Form

$$\tau' = a\tau + b \qquad \text{mit } a, b \in \mathbb{Z}$$

Da 1 und τ' eine Basis von Γ_τ bilden und $\operatorname{Im}\tau' > 0$, ist $a = 1$. Da $-\frac{1}{2} \leq \operatorname{Re}\tau, \operatorname{Re}\tau' \leq \frac{1}{2}$, folgt, daß $\tau' = \tau \pm 1$ und daß $|\operatorname{Re}\tau'| = |\operatorname{Re}\tau| = \frac{1}{2}$.

2.Fall: $\omega_1 \neq \pm 1$. Weil ω_1 von 1 linear unabhängig ist, ist nach Teilbehauptung (3) $|\tau| \leq |\omega_1| = 1$, also ist

$$|\tau| = |\omega_1| = 1$$

Ist $\tau \neq \pm\frac{1}{2} + \frac{i}{2}\sqrt{3}$, so sind ± 1 und $\pm\tau$ die einzigen Vektoren der Länge 1 in Γ_τ. In diesem Fall können wir annehmen, daß $\omega_1 = \tau$. Dann ist -1 das einzige von ω_1 linear unabhängige Element der Länge 1, das mit $\omega_1 = \tau$ eine orientierte Basis bildet. Folglich ist $\omega_2 = -1$ und somit $\tau' = -1/\tau$.

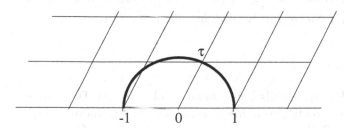

Bild 3.50

Ist $\tau = \pm\frac{1}{2} + \frac{i}{2}\sqrt{3}$, so enthält Γ_τ genau sechs Elemente der Länge 1. Γ_τ ist das hexagonale Gitter. Wie oben zeigt man, daß auch $\tau' = \pm\frac{1}{2} + \frac{i}{2}\sqrt{3}$. Damit ist der Beweis von Lemma 52 und somit auch des Satzes über Normalformen definiter binärer quadratischer Formen beendet. $\square$

Übung: (i) Zeigen Sie, daß es für jede positiv definite quadratische Form q ein Paar (x_1, x_2) ganzer Zahlen gibt, so daß

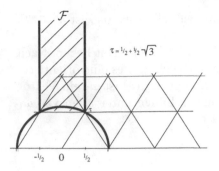

Bild 3.51

$$0 < q(x_1,x_2) \leq \frac{2}{\sqrt{3}} \sqrt{D(q)}$$

(ii) Zeigen Sie, daß es für jede irrationale Zahl α unendlich viele Paare $(m,n) \in \mathbb{Z}^2$ mit $n \neq 0$ gibt, so daß

$$\left| \alpha - \frac{m}{n} \right| \leq \frac{2}{\sqrt{3}} \frac{1}{n^2}$$

Hinweis: Betrachten Sie für jedes $\varepsilon > 0$ die quadratische Form

$$q(x_1,x_2) = \left(\frac{\alpha n - m}{\varepsilon} \right)^2 + \varepsilon^2 n^2$$

und wenden sie (i) an!

Man kann zeigen, daß man die Konstante $\frac{2}{\sqrt{3}}$ in (ii) durch $\frac{1}{\sqrt{5}}$ ersetzen kann, für allgemeine α ist aber $\frac{1}{\sqrt{5}}$ optimal. Siehe [Hardy–Wright], Kapitel XI !

3.5.4   Elliptische Geometrie

Neben der euklidischen und der hyperbolischen Ebene spielt bei der Diskussion des Parallelenaxioms eine dritte zweidimensionale Geometrie, die sogenannte elliptische Geometrie, eine wichtige Rolle. Wir beschreiben hier die dieser Geometrie zugrundeliegende Punktmenge, das System von „Geraden", sowie die „Kongruenz von Strecken". Zunächst definieren wir eine Äquivalenzrelation $\sim$ auf der 2-Sphäre

$$S^2 := \left\{ (x_1,x_2,x_3) \in \mathbb{R}^3 \mid x_1^2 + x_2^2 + x_3^2 = 1 \right\}$$

durch

$$\mathbf{x} \sim \mathbf{x}' \quad \Longleftrightarrow \quad \mathbf{x}' = \pm \mathbf{x}$$

Die Menge $S^2/\sim$ der Äquivalenzklassen nennt man die (reelle) *projektive Ebene* $\mathbb{P}_2(\mathbb{R})$. Dies ist die Punktmenge der elliptischen Geometrie. Sei

$$\pi : S^2 \longrightarrow \mathbb{P}_2(\mathbb{R})$$

die Abbildung, die jedem Punkt $\mathbf{x} \in S^2$ seine Äquivalenzklasse $[\mathbf{x}]$ zuordnet. Als Geraden nehmen wir die Bilder von Großkreisen auf S^2. Genauer sei $\mathcal{G}$ das System von Teilmengen von $\mathbb{P}_2(\mathbb{R})$ der Form

$$\pi \left(\{ \, \mathbf{x} \in S^2 \mid a_1 x_1 + a_2 x_2 + a_3 x_3 = 0 \, \} \right)$$

mit $(a_1, a_2, a_3) \in \mathbb{R}^3 \setminus \{0\}$. Die projektive Ebene $\mathbb{P}_2(\mathbb{R})$ und ihre Geraden werden wir in anderem Zusammenhang auch in Abschnitt 4.7.6 diskutieren. Hier geht es darum, daß man in dieser Geometrie auch in sinnvoller Weise einen Kongruenzbegriff für Strecken und Winkel definieren kann. Zunächst aber stellen wir fest, daß in dieser Geometrie die Kongruenzaxiome (I1), (I2) und (I3) gelten. Wir überlassen die Verifikation von (I2) und (I3) den LeserInnen als Übung und prüfen nur (I1) nach, nämlich, daß es für zwei verschiedene Punkte $[\mathbf{x}], [\mathbf{x}']$ von $\mathbb{P}_2(\mathbb{R})$ genau ein $g \in \mathcal{G}$ gibt, so daß $[\mathbf{x}], [\mathbf{x}'] \in g$. Seien also $[\mathbf{x}], [\mathbf{x}']$ mit $\mathbf{x}, \mathbf{x}' \in S^2$ zwei verschiedene Punkte von $\mathbb{P}_2(\mathbb{R})$. Dann ist $\mathbf{x}' \neq \pm \mathbf{x}$, also gibt es genau einen Großkreis K auf S^2, der die Punkte $\mathbf{x}$ und $\mathbf{x}'$ enthält. Die Punkte $-\mathbf{x}$ und $-\mathbf{x}'$ liegen ebenfalls auf K. Die Menge $\pi(K)$ liegt in $\mathcal{G}$, und nach Konstruktion sind $[\mathbf{x}], [\mathbf{x}'] \in \pi(K)$. Ist K' ein weiterer Großkreis mit $[\mathbf{x}], [\mathbf{x}'] \in \pi(K')$, so liegt jeweils mindestens einer der beiden Punkte $\mathbf{x}$ und $-\mathbf{x}$ bzw. $\mathbf{x}'$ und $-\mathbf{x}'$ auf K'. Da K' durch die Punktspiegelung an 0 in sich überführt wird, liegen alle vier Punkte $\mathbf{x}, \mathbf{x}', -\mathbf{x}, -\mathbf{x}'$ auf K'. Also ist $K = K'$. In der elliptischen Geometrie gelten, wie oben gesagt, die Inzidenz-

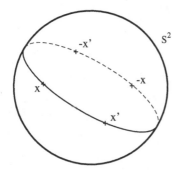

Bild 3.52

axiome (I1), (I2), (I3). Andererseits ist es in dieser Geometrie so, daß sich je zwei Geraden schneiden. Sind nämlich $g, g' \in \mathcal{G}$, so gibt es Großkreise K, K' auf S^2, so daß $g = \pi(K)$, $g' = \pi(K')$. Die beiden Großkreise auf S^2 schneiden sich in einem Punkt $\mathbf{x}$. Dann ist $\pi(\mathbf{x}) \in g \cap g'$. Die Elemente von $\mathcal{G}$ sind als Bilder von Großkreisen wieder „kreisförmig". Ist K ein Großkreis und $\mathbf{x} \in K$, so gelangt man bei einer Wanderung von $\mathbf{x}$ ausgehend in einer der beiden Richtungen auf dem Großkreis entlang irgendwann zum Punkt $-\mathbf{x}$. Geht man also von $[\mathbf{x}]$ aus auf $\pi(K)$ in irgendeine Richtung, so kommt man wieder zum Ausgangspunkt $[\mathbf{x}] = [-\mathbf{x}]$ zurück. Das zeigt, daß es nicht möglich ist, in sinnvoller (d.h. mit π kompatibler) Weise eine Zwischenbeziehung so zu definieren, daß (L3) gilt. Kongruenz von Strecken kann man wieder unter Bezugnahme auf eine Gruppenoperation, nämlich die von $SO(3)$

auf S^2 definieren. Wir sagen, die Strecken $[\mathbf{x}][\mathbf{y}]$ und $[\mathbf{x}'][\mathbf{y}']$ mit $\mathbf{x},\mathbf{y},\mathbf{x}',\mathbf{y}' \in S^2$ seien kongruent, wenn es $\varphi \in SO(3)$ gibt, so daß

$$\varphi(\mathbf{x}) = \mathbf{x}' \quad \text{und} \quad \varphi(\mathbf{y}) = \pm\mathbf{y}'.$$

Winkel und Kongruenz von Winkeln definiert man in der elliptischen Geometrie etwas anders, als wir das bei der euklidischen und hyperbolischen Ebene getan haben, denn ohne den Begriff "zwischen" ist auch der Begriff "Strahl" nicht definiert. Das ist aber nur eine Frage von Definitionen; unter Verwendung der Winkelmessung auf S^2 kann man eine Winkelmessung in der elliptischen Geometrie definieren, die mit der Operation von $SO(3)$ verträglich ist. Damit entsteht dann eine interessante Geometrie, die viele Sätze mit der euklidischen Geometrie gemeinsam hat, sich aber doch substantiell von ihr unterscheidet. Ausführliche Untersuchungen dieser Geometrie findet man z.B. in [Berger] ch.18, [Greenberg] appendix A, [Nöbeling] Kap. III. Natürlich hängt die elliptische Geometrie eng mit der Geometrie auf der Kugeloberfläche zusammen. Eine schöne Diskussion der sphärischen Geometrie findet sich in [Jennings], Kapitel II.

4 Kegelschnitte

Kurven in der Ebene sind seit Alters her ein wichtiger Untersuchungsgegenstand der Geometrie. Neben den Geraden, die für sich betrachtet recht trivial sind, fand man als nächst kompliziertere Typen von Kurven die Ellipsen (einschließlich der Kreise), die Parabeln und die Hyperbeln. In der griechischen Mathematik erkannte man als vereinheitlichendes Prinzip, daß gerade diese drei Typen von Kurven entstehen, wenn man einen (rotationssymmetrischen) Kegel mit einer Ebene schneidet, die nicht durch die Spitze des Kegels geht, und daß jede Ellipse, Parabel oder Hyperbel auf diese Weise erhalten werden kann. Aus diesem Grund nennt man Ellipsen, Parabeln und Hyperbeln auch Kegelschnitte.

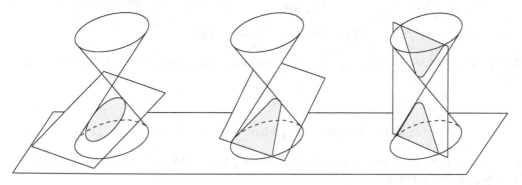

Bild 4.1

Wir wollen hier den analytischen Standpunkt einnehmen, das heißt, cartesische Koordinaten in der Ebene einführen und geometrische Figuren als Teilmengen von $\mathbb{R}^2$ beschreiben. Der Abstand zwischen zwei Punkten $\mathbf{x} = (x_1, x_2)$ und $\mathbf{y} = (y_1, y_2)$ von $\mathbb{R}^2$ ist also $\|\mathbf{x} - \mathbf{y}\| = \sqrt{(x_1 - y_1)^2 + (x_2 - y_2)^2}$ (vgl. Abschnitt 2.1). Auch bei dieser Betrachtungsweise gibt es ein einheitliches Prinzip, mit dem man Ellipsen, Parabeln und Hyperbeln erfassen kann: Sie sind nämlich Nullstellenmengen von Gleichungen zweiten Grades. Dies verwenden wir als Definition.

Definition 54 *Ein* Kegelschnitt *ist eine Teilmenge von* $\mathbb{R}^2$ *der Form*

$$C = \left\{ (x_1, x_2) \in \mathbb{R}^2 \mid a_{11}x_1^2 + 2a_{12}x_1x_2 + a_{22}x_2^2 + b_1x_1 + b_2x_2 + c = 0 \right\}$$

wobei a_{11}, a_{12}, a_{22}, b_1, b_2, c *reelle Zahlen sind und mindestens eine der drei Zahlen* a_{11}, a_{12}, a_{22} *von Null verschieden ist.*

Der Vollständigkeit halber definieren wir noch

Definition 55 *Eine* Gerade *ist eine Teilmenge von* $\mathbb{R}^2$ *der Form*

$$g = \left\{ (x_1,x_2) \in \mathbb{R}^2 \mid a_1 x_1 + a_2 x_2 + b = 0 \right\}$$

mit a_1, a_2, $b \in \mathbb{R}$, $a_1^2 + a_2^2 > 0$.

Übung: Sei g eine Gerade in $\mathbb{R}^2$, $\mathbf{x} \in g$. Zeigen Sie, daß es $\mathbf{v} \in \mathbb{R}^2 \setminus \{0\}$ gibt, so daß $g = \{\mathbf{x} + t\mathbf{v} \mid t \in \mathbb{R}\}$! $\mathbf{v}$ ist bis auf Multiplikation mit einer von Null verschiedenen Zahl durch g bestimmt und wird *Richtungsvektor* von g genannt.

4.1 Normalformen

Um Kegelschnitte zu untersuchen, ist es nützlich, einen Koordinatenwechsel durchzuführen, der ihre Gleichungen in eine einfachere Form bringt. Als Koordinatenwechsel verwenden wir *Translationen*, d.h. Abbildungen der Form

$$\mathbb{R}^2 \to \mathbb{R}^2$$
$$(x_1,x_2) \mapsto (x_1 + v_1, x_2 + v_2)$$

mit einem Vektor $\mathbf{v} = (v_1,v_2)$ in $\mathbb{R}^2$, und *Drehungen* um $(0,0)$, d.h. Abbildungen der Form

$$\mathbb{R}^2 \to \mathbb{R}^2$$
$$(x_1,x_2) \mapsto (x_1 \cos\alpha - x_2 \sin\alpha, x_1 \sin\alpha + x_2 \cos\alpha)$$

mit $\alpha \in \mathbb{R}$, und Hintereinanderschaltungen solcher Abbildungen. Eine derartige Abbildung hat die Form

$$\mathbb{R}^2 \to \mathbb{R}^2$$
$$(x_1,x_2) \mapsto (x_1 \cos\alpha - x_2 \sin\alpha + v_1, x_1 \sin\alpha + x_2 \cos\alpha + v_2)$$

mit α, v_1, $v_2 \in \mathbb{R}$. Wir nennen solche Abbildungen *orientierungserhaltende Kongruenzen*.

Übung: Zeigen Sie:

i) Orientierungserhaltende Kongruenzen sind bijektiv!

ii) Die Hintereinanderschaltung zweier orientierungserhaltender Kongruenzen sowie die Inverse einer orientierungserhaltenden Kongruenz ist eine orientierungserhaltende Kongruenz!

iii) Ist $\varphi\colon \mathbb{R}^2 \to \mathbb{R}^2$ eine orientierungserhaltende Kongruenz und sind $\mathbf{x}$, $\mathbf{y} \in \mathbb{R}^2$, so ist $\|\varphi(\mathbf{x}) - \varphi(\mathbf{y})\| = \|\mathbf{x} - \mathbf{y}\|$!

Die Teile i) und ii) der Übung zeigen, daß die Menge der orientierungserhaltenden Kongruenzen mit der Hintereinanderschaltung von Abbildungen als Verknüpfung eine Gruppe bildet. Nach Satz 1.1 und Bemerkung 4 sind die orientierungserhaltenden Kongruenzen gerade die orientierungserhaltenden Isometrien der Ebene. Wir wollen jedoch die Resultate von Kapitel 1 hier nicht verwenden. Deswegen verwenden wir eine andere Bezeichnung.

In diesem Abschnitt geben wir Normalformen für Kegelschnitte an. Das ist eine Liste von Kegelschnitten, so daß sich jeder beliebige Kegelschnitt durch eine orientierungserhaltende Kongruenz auf einen Kegelschnitt aus dieser Liste abbilden läßt.

Übung: Sei φ eine orientierungserhaltende Kongruenz, g eine Gerade in $\mathbb{R}^2$ und C ein Kegelschnitt. Zeigen Sie, daß $\varphi(g)$ wieder eine Gerade und $\varphi(C)$ wieder ein Kegelschnitt ist!

Es folgt nun zunächst die Liste der Normalformen und dann der Satz, daß sich jeder Kegelschnitt in Normalform bringen läßt.

(Keg.1) Für a_1, $a_2 > 0$ sei

$$E_{a_1,a_2} := \left\{ (x_1,x_2) \in \mathbb{R}^2 \;\middle|\; \frac{x_1^2}{a_1^2} + \frac{x_2^2}{a_2^2} = 1 \right\}$$

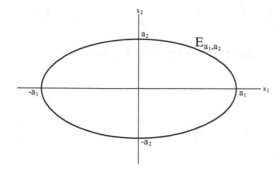

Bild 4.2

E_{a_1,a_2} ist eine *Ellipse* , die die x_1-Achse in den Punkten $(\pm a_1,0)$ und die x_2-Achse in den Punkten $(0, \pm a_2)$ schneidet. Die Koordinatenachsen sind Symmetrieachsen der Ellipse. Manchmal nennt man a_1 und a_2 die „Hauptachsen" der Ellipse. Falls $a_1 = a_2$, so ist E_{a_1,a_2} der *Kreis* um $(0,0)$ mit Radius $a_1 = a_2$.

(Keg.2) Für a_1, $a_2 > 0$ sei

$$H_{a_1,a_2} := \left\{ (x_1,x_2) \in \mathbb{R}^2 \;\middle|\; \frac{x_1^2}{a_1^2} - \frac{x_2^2}{a_2^2} = 1 \right\}$$

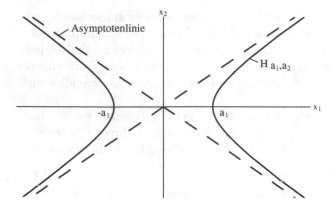

Bild 4.3

H_{a_1,a_2} ist eine *Hyperbel*. Die Geraden

$$\left\{ (x_1,x_2) \in \mathbb{R}^2 \ \middle| \ \frac{x_1}{a_1} - \frac{x_2}{a_2} = 0 \right\} \tag{4.1}$$

und

$$\left\{ (x_1,x_2) \in \mathbb{R}^2 \ \middle| \ \frac{x_1}{a_1} + \frac{x_2}{a_2} = 0 \right\}, \tag{4.2}$$

denen sich die „Hyperbeläste beliebig stark nähern", heißen die *Asymptotenlinien* der Hyperbel.

(Keg.3) Für $a > 0$ sei

$$P_a := \left\{ (x_1,x_2) \in \mathbb{R}^2 \ \middle| \ x_2 = ax_1^2 \right\}$$

P_a heißt *Parabel*.

(Keg.4) Für a_1, $a_2 > 0$ sei

$$(GP)_{a_1,a_2} := \left\{ (x_1,x_2) \in \mathbb{R}^2 \ \middle| \ \left(\frac{x_1}{a_1} - \frac{x_2}{a_2} \right) \left(\frac{x_1}{a_1} + \frac{x_2}{a_2} \right) = 0 \right\}$$

$$= \left\{ (x_1,x_2) \in \mathbb{R}^2 \ \middle| \ \frac{x_1^2}{a_1^2} - \frac{x_2^2}{a_2^2} = 0 \right\}$$

$(GP)_{a_1,a_2}$ nennt man *Geradenpaar*, es ist die Vereinigung der Geraden

$$\left\{ (x_1,x_2) \in \mathbb{R}^2 \ \middle| \ \frac{x_1}{a_1} - \frac{x_2}{a_2} = 0 \right\}$$

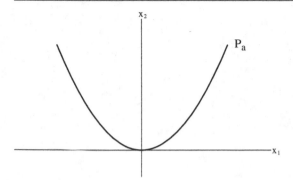

Bild 4.4

mit der Geraden

$$\left\{ (x_1,x_2) \in \mathbb{R}^2 \;\Big|\; \frac{x_1}{a_1} + \frac{x_2}{a_2} = 0 \right\}$$

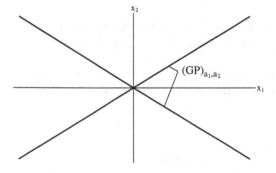

Bild 4.5

(Keg.5)   Für $a \geq 0$ sei

$$(PP)_a = \left\{ (x_1,x_2) \in \mathbb{R}^2 \mid (x_1 - a)(x_1 + a) = 0 \right\}$$

Für $a > 0$ ist $(PP)_a$ ein Paar paralleler Geraden.

Für $a = 0$ ist $(PP)_a$ eine *Doppelgerade*, d.h. $(PP)_a$ ist die Gerade $\{(x_1,x_2) \in \mathbb{R}^2 \mid x_1 = 0\}$; die Gleichung verschwindet aber mit Multiplizität zwei auf dieser Geraden.

(Keg.6)

$$(EP) = \left\{ (x_1,x_2) \in \mathbb{R}^2 \mid x_1^2 + x_2^2 = 0 \right\}$$

nennt man *Einsiedlerpunkt*.

Allgemein nennt man Kegelschnitte, die Bilder einer Ellipse, Parabel, Hyperbel etc. wie oben unter einer orientierungserhaltenden Kongruenz sind, wieder Ellipsen, Parabeln, Hyperbeln etc.. Ellipsen, Parabeln und Hyperbeln nennt man *nichtentartete* Kegelschnitte.

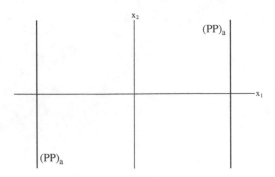

Bild 4.6

Übung: Ist C ein Kegelschnitt vom Typ $(Keg.m)$ $(1 \leq m \leq 6)$ und ist φ eine orientierungsherhaltende Kongruenz, so daß $\varphi(C)$ vom Typ $(Keg.n)$, $1 \leq n \leq 6$ ist, so ist $n = m$! Das heißt z.B. , daß es keine orientierungserhaltende Kongruenz gibt, die eine Ellipse auf eine Hyperbel abbildet.

Satz 4.1 *Sei C ein nichtleerer Kegelschnitt. Dann gibt es eine orientierungserhaltende Kongruenz φ, so daß $\varphi(C)$ einer der Kegelschnitte $(Keg.1)$–$(Keg.6)$ ist.*

Zum Beweis von Satz 4.1 betrachten wir zunächst *quadratische Formen* in zwei Variablen (oder, wie man auch sagt, *binäre quadratische Formen*). Das sind Abbildungen

$$q \colon \mathbb{R}^2 \to \mathbb{R}$$
$$(x_1, x_2) \mapsto (a_{11}x_1^2 + 2a_{12}x_1x_2 + a_{22}x_2^2)$$

mit $a_{11}, a_{12}, a_{22} \in \mathbb{R}$. Ist $q(x_1, x_2) = a_{11}x_1^2 + 2a_{12}x_1x_2 + a_{22}x_2^2$ eine solche quadratische Form mit $a_{11} \neq 0$, so ist

$$q(x_1, x_2) = a_{11}(x_1^2 + 2\frac{a_{12}}{a_{11}}x_1x_2 + (\frac{a_{12}}{a_{11}}x_2)^2) - \frac{a_{12}^2}{a_{11}}x_2^2 + a_{22}x_2^2$$
$$= a_{11}(x_1 + \frac{a_{12}}{a_{11}}x_2)^2 + \frac{1}{a_{11}}(a_{11}a_{22} - a_{12}^2)x_2^2$$

Diese Rechnung zeigt, daß bei der Untersuchung quadratischer Formen die Größe

$$D(q) := a_{11}a_{22} - a_{12}^2$$

eine wichtige Rolle spielt. Sie heißt die *Diskriminante* von q.

Lemma 56 *Sei*
$$q(x_1, x_2) = a_{11}x_1^2 + 2a_{12}x_1x_2 + a_{22}x_2^2$$
eine quadratische Form in zwei Veränderlichen.

i) Ist $D(q) \neq 0$, so gibt es eine Drehung R um $(0,0)$ in $\mathbb{R}^2$ und a'_1, $a'_2 \in \mathbb{R}$ mit $a'_1 \cdot a'_2 = D(q)$, so daß

$$(q \circ R)(x_1,x_2) = a'_1 x_1^2 + a'_2 x_2^2$$

ii) Ist $D(q) = 0$, so gibt es eine Drehung R um $(0,0)$ in $\mathbb{R}^2$ und $a' \in \mathbb{R}$, so daß

$$(q \circ R)(x_1,x_2) = a' x_1^2.$$

Beweis von Lemma 56 Ist $\alpha \in \mathbb{R}$ und $\psi \colon \mathbb{R}^2 \to \mathbb{R}^2$,

$$(x_1,x_2) \mapsto (x_1 \cos \alpha - x_2 \sin \alpha, x_1 \sin \alpha + x_2 \cos \alpha),$$

so ist

$$\begin{aligned}
(q \circ \psi)(x_1,x_2) &= a_{11}(x_1 \cos \alpha - x_2 \sin \alpha)^2 + 2a_{12}(x_1 \cos \alpha - x_2 \sin \alpha)(x_1 \sin \alpha + x_2 \cos \alpha) \\
&\quad + a_{22}(x_1 \sin \alpha + x_2 \cos \alpha)^2 \\
&= [a_{11} \cos^2 \alpha + 2a_{12} \sin \alpha \cos \alpha + a_{22} \sin^2 \alpha]x_1^2 \\
&\quad + 2[-a_{11} \sin \alpha \cos \alpha + a_{12}(\cos^2 \alpha - \sin^2 \alpha) + a_{22} \sin \alpha \cos \alpha]x_1 x_2 \\
&\quad + [a_{11} \sin^2 \alpha - 2a_{12} \sin \alpha \cos \alpha + a_{22} \cos^2 \alpha]x_2^2.
\end{aligned}$$

Verwendet man die Rechenregeln für die Verdoppelung des Winkels bei trigonometrischen Funktionen

$$\begin{aligned}
\sin 2\alpha &= 2 \sin \alpha \cos \alpha, \\
\cos 2\alpha &= \cos^2 \alpha - \sin^2 \alpha,
\end{aligned}$$

sieht man, daß

$$\begin{aligned}
(q \circ \psi)(x_1,x_2) &= [a_{11} \cos^2 \alpha + a_{12} \sin 2\alpha + a_{22} \sin^2 \alpha]x_1^2 \\
&\quad + [(a_{22} - a_{11}) \sin 2\alpha + 2a_{12} \cos 2\alpha]x_1 x_2 \\
&\quad + [a_{11} \sin^2 \alpha - a_{12} \sin 2\alpha + a_{22} \cos^2 \alpha]x_2^2.
\end{aligned}$$

Wähle nun α so, daß

$$(a_{22} - a_{11}) \sin 2\alpha + 2a_{12} \cos 2\alpha = 0 \tag{4.3}$$

Das ist möglich, denn für $a_{11} - a_{22} \neq 0$ hat die Gleichung

$$\tan 2\alpha = \frac{\sin 2\alpha}{\cos 2\alpha} = \frac{2a_{12}}{a_{11} - a_{22}}$$

eine Lösung α, und für $a_{22} = a_{11}$ kann man $\alpha = 45°$ nehmen.

Wir setzen nun

$$\begin{aligned}
a'_1 &:= a_{11} \cos^2 \alpha + a_{12} \sin 2\alpha + a_{22} \sin^2 \alpha \\
a'_2 &:= a_{11} \sin^2 \alpha - a_{12} \sin 2\alpha + a_{22} \cos^2 \alpha
\end{aligned}$$

Dann ist

$$(q \circ \psi)(x_1, x_2) = a_1' x_1^2 + a_2' x_2^2 \tag{4.4}$$

und

$$
\begin{aligned}
a_1' a_2' &= (a_{11}^2 + a_{22}^2) \sin^2 \alpha \cos^2 \alpha - a_{12}^2 \sin^2 2\alpha + a_{11} a_{22}(\cos^4 \alpha + \sin^4 \alpha) \\
&\quad + a_{12} \sin 2\alpha \big[a_{11}(\sin^2 \alpha - \cos^2 \alpha) + a_{22}(\cos^2 - \sin^2 \alpha) \big] \\
&= (a_{11}^2 - 2a_{11}a_{22} + a_{22}^2) \sin^2 \alpha \cos^2 \alpha - a_{12}^2 \sin^2 2\alpha \\
&\quad + a_{11} a_{22}(\cos^4 \alpha + 2\sin^2 \alpha \cos^2 \alpha + \sin^4 \alpha) + a_{12}(a_{22} - a_{11}) \sin 2\alpha \cos 2\alpha.
\end{aligned}
$$

Da

$$\cos^4 \alpha + 2 \sin^2 \alpha \cos^2 \alpha + \sin^4 \alpha = (\cos^2 \alpha + \sin^2 \alpha)^2 = 1$$

und nach (4.3)

$$(a_{11} - a_{22}) \sin 2\alpha = 2 a_{12} \cos 2\alpha$$

ergibt sich

$$
\begin{aligned}
a_1' a_2' &= (a_{11} - a_{22})^2 \sin^2 \alpha \cos^2 \alpha - a_{12}^2 \sin^2 2\alpha + a_{11} a_{22} - 2 a_{12}^2 \cos^2 2\alpha \\
&= a_{11} a_{22} - a_{12}^2 - a_{12}^2 \cos^2 2\alpha + \left[\frac{1}{2}(a_{22} - a_{11}) \sin 2\alpha \right]^2 \\
&= a_{11} a_{22} - a_{12}^2 = D(q)
\end{aligned}
$$

wiederum nach (4.3).

Falls $a_1' \neq 0$ so setze $R := \psi$. In diesem Fall folgt die Behauptung des Lemmas aus (4.4). Falls $a_1' = 0$, so ist $D(q) = 0$. In diesem Fall setze $a' := a_2'$, und R sei die Hintereinanderschaltung von ψ und einer Drehung um $90°$. Dann ist $(q \circ R)(x_1, x_2) = a' x_1^2$ und Lemma 56 ist bewiesen. $\qquad \square$

Korollar 57 *Für eine quadratische Form q in zwei Variablen gilt*

i) *$D(q) > 0$ genau dann, wenn $q(x_1, x_2) \neq 0$ für alle $(x_1, x_2) \in \mathbb{R}^2 \setminus \{(0,0)\}$.*

ii) *$D(q) = 0$ genau dann, wenn es eine Linearform $\ell(x_1, x_2) = ax_1 + bx_2$ mit $a^2 + b^2 \neq 0$ gibt, so daß $q(x_1, x_2) = \pm \ell(x_1, x_2)^2$.*

iii) *$D(q) < 0$ genau dann, wenn es a, b, c, $d \in \mathbb{R}$ mit $ad - bc \neq 0$ gibt, so daß $q(x_1, x_2) = (ax_1 + bx_2)(cx_1 + dx_2)$.*

Beweis Für die quadratischen Formen $a_1' x_1^2 + a_2' x_2^2$ ist diese Aussage einfach nachprüfbar. Also folgt Korollar 57 aus Lemma 56. $\qquad \square$

Bemerkung 58   i) Das Vorzeichen der Diskriminante einer von Null verschiedenen quadratischen Form q in zwei Variablen kann man aus der Gestalt der Nullstellenmenge

$$V := \{(x_1,x_2) \in \mathbb{R}^2 \mid q(x_1,x_2) = 0\}$$

ablesen. Aus Korollar 57 folgt nämlich, daß

- $D(q) > 0$ genau dann, wenn $V = \{(0,0)\}$,
- $D(q) = 0$ genau dann, wenn V eine Gerade durch $(0,0)$ ist,
- $D(q) < 0$ genau dann, wenn V Vereinigung zweier verschiedener Geraden durch $(0,0)$ ist.

ii) Man kann Korollar 57 mittels der quadratischen Ergänzung, wie wir sie vor Lemma 56 durchgeführt haben, direkt beweisen.

iii) Die Diskriminante der quadratischen Form $q(x_1,x_2) = a_{11}x_1^2 + 2a_{12}x_1x_2 + a_{22}x_2^2$ ist die Determinante der (2×2) Matrix $\begin{pmatrix} a_{11} & a_{12} \\ a_{12} & a_{22} \end{pmatrix}$

Beweis von Satz 4.1 Sei $C = \{(x_1,x_2) \in \mathbb{R}^2 \mid f(x_1,x_2) = 0\}$ wobei

$$f(x_1,x_2) = a_{11}x_1^2 + 2a_{12}x_1x_2 + a_{22}x_2^2 + b_1x_1 + b_2x_2 + c,$$

mit $(a_{11},a_{12},a_{22}) \neq (0,0,0)$. Mit q bezeichnen wir die quadratische Form

$$q(x_1,x_2) = a_{11}x_1^2 + 2a_{12}x_1x_2 + a_{22}x_2^2$$

Fall 1 $D(q) \neq 0$:
Nach Lemma 56 gibt es eine Drehung R und a_1', a_2', so daß $a_1' \cdot a_2' = D(q)$ und

$$(q \circ R)(x_1,x_2) = a_1'x_1^2 + a_2'x_2^2$$

Dann ist $f \circ R$ von der Form

$$(f \circ R)(x_1,x_2) = a_1'x_1^2 + 2b_1'x_1 + a_2'x_2^2 + 2b_2'x_2 + c$$

mit b_1', $b_2' \in \mathbb{R}$. Da $a_1' \cdot a_2' \neq 0$, ist die Translation

$$T\colon (x_1,x_2) \mapsto \left(x_1 - \frac{b_1'}{a_1'}, x_2 - \frac{b_2'}{a_2'}\right)$$

wohldefiniert. Es gibt $c' \in \mathbb{R}$ so daß

$$(f \circ R \circ T)(x_1,x_2) = a_1'x_1^2 + a_2'x_2^2 - c'$$

Setze

$$\varphi := (R \circ T)^{-1}.$$

φ ist eine orientierungserhaltende Kongruenz, und

$$\mathbf{x} \in \varphi(C) \iff \varphi^{-1}(\mathbf{x}) \in C \iff (f \circ R \circ T)(\mathbf{x}) = 0$$

Also ist
$$\varphi(C) = \left\{ (x_1, x_2) \in \mathbb{R}^2 \mid a_1' x_1^2 + a_2' x_2^2 = c' \right\}$$

Fall 1a: $c' \neq 0$: Dann ist

$$\varphi(C) = \left\{ (x_1, x_2) \in \mathbb{R}^2 \mid a_1' x_1^2 + a_2' x_2^2 = c' \right\}$$

Ist $D(q) > 0$, so haben a_1'/c' und a_2'/c' das gleiche Vorzeichen. Wenn dieses Vorzeichen negativ ist, so ist $\varphi(C) = \emptyset$ und somit $C = \emptyset$. Wenn das Vorzeichen positiv ist, so ist $\varphi(C)$ die Ellipse

$$E_{a_1,a_2} := \left\{ (x_1, x_2) \in \mathbb{R}^2 \;\middle|\; \frac{x_1^2}{a_1^2} + \frac{x_2^2}{a_2^2} = 1 \right\} \quad \text{mit } a_1 := \sqrt{\frac{c'}{a_1'}}, \quad a_2 := \sqrt{\frac{c'}{a_2'}}$$

Ist $D(q) < 0$, so haben a_1'/c' und a_2'/c' verschiedene Vorzeichen. Indem wir eventuell φ durch die Hintereinanderschaltung von φ und einer Drehung um 90° ersetzen, können wir annehmen, daß $a_1'/c' > 0$. Dann ist $\varphi(C)$ die Hyperbel

$$H_{a_1,a_2} := \left\{ (x_1, x_2) \in \mathbb{R}^2 \;\middle|\; \frac{x_1^2}{a_1^2} - \frac{x_2^2}{a_2^2} = 1 \right\} \quad \text{mit } a_1 := \sqrt{\frac{c'}{a_1'}}, \quad a_2 := \sqrt{-\frac{c'}{a_2'}}$$

Fall 1b: $c' = 0$: Nach Bemerkung 58.i ist $\varphi(C)$ ein Einsiedlerpunkt für $D(q) > 0$, und das Geradenpaar

$$GP_{a_1,a_2} = \left\{ (x_1, x_2) \in \mathbb{R}^2 \;\middle|\; \frac{x_1^2}{a_1^2} - \frac{x_2^2}{a_2^2} = 0 \right\} \quad a_j := \sqrt{\frac{1}{|a_j'|}}$$

falls $D(q) < 0$.

Fall 2 $D(q) = 0$: Nach Lemma 56 gibt es eine Drehung R um $(0,0)$ in $\mathbb{R}^2$ und $a' \in \mathbb{R}$, $a' \neq 0$, $b_1', b_2' \in \mathbb{R}$, so daß

$$(f \circ R)(x_1, x_2) = a' x_1^2 + 2b_1' x_1 + 2b_2' x_2 + c.$$

Sei T_1 die Translation $(x_1, x_2) \mapsto (x_1 - (b_1'/a_1'), x_2)$. Dann ist

$$(f \circ R \circ T_1)(x_1, x_2) = a' x_1^2 + 2b_2' x_2 + c'$$

mit $c' \in \mathbb{R}$.

Fall 2a: $b_2' \neq 0$: Sei T_2 die Translation $(x_1, x_2) \mapsto (x_1, x_2 - (c'/2b_2'))$. Dann ist

$$(f \circ R \circ T_1 \circ T_2)(x_1, x_2) = a' x_1^2 + 2b_2' x_2.$$

Setze

$$\varphi := \begin{cases} (R \circ T_1 \circ T_2)^{-1} & \text{falls } a'b_2' < 0 \\ (R \circ T_1 \circ T_2 \circ S)^{-1} & \text{falls } a'b_2' > 0 \end{cases}$$

wobei S die Abbildung $(x_1,x_2) \mapsto (-x_1,-x_2)$, d.h. die Drehung um $180°$, bezeichnet. Dann ist

$$\varphi(C) = \{(x_1,x_2) \in \mathbb{R}^2 \mid x_2 = ax_1^2\}$$

mit $a := |a'/2b_2'|$ eine Parabel in Normalform (Keg.3).
Fall 2b: $b_2' = 0$: Sei $\varphi := (R \circ T_1)^{-1}$. Haben a' und c' das gleiche Vorzeichen, so ist $\varphi(C)$ und somit auch C die leere Menge. Falls $c' = 0$ ist oder a' und c' verschiedene Vorzeichen haben, so ist

$$\varphi(C) = \left\{(x_1,x_2) \in \mathbb{R}^2 \;\middle|\; x_1^2 = \sqrt{\left|\frac{c'}{a'}\right|}\right\}$$

ein Paar paralleler Geraden oder eine Doppelgerade wie in (Keg.5).   □

Ergänzung zu Satz 4.1. Der obige Beweis zeigt auch folgendes: Ist

$$C = \{(x_1,x_2) \in \mathbb{R}^2 \mid a_{11}x_1^2 + 2a_{12}x_1x_2 + a_{22}x_2^2 + b_1x_1 + b_2x_2 + c = 0\}$$

ein nichtleerer Kegelschnitt und $D(q)$ die Diskriminante der quadratischen Form

$$q(x_1,x_2) = a_{11}x_1^2 + 2a_{12}x_1x_2 + a_{22}x_2^2,$$

so ist

- $D(q) > 0$ genau dann, wenn C eine Ellipse oder ein Einsiedlerpunkt ist.

- $D(q) = 0$ genau dann, wenn C eine Parabel, ein Paar paralleler Geraden oder eine Doppelgerade ist.

- $D(q) < 0$ genau dann, wenn C eine Hyperbel oder ein Paar sich in einem Punkt schneidender Geraden ist.

Bemerkung 59   i) Lemma 56 ist ein Spezialfall des Satzes über die Hauptachsentransformation quadratischer Formen (vgl. [Fischer] 1.5.9). In Abschnitt 5.1 formulieren wir diesen Satz für den Fall der Dimension 3, und geben einen geometrischen Beweis. Dieser Beweis läßt sich nahezu wörtlich auf den Fall von Dimension 2 übertragen und ergibt dann einen anderen Beweis von Lemma 56.

ii) Die trigonometrischen Funktionen bzw. Hyperbelfunktionen kann man verwenden, um Ellipsen bzw. Hyperbeln zu parametrisieren. Man prüft leicht nach, daß folgendes gilt:

a) Die Abbildung

$$[0{,}360°[\, \to E_{a_1,a_2} := \left\{ (x_1,x_2) \in \mathbb{R}^2 \,\middle|\, \frac{x_1^2}{a_1^2} + \frac{x_2^2}{a_2^2} = 1 \right\},$$
$$t \mapsto (a_1 \sin t, a_2 \cos t)$$

ist eine stetige Bijektion.

b) Die Abbildung

$$\mathbb{R} \to H_{a_1,a_2}^+ := \left\{ (x_1,x_2) \in \mathbb{R}^2 \,\middle|\, \frac{x_1^2}{a_1^2} - \frac{x_2^2}{a_2^2} = 1,\ x_1 > 0 \right\},$$
$$t \mapsto (a_1 \cosh t, a_2 \sinh t)$$

ist ein Homöomorphismus.

c) Die Abbildung

$$\mathbb{R} \to P_a = \left\{ (x_1,x_2) \in \mathbb{R}^2 \,\middle|\, x_2 = ax_1^2 \right\},$$
$$t \mapsto (t, at^2)$$

ist ein Homöomorphismus.

Übung: Zeigen Sie: Ist q eine quadratische Form in zwei Variablen und R eine Drehung um $(0{,}0)$ in $\mathbb{R}^2$, so ist $D(q \circ R) = D(q)$!

Übung: Zeichnen Sie die Graphen von quadratischen Formen q bei verschiedener Wahl der Koeffizienten a_{11}, a_{12}, a_{22}! Wie hängt der Graph qualitativ von $D(q)$ ab?

Übung: Zeigen Sie, daß

$$C = \left\{ (x_1,x_2) \in \mathbb{R}^2 \,\middle|\, a_{11}x_1^2 + 2a_{12}x_1x_2 + a_{22}x_2^2 + b_1x_1 + b_2x_2 + c = 0 \right\}$$

genau dann ein nichtentarteter Kegelschnitt ist, wenn

$$a_{11}a_{22}c + \frac{1}{2}a_{12}b_1b_2 - \frac{1}{4}a_{11}b_2^2 - \frac{1}{4}a_{22}b_1^2 - a_{12}^2 c \neq 0.$$

Übung: Gegeben seien eine Ellipse E und eine Gerade g. Zeigen Sie, daß es eine Gerade ℓ mit der folgenden Eigenschaft gibt: Ist g' eine zu g parallele Gerade, die E in zwei Punkten schneidet, so liegt der Mittelpunkt dieser beiden Punkte auf ℓ! Diese Gerade ℓ heißt *der zur Richtung von g konjugierte Durchmesser.*

4.2 Brennpunkte und Brenngeraden

Wir beginnen mit der folgenden klassischen Beschreibung von Ellipsen.

Satz 4.2 *Seien* $\mathbf{f} = (f_1, f_2)$ *und* $\mathbf{f}' = (f_1', f_2')$ *zwei Punkte von* $\mathbb{R}^2$, *und sei* $2r$ *größer als der Abstand* $\|\mathbf{f} - \mathbf{f}'\|$ *von* $\mathbf{f}$ *und* $\mathbf{f}'$. *Dann ist die Menge aller Punkte* $\mathbf{x} \in \mathbb{R}^2$, *für die die Summe des Abstandes* $\|\mathbf{x} - \mathbf{f}\|$ *von* $\mathbf{x}$ *zu* $\mathbf{f}$ *und des Abstandes* $\|\mathbf{x} - \mathbf{f}'\|$ *von* $\mathbf{x}$ *zu* $\mathbf{f}'$ *gleich* $2r$ *ist, eine Ellipse. Jede Ellipse kann auf diese Weise beschrieben werden. Die Punkte* $\mathbf{f}$ *und* $\mathbf{f}'$ *sind (bis auf Vertauschen) durch die Ellipse eindeutig bestimmt, und ebenso ist* r *durch die Ellipse eindeutig bestimmt. Die Punkte* $\mathbf{f}$ *und* $\mathbf{f}'$ *fallen genau dann zusammen, wenn die Ellipse ein Kreis (mit Radius* r) *ist.*

Bemerkung 60 Satz 4.2 besagt, daß folgende Konstruktion eine Ellipse ergibt. Man nehme einen Faden der Länge $2r$, befestige ein Ende im Punkt $\mathbf{f}$ und das andere im Punkt $\mathbf{f}'$, halte einen Stift senkrecht an einen Punkt des Fadens und spanne den Faden. Alle Punkte, die mit dem Stift bei gespanntem Faden erreicht werden können, sind Punkte der Ellipse, und jeder Punkt der Ellipse kann so erhalten werden (siehe Bild 4.7).

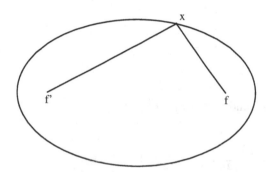

Bild 4.7 Fadenkonstruktion einer Ellipse

Die beiden Punkte $\mathbf{f}$ und $\mathbf{f}'$, die durch die Ellipse eindeutig bestimmt sind, heißen die Brennpunkte der Ellipse.

Die Fadenkonstruktion der Ellipse war bereits im Altertum bekannt. Im 16. und 17. Jahrhundert wurde eine Reihe von anderen Methoden entwickelt, um Ellipsen (und verwandte Kurven) zu zeichnen (siehe [Rose]). Für eine Fadenkonstruktion des Ellipsoids siehe [Hilbert–Cohn Vossen] §4.

Beweis von Satz 4.2 Seien zunächst $\mathbf{f}, \mathbf{f}' \in \mathbb{R}^2$ und $2r > \|\mathbf{f} - \mathbf{f}'\|$. Mit T bezeichnen wir die Translation um den Vektor $-1/2(\mathbf{f} + \mathbf{f}')$. Dann ist $T(\mathbf{f}) = -T(\mathbf{f}')$. Wir können nun noch eine Drehung R um $\mathbf{0}$ durchführen, so daß $(R \circ T)(f)$ und $(R \circ T)(f')$ auf der x_1-Achse liegen. Deshalb können wir ohne Beschränkung der Allgemeinheit annehmen, daß

$$\mathbf{f} = (c, 0), \quad \mathbf{f}' = (-c, 0) \quad \text{mit } c \geq 0$$

Nach Voraussetzung ist $c < r$.

Für einen Punkt $\mathbf{x} \in \mathbb{R}^2$ gilt

$$\|\mathbf{x} - \mathbf{f}\| + \|\mathbf{x} - \mathbf{f}'\| = 2r \iff \left(\sqrt{(x_1 - c)^2 + x_2^2} + \sqrt{(x_1 + c)^2 + x_2^2} \right) = 2r$$

$$\iff \begin{cases} (x_1 - c)^2 + x_2^2 + (x_1 + c)^2 + x_2^2 - 4r^2 \\ \quad = -2\sqrt{(x_1 - c)^2 + x_2^2} \cdot \sqrt{(x_1 + c)^2 + x_2^2} \end{cases}$$

$$\iff x_1^2 + x_2^2 + c^2 - 2r^2 = -\sqrt{(x_1^2 - c^2)^2 + x_2^4 \mid 2x_2^2(x_1^2 + c^2)}$$

$$\iff \begin{cases} (x_1^2 + x_2^2 + c^2 - 2r^2)^2 = x_1^4 + x_2^4 + 2x_1^2 x_2^2 - 2c^2 x_1^2 + 2c^2 x_2^2 + c \\ \text{und} \quad x_1^2 + x_2^2 + c^2 \le 2r^2 \end{cases}$$

Dies wiederum ist äquivalent zu

$$x_1^4 + x_2^4 + c^4 + 4r^4 + 2x_1^2 x_2^2 + 2(c^2 - 2r^2)(x_1^2 + x_2^2) - 4c^2 r^2 = x_1^4 + x_2^4 + c^4 + 2x_1^2 x_2^2 - 2c^2 x_1^2 + 2$$

und

$$x_1^2 + x_2^2 + c^2 \le 2r^2$$

das heißt zu

$$(r^2 - c^2)x_1^2 + r^2 x_2^2 = r^2(r^2 - c^2) \quad \text{und} \quad x_1^2 + x_2^2 + c^2 \le 2r^2$$

oder

$$\frac{x_1^2}{r^2} + \frac{x_2^2}{r^2 - c^2} = 1 \quad \text{und} \quad \frac{x_1^2}{2r^2 - c^2} + \frac{x_2^2}{2r^2 - c^2} \le 1$$

Da $r \ge c$, impliziert die erste Bedingung die zweite. Wir sehen also:

Ist $\mathbf{f} = (c,0)$, $\mathbf{f}' = (-c,0)$, so gilt für $\mathbf{x} = (x_1, x_2) \in \mathbb{R}^2$

$$\|\mathbf{x} - \mathbf{f}\| + \|\mathbf{x} - \mathbf{f}'\| = 2r \iff \frac{x_1^2}{r^2} + \frac{x_2^2}{r^2 - c^2} = 1 \tag{4.5}$$

Dies zeigt den ersten Teil von Satz 4.2, denn die rechte Seite von (4.5) ist die Gleichung einer Ellipse. Außerdem sieht man, daß die Brennpunkte auf der Symmetrieachse von E liegen, die die längere der beiden Hauptachsen enthält.

Sei nun umgekehrt E eine Ellipse. Nach Satz 4.1 können wir annehmen, daß

$$E = \left\{ (x_1, x_2) \in \mathbb{R}^2 \ \middle| \ \frac{x_1^2}{a_1^2} + \frac{x_2^2}{a_2^2} = 1 \right\}$$

mit $a_1 \ge a_2 > 0$. Setze $r := a_1$, $c := \sqrt{a_1^2 - a_2^2}$, $\mathbf{f} := (c,0)$, $\mathbf{f}' := (-c,0)$. Nach (4.5) ist

$$E = \left\{ \mathbf{x} \in \mathbb{R}^2 \ \middle| \ \|\mathbf{x} - \mathbf{f}\| + \|\mathbf{x} - \mathbf{f}'\| = 2r \right\}.$$

Seien nun $\mathbf{p}$, $\mathbf{p}'$ Punkte in $\mathbb{R}^2$ und $r' > 0$, so daß auch gilt

$$E = \left\{\mathbf{x} \in \mathbb{R}^2 \mid \|\mathbf{x} - \mathbf{p}\| + \|\mathbf{x} - \mathbf{p}'\| = 2r\right\}.$$

Wie oben bemerkt, liegen $\mathbf{p}$ und $\mathbf{p}'$ auf der Symmetrieachse von E, die zu der längeren Hauptachse gehört. Also gibt es $c' > 0$ so daß $\mathbf{p}' = (-c',0)$. Aus (4.5) folgt nun, daß $r'^2 = a_1^2$, $r'^2 - c'^2 = a_2^2$. Somit ist $r = r'$, $\mathbf{p} = \pm\mathbf{f}$, $\mathbf{p}' = \pm\mathbf{f}'$. Damit ist Satz 4.2 bewiesen. □

Auf dieselbe Weise beweist man

Satz 4.3 *Seien $\mathbf{f}$ und $\mathbf{f}'$ verschiedene Punkte von $\mathbb{R}^2$ und $2r < \|\mathbf{f} - \mathbf{f}'\|$. Dann ist*

$$\left\{\mathbf{x} \in \mathbb{R}^2 \;\middle|\; \big|\|\mathbf{x} - \mathbf{f}\| - \|\mathbf{x} - \mathbf{f}'\|\big| = 2r\right\}$$

eine Hyperbel. Jede Hyperbel kann so beschrieben werden. Die Punkte $\mathbf{f}$, $\mathbf{f}'$ sowie r sind durch die Hyperbel eindeutig bestimmt. $\mathbf{f}$ und $\mathbf{f}'$ heißen die Brennpunkte der Hyperbel. Ist $\mathbf{f} = (c,0)$, $\mathbf{f}' = (-c,0)$, so ist

$$\left\{\mathbf{x} \in \mathbb{R}^2 \;\middle|\; \big|\|\mathbf{x} - \mathbf{f}\| - \|\mathbf{x} - \mathbf{f}'\|\big| = 2r\right\} = \left\{\mathbf{x} \in \mathbb{R}^2 \;\middle|\; \frac{x_1^2}{r^2} - \frac{x_2^2}{c^2 - r^2} = 1\right\}$$

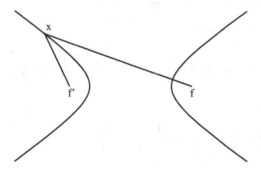

Bild 4.8 Zur Konstruktion einer Hyperbel

Bemerkung 61 Der Gedanke, die Menge aller Punkte zu betrachten, für die die Differenz der Abstände zu zwei festen Punkten konstant ist, liegt dem LORAN-Navigationssystem zugrunde (siehe [Jennings], 3.7).

Eine ähnliche Beschreibung wie für Ellipsen und Hyperbeln gibt es auch für Parabeln.

Satz 4.4 *Sei g eine Gerade im $\mathbb{R}^2$ und $\mathbf{f}$ ein Punkt von $\mathbb{R}^2$, der nicht auf g liegt. Für einen Punkt $\mathbf{x} \in \mathbb{R}^2$ sei*

$$d(\mathbf{x},g) := \inf_{\mathbf{y} \in g} \|\mathbf{x} - \mathbf{y}\|$$

der Abstand von $\mathbf{x}$ zu g. Dann ist die Menge der Punkte $\mathbf{x} \in \mathbb{R}^2$, für die der Abstand $\|\mathbf{x} - \mathbf{f}\|$ von $\mathbf{x}$ zu $\mathbf{f}$ gleich dem Abstand $d(\mathbf{x},\mathbf{y})$ von $\mathbf{x}$ zu g ist, eine Parabel. Jede Parabel kann so beschrieben werden. Der Punkt $\mathbf{f}$ und die Gerade g sind durch die Parabel eindeutig bestimmt; sie heißen Brennpunkt *bzw.* Brenngerade *der Parabel.*

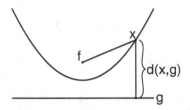

Bild 4.9 Zur Konstruktion einer Parabel

Beweis Sei zunächst g eine Gerade in $\mathbb{R}^2$ und $\mathbf{f}$ ein Punkt, der nicht auf g liegt. Nach Anwendung einer orientierungserhaltenden Isometrie können wir annehmen, daß

$$g = \left\{ (x_1,x_2) \in \mathbb{R}^2 \mid x_2 = 0 \right\} \quad \text{und} \quad \mathbf{f} = (0,c) \quad \text{mit } c > 0.$$

Für einen Punkt $\mathbf{x} \in \mathbb{R}^2$ ist dann $d(\mathbf{x},g) = |x_2|$. Also ist

$$\|\mathbf{x} - \mathbf{f}\| = d(\mathbf{x},g) \iff x_1^2 + (x_2 - c)^2 = x_2^2 \iff 2cx_2 = x_1^2 + c^2 \iff x_2 = \frac{1}{2c}x_1^2 + \frac{c}{2}$$

Damit ist gezeigt, daß

$$\left\{ \mathbf{x} \in \mathbb{R}^2 \mid \|\mathbf{x} - \mathbf{f}\| = d(\mathbf{x},g) \right\} = \left\{ \mathbf{x} \in \mathbb{R}^2 \;\middle|\; x_2 = \frac{1}{2c}x_1^2 + \frac{c}{2} \right\}. \qquad (4.6)$$

eine Parabel P ist. Aus (4.6) sieht man auch, daß $\mathbf{f}$ auf der Symmetrieachse der zu $\mathbf{f}$ und g gehörenden Parabel liegt, und daß g senkrecht auf dieser Achse steht.

Seien nun $\mathbf{f}'$ ein Punkt von $\mathbb{R}^2$ und g' eine Gerade, so daß

$$P = \left\{ \mathbf{x} \in \mathbb{R}^2 \mid \|\mathbf{x} - \mathbf{f}'\| = d(\mathbf{x},g') \right\}.$$

Nach dem, was wir oben gesagt haben, liegt $\mathbf{f}'$ auf der Symmetrieachse $\{\mathbf{x} \in \mathbb{R}^2 \mid x_1 = 0\}$ von P, und g' steht senkrecht auf dieser Achse. Der Punkt $(0,1/2c)$ liegt auf P. Dann ist der Abstand von $\mathbf{f}'$ zu $(0,1/2c)$ gleich dem Abstand von $(0,1/2c)$ zu g'. Also gibt es $d > 0$ so daß

$$\mathbf{f}' = \left(0, \frac{1}{2}c + \frac{1}{2}d \right), \quad g' = \left\{ \mathbf{x} \in \mathbb{R}^2 \;\middle|\; x_2 = \frac{1}{2}c - \frac{1}{2}d \right\}.$$

Wie oben rechnet man nach, daß

$$\left\{\mathbf{x} \in \mathbb{R}^2 \mid \|\mathbf{x} - \mathbf{f}'\| = d(\mathbf{x},g')\right\} = \left\{\mathbf{x} \in \mathbb{R}^2 \;\middle|\; x_2 = \frac{1}{c+d}x_1^2 + \frac{cd}{c+d}\right\}$$

Es folgt, daß $c = d$, und somit, daß $\mathbf{f}' = \mathbf{f}$, $g' = g$. $\qquad\qquad\square$

Ergänzung zu Satz 4.4 Der Brennpunkt der Parabel

$$\{\mathbf{x} \in \mathbb{R}^2 \mid x_2 = ax_1^2\}$$

ist der Punkt $(0,1/4a)$, und ihre Brenngerade ist $\{\mathbf{x} \in \mathbb{R}^2 \mid x_2 = -1/(4a)\}$

Beweis Dies folgt aus (4.6), wenn man die Translation $(x_1,x_2) \mapsto (x_1,x_2 - c/2)$ anwendet. $\qquad\qquad\square$

In den Sätzen 4.2, 4.3 und 4.4 haben wir Brennpunkte von Ellipsen, Hyperbeln und Parabeln definiert, ohne zu erklären, weshalb wir das Wort „Brennpunkt" verwendet haben. Das wollen wir jetzt nachholen. Beginnen wir mit Parabeln. Bevor wir die Aussage exakt formulieren, wollen wir sie in der Sprache der Strahlenoptik umschreiben. Betrachten wir die Parabel

$$P_a = \left\{(x_1,x_2) \in \mathbb{R}^2 \mid x_2 = ax_1^2\right\}, \quad a > 0$$

und stellen uns vor, daß die Oberseite der Parabel verspiegelt ist. Wir verfolgen einen Lichtstrahl, der von oben parallel zur x_2-Achse einfällt. Der Satz, den wir unten formulieren werden, besagt, daß der Lichtstrahl nach der ersten Spiegelung durch den Brennpunkt geht.

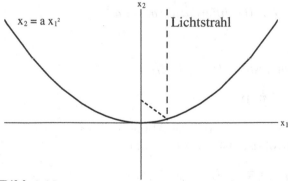

Bild 4.10

Fällt also das Licht parallel zur x_2-Achse auf die Parabel ein, so gehen alle gespiegelten Strahlen durch den Brennpunkt. Um den Brennpunkt liegt also ein Bereich besonders hoher Lichtintensität. Deshalb kann man eine Parabel (oder besser, einen rotationssymmetrischen Parabolspiegel) als Brennglas verwenden.

Um den Satz, daß ein senkrecht von oben einfallender Lichtstrahl von der Parabel so gespiegelt wird, daß er nach der Spiegelung durch den Brennpunkt geht, präzise zu fassen, müssen wir zunächst das Spiegelungsgesetz „Einfallswinkel = Ausfallswinkel" formulieren. Einfallswinkel und Ausfallswinkel werden gegenüber der Tangentialgeraden an die Parabel gemessen. Deshalb definieren wir zunächst Tangentialgeraden (vgl. auch Abschnitt 3.4).

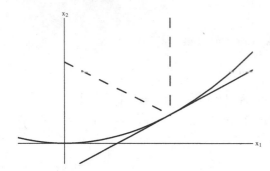

Bild 4.11 Tangentialgeraden

Definition 62 *Sei C ein nichtentarteter Kegelschnitt und $\mathbf{p} = (p_1,p_2)$ ein Punkt von C. Ferner sei $\varepsilon > 0$ und*

$$\mathbf{w}\colon (-\varepsilon,\varepsilon) \to \mathbb{R}^2$$
$$t \mapsto \big(w_1(t),w_2(t)\big) = \mathbf{w}(t)$$

eine Abbildung, so daß

- *$\mathbf{w}(t) \in C$ für alle $t \in (-\varepsilon,\varepsilon)$*

- *die Funktionen $t \mapsto w_1(t)$ und $t \mapsto w_2(t)$ differenzierbar sind*

- *$\mathbf{w}(0) = \mathbf{p}$*

- *$\dot{\mathbf{w}}(0) := \big(\dot{w}_1(0),\dot{w}_2(0)\big) \neq (0,0)$ (hier steht der $\cdot$ für d/dt).*

Dann heißt $\dot{\mathbf{w}}(0)$ Tangentialvektor an C in $\mathbf{p}$.

Die Parametrisierungen aus Bemerkung 59.ii) ergeben Abbildungen $\mathbf{w}$ wie oben. Man sieht also, daß die Definition sinnvoll ist. Ist P_a die Parabel

$$P_a = \big\{(x_1,x_2) \in \mathbb{R}^2 \mid x_2 = ax_1^2\big\}$$

und $\mathbf{p} = (p_1,p_2) \in P_a$, so ist

$$\mathbf{w}\colon \mathbb{R} \to \mathbb{R}^2$$
$$t \mapsto \big(t + p_1, a(t+p_1)^2\big)$$

eine Parametrisierung wie in Definition 62. Also ist

$$(1, 2ap_1) \quad \text{ein Tangentialvektor an } P_a \text{ im Punkt } (p_1, p_2). \tag{4.7}$$

Übung: Zeigen Sie:

i) Ist $E_{a_1, a_2} = \{\mathbf{x} \in \mathbb{R}^2 \mid x_1^2/a_1^2 + x_2^2/a_2^2 = 1\}$ und $\mathbf{p} = (p_1, p_2)$ ein Punkt von E_{a_1, a_2}, so ist $(-p_2/a_2^2, p_1/a_1^2)$ ein Tangentialvektor an E_{a_1, a_2} im Punkt $\mathbf{p}$!

ii) Ist $H_{a_1, a_2} = \{\mathbf{x} \in \mathbb{R}^2 \mid x_1^2/a_1^2 - x_2^2/a_2^2 = 1\}$ und $\mathbf{p} = (p_1, p_2)$ ein Punkt von H_{a_1, a_2}, so ist $(p_2/a_2^2, p_1/a_1^2)$ ein Tangentialvektor an H_{a_1, a_2} im Punkt $\mathbf{p}$!

Lemma 63 *Sei C eine Ellipse, Parabel oder Hyperbel, und $\mathbf{p} = (p_1, p_2) \in C$. Sind $\mathbf{v}^{(1)}$ und $\mathbf{v}^{(2)}$ Tangentialvektoren an C in $\mathbf{p}$, so gibt es eine reelle Zahl $\lambda \neq 0$, so daß $\mathbf{v}^{(2)} = \lambda \cdot \mathbf{v}^{(1)}$.*

Beweis Wir betrachten den Fall einer Ellipse; die Fälle einer Parabel oder Hyperbel können ähnlich behandelt werden. Nach Satz 4.1 können wir annehmen, daß

$$C = \left\{ (x_1, x_2) \in \mathbb{R}^2 \mid \frac{x_1^2}{a_1^2} + \frac{x_2^2}{a_2^2} = 1 \right\}.$$

Wir behaupten, daß für jeden Tangentialvektor $\mathbf{v} = (v_1, v_2)$

$$\frac{p_1 v_1}{a_1^2} + \frac{p_2 v_2}{a_2^2} = 0. \tag{4.8}$$

In der Tat, ist $\mathbf{w} \colon (-\varepsilon, \varepsilon) \to \mathbb{R}^2$ eine Abbildung wie in Definition 62, so folgt

$$\frac{w_1(t)^2}{a_1^2} + \frac{w_2(t)^2}{a_2^2} = 1.$$

Durch Differenzieren nach t ergibt sich

$$\frac{w_1(t)\dot{w}_1(t)}{a_1^2} + \frac{w_2(t)\dot{w}_2(t)}{a_2^2} = 0.$$

Für $t = 0$ ist dann

$$\frac{p_1 \dot{w}_1(0)}{a_1^2} + \frac{p_2 \dot{w}_2(0)}{a_2^2} = 0,$$

also (4.8). Da je zwei Lösungen von (4.8) sich nur um ein skalares Vielfaches unterscheiden, folgt Lemma 63. $\qquad \square$

Lemma 63 zeigt, daß Tangentialvektoren an einen nichtentarteten Kegelschnitt in einem Punkt bis auf Multiplikation mit einem Skalar eindeutig bestimmt sind. Deshalb macht die folgende Definition Sinn:

Definition 64 *Sei C eine Ellipse, Parabel oder Hyperbel,* **p** *ein Punkt von C und* **v** *ein Tangentialvektor an C in* **p**. *Die Menge* $\{\lambda \cdot \mathbf{v} \mid \lambda \in \mathbb{R}\}$ *heißt der* Tangentialraum *an C in* **p**, *die Gerade* $\{\mathbf{p} + \lambda \cdot \mathbf{v} \mid \lambda \in \mathbb{R}\}$ *die* Tangentialgerade *an C in* **p**.

Übung: Zeigen Sie: Ist C eine Ellipse, Parabel oder Hyperbel, $\mathbf{p} \in C$ und g die Tangentialgerade an C, und ist φ eine orientierungserhaltende Kongruenz, so ist $\varphi(g)$ die Tangentialgerade an $\varphi(C)$ in $\varphi(\mathbf{p})$!

Ist nun $\mathbf{p}$ ein Punkt der Parabel $P_a = \{(x_1, x_2) \in \mathbb{R}^2 \mid x_2 = ax_1^2\}$ und $\mathbf{v}$ ein Tangentialvektor an P_a in $\mathbf{p}$, so bildet der senkrecht von oben einfallende Strahl, der P_a in $\mathbf{p}$ trifft, mit der Parabel den Winkel

$$\arccos\left(\begin{pmatrix} 0 \\ 1 \end{pmatrix} \cdot \frac{1}{\|\mathbf{v}\|}\mathbf{v}\right)$$

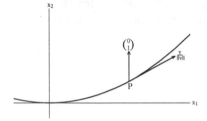

Bild 4.12 Winkel zwischen senkrecht einfallendem Strahl und Tangentialgerade

Ebenso ist der Winkel, den der vom Brennpunkt **f** ausgehende Strahl mit der Parabel bildet, gleich

$$\arccos\left(\frac{1}{\|\mathbf{p}-\mathbf{f}\|}(\mathbf{p}-\mathbf{f}) \cdot \frac{1}{\|\mathbf{v}\|}\mathbf{v}\right).$$

Die Aussage, daß diese beiden Strahlen mit der Parabel den gleichen Winkel bilden, ist also

Satz 4.5 *Sei P_a die Parabel*

$$P_a = \{(x_1, x_2) \in \mathbb{R}^2 \mid x_2 = ax_1^2\} \quad , \quad a > 0,$$

und $\mathbf{f} = (0, 1/4a)$ *ihr Brennpunkt (vergl. mit der Ergänzung zu Satz 4.4). Ferner sei* $\mathbf{p} = (p_1, p_2)$ *ein Punkt von P_a und* **v** *ein Tangentialvektor an P_a in* **p**. *Dann ist*

$$\frac{1}{\|\mathbf{p}-\mathbf{f}\|}(\mathbf{p}-\mathbf{f}) \cdot \mathbf{v} = \begin{pmatrix} 0 \\ 1 \end{pmatrix} \cdot \mathbf{v}$$

Beweis Wenn man **v** in der obigen Formel durch ein Vielfaches $\lambda \cdot \mathbf{v}$ ersetzt, so multiplizieren sich linke und rechte Seite mit λ. Wegen Lemma 63 genügt es deshalb, Satz 4.5 für einen Tangentialvektor zu beweisen. Wir können also nach (4.7)

$$\mathbf{v} = (1, 2ap_1)$$

nehmen. Die rechte Seite der behaupteten Formel ist dann gleich $2ap_1$, und die linke Seite ist

$$\frac{1}{\sqrt{p_1^2 + (p_2 - \frac{1}{4a})^2}} \begin{pmatrix} p_1 \\ p_2 - \frac{1}{4a} \end{pmatrix} \cdot \begin{pmatrix} 1 \\ 2ap_1 \end{pmatrix} = \frac{2ap_1}{\sqrt{a^2 p_1^4 + (\frac{1}{4a})^2 + \frac{1}{2}p_1^2}} \left(ap_1^2 + \frac{1}{4a} \right)$$

$$= \frac{2ap_1}{\sqrt{\left(ap_1^2 + \frac{1}{4a} \right)^2}} \left(ap_1^2 + \frac{1}{4a} \right) = 2ap_1$$

Damit ist Satz 4.5 bewiesen. $\qquad\qquad\qquad\qquad\qquad\qquad\qquad\qquad\qquad\qquad\Box$

Man hätte auch die Beschreibung der Parabel mittels Brennpunkt und Brenngerade aus Satz 4.4 verwenden können, um Satz 4.5 zu beweisen. Einen Beweis dieses Typs geben wir für den nächsten Satz, der von den Brennpunkten einer Ellipse handelt.

Satz 4.6 *Sei E eine Ellipse mit den Brennpunkten $\mathbf{f}$ und $\mathbf{f}'$. Ferner sei $\mathbf{p}$ ein Punkt von E, und $\mathbf{v}$ ein Tangentialvektor an E in $\mathbf{p}$. Dann gilt*

$$\frac{1}{\|\mathbf{p} - \mathbf{f}\|} (\mathbf{p} - \mathbf{f}) \cdot \mathbf{v} = -\frac{1}{\|\mathbf{p} - \mathbf{f}'\|} (\mathbf{p} - \mathbf{f}') \cdot \mathbf{v}$$

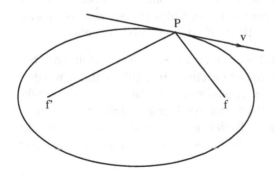

Bild 4.13

In Worten: Der Betrag des Winkels zwischen dem Strahl von $\mathbf{p}$ aus in Richtung von v und dem Strahl von $\mathbf{p}$ nach $\mathbf{f}$ ist gleich dem Betrag des Winkels zwischen dem Strahl von $\mathbf{p}$ aus in Richtung $-\mathbf{v}$ und dem Strahl von $\mathbf{p}$ nach $\mathbf{f}'$. Ferner liegt der Punkt $\mathbf{f}'$ auf derselben Seite der Tangentialgeraden an E in $\mathbf{p}$ wie der Punkt $\mathbf{f}$.

Beweis Sei

$$\mathbf{w} \colon (-\varepsilon, \varepsilon) \to E,$$

$$t \mapsto \big(w_1(t), w_2(t) \big)$$

eine Abbildung wie in Definition 62, das heißt $\mathbf{w}(0) = \mathbf{p}$, w_1 und w_2 seien differenzierbar und

$$\dot{\mathbf{w}}(0) = \big(\dot{w}_1(0), \dot{w}_2(0)\big) = \mathbf{v}$$

Nach Satz 4.3 gibt es $r > 0$, so daß

$$E = \big\{\mathbf{x} \in \mathbb{R}^2 \mid \|\mathbf{x} - \mathbf{f}\| + \|\mathbf{x} - \mathbf{f}'\| = 2r\big\}$$

Insbesondere ist also für alle $t \in (-\varepsilon, \varepsilon)$

$$\|\mathbf{w}(t) - \mathbf{f}\| + \|\mathbf{w}(t) - \mathbf{f}'\| = 2r$$

das heißt

$$\sqrt{\big(\mathbf{w}(t) - \mathbf{f}\big) \cdot \big(\mathbf{w}(t) - \mathbf{f}\big)} + \sqrt{\big(\mathbf{w}(t) - \mathbf{f}'\big) \cdot \big(\mathbf{w}(t) - \mathbf{f}'\big)} = 2r$$

Differenziert man diese Gleichung nach t, so erhält man

$$\frac{2\big(\mathbf{w}(t) - \mathbf{f}\big) \cdot \dot{\mathbf{w}}(t)}{2\,\|\mathbf{w}(t) - \mathbf{f}\|} + \frac{2\big(\mathbf{w}(t) - \mathbf{f}'\big) \cdot \dot{\mathbf{w}}(t)}{2\,\|\mathbf{w}(t) - \mathbf{f}'\|} = 0$$

Da $\mathbf{w}(0) = \mathbf{p}$, $\dot{\mathbf{w}}(0) = \mathbf{v}$, ergibt sich für $t = 0$ die erste Behauptung von Satz 4.6. Lägen $\mathbf{f}$ und $\mathbf{f}'$ auf verschiedenen Seiten der Tangentialgeraden, so läge nach dem eben Bewiesenen $\mathbf{p}$ auf der Verbindungsgeraden von $\mathbf{f}$ und $\mathbf{f}'$. $\qquad\square$

Bemerkung 65 In der Sprache der Strahlenoptik läßt sich Satz 4.6 folgendermaßen interpretieren: Stellen Sie sich vor, daß die Innenseite der Ellipse verspiegelt ist. Dann wird jeder von $\mathbf{f}$ ausgehende Lichtstrahl so reflektiert, daß er durch $\mathbf{f}'$ geht.

Eine andere Interpretation von Satz 4.6 ist folgende: Stellen Sie sich vor, Sie hätten einen Billiardtisch, der durch eine Ellipse begrenzt wird. Billiardbälle werden ebenfalls nach dem Prinzip „Einfallswinkel = Ausfallswinkel" an der Bande reflektiert. Satz 4.6 besagt also, daß ein Billiardball, der im Punkt $\mathbf{f}$ angestoßen wird, nach einer Reflektion durch $\mathbf{f}'$ geht, nach zwei Reflektionen wieder durch $\mathbf{f}$, usw. In den Abschnitten 4.4 und 4.7.3 betrachten wir das sogenannte „elliptische Billiard" genauer.

Ein Analogon von Satz 4.6 gilt auch für Hyperbeln

Satz 4.7 *Sei H eine Hyperbel mit den Brennpunkten $\mathbf{f}$ und $\mathbf{f}'$, $\mathbf{p}$ ein Punkt von H und $\mathbf{v}$ ein Tangentialvektor an H in $\mathbf{p}$. Dann gilt*

$$\frac{1}{\|\mathbf{p} - \mathbf{f}\|}(\mathbf{p} - \mathbf{f}) \cdot \mathbf{v} = \frac{1}{\|\mathbf{p} - \mathbf{f}'\|}(\mathbf{p} - \mathbf{f}') \cdot \mathbf{v}$$

In Worten: Der Betrag des Winkels zwischen dem Strahl von $\mathbf{p}$ aus in Richtung von $\mathbf{v}$ und dem Strahl von $\mathbf{p}$ nach $\mathbf{f}$ ist gleich dem Betrag des Winkels zwischen dem Strahl von $\mathbf{p}$ aus in Richtung $-\mathbf{v}$ und dem Strahl von $\mathbf{p}$ nach $\mathbf{f}'$. Ferner liegen $\mathbf{f}$ und $\mathbf{f}'$ auf verschiedenen Seiten der Tangentialgeraden an H in $\mathbf{p}$.

Den Beweis dieses Satzes, der keine ganz so schöne Interpretation hat wie Satz 4.6, überlassen wir den LeserInnen als Übung.

Übung: (Fußpunktkonstruktion der Ellipse) Sei $\mathbf{p} = (p_1, p_2)$ ein Punkt innerhalb des Kreises $K = \{(x_1, x_2) \in \mathbb{R}^2 \,|\, x_1^2 + x_2^2 = 1\}$, d.h. $p_1^2 + p_2^2 < 1$. Für jedes $\mathbf{x} \in K$ bezeichne $t_\mathbf{x}$ die Gerade senkrecht zu $\mathbf{px}$ durch $\mathbf{x}$. Finden Sie eine Ellipse mit Brennpunkten $\mathbf{p}$ und $-\mathbf{p}$, an die jede der Geraden $t_\mathbf{x}$ tangential ist!

Übung: (Leitlinienkonstruktion für Ellipse und Hyperbel) Gegeben seien eine Gerade ℓ, ein Punkt $\mathbf{f}$, der nicht auf ℓ liegt, und eine Zahl $e > 0$. Betrachten Sie die Menge

$$C := \{\mathbf{x} \in \mathbb{R}^2 \,|\, \|\,\mathbf{x} - \mathbf{f}\,\| = e \cdot d(\mathbf{x}, \ell)\}$$

Beweisen Sie die folgenden Aussagen:

i)   Die Menge C ist eine Ellipse, Parabel bzw Hyperbel mit $\mathbf{f}$ als Brennpunkt – je nachdem ob $e < 1$, $e = 1$ oder $e > 1$ ist!

ii)   Jeder nichtentartete Kegelschnitt kann mit der obigen Konstruktion erhalten werden, und ℓ und e sind durch C und $\mathbf{f}$ eindeutig bestimmt! Die Gerade ℓ heißt *Brenngerade* und e die *Exzentrizität* von C.

iii)   Gegeben sei ferner eine Gerade g, die C in zwei Punkten $\mathbf{p}$ und $\mathbf{p}'$ schneidet. Schneidet g die *Leitlinie* ℓ in einem Punkt $\mathbf{q}$, so gilt

$$\angle \mathbf{pfq} = 180° - \angle \mathbf{p'fq}$$

Ist g parallel zu ℓ, so haben $\mathbf{p'f}$ und $\mathbf{pf}$ mit der Parallelen zu l durch $\mathbf{f}$ gleiche Winkel!

iv)   Sei $\mathbf{p} \in C$ und t die Tangentialgerade an C in $\mathbf{p}$. Schneidet t die Leitlinie ℓ in einem Punkt $\mathbf{q}$, so steht die Gerade durch $\mathbf{f}$ und $\mathbf{q}$ senkrecht auf der Verbindungsgeraden von $\mathbf{f}$ und $\mathbf{p}$. Ist t parallel zu ℓ, so ist die Gerade durch $\mathbf{f}$ und $\mathbf{p}$ senkrecht zu t!

4.3   Schnitt eines Kegelschnitts mit Geraden oder anderen Kegelschnitten

Die wichtigste Ausssage über Schnitte von Kegelschnitten und Geraden ist

Proposition 66 *Sei $C \subset \mathbb{R}^2$ ein Kegelschnitt und $g \subset \mathbb{R}^2$ eine Gerade. Ist g nicht ganz in C enthalten, so besteht $g \cap C$ aus höchstens zwei Punkten.*

Beweis Sei

$$C = \{(x_1, x_2) \in \mathbb{R}^2 \mid f(x_1, x_2) = 0\},$$

wobei

$$f(x_1, x_2) = a_{11} x_1^2 + 2a_{12} x_1 x_2 + a_{22} x_2^2 + b_1 x_1 + b_2 x_2 + c$$

ein quadratische Funktion ist. Ferner sei

$$g = \{\mathbf{y} + t \cdot \mathbf{v} \mid t \in \mathbb{R}\}$$

mit $\mathbf{y}, \mathbf{v} \in \mathbb{R}^2$, $\mathbf{v} \neq \mathbf{0}$. Dann hat das Polynom

$$p(t) := f(\mathbf{y} + t\mathbf{v}) = f(y_1 + tv_1, y_2 + tv_2)$$

Grad ≤ 2 in t. Eine Zahl t ist genau dann eine Nullstelle von p, wenn der Punkt $\mathbf{y} + t\mathbf{v}$ auf $C \cap g$ liegt. So können alle Punkte von $C \cap g$ erhalten werden. Ist $p(t)$ identisch Null, so ist $g \subset C$. Ist $p(t)$ nicht identisch Null, so hat es als Polynom vom Grad ≤ 2 höchstens zwei Nullstellen. $\square$

Da Ellipsen, Parabeln und Hyperbeln keine Geraden enthalten, folgt

Korollar 67 *Eine Ellipse, Parabel oder Hyperbel trifft eine Gerade in höchstens zwei Punkten.*

Von besonderem Interesse sind die Tangentialgeraden an einen Kegelschnitt.

Lemma 68 *Gegeben sei eine Ellipse, Parabel oder Hyperbel*

$$C = \left\{ (x_1, x_2) \in \mathbb{R}^2 \mid f(x_1, x_2) = 0 \right\}$$

wobei $f(x_1, x_2)$ eine quadratische Funktion ist. Ferner sei

$$g = \{\mathbf{y} + t \cdot \mathbf{v} \mid t \in \mathbb{R}\} \quad (\mathbf{y}, \mathbf{v} \in \mathbb{R}^2, \mathbf{v} \neq \mathbf{0})$$

eine Gerade in $\mathbb{R}^2$, und $\mathbf{q}$ ein Punkt von $C \cap g$. Die folgenden Aussagen sind äquivalent:

i) g ist die Tangentialgerade an C in $\mathbf{q}$.

ii) Ist $t_0 \in \mathbb{R}$ so daß $\mathbf{q} = \mathbf{y} + t_0\mathbf{v}$, so nimmt das Polynom

$$p(t) := f(\mathbf{y} + t\mathbf{v}) = f(y_1 + tv_1, y_2 + tv_2)$$

an der Stelle t_0 den Wert 0 an, und hat dort ein Maximum oder Minimum. In anderen Worten, t_0 ist eine doppelte Nullstelle von p. In diesem Fall trifft die Gerade g den Kegelschnitt C nur im Punkt $\mathbf{q}$.

Beweis Ohne Beschränkung der Allgemeinheit können wir annehmen, daß $\mathbf{q} = (0,0)$. Dann ist f von der Gestalt

$$f(x_1, x_2) = a_{11}x_1^2 + 2a_{12}x_1 x_2 + a_{22}x_2^2 + b_1 x_1 + b_2 x_2.$$

Ferner ist $(b_1, b_2) \neq (0,0)$, denn sonst wäre nach Korollar 57 der Kegelschnitt C eine Doppelgerade, ein Geradenpaar oder ein Einsiedlerpunkt.

Sei nun

$$\mathbf{w} \colon (-\varepsilon,\varepsilon) \to C,$$
$$t \mapsto \mathbf{w}(t) = \big(w_1(t),w_2(t)\big)$$

eine Parametrisierung von C wie in Definition 62, das heißt

$$\mathbf{w}(0) = (0,0)$$
$$\dot{\mathbf{w}}(0) = \big(\dot{w}_1(0),\dot{w}_2(0)\big) \neq \mathbf{0}.$$

Nach Definition ist

$$\tilde{g} := \{\tau \cdot \dot{\mathbf{w}}(0) \mid \tau \in \mathbb{R}\}$$

die Tangentialgerade an C in $\mathbf{q} = (0,0)$. Da $f\big(\mathbf{w}(t)\big) = 0$ für alle $t \in (-\varepsilon,\varepsilon)$, ist

$$\frac{\mathrm{d}}{\mathrm{d}t} f\big(\mathbf{w}(t)\big)\bigg|_{t=0} = 0.$$

Einsetzen ergibt

$$b_1 \dot{w}_1(0) + b_2 \dot{w}_2(0) = 0 \tag{4.9}$$

Sei nun $g = \{t\mathbf{v} \mid t \in \mathbb{R}\}$ mit $\mathbf{v} \neq \mathbf{0}$ eine beliebige Gerade durch $\mathbf{q} = (0,0)$. Dann ist

$$f(t \cdot \mathbf{v}) = (b_1 v_1 + b_2 v_2) \cdot t + (a_{11} v_1^2 + 2a_{12} v_1 v_2 + a_{22} v_2^2)t^2$$

Die Funktion $t \mapsto f(t \cdot \mathbf{v})$ hat also genau dann eine doppelte Nullstelle in 0, wenn $b_1 v_1 + b_2 v_2 = 0$. Da $(b_1,b_2) \neq (0,0)$, ist dies nach (4.9) genau dann der Fall, wenn

$$\mathbf{v} = \lambda \cdot \dot{\mathbf{w}}(0) \quad \text{für ein } \lambda \in \mathbb{R}, \ \lambda \neq 0,$$

das heißt, wenn $g = \tilde{g}$. Damit ist Lemma 68 für den Fall $\mathbf{y} = \mathbf{q}$ bewiesen. Der allgemeine Fall ergibt sich daraus sofort, denn die Funktionen $t \mapsto f(\mathbf{y} + t \cdot \mathbf{v})$ und $t \mapsto f(\mathbf{q} + t \cdot \mathbf{v})$ unterscheiden sich nur durch Verschieben der Variablen t um den Wert t_0.

Die Funktion $p(t)$ hat—mit Multiplizität gezählt—höchstens zwei Nullstellen. Ist also t_0 eine doppelte Nullstelle, so hat p keine weitere Nullstelle. Deshalb gibt es keinen weiteren Punkt von $C \cap g$. $\qquad\square$

Bemerkung 69 Sei $g = \{\mathbf{y} + t \cdot \mathbf{v} \mid t \in \mathbb{R}\}$ eine Gerade,

$$C = \big\{(x_1,x_2) \in \mathbb{R}^2 \mid f(x_1,x_2) = 0\big\}$$

ein nichtentarteter Kegelschnitt, und

$$p(t) = f(\mathbf{y} + t \cdot \mathbf{v})$$

wie in Lemma 68. Schreibe
$$p(t) = at^2 + 2bt + c.$$

Ist $a \neq 0$, so ist nach Lemma 68 die Gerade g genau dann eine Tangente an C, wenn die Diskriminante Δ des quadratischen Polynoms $p(t)$

$$\Delta = ac - b^2$$

gleich Null ist. Wenn C eine Ellipse ist, ist a stets von 0 verschieden. Wenn C eine Hyperbel ist, so ist a genau dann gleich Null, wenn g parallel zu einer der Asymptotenlinien von C ist. In diesem Fall ist $\Delta = -b^2 = 0$ genau dann, wenn g gleich einer der Asymptotenlinien ist. Ist schließlich C eine Parabel, so ist $a = 0$ genau dann, wenn g parallel zur Symmetrieachse von C ist. In diesem Fall ist stets $\Delta \neq 0$.

Korollar 70 *Sei*

$$C = \left\{ (x_1, x_2) \in \mathbb{R}^2 \mid a_{11}x_1^2 + 2a_{12}x_1x_2 + a_{22}x_2^2 + b_1x_1 + b_2x_2 + c = 0 \right\}$$

eine Ellipse, Parabel oder Hyperbel, und $\mathbf{q} \in C$. *Dann ist die Tangentialgerade an* C *in* $\mathbf{q}$ *gleich*

$$g = \left\{ (x_1, x_2) \in \mathbb{R}^2 \mid (2a_{11}q_1 + 2a_{12}q_2 + b_1)x_1 + (2a_{12}q_1 + 2a_{22}q_2 + b_2)x_2 + b_1q_1 + b_2q_1 + 2c = 0 \right\}$$

Beweis Es ist leicht nachzurechnen, daß $\mathbf{q} \in g$ und daß

$$g = \{\mathbf{q} + t \cdot \mathbf{v} \mid t \in \mathbb{R}\}$$

mit
$$\mathbf{v} := \big(2a_{12}q_1 + 2a_{22}q_2 + b_2, -(2a_{11}q_1 + 2a_{12}q_2 + b_1)\big)$$

Nach Lemma 68 genügt es also nachzuprüfen, daß die Funktion

$$p: t \mapsto a_{11}(q_1 + tv_1)^2 + 2a_{12}(q_1 + tv_1)(q_2 + tv_2) + a_{22}(q_2 + tv_2)^2$$
$$+ b_1(q_1 + tv_1) + b_2(q_2 + tv_2) + 2c$$

in 0 eine doppelte Nullstelle hat. Da $\mathbf{q} \in C$, ist $p(0) = 0$. Die Ableitung an der Stelle 0 ist

$$\dot{p}(0) = 2a_{11}q_1v_1 + 2a_{12}q_2v_1 + 2a_{12}q_1v_2 + 2a_{22}q_2v_2 + b_1v_1 + b_2v_2$$
$$= (2a_{11}q_1 + 2a_{12}q_2 + b_1)v_1 + (2a_{12}q_1 + 2a_{22}q_2 + b_2)v_2$$
$$= 0$$

$\square$

Bemerkung 71 Korollar 70 ist ein Spezialfall eines allgemeineren Satzes aus der Analysis (vgl. z.B. [Courant], Band 2, III.2): Ist $f(x_1,x_2)$ eine differenzierbare Funktion in zwei Veränderlichen, $C := \{(x_1,x_2) \in \mathbb{R} \mid f(x_1,x_2) = 0\}$ und $\mathbf{q} = (q_1,q_2)$ ein Punkt von C, so daß wenigstens eine der partiellen Ableitungen $\partial f/\partial x_1(\mathbf{q})$, $\partial f/\partial x_2(\mathbf{q})$ von f in $\mathbf{q}$ nicht verschwindet, so ist die Tangentialgerade an C in $\mathbf{q}$ gleich

$$\left\{(x_1,x_2) \in \mathbb{R}^2 \;\middle|\; \frac{\partial f}{\partial x_1}(\mathbf{q}) \cdot x_1 + \frac{\partial f}{\partial x_2}(\mathbf{q}) \cdot x_2 - \frac{\partial f}{\partial x_1}(\mathbf{q}) \cdot q_1 - \frac{\partial f}{\partial x_2}(\mathbf{q}) \cdot q_2 = 0\right\}$$

Eine weitere Folgerung aus Lemma 68 ist

Proposition 72 *Sei C eine Ellipse, Parabel oder Hyperbel und $\mathbf{y}$ ein Punkt von $\mathbb{R}^2$. Dann gibt es höchstens zwei Geraden durch $\mathbf{y}$, die an C tangential sind (vgl. Bild 4.14).*

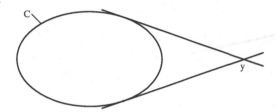

Bild 4.14

Falls $\mathbf{y} \in C$, so gibt es genau eine Gerade g durch $\mathbf{y}$, die an C tangential ist, nämlich die Tangentialgerade an C in $\mathbf{y}$.

Beweis Wir können ohne Beschränkung der Allgemeinheit annehmen, daß $\mathbf{y} = (0,0)$. Sei

$$f(x_1,x_2) = a_{11}x_1^2 + 2a_{12}x_1x_2 + a_{22}x_2^2 + b_1x_1 + b_2x_2 + c = 0$$

die Gleichung von C. Jede Gerade durch $\mathbf{y}$ ist von der Form $\{t\mathbf{v} \mid t \in \mathbb{R}\}$ mit $\mathbf{v} \in \mathbb{R}^2 \setminus \{\mathbf{0}\}$. Zwei Richtungsvektoren $\mathbf{v}$, $\mathbf{v}'$ ergeben genau dann die gleiche Gerade, wenn $\mathbf{v}' = \lambda \cdot \mathbf{v}$ mit $\lambda \neq 0$. Ist $\{t\mathbf{v} \mid t \in \mathbb{R}\}$ eine Tangentialgerade an C, so verschwindet nach Bemerkung 69 die Diskriminante $\Delta(\mathbf{v})$ des Polynoms

$$p_{\mathbf{v}}(t) = (a_{11}v_1^2 + 2a_{12}v_1v_2 + a_{22}v_2^2)t^2 + (b_1v_1 + b_2v_2)t + c$$

Sei

$$\Delta(\mathbf{v}) := 4c(a_{11}v_1^2 + 2a_{12}v_1v_2 + a_{22}v_2^2) - (b_1v_1 + b_2v_2)^2$$

Die Abbildung $\mathbf{v} \rightarrow \Delta(\mathbf{v})$ ist eine quadratische Form in den Variablen v_1, v_2.

Übung: Zeigen Sie, daß die Funktion $\mathbf{v} \rightarrow \Delta(\mathbf{v})$ nicht identisch Null ist!

Nach Bemerkung 59.i) ist $\{\mathbf{v} \in \mathbb{R}^2 \mid \Delta(\mathbf{v}) = 0\}$ entweder nur der Punkt $(0,0)$ oder eine Gerade durch $(0,0)$ oder die Vereinigung zweier Geraden durch $(0,0)$. Entsprechend gibt es keine, oder eine oder zwei Geraden durch $\mathbf{y}$, die an C tangential sind.

Falls $\mathbf{y} = (0,0)$ auf C liegt, so ist $c = 0$ und somit $\Delta(\mathbf{v}) = (b_1 v_1 + b_2 v_2)^2$. In diesem Fall ist also $\{(v_1, v_2) \in \mathbb{R}^2 \mid \Delta(\mathbf{v}) = 0\}$ die Gerade $\{(v_1, v_2) \in \mathbb{R}^2 \mid b_1 v_1 + b_2 v_2 = 0\}$, und es gibt genau eine Gerade g durch $\mathbf{y}$, die an C tangential ist. Die Tangentialgerade an C durch $\mathbf{y}$ hat diese Eigenschaft, also ist g diese Tangentialgerade. $\square$

Übung: Sei C eine Ellipse, Parabel oder Hyperbel, p ein Punkt von C und g die Tangentialgerade an C in p. Zeigen Sie, daß es höchstens einen Punkt $\mathbf{q}$ auf C gibt, so daß die Tangentialgerade an C in $\mathbf{q}$ die Gerade g nicht schneidet (siehe Bild 4.15)!

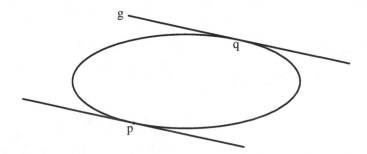

Bild 4.15

Proposition 66 und Proposition 72 können wir verwenden, um die relative Lage von Geraden und Kegelschnitten zu diskutieren. Wir tun dies am Beispiel der Ellipse

$$E := E_{a_1, a_2} = \left\{ (x_1, x_2) \in \mathbb{R}^2 \ \middle| \ \frac{x_1^2}{a_1^2} + \frac{x_2^2}{a_2^2} = 1 \right\}$$

Sei $\mathbf{y} \in \mathbb{R}^2$ und $g = \{\mathbf{y} + t \cdot \mathbf{v} \mid t \in \mathbb{R}\}$ eine Gerade durch $\mathbf{y}$. Für die Lage von $\mathbf{y}$ gibt es drei Möglichkeiten

$$\mathbf{y} \text{ liegt im „Innern“ der Ellipse, das heißt} \quad \frac{y_1^2}{a_1^2} + \frac{y_2^2}{a_2^2} < 1 \qquad (4.10)$$

$$\mathbf{y} \text{ liegt auf der Ellipse, das heißt} \quad \frac{y_1^2}{a_1^2} + \frac{y_2^2}{a_2^2} = 1 \qquad (4.11)$$

$$\mathbf{y} \text{ liegt „außerhalb“ der Ellipse, das heißt} \quad \frac{y_1^2}{a_1^2} + \frac{y_2^2}{a_2^2} > 1 \qquad (4.12)$$

Setze

$$f(x_1, x_2) := \frac{x_1^2}{a_1^2} + \frac{x_2^2}{a_2^2} - 1$$

Das quadratische Polynom

$$p(t) := f(\mathbf{y} + t\mathbf{v}) = f(y_1 + tv_1, y_2 + tv_2)$$

strebt für $t \mapsto \pm\infty$ gegen $+\infty$. Im Fall (4.10) ist $p(0) < 0$, also hat p nach dem Zwischenwertsatz mindestens eine Nullstelle im Intervall $(-\infty, 0)$ und eine Nullstelle im Intervall $(0, \infty)$. Die Nullstellen von $p(t)$ entsprechen gerade den Punkten von $g \cap E$. Folglich besteht $g \cap E$ aus mindestens zwei, und somit nach Proposition 66 aus genau zwei Punkten.

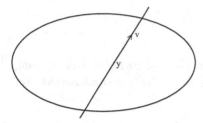

Bild 4.16

Im Fall (4.11) kann g die Tangentialgerade an E in $\mathbf{y}$ sein. Alle anderen Geraden durch $\mathbf{y}$ schneiden E in genau zwei Punkten, denn dann hat p zwei einfache Nullstellen (Bild 4.17).

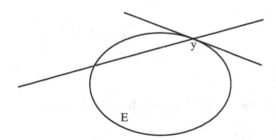

Bild 4.17

Im Fall (4.12) gibt es stets zwei verschiedene Tangentialgeraden an E durch den Punkt $\mathbf{y}$. Ferner gibt es unendlich viele Geraden durch $\mathbf{y}$, die E überhaupt nicht treffen, und unendlich viele Geraden durch $\mathbf{y}$, die E in genau zwei Punkten treffen (Bild 4.18).

Übung: Beweisen Sie die oben formulierten Aussagen über den Fall (4.12)!

Wir betrachten nun noch den Schnitt von zwei Kegelschnitten.

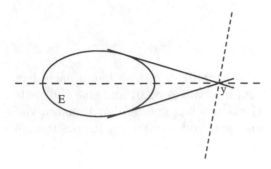

Bild 4.18

Satz 4.8 *Seien C_1 und C_2 Kegelschnitte. Falls $C_1 \neq C_2$ und es keine Gerade gibt, die sowohl in C_1 als auch in C_2 enthalten ist, so besteht $C_1 \cap C_2$ aus höchstens vier Punkten (siehe Bild 4.19).*

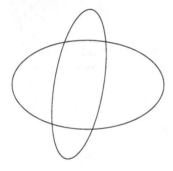

Bild 4.19

Beweis Für $j = 1$, 2 sei $f_j(\mathbf{x}) = 0$ eine quadratische Gleichung für C_j, das heißt

$$C_j = \left\{ \mathbf{x} \in \mathbb{R}^2 \mid f_j(\mathbf{x}) = 0 \right\}$$

Wir nehmen an, daß $C_1 \cap C_2$ mindestens fünf verschiedene Punkte $\mathbf{p}^{(1)}, \ldots, \mathbf{p}^{(5)}$ enthält. Liegen von diesen fünf Punkten drei auf einer Geraden g, so besteht $g \cap C_j$ aus mindestens diesen drei Punkten ($j = 1,2$). Nach Proposition 66 ist dann $g \subset C_j$ für $j = 1$, 2, also enthält $C_1 \cap C_2$ diese Gerade g.

Wir nehmen von nun an an, daß keine drei der fünf Punkte auf einer Geraden liegen. Sei g' die Gerade durch $\mathbf{p}^{(1)}$ und $\mathbf{p}^{(2)}$. Dann sind $\mathbf{p}^{(3)}$, $\mathbf{p}^{(4)}$, $\mathbf{p}^{(5)} \notin g$. Wir wählen einen von $\mathbf{p}^{(1)}$ und $\mathbf{p}^{(2)}$ verschiedenen Punkt $\mathbf{q}$ der Geraden g'. Dann gibt es $(\lambda_1, \lambda_2) \in \mathbb{R}^2 \setminus \left\{ (0,0) \right\}$ so, daß

$$\lambda_1 f_1(\mathbf{q}) + \lambda_2 f_2(\mathbf{q}) = 0.$$

Da $C_1 \neq C_2$, sind die Funktionen f_1 und f_2 keine Vielfachen voneinander. Also ist die Funktion $\mathbf{x} \mapsto \lambda_1 f_1(\mathbf{q}) + \lambda_2 f_2(\mathbf{q})$ nicht identisch Null. Somit ist

$$C' := \{\mathbf{x} \in \mathbb{R}^2 \mid \lambda_1 f_1(\mathbf{x}) + \lambda_2 f_2(\mathbf{x}) = 0\}$$

ein Kegelschnitt oder eine Gerade. Offenbar liegen die Punkte $\mathbf{p}^{(1)}, \dots, \mathbf{p}^{(5)}$ und $\mathbf{q}$ auf C'. Dies schließt aus, daß C' eine Gerade ist. Andererseits enthält $g' \cap C'$ die drei Punkte $\mathbf{q}$, $\mathbf{p}^{(1)}$, $\mathbf{p}^{(2)}$, also ist nach Proposition 66

$$g' \subset C'$$

Nach der Klassifikation von Kegelschnitten in Satz 4.1 ist ein Kegelschnitt, der eine Gerade enthält, die Vereinigung dieser Geraden mit einer weiteren Geraden (die mit der ersten übereinstimmen kann). Also gibt es eine Gerade g'', so daß

$$C' = g' \cup g''$$

Nun liegen aber die Punkte $\mathbf{p}^{(3)}$, $\mathbf{p}^{(4)}$, $\mathbf{p}^{(5)}$ nicht auf g'. Also liegen sie auf g''. Dies ist ein Widerspruch zu der Annahme, daß keine drei der Punkte $\mathbf{p}^{(1)}, \dots, \mathbf{p}^{(5)}$ auf einer Geraden liegen.   □

Aus Satz 4.8 folgt, daß eine Ellipse, Parabel oder Hyperbel durch fünf ihrer Punkte eindeutig bestimmt ist. Genauer gilt

Korollar 73 *Seien $\mathbf{p}^{(1)}, \dots, \mathbf{p}^{(5)}$ fünf verschiedene Punkte von $\mathbb{R}^2$, von denen keine vier auf einer Geraden liegen. Dann gibt es einen eindeutig bestimmten Kegelschnitt, der diese fünf Punkte enthält.*

Beweis Schreibe $\mathbf{p}^{(j)} = \left(p_1^{(j)}, p_2^{(j)}\right)$. Das System der fünf linearen Gleichungen

$$a_{11}\left(p_1^{(j)}\right)^2 + 2a_{12}p_1^{(j)}p_2^{(j)} + a_{22}\left(p_2^{(j)}\right)^2 + b_1 p_1^{(j)} + b_2 p_2^{(j)} + c = 0$$

($j = 1, \dots, 5$) in den sechs Veränderlichen a_{11}, a_{12}, a_{22}, b_1, b_2 und c hat mindestens eine von $(0,0,0,0,0,0)$ verschiedene Lösung. Der zugehörige Kegelschnitt

$$C := \left\{(x_1, x_2) \in \mathbb{R}^2 \mid a_{11}x_2 + 2a_{12}x_1 x_2 + a_{22}x_2^2 + b_1 x_1 + b_2 x_2 + c = 0\right\}$$

enthält dann die Punkte $\mathbf{p}^{(1)}, \dots, \mathbf{p}^{(5)}$.

Um Eindeutigkeit zu zeigen, nehmen wir an, es gäbe zwei verschiedene Kegelschnitte C_1, C_2, die die fünf Punkte $\mathbf{p}^{(1)}, \dots, \mathbf{p}^{(5)}$ enthalten. Nach Satz 4.8 enthält dann $C_1 \cap C_2$ eine Gerade g. Die Klassifikation von Kegelschnitten aus Satz 4.1 zeigt, daß es dann Geraden g_1, g_2 gibt, so daß

$$C_1 = g \cup g_1 \quad \text{und} \quad C_2 = g \cup g_2.$$

Auf g liegen nach Voraussetzung höchstens drei der fünf Punkte $\mathbf{p}^{(1)}, \dots, \mathbf{p}^{(5)}$. Die übrigen liegen dann sowohl auf g_1 als auch auf g_2. Folglich ist $g_1 = g_2$ und somit $C_1 = C_2$.   □

Übung: Sei C eine Ellipse, Parabel oder Hyperbel, $\mathbf{p}$ ein Punkt von C und g die Tangentialgerade an C in $\mathbf{p}$. Zeigen Sie, daß es höchstens einen Punkt $\mathbf{q}$ auf C gibt, so daß die Tangentialgerade an C in $\mathbf{q}$ die Gerade g nicht schneidet!

4.4 Konfokale Kegelschnitte

Wir betrachten in diesem Abschnitt das System von Kegelschnitten, die zwei vorgegebene Punkte als Brennpunkte haben.

Satz 4.9 *Seien $\mathbf{f}$ und $\mathbf{f}'$ zwei verschiedene Punkte von $\mathbb{R}^2$. Weiter sei $\mathbf{p}$ ein Punkt von $\mathbb{R}^2$, der nicht auf der Geraden durch $\mathbf{f}$ und $\mathbf{f}'$ und nicht auf der Mittelsenkrechten von $\mathbf{f}$ und $\mathbf{f}'$ liegt (die Mittelsenkrechte von $\mathbf{f}$ und $\mathbf{f}'$ ist definiert als die Menge $\left\{ \mathbf{x} \in \mathbb{R}^2 \,|\, \|\mathbf{x} - \mathbf{f}\| = \|\mathbf{x} - \mathbf{f}'\| \right\}$). Dann gibt es genau eine Ellipse E und genau eine Hyperbel H, die $\mathbf{f}$ und $\mathbf{f}'$ als Brennpunkte haben und durch $\mathbf{p}$ gehen. Ist $\mathbf{v}$ ein Tangentialvektor an E in $\mathbf{p}$ und $\mathbf{w}$ ein Tangentialvektor an H in $\mathbf{p}$, so stehen $\mathbf{v}$ und $\mathbf{w}$ aufeinander senkrecht.*

Beweis Es seien g_E bzw. g_H die Tangentialgeraden an E bzw. H in $\mathbf{p}$. Wähle Hilfspunkte $\mathbf{q}$, $\mathbf{q}'$ auf g_E, die auf derselben Seite von g_H liegen wie $\mathbf{f}$, $\mathbf{f}'$! Ferner sei $\mathbf{m}$ der Schnittpunkt von g_H mit der Geraden durch $\mathbf{f}$ und $\mathbf{f}'$.

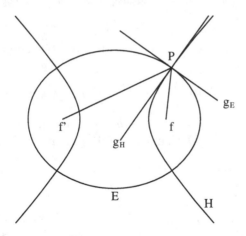

Bild 4.20

Nach Satz 4.6 und Satz 4.7 ist

$$\measuredangle \mathbf{q}\,\mathbf{p}\,\mathbf{f} \;=\; \measuredangle \mathbf{f}'\,\mathbf{p}\,\mathbf{q}' \quad \text{und} \quad \measuredangle \mathbf{f}\,\mathbf{p}\,\mathbf{m} \;=\; \measuredangle \mathbf{m}\,\mathbf{p}\,\mathbf{f}'$$

Da

$$\begin{aligned}
180^\circ &= \measuredangle \mathbf{q}\,\mathbf{p}\,\mathbf{f} + \measuredangle \mathbf{f}\,\mathbf{p}\,\mathbf{m} + \measuredangle \mathbf{m}\,\mathbf{p}\,\mathbf{f}' + \measuredangle \mathbf{f}'\,\mathbf{p}\,\mathbf{q}' \\
&= 2\,(\measuredangle \mathbf{q}\,\mathbf{p}\,\mathbf{f} + \measuredangle \mathbf{f}\,\mathbf{p}\,\mathbf{m})
\end{aligned}$$

folgt

$$\angle \mathbf{q\,p\,m} \;=\; \angle \mathbf{q\,p\,f} \;+\; \angle \mathbf{f\,p\,m} \;=\; 90°$$

$\square$

Definition 74 *Sind C_1 und C_2 Ellipsen oder Hyperbeln, so heißen C_1 und C_2 konfokal, wenn sie die gleichen Brennpunkte haben.*

Satz 4.9 zeigt, daß das System der zu einer festen Ellipse oder Hyperbel konfokalen Kegelschnitte das Komplement der Symmetrieachsen der Ellipse oder Hyperbel „doppelt überdeckt" und dort ein „orthogonales System" bildet (siehe Bild 4.21).

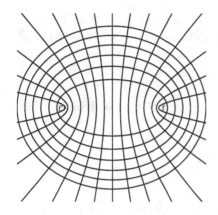

Bild 4.21

Man verwendet dies, um ein neues Koordinatensystem, die sogenannten *elliptischen Koordinaten*, einzuführen. Wir tun dies in dem Spezialfall, daß $\mathbf{f}$ und $\mathbf{f}'$ auf der Achse $\{(x_1, x_2) \in \mathbb{R}^2 \mid x_2 = 0\}$ symmetrisch zum Koordinatenursprung liegen.

Lemma 75 *Seien $a_1 > a_2 > 0$. Die zu der Ellipse*

$$E_{a_1, a_2} = \left\{ (x_1, x_2) \in \mathbb{R}^2 \;\middle|\; \frac{x_1^2}{a_1^2} + \frac{x_2^2}{a_2^2} = 1 \right\}$$

konfokalen Kegelschnitte sind

$$C_\lambda := \left\{ (x_1, x_2) \in \mathbb{R}^2 \;\middle|\; \frac{x_1^2}{a_1^2 - \lambda} + \frac{x_2^2}{a_2^2 - \lambda} = 1 \right\}$$

mit $-\infty < \lambda < a_2^2$ oder $a_2^2 < \lambda < a_1^2$.

Beweis Setze

$$r := a_1 \quad c := \sqrt{r^2 - a_2^2} = \sqrt{a_1^2 - a_2^2}$$

Nach (4.5) sind dann

$$\mathbf{f} := (c,0) \quad \text{und} \quad \mathbf{f}' := (-c,0)$$

die Brennpunkte von E_{a_1,a_2}. Die zu E_{a_1,a_2} konfokalen Ellipsen sind nach (4.5)

$$E_{r'} := \left\{ (x_1,x_2) \in \mathbb{R}^2 \ \middle| \ \frac{x_1^2}{(r')^2} + \frac{x_2^2}{(r')^2 - c^2} = 1 \right\}$$

mit $|r'| > c$. Setzt man $\lambda := a_1^2 - (r')^2$, so durchläuft λ die Zahlen zwischen $-\infty$ und $a_1^2 - c^2 = a_2^2$, und $(r')^2 = a_1^2 - \lambda$, $(r')^2 - c^2 = a_2^2 - \lambda$.

Dies beweist, daß die zu E_{a_1,a_2} konfokalen Ellipsen gerade die Ellipsen C_λ mit $-\infty < \lambda < a_2^2$ sind. Ebenso zeigt man, daß die zu E_{a_1,a_2} konfokalen Hyperbeln gerade die Hyperbeln C_λ mit $a_2^2 < \lambda < a_1^2$ sind.   □

Nach Satz 4.9 gibt es für jeden Punkt $\mathbf{p} = (p_1,p_2) \in \mathbb{R}^2$ mit $p_1 \neq 0$ und $p_2 \neq 0$ genau eine Zahl $\lambda_1(\mathbf{p})$ zwischen $-\infty$ und a_2^2 und eine Zahl $\lambda_2(\mathbf{p})$ mit $a_2^2 < \lambda_2(\mathbf{p}) < a_1^2$ so daß

$$\mathbf{p} \in C_{\lambda_1(\mathbf{p})} \quad \text{und} \quad \mathbf{p} \in C_{\lambda_2(\mathbf{p})}$$

Übung: Beweisen Sie diese Aussage ohne Verwendung von Satz 4.9! Hinweis: Betrachten Sie die Funktion

$$\lambda \mapsto \frac{p_1^2}{a_1^2 - \lambda} + \frac{p_2^2}{a_2^2 - \lambda} - 1.$$

$\lambda_1(\mathbf{p})$ und $\lambda_2(\mathbf{p})$ heißen die *elliptischen Koordinaten* von $\mathbf{p}$ bzgl. der Ellipse E_{a_1,a_2}. Sie bilden Koordinaten auf jedem Quadranten von $\mathbb{R}^2$. Wir verifizieren dies für den ersten Quadranten.

Proposition 76 *Sei*

$$Q := \left\{ (x_1,x_2) \in \mathbb{R}^2 \ \middle| \ x_1 > 0 \quad und \quad x_2 > 0 \right\}$$

der „erste Quadrant". Dann ist die Abbildung

$$Q \to (-\infty,a_2^2) \times (a_1^2,a_2^2)$$
$$\mathbf{p} \mapsto \big(\lambda_1(\mathbf{p}),\lambda_2(\mathbf{p})\big)$$

eine Bijektion.

Beweis Zunächst zeigen wir, daß die Abbildung injektiv ist. Wären $\mathbf{p} = (p_1,p_2)$ und $\mathbf{p}' = (p_1',p_2')$ zwei verschiedene Punkte von Q mit $\lambda_1(\mathbf{p}) = \lambda_1(\mathbf{p}')$ und $\lambda_2(\mathbf{p}) = \lambda_2(\mathbf{p}')$, so würden sich die Kegelschnitte $C_{\lambda_1(\mathbf{p})}$ und $C_{\lambda_2(\mathbf{p})}$ in den Punkten $\mathbf{p}$ und $\mathbf{p}'$ schneiden. Aus der Gestalt der Kegelschnitte ist klar, daß mit $\mathbf{p}$ und $\mathbf{p}'$ alle acht Punkte

$$(\pm p_1, \pm p_2) \quad \text{und} \quad (\pm p_1', \pm p_2')$$

in $C_{\lambda_1(\mathbf{p})} \cap C_{\lambda_2(\mathbf{p})}$ liegen. Dies ergibt einen Widerspruch zu Satz 4.8.

Um zu beweisen, daß die Abbildung surjektiv ist, müssen wir zeigen, daß für jedes $\lambda_1 \in (-\infty, a_2^2)$ und jedes $\lambda_2 \in (a_2^2, a_1^2)$ die Ellipse C_{λ_1} und die Hyperbel C_{λ_2} einen Schnittpunkt in Q haben. Dazu sei für $0 \leq t < a_1^2 - \lambda_1$

$$\varphi(t) := (a_2^2 - \lambda_1) \left(1 - \frac{t}{a_1^2 - \lambda_1} \right)$$

Dann ist

$$\left(\sqrt{t}, \sqrt{\varphi(t)} \right) \in C_{\lambda_1}$$

und für $0 < t < a_1^2 - \lambda_1$ liegt der Punkt $\left(\sqrt{t}, \sqrt{\varphi(t)} \right)$ in Q.

Setze

$$f(t) := \frac{t}{a_1^2 - \lambda_2} + \frac{\varphi(t)}{a_2^2 - \lambda_2}.$$

Dann ist

$$f(0) = \frac{a_2^2 - \lambda_1}{a_2^2 - \lambda_2} < 0 \quad \text{und} \quad f(a_1^2 - \lambda_1) = \frac{a_1^2 - \lambda_1}{a_1^2 - \lambda_2} > 1.$$

Nach dem Zwischenwertsatz gibt es $t_0 \in (0, a_1^2 - \lambda_1)$, so daß $f(t_0) = 1$. Der Punkt $\left(\sqrt{t_0}, \sqrt{\varphi(t_0)} \right)$ liegt dann in $Q \cap C_{\lambda_1} \cap C_{\lambda_2}$. $\qquad \square$

Die zu der Ellipse E_{a_1, a_2} konfokalen Kegelschnitte spielen eine wichtige Rolle bei der Untersuchung des Billiards im Innern dieser Ellipse. Stellen Sie sich vor, ein Billiardball, der im Innern der Ellipse liegt, werde in irgendeine Richtung angestoßen. Bis zur ersten Reflexion am Rand der Ellipse bewegt er sich dann auf einer Geraden g. Falls diese Gerade g zufällig durch einen der Brennpunkte geht, so haben wir die weitere Bewegung des Balls in Satz 4.6 untersucht: Nach einer Reflexion bewegt sich der Ball auf einer Geraden durch den anderen Brennpunkt, nach zwei Reflexionen wieder auf einer Geraden durch den ursprünglichen Brennpunkt, etc..

Übung: In diesem Fall bezeichne $(x_1(t), x_2(t))$ die Lage des Billiardballs zur Zeit t. Zeigen Sie:

$$\lim_{t \to \infty} x_2(t) = 0 \ !$$

Falls g zufällig die Achse $\{ (x_1, x_2) \in \mathbb{R}^2 \mid x_1 = 0 \}$ ist, so oszilliert der Billiardball zwischen den Punkten $(0, \pm a_2)$.

Ist g keine der oben betrachteten Geraden, so werden wir unten in Lemma 77 beweisen, daß es genau einen zu E_{a_1, a_2} konfokalen Kegelschnitt C_λ gibt, so daß g Tangentialgerade oder Asymptotenlinie von C_λ ist. In Satz 4.10 unten werden wir beweisen, daß die Gerade g', auf der sich der Billiardball nach der Reflexion bewegt, ebenfalls Tangentialgerade oder Asymptotenlinie von C_λ ist. Dasselbe gilt dann für die Bewegung des Biliardballs nach zwei, drei oder mehr Reflexionen. Wenn C_λ eine Ellipse ist, so ergibt sich für die Bahn des Billiardballs eine Gestalt wie in Bild 4.22.

Falls C_λ eine Hyperbel ist, so sieht die Bahn des Billiardballs etwa wie in Bild 4.23 aus.

Es bleibt, das angekündigte Lemma und den angekündigten Satz präzise zu formulieren, und zu beweisen.

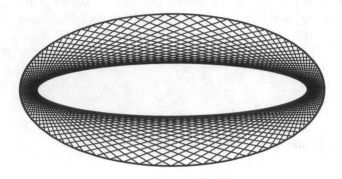

Bild 4.22

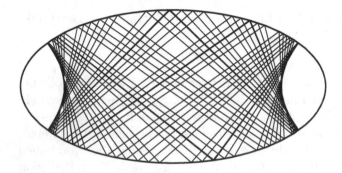

Bild 4.23

Lemma 77 *Sei g eine Gerade, die nicht durch einen der Brennpunkte von E_{a_1,a_2} geht und von der x_2-Achse $\{(x_1,x_2) \in \mathbb{R}^2 \mid x_1 = 0\}$ verschieden ist. Dann gibt es genau ein $\lambda \in (-\infty,a_2^2) \cup (a_2^2,a_1^2)$, so daß g Tangentialgerade oder Asymptotenlinie von C_λ ist. Falls g die Strecke zwischen den beiden Brennpunkten von E_{a_1,a_2} trifft, so ist C_λ eine Hyperbel, sonst eine Ellipse.*

Beweis Schreibe $g = \{\mathbf{p} + t \cdot \mathbf{v}/t \in \mathbb{R}\}$ mit $\mathbf{p},\mathbf{v} \in \mathbb{R}^2$

1. Fall:: $\mathbf{f}$ und $\mathbf{f}'$ liegen auf derselben Seite von g :
Nach Satz 4.9 gibt es keine zu E_{a_1,a_2} konfokale Hyperbel, die an g tangential ist. Aus Symmetriegründen können wir annehmen, daß $p_1 < 0, p_2 \geq 0$, $v_1 \geq 0, v_2 \geq 0$. Für $t \in \mathbb{R}$ bezeichne $\alpha'(t)$ den Betrag des Winkels zwischen dem Strahl von $\mathbf{p} + t\mathbf{v}$ aus in Richtung $-\mathbf{v}$ und dem Strahl von $\mathbf{p} + t\mathbf{v}$ nach $\mathbf{f}'$, und $\alpha(t)$ den Betrag des Winkels zwischen dem Strahl von $\mathbf{p} + t\mathbf{v}$ aus in Richtung $\mathbf{v}$ und dem Strahl von $\mathbf{p} + t\mathbf{v}$ nach $\mathbf{f}$.

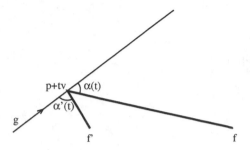

Bild 4.24

Nach Satz 4.6 ist g genau dann Tangentialgerade einer zu E_{a_1,a_2} konfokalen Ellipse durch $\mathbf{p} + t\mathbf{v}$, wenn $\alpha(t) = \alpha'(t)$. Nun ist $\alpha'(t)$ eine streng monoton fallende stetige Funktion mit $\lim_{t\to-\infty} \alpha'(t) = 180°$ und $\lim_{t\to+\infty} \alpha'(t) = 0°$. Ebenso ist $\alpha(t)$ eine streng monoton wachsende Funktion mit $\lim_{t\to-\infty} \alpha(t) = 0°$ und $\lim_{t\to+\infty} \alpha(t) = 180°$. Aus der Monotonie und dem Zwischenwertsatz folgt, daß es genau ein $t \in \mathbb{R}$ gibt mit $\alpha'(t) = \alpha(t)$.

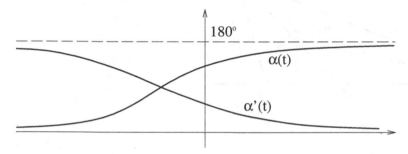

Bild 4.25

2. Fall:: $\mathbf{f}$ und $\mathbf{f}'$ liegen auf verschiedenen Seiten von g.
Wie oben folgt aus Satz 4.9 , daß es keine zu $E_{a_1 a_2}$ konfokale Ellipse gibt, die an g tangential ist. Aus Symmetriegründen können wir annehmen, daß $p_1 \geq 0, p_2 = 0, v_1 \geq 0, v_2 \geq 0$. Im Fall $p_1 = 0$ ist g Asymptotenlinie einer zu $E_{a_1 a_2}$ konfokalen Hyperbel. Deswegen beschränken wir uns auf den Fall $p_1 > 0$. Es bezeichne $\beta'(t)$ (bzw. $\beta(t)$) den Betrag des Winkels zwischen dem Strahl von $\mathbf{p} + t\mathbf{v}$ aus in Richtung $\mathbf{v}$ und dem Strahl von $\mathbf{p} + t\mathbf{v}$ nach $\mathbf{f}'$ (bzw. $\mathbf{f}$). Nach Satz 4.7 ist g genau dann in $\mathbf{p} + t\mathbf{v}$ zu einer zu $E_{a_1 a_2}$ konfokalen Hyperbel tangential, wenn $\beta'(t) = \beta(t)$. Siehe Bild 4.26.

Nun ist $\beta'(0) - \beta(0) \geq 0$, während für große Werte von t $\quad \beta'(t) - \beta(t) < 0$ (da ja $p_1 > 0$). Nach dem Zwischenwertsatz existiert mindestens ein t mit $\beta'(t) = \beta(t)$. Um die Eindeutigkeit zu zeigen, nehmen wir an, es gäbe $t_1 < t_2$ mit $\beta'(t_1) = \beta(t_1)$ und $\beta'(t_2) = \beta(t_2)$. Siehe Bild 4.27

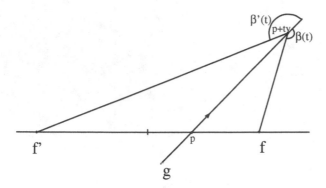

Bild 4.26

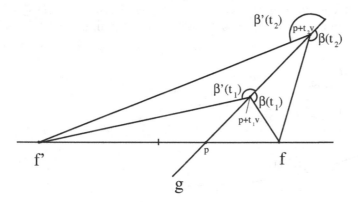

Bild 4.27

Dann wären die Dreiecke $\mathbf{f}', \mathbf{p}+t_1\mathbf{v}, \mathbf{p}+t_2\mathbf{v}$ und $\mathbf{f}, \mathbf{p}+t_1\mathbf{v}, \mathbf{p}+t_2\mathbf{v}$ kongruent, weil die Strecken zwischen $\mathbf{p}+t_1\mathbf{v}$ und $\mathbf{p}+t_2\mathbf{v}$ übereinstimmten und die angrenzenden Winkel gleich wären. Folglich wäre

$$\| \mathbf{p}+t_1\mathbf{v}-\mathbf{f}' \|=\| \mathbf{p}+t_1\mathbf{v}-\mathbf{f} \| \quad \text{und} \quad \| \mathbf{p}+t_2\mathbf{v}-\mathbf{f}' \|=\| \mathbf{p}+t_2\mathbf{v}-\mathbf{f} \|$$

Deshalb lägen sowohl $\mathbf{p}+t_1\mathbf{v}$ als auch $\mathbf{p}+t_2\mathbf{v}$ auf der Mittelsenkrechten von $\mathbf{f}$ und $\mathbf{f}'$. Somit würde g mit dieser Mittelsenkrechten, also der x_2 - Achse übereinstimmen.

$\square$

Die Reflexion eines Billiardballs an der Ellipse E_{a_1,a_2} erfolgt nach dem Prinzip „Einfallswinkel = Ausfallswinkel". Betrachten wir die Situation, daß ein Billiardball längs einer Geraden g von innen kommend auf einen Punkt $\mathbf{p} \in E_{a_1,a_2}$ auftrifft. Das Reflexionsgesetz besagt, daß die Gerade g', auf der sich der Billiardball nach der Reflexion bewegt, mit der Tangentialgeraden an E_{a_1,a_2} im Punkt $\mathbf{p}$ den gleichen

Winkel bildet wie g. Die Behauptung über die Reflexion des Billiardballs an der Ellipse E_{a_1,a_2} kann also folgendermaßen formuliert werden:

Satz 4.10 *Sei $\mathbf{p} \in E := E_{a_1,a_2}$ und seien g,g' zwei verschiedene Geraden durch $\mathbf{p}$, die mit der Tangentialgerade t an E in $\mathbf{p}$ den gleichen Winkel α einschließen. Ist $\lambda \in (-\infty, a_1^2) \cup (a_1^2, a_2^2)$ so daß g Tangentialgerade oder Asymptotenlinie von C_λ ist, so ist auch g' Tangentialgerade oder Asymptotenlinie von C_λ (siehe Bild 4.28).*

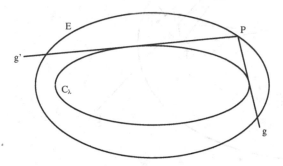

Bild 4.28

Beweis Wir betrachten den Fall, daß g die Strecke zwischen den Brennpunkten $\mathbf{f}$ und $\mathbf{f}'$ nicht trifft. Der andere Fall kann ähnlich behandelt werden.

Nach Lemma 77 ist C_λ eine Ellipse. Nach Satz 4.6 schließen $\mathbf{fp}$ und $\mathbf{f'p}$ denselben Winkel β mit der Tangentialgeraden t ein. Deshalb trifft auch g' die Strecke zwischen $\mathbf{f}$ und $\mathbf{f}'$ nicht. Mit $\tilde{\mathbf{f}}$ bezeichnen wir das Spiegelbild von $\mathbf{f}$ bezüglich der Geraden g und mit $\tilde{\mathbf{f}}'$ das Spiegelbild von $\mathbf{f}'$ bzgl. g'. Seien $\mathbf{q}$ bzw. $\mathbf{q}'$ die Schnittpunkte von g bzw. g' mit den Geraden $\tilde{\mathbf{f}}\mathbf{f}'$ bzw. $\tilde{\mathbf{f}}'\mathbf{f}$ (siehe Bild 4.29).

Wähle Punkte $\mathbf{r}$ bzw. $\mathbf{r}'$ auf g bzw. g', so daß $\mathbf{q}$ bzw. $\mathbf{q}'$ zwischen $\mathbf{r}$ und $\mathbf{p}$ bzw. $\mathbf{r}'$ und $\mathbf{p}$ liegen. Dann ist

$$\angle \mathbf{fqr} = \angle \mathbf{rq\tilde{f}} = \angle \mathbf{pqf}'$$

Ist C die Ellipse mit Brennpunkten $\mathbf{f}$ und $\mathbf{f}'$, die durch $\mathbf{q}$ geht, so ist nach Satz 4.6 g die Tangentialgerade an C in $\mathbf{q}$. Nach Lemma 77 gibt es aber nur eine zu E konfokale Ellipse, die tangential zu g ist. Also ist

$$C = C_\lambda$$

Ebenso hat die zu E konfokale Ellipse C', die durch $\mathbf{q}'$ geht, die Gerade g' als Tangentialgerade. Die Behauptung des Satzes ist, daß

$$C = C'$$

Nach Satz 4.2 ist

$$C = \{ \mathbf{x} \in \mathbb{R}^2 \,/\, \|\mathbf{x} - \mathbf{f}\| + \|\mathbf{x} - \mathbf{f}'\| = \|\mathbf{q} - \mathbf{f}\| + \|\mathbf{q} - \mathbf{f}'\| \}$$
$$C' = \{ \mathbf{x} \in \mathbb{R}^2 \,/\, \|\mathbf{x} - \mathbf{f}\| + \|\mathbf{x} - \mathbf{f}'\| = \|\mathbf{q}' - \mathbf{f}\| + \|\mathbf{q}' - \mathbf{f}'\| \}$$

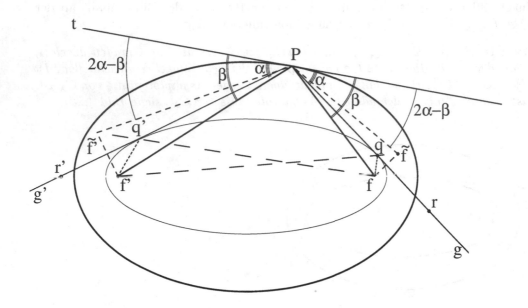

Bild 4.29

Also genügt es zu zeigen, daß

$$\| \, \mathbf{q} - \mathbf{f} \, \| + \| \, \mathbf{q} - \mathbf{f'} \, \| = \| \, \mathbf{q'} - \mathbf{f} \, \| + \| \, \mathbf{q'} - \mathbf{f'} \, \|$$

Da $\| \, \mathbf{q} - \mathbf{f} \, \| = \| \, \mathbf{q} - \tilde{\mathbf{f}} \, \|$ und $\| \, \mathbf{q'} - \mathbf{f'} \, \| = \| \, \mathbf{q'} - \tilde{\mathbf{f}}' \, \|$, ist dies äquivalent zu

$$\| \, \tilde{\mathbf{f}} - \mathbf{f'} \, \| = \| \, \mathbf{f} - \tilde{\mathbf{f}}' \, \| \tag{4.13}$$

Um (4.13) zu beweisen, betrachten wir die Dreiecke $\mathbf{f}\,\mathbf{p}\,\tilde{\mathbf{f}}'$ und $\tilde{\mathbf{f}}\,\mathbf{p}\,\mathbf{f'}$. Nach Konstruktion haben die Strecken $\mathbf{fp}$ und $\tilde{\mathbf{f}}\mathbf{p}$ die gleiche Länge. Ebenso haben die Strecken $\mathbf{p}\tilde{\mathbf{f}}'$ und $\mathbf{pf'}$ die gleiche Länge. Schließlich schließt sowohl die Gerade $\tilde{\mathbf{f}}'\mathbf{p}$ als auch die Gerade $\tilde{\mathbf{f}}\mathbf{p}$ mit t den Winkel $\alpha - (\beta - \alpha) = 2\alpha - \beta$ ein. Folglich ist

$$(2\alpha - \beta) + \angle\tilde{\mathbf{f}}'\mathbf{pf} + \beta \quad = 180°$$
$$\beta + \angle\mathbf{f'}\mathbf{p}\tilde{\mathbf{f}} + (2\alpha - \beta) \quad = 180°$$

und somit

$$\angle\tilde{\mathbf{f}}'\mathbf{pf} = \angle\mathbf{f'}\mathbf{p}\tilde{\mathbf{f}}$$

Dies zeigt, daß die Dreiecke $\mathbf{f}\,\mathbf{p}\,\tilde{\mathbf{f}}'$ und $\tilde{\mathbf{f}}\,\mathbf{p}\,\mathbf{f'}$ kongruent sind. Insbesondere ist also $\| \, \mathbf{f} - \tilde{\mathbf{f}}' \, \| = \| \, \mathbf{f'} - \tilde{\mathbf{f}} \, \|$.   □

Für eine weitere Diskussion von Eigenschaften des elliptischen Billiards siehe
[Birkhoff] VIII.12.

Übung: Bei dem Beweis von Satz 4.9 wurde auf die Anschauung Bezug genommen.
Geben Sie einen rein rechnerischen Beweis von Satz 4.9!

Übung: Nehmen wir an, Sie haben die folgenden Utensilien:
 a) Ein großes Stück Papier,
 b) einen Bleistift,
 c) eine schwere, flache Steinscheibe in Form einer Ellipse und
 d) ein Stück Bindfaden, das länger ist als der Umfang des Ellipsensteins.
Legen Sie den Stein auf das Papier, knoten sie den Bindfaden an den beiden Enden
zusammen und legen Sie ihn um den Stein. Straffen Sie den Faden mit der Bleistift-
spitze und fahren Sie mit dem Bleistift so um den Stein, daß der Faden stets straff
gespannt bleibt - es entsteht eine Figur (siehe Bild 4.30). Beweisen Sie, daß diese
Figur eine Ellipse ist!

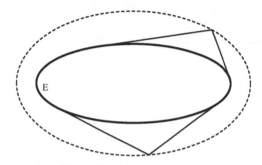

Bild 4.30

Der in der obigen Übung bewiesene Satz wird Ch.Graves (1812-1899, ab 1860 Bischof
von Limerick) zugeschrieben; ein allgemeineres Resultat findet sich aber schon in einem Brief von Leibniz an Johann Bernoulli aus dem Jahre 1704 (siehe [Salmon Fiedler],
Fußnote zu N° 246).

Übung: Untersuchen Sie die Bilder der Mengen $\{\, z \in \mathbb{C} \mid \operatorname{Re} z = \alpha \,\}$ und
$\{\, z \in \mathbb{C} \mid \operatorname{Im} z = \beta \,\}$ unter der Abbildung $\mathbb{C} \longrightarrow \mathbb{C},\ z \mapsto \cos z$!

4.5   Die Sätze von Pascal und Brianchon

Wir formulieren zunächst schlagwortartig die beiden Sätze, von denen dieser Abschnitt handelt.

Der Satz von Pascal

*D*ie Schnittpunkte gegenüberliegender Seiten eines in einen Kegelschnitt einbeschriebenen Sechsecks liegen auf einer Geraden.

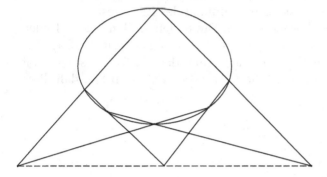

Bild 4.31

Der Satz von Brianchon

*D*ie Verbindungsgeraden gegenüberliegender Ecken eines einem Kegelschnitt umbeschriebenen Sechsecks gehen alle durch einen Punkt oder sind alle parallel.

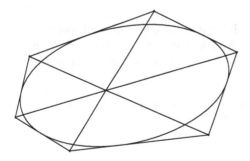

Bild 4.32

Die eben gegebenen Formulierungen der Sätze von Pascal und Brianchon bedürfen der Präzisierung. Beispielsweise können ja gegenüberliegende Seiten eines in einen

Kegelschnitt einbeschriebenen Sechsecks parallel sein. (Wir sagen, zwei Geraden g, g' in $\mathbb{R}^2$ seien *parallel*, wenn $g \cap g' = \emptyset$ oder $g = g'$.)

In diesem Abschnitt formulieren wir die Sätze von Pascal und Brianchon präzise, und diskutieren Anwendungen und Spezialfälle dieser Sätze. Im nächsten Abschnitt werden wir zeigen, daß der Satz von Pascal aus dem Satz von Brianchon folgt. Einen Beweis des Satzes von Brianchon geben wir erst im nächsten Kapitel, nämlich im Abschnitt 5.3. Wir formulieren nun den Satz von Pascal exakt.

Satz 4.11 (Pascal) *Sei C ein Kegelschnitt und $\mathbf{p}^{(1)}, \ldots, \mathbf{p}^{(6)}$ Punkte von C. Wir setzen $\mathbf{p}^{(7)} := \mathbf{p}^{(1)}$ und nehmen an, daß*

$$\mathbf{p}^{(j)} \neq \mathbf{p}^{(j+1)} \qquad \text{für } j = 1, \ldots, 6.$$

Sei g_j die Verbindungsgerade von $\mathbf{p}^{(j)}$ und $\mathbf{p}^{(j+1)}$. Wir nehmen zusätzlich an, daß

$$g_j \neq g_{j+3} \qquad \text{für } j = 1, 2, 3.$$

i) *Sind weder g_1 und g_4 noch g_2 und g_5 noch g_3 und g_6 parallel, so liegen die Schnittpunkte $\mathbf{q}^{(1)}$ von g_1 und g_4, $\mathbf{q}^{(2)}$ von g_2 und g_5, $\mathbf{q}^{(3)}$ von g_3 und g_6 auf einer Geraden (siehe Bild 4.33).*

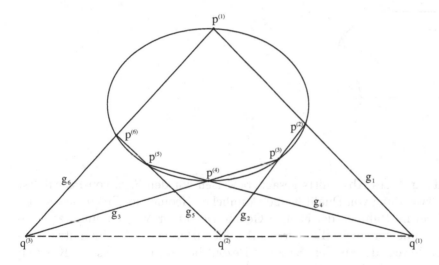

Bild 4.33

ii) *Sind g_1 und g_4 parallel, und schneiden sich g_2 und g_5 in einem Punkt $\mathbf{q}^{(2)}$ und g_3 und g_6 in einem Punkt $\mathbf{q}^{(3)}$, so ist die Gerade durch $\mathbf{q}^{(2)}$ und $\mathbf{q}^{(3)}$ parallel zu g_1 und g_4, oder $\mathbf{q}^{(2)} = \mathbf{q}^{(3)}$ (siehe Bild 4.34).*

iii) *Sind g_1 und g_4 parallel und g_2 und g_5 parallel, so sind auch g_3 und g_6 parallel (siehe Bild 4.35).*

Da man beim Satz von Pascal die Numerierung der Punkte $\mathbf{p}^{(1)}, \ldots, \mathbf{p}^{(6)}$ zyklisch abändern kann, erfassen die Fälle i)–iii) im obigen Satz alle möglichen Lagen der Punkte $\mathbf{p}^{(j)}$.

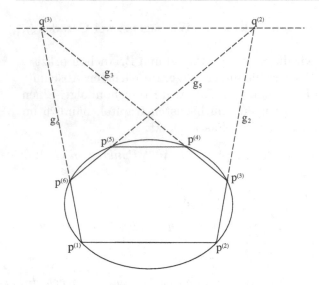

Bild 4.34

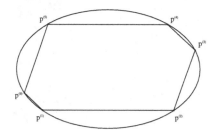

Bild 4.35

Wie am Anfang dieses Abschnitts gesagt, beweisen wir den Satz von Pascal erst später unter Verwendung von Dualität und räumlicher Geometrie. Einen Beweis des Satzes von Pascal im Rahmen der ebenen Geometrie (unter Verwendung des Doppelverhältnisses) findet man in [Fischer] 3.5.12 oder [Berger] 16.2; einen etwas anspruchsvolleren Beweis, der auf dem Satz von Bézout beruht, in [Brieskorn–Knörrer] 6.2. Es ist übrigens nicht bekannt, wie Pascal „seinen" Satz, den er auch den Satz vom „mystischen Sechseck" nannte, bewiesen hat (siehe [Löffel] §2).

Korollar 73 besagt, daß fünf Punkte, von denen keine vier auf einer Geraden liegen, einen Kegelschnitt bestimmen. Der Satz von Pascal ermöglicht es, diese Aussage „effektiv" zu machen. Das heißt, wir können eine Vorschrift angeben, mit der man die Punkte des Kegelschnitts aus den gegebenen fünf Punkten konstruieren kann:

Wenn drei der fünf Punkte auf einer Geraden liegen, so ist der Kegelschnitt nach Proposition 66 und Satz 4.1 ein Geradenpaar. Eine der beiden Geraden ist die Gerade durch diese drei Punkte, und die andere Gerade ist dann die Verbindungsgerade der beiden verbliebenen Punkte. Wir betrachten also nur den „nichttrivialen" Fall, daß von den fünf gegebenen Punkten $\mathbf{p}^{(1)}, \dots, \mathbf{p}^{(5)}$ keine drei auf einer Geraden liegen.

Es sei C der nach Korollar 73 eindeutig bestimmte Kegelschnitt, der die Punkte $\mathbf{p}^{(1)}, \ldots, \mathbf{p}^{(5)}$ enthält. Mit g_j bezeichnen wir die Verbindungsgerade von $\mathbf{p}^{(j)}$ und $\mathbf{p}^{(j+1)}$ mit $j = 1, 2, 3, 4$. Nach eventueller Umnumerierung der Punkte $\mathbf{p}^{(1)}, \ldots,$ $\mathbf{p}^{(5)}$ können wir annehmen, daß sich die Geraden g_1 und g_4 in einem Punkt $\mathbf{q}^{(1)}$ schneiden.

Wir wählen nun irgendeine Gerade l durch $\mathbf{q}^{(1)}$, die von g_1 und g_4 verschieden ist, und betrachten zunächst den Fall, daß l weder zu g_2 noch zu g_3 parallel ist. Mit $\mathbf{q}^{(2)}(l)$ bzw. $\mathbf{q}^{(3)}(l)$ bezeichnen wir den Schnittpunkt von l mit g_2 bzw. g_3, und wir nennen $g_5(l)$ bzw. $g_6(l)$ die Verbindungsgeraden von $\mathbf{q}^{(2)}(l)$ und $\mathbf{p}^{(5)}$ bzw. $\mathbf{q}^{(3)}(l)$ und $\mathbf{p}^{(1)}$. Falls sich nun $g_5(l)$ und $g_6(l)$ in einem Punkt $\mathbf{p}^{(6)}(l)$ schneiden, so liegt der Schnittpunkt $\mathbf{p}^{(6)}(l)$ auf C (Bild 4.36).

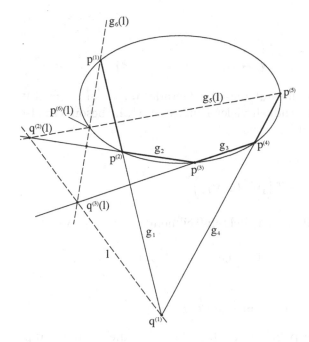

Bild 4.36

Schneidet nämlich $g_5(l)$ den Kegelschnitt C in einem von $\mathbf{p}^{(5)}$ verschiedenen Punkt $\mathbf{x}$, so liegt nach dem Satz von Pascal der Schnittpunkt der Verbindungsgeraden g' von $\mathbf{x}$ und $\mathbf{p}^{(1)}$ mit g_3 auf l (der Verbindungsgeraden von $\mathbf{q}^{(1)}$ und $\mathbf{q}^{(2)}(l)$), ist also gleich $\mathbf{q}^{(3)}(l)$. Also ist dann $g' = g_6(l)$ und somit $\mathbf{x} = \mathbf{p}^{(6)}(l)$. Damit ist die Behauptung, daß $\mathbf{p}^{(6)}(l) \in C$ gezeigt, falls $g_5(l)$ den Kegelschnitt C in einem von $\mathbf{p}^{(5)}$ verschiedenen Punkt schneidet. Ebenso zeigt man die Behauptung in dem Fall, daß $g_6(l)$ den Kegelschnitt C in einem von $\mathbf{p}^{(1)}$ verschiedenen Punkt schneidet. Wir haben nun noch den Fall zu betrachten, daß $\mathbf{p}^{(5)}$ bzw. $\mathbf{p}^{(1)}$ die einzigen Schnittpunkte von $g_5(l)$ resp. $g_6(l)$ mit C sind. Dazu verwenden wir ein „Stetigkeitsargument".

Übung: Sei C eine Ellipse, Parabel oder Hyperbel und $\mathbf{p} \in C$. Zeigen Sie, daß es höchstens drei Geraden durch $\mathbf{p}$ gibt, die C nur im Punkt $\mathbf{p}$ schneiden!

Aus der obigen Übung folgt, daß es nur endlich viele Geraden l gibt, für die sowohl $g_5(l)$ als auch $g_6(l)$ den Kegelschnitt C nur in einem Punkt schneiden. Wir bezeichnen mit $\mathcal{L}$ die Menge aller Geraden durch $\mathbf{q}^{(1)}$. Mit $\mathcal{L}'$ bezeichnen wir die Menge aller Geraden durch $\mathbf{q}^{(1)}$, die von g_1 und g_4 verschieden sind, die weder zu g_2 noch zu g_3 parallel sind und für die sich $g_5(l)$ und $g_6(l)$ in einem Punkt schneiden. Ferner sei $\mathcal{L}''$ die Menge aller derjenigen $l \in \mathcal{L}'$ für die $g_5(l)$ den Kegelschnitt C in einem von $\mathbf{p}^{(5)}$ verschiedenen Punkt trifft. Dann ist $\mathcal{L}''$ das Komplement von endlich vielen Elementen in $\mathcal{L}$. Ist $f(x_1, x_2) = 0$ eine Gleichung für C, so gilt also

$$f\big(\mathbf{p}^{(6)}(l)\big) = 0 \qquad \text{für alle } l \in \mathcal{L}''. \tag{4.14}$$

Die Abbildung

$$\varphi\colon S^1 = \big\{\mathbf{v} \in \mathbb{R}^2 \mid \|\mathbf{v}\| = 1\big\} \to \mathcal{L}$$
$$\mathbf{v} \mapsto \{\mathbf{q}^{(1)} + t \cdot \mathbf{v} \mid t \in \mathbb{R}\}$$

bildet zwei Vektoren $\mathbf{v}$, $\mathbf{v}'$ genau dann auf dieselbe Gerade ab, wenn $\mathbf{v}' = \pm\mathbf{v}$. Folglich ist $\varphi^{-1}(\mathcal{L}'')$ das Komplement endlich vieler Punkte in S^1, insbesondere also dicht in $\varphi^{-1}(\mathcal{L}')$. Nun ist die Funktion

$$\varphi^{-1}(\mathcal{L}') \to \mathbb{R}$$
$$\mathbf{v} \mapsto f\left(\mathbf{p}^{(6)}\big(\varphi(\mathbf{v})\big)\right)$$

stetig und nach (4.14) identisch Null auf der dichten Teilmenge $\varphi^{-1}(\mathcal{L}'')$. Also ist

$$f\left(\mathbf{p}^{(6)}\big(\varphi(\mathbf{v})\big)\right) = 0 \qquad \text{für alle } \mathbf{v} \in \varphi^{-1}(\mathcal{L}')$$

Das heißt

$$f\big(\mathbf{p}^{(6)}(l)\big) = 0 \qquad \text{für alle } l \in \mathcal{L}'$$

und damit ist die Behauptung, daß $\mathbf{p}^{(6)}(l) \in C$, für alle l, für die sie überhaupt sinnvoll ist, gezeigt.

Betrachten wir nun noch die Situation, daß l parallel zu einer der beiden Geraden g_2 oder g_3 ist. Ist l etwa parallel zu g_3, aber nicht zu g_2, so definiert man $\mathbf{q}^2(l)$ und $g_5(l)$ wie oben, und ersetzt $g_6(l)$ durch die Parallele zu l durch $\mathbf{p}^{(1)}$. Dann verfährt man wie oben. Analog geht man vor, wenn l parallel zu g_2 ist.

Da $\mathbf{p}^{(2)}$, $\mathbf{p}^{(3)}$ und $\mathbf{p}^{(4)}$ nicht auf einer Geraden liegen, sind g_2 und g_3 nicht parallel. Wir haben also alle möglichen Lagen von $\mathcal{L}$ betrachtet, und für fast alle Lagen einen Punkt von C erhalten. Der Satz von Pascal besagt nun, daß sich jeder von $\mathbf{p}^{(1)}, \ldots,$ $\mathbf{p}^{(5)}$ verschiedene Punkt aus der oben beschriebenen Konstruktion ergibt.

Der Satz von Pascal ist für beliebige Kegelschnitte formuliert. Die Voraussetzungen an die Geraden g_j implizieren jedoch, daß nicht alle sechs Punkte $\mathbf{p}^{(1)}, \ldots,$ $\mathbf{p}^{(6)}$ auf einer Geraden liegen. Nach der Klassifikation von Kegelschnitten aus Satz 4.1 ist der Kegelschnitt C also eine Ellipse, Parabel, Hyperbel, oder die Vereinigung zweier verschiedener Geraden. In den Abschnitten 4.6 und 5.3 werden wir den Satz von Pascal für Ellipsen, Parabeln und Hyperbeln beweisen. Unter anderem deswegen betrachten wir jetzt den Spezialfall, daß C die Vereinigung zweier verschiedener Geraden l_1, l_2 ist. Die Voraussetzungen des Satzes von Pascal implizieren, daß nicht mehr als vier der Punkte auf einer Geraden liegen.

Übung: Beweisen Sie den Satz von Pascal für den Fall, daß C die Vereinigung zweier verschiedener Geraden ist und vier der Punkte auf einer der beiden Geraden liegen!

Wir konzentrieren uns auf den Fall, daß drei der sechs Punkte $\mathbf{p}^{(1)}$, ... , $\mathbf{p}^{(6)}$ auf l_1 liegen, und drei auf l_2. Ähnlich wie in der Übung oben verifiziert man den Satz von Pascal direkt in dem Fall, daß zwei aufeinanderfolgende Punkte auf einer der beiden Geraden liegen. Liegen etwa $\mathbf{p}^{(3)}$ und $\mathbf{p}^{(4)}$ auf l_1, so sind bis auf Umkehrung der Numerierung nur die in Bild 4.37 angedeuteten Konstellationen möglich.

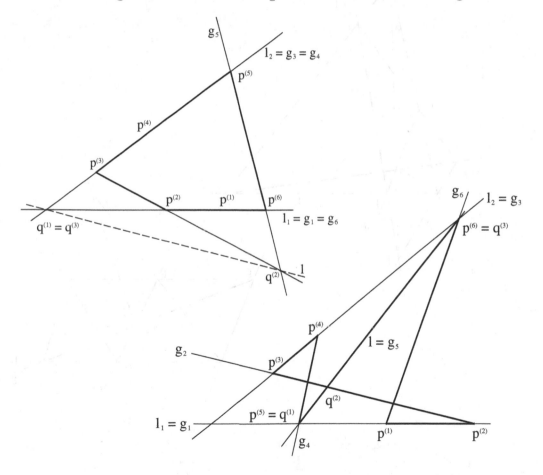

Bild 4.37

Der verbleibende Fall, daß $\mathbf{p}^{(j)}$ und $\mathbf{p}^{(j+1)}$ abwechselnd auf verschiedenen Geraden liegen, ist ein Satz der klassischen griechischen Geometrie.

Satz 4.12 (Pappos) *Seien l_1 und l_2 zwei verschiedene Geraden, und seien $\mathbf{p}^{(1)}$, $\mathbf{p}^{(3)}$, $\mathbf{p}^{(5)} \in l_1$ und $\mathbf{p}^{(2)}$, $\mathbf{p}^{(4)}$, $\mathbf{p}^{(6)} \in l_2$. Keiner dieser Punkte liege auf $l_1 \cap l_2$ (diese Voraussetzung ist trivialerweise erfüllt, wenn l_1 und l_2 parallel sind). Wir setzen wieder $\mathbf{p}^{(7)} := \mathbf{p}^{(1)}$ und bezeichnen mit g_j die Verbindungsgeraden von $\mathbf{p}^{(j)}$ und $\mathbf{p}^{(j+1)}$ für $j = 1, \dots, 6$. Ferner nehmen wir an, daß $g_j \neq g_{j+3}$ für $j = 1, 2, 3$.*

1) *Sind weder g_1 und g_4 noch g_2 und g_5 noch g_3 und g_6 parallel, so liegen die Schnittpunkte $\mathbf{q}^{(1)}$ von g_1 und g_4, $\mathbf{q}^{(2)}$ von g_2 und g_5, und $\mathbf{q}^{(3)}$ von g_3 und g_6 auf einer Geraden (Bild 4.38).*

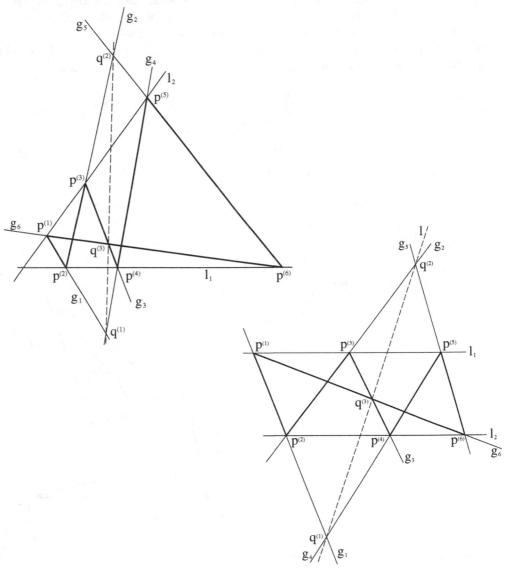

Bild 4.38

2) *Sind g_1 und g_4 parallel, und schneiden sich g_2 und g_5 in einem Punkt $\mathbf{q}^{(2)}$ und g_3 und g_6 in einem Punkt $\mathbf{q}^{(3)}$, so ist die Gerade durch $\mathbf{q}^{(2)}$ und $\mathbf{q}^{(3)}$ parallel zu g_1 und g_4 (Bild 4.39)*

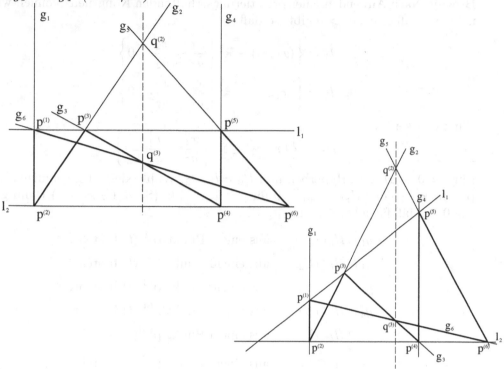

Bild 4.39

3) *Sind g_1 und g_4 parallel und g_2 und g_5 parallel, so sind auch g_3 und g_6 parallel (Bild 4.40).*

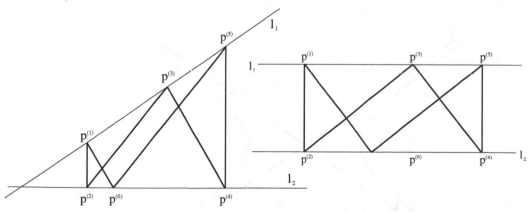

Bild 4.40

Proposition 78 *Gilt der Satz von Pascal für Hyperbeln, so gilt der Satz von Pappos für Paare sich schneidender Geraden.*

Beweis Nach Anwenden einer orientierungserhaltenden Kongruenz können wir annehmen, daß es a_1, $a_2 > 0$ gibt, so daß

$$l_1 = \left\{ (x_1, x_2) \in \mathbb{R}^2 \ \middle| \ \frac{x_1}{a_1} - \frac{x_2}{a_2} = 0 \right\}$$

$$l_2 = \left\{ (x_1, x_2) \in \mathbb{R}^2 \ \middle| \ \frac{x_1}{a_1} + \frac{x_2}{a_2} = 0 \right\}.$$

Für $t \in \mathbb{R}$ sei

$$H_t := \left\{ (x_1, x_2) \in \mathbb{R}^2 \ \middle| \ \frac{x_1^2}{a_1^2} - \frac{x_2^2}{a_2^2} = t \right\}.$$

Für $t \neq 0$ ist H_t eine Hyperbel, und $H_0 = l_1 \cup l_2$. Wähle kleine Umgebungen U_j von $\mathbf{p}^{(j)}$ in $\mathbb{R}^2$, so daß $U_j \cap U_{j+1} = \emptyset$ für $j = 1, \dots, 6$. (Setze $U_7 := U_1$.) Dann gibt es $\varepsilon > 0$, so daß für alle $t \in \mathbb{R}$ mit $|t| < \varepsilon$

$$
\begin{aligned}
g_1 \cap H_t \cap U_1 \quad &\text{aus einem Punkt } \mathbf{p}^{(1)}(t) \text{ besteht,} \\
g_1 \cap H_t \cap U_2 \quad &\text{aus einem Punkt } \mathbf{p}^{(2)}(t) \text{ besteht,} \\
g_2 \cap H_t \cap U_3 \quad &\text{aus einem Punkt } \mathbf{p}^{(3)}(t) \text{ besteht,} \\
g_4 \cap H_t \cap U_4 \quad &\text{aus einem Punkt } \mathbf{p}^{(4)}(t) \text{ besteht,} \\
g_4 \cap H_t \cap U_5 \quad &\text{aus einem Punkt } \mathbf{p}^{(5)}(t) \text{ besteht,} \\
g_5 \cap H_t \cap U_6 \quad &\text{aus einem Punkt } \mathbf{p}^{(6)}(t) \text{ besteht.}
\end{aligned}
\tag{4.15}
$$

(siehe Bild 4.41). Dann ist

$$\lim_{t \to 0} \mathbf{p}^{(j)}(t) = \mathbf{p}^{(j)} \qquad \text{für } j = 1, \dots, 6.$$

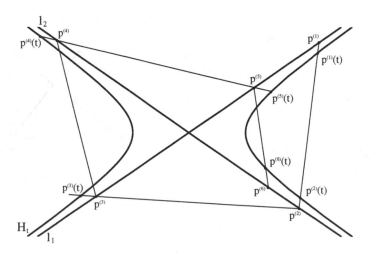

Bild 4.41

Mit $g_j(t)$ bezeichnen wir die Verbindungsgerade von $\mathbf{p}^{(j)}(t)$ und $\mathbf{p}^{(j+1)}(t)$. Offenbar ist

$$g_1(t) = g_1 \quad \text{und} \quad g_4(t) = g_4 \quad \text{für alle } |t| < \varepsilon.$$

Fall 1: Weder g_1 und g_4 noch g_2 und g_5 noch g_3 und g_6 sind parallel. Dann gibt es $0 < \varepsilon' \leq \varepsilon$, so daß für alle $t \in \mathbb{R}$ mit $|t| \leq \varepsilon'$ weder $g_2(t)$ und $g_5(t)$ noch $g_3(t)$ und $g_6(t)$ parallel sind. Bezeichne mit $\mathbf{q}^{(j)}(t)$ den Schnittpunkt von $g_j(t)$ und $g_{j+3}(t)$ mit $j = 1, 2, 3$. Dann ist

$$\lim_{t \to 0} \mathbf{q}^{(j)}(t) = \mathbf{q}^{(j)} \quad \text{für } j = 1, 2, 3.$$

Nach dem Satz von Pascal für Hyperbeln gibt es für $0 < |t| < \varepsilon'$ eine Gerade $l(t)$, die die Punkte $\mathbf{q}^{(1)}(t)$, $\mathbf{q}^{(2)}(t)$, $\mathbf{q}^{(3)}(t)$ enthält. Aus Stetigkeitsgründen gilt dies dann auch für die Punkte $\mathbf{q}^{(1)} = \mathbf{q}^{(1)}(0)$, $\mathbf{q}^{(2)} = \mathbf{q}^{(2)}(0)$ und $\mathbf{q}^{(3)} = \mathbf{q}^{(3)}(0)$. (Vergleichen Sie mit der folgenden Übung!)

Übung: Seien $\mathbf{q}^{(j)} : (-\varepsilon,\varepsilon) \to \mathbb{R}^2$ stetige Abbildungen. Gibt es für alle $t \in (-\varepsilon,\varepsilon)$, $t \neq 0$ eine Gerade $l(t)$, die die Punkte $\mathbf{q}^{(1)}(t)$, $\mathbf{q}^{(2)}(t)$ und $\mathbf{q}^{(3)}(t)$ enthält, so gibt es auch eine Gerade l, die die Punkte $\mathbf{q}^{(1)}(0)$, $\mathbf{q}^{(2)}(0)$ und $\mathbf{q}^{(3)}(0)$ enthält!

Fall 2: g_1 und g_4 sind parallel, aber g_2 und g_5 schneiden sich in $\mathbf{q}^{(2)}$ und g_3 und g_6 scheiden sich in $\mathbf{q}^{(3)}$. Wieder gibt es $0 < \varepsilon' \leq \varepsilon$, so daß sich für $|t| \leq \varepsilon'$ die Geraden $g_2(t)$ und $g_5(t)$ in einem Punkt $\mathbf{q}^{(2)}(t)$ und die Geraden $g_3(t)$ und $g_6(t)$ in einem Punkt $\mathbf{q}^{(3)}(t)$ schneiden, und wieder gilt

$$\lim_{t \to 0} \mathbf{q}^{(j)}(t) = \mathbf{q}^{(j)} \quad \text{für } j = 2, 3.$$

Wendet man den Satz von Pascal auf die Hyperbeln H_t, $0 < |t| \leq \varepsilon'$ an, so sieht man, daß die Verbindungsgerade von $\mathbf{q}^{(2)}(t)$ und $\mathbf{q}^{(3)}(t)$ parallel zu g_1 und g_4 ist (Beachten Sie, daß $g_1(t) = g_1$, $g_4(t) = g_4$), wenn immer $\mathbf{q}^{(2)}(t) \neq \mathbf{q}^{(3)}(t)$! Nun ist $\mathbf{q}^{(2)} \neq \mathbf{q}^{(3)}$, denn sonst wäre $\mathbf{q}^{(2)} = \mathbf{q}^{(3)} \in g_2 \cap g_3$ und $\mathbf{q}^{(2)} = \mathbf{q}^{(3)} \in g_5 \cap g_6$. Der Schnittpunkt von g_2 und g_3 ist aber $\mathbf{p}^{(3)}$, der von g_5 und g_6 ist $\mathbf{p}^{(6)}$, und nach Voraussetzung ist $\mathbf{p}^{(3)} \neq \mathbf{p}^{(6)}$. Nun folgt wieder aus Stetigkeitsgründen, daß die Verbindungsgerade von $\mathbf{q}^{(2)}$ und $\mathbf{q}^{(3)}$ zu g_1 und somit auch zu g_4 parallel ist.

Fall 3: Sowohl g_1 und g_4 als auch g_2 und g_5 sind parallel. Diesen Fall beweisen wir direkt, das heißt ohne Bezugnahme auf den Satz von Pascal für Hyperbeln. Stattdessen verwenden wir *Streckungen* vom Nullpunkt aus. Das sind Abbildungen der Form

$$\mathbb{R}^2 \to \mathbb{R}^2$$
$$(x_1,x_2) \mapsto (\lambda x_1, \lambda x_2) = \lambda(x_1,x_2)$$

mit $\lambda \in \mathbb{R} \setminus \{0\}$. λ heißt auch der Streckungsfaktor.

Übung: Zeigen Sie: Streckungen sind bijektive Abbildungen von $\mathbb{R}^2$ auf sich, die Geraden in Geraden überführen! Das Bild einer Geraden g unter einer Streckung ist eine zu g parallele Gerade!

Da $\mathbf{p}^{(1)}$ und $\mathbf{p}^{(5)}$ auf der Geraden l_1 durch den Nullpunkt liegen, gibt es $\lambda \in \mathbb{R}$, $\lambda \neq 0$, so daß

$$\mathbf{p}^{(5)} = \lambda \cdot \mathbf{p}^{(1)}.$$

Die Streckung um den Faktor λ bildet g_1 in die Parallele zu g_1 durch $\mathbf{p}^{(5)}$ ab. Ferner bildet sie die Gerade l_2 auf sich ab. Folglich bildet sie den Schnittpunkt $\mathbf{p}^{(2)}$ von g_1 und l_2 auf den Schnittpunkt $\mathbf{p}^{(4)}$ von g_4 und l_2 ab, das heißt

$$\mathbf{p}^{(4)} = \lambda \cdot \mathbf{p}^{(2)}$$

Ebenso gibt es $\mu \in \mathbb{R} \setminus \{0\}$ so daß

$$\mathbf{p}^{(6)} = \mu \cdot \mathbf{p}^{(2)}$$

Wie oben zeigt man, daß

$$\mathbf{p}^{(5)} = \mu \cdot \mathbf{p}^{(3)}$$

Folglich ist

$$\mathbf{p}^{(6)} = \frac{\mu}{\lambda} \cdot \mathbf{p}^{(4)} \qquad \text{und} \qquad \mathbf{p}^{(1)} = \frac{\mu}{\lambda} \cdot \mathbf{p}^{(3)}$$

Deshalb sind die Verbindungsgeraden g_6 von $\mathbf{p}^{(6)}$ und $\mathbf{p}^{(1)}$ und g_3 von $\mathbf{p}^{(3)}$ und $\mathbf{p}^{(4)}$ parallel. □

Ähnlich beweist man

Proposition 79 *Gilt der Satz von Pascal für Ellipsen, so gilt der Satz von Pappos für parallele Geraden l_1, l_2.*

Beweisskizze: Wir können annehmen, daß es $a > 0$ gibt, so daß

$$l_1 = \left\{ (x_1, x_2) \in \mathbb{R}^2 \mid x_1 = a \right\}$$

und

$$l_2 = \left\{ (x_1, x_2) \in \mathbb{R}^2 \mid x_1 = -a \right\}.$$

Für $t > 0$ sei E_t die Ellipse

$$E_t := \left\{ (x_1, x_2) \in \mathbb{R}^2 \mid \frac{x_1^2}{a^2} + \frac{x_2^2}{t^2} = 1 \right\}$$

Wir wählen wie oben Umgebungen U_j von $\mathbf{p}^{(j)}$ und sehen, daß es $R > 0$ gibt, so daß für $t > R$ die Aussagen (4.15) gelten, wenn H_t durch E_t ersetzt wird. Die Fälle 1) und 2) des Satzes von Pappos folgen nun wie im Beweis von Proposition 78.

Der Fall 3) kann wieder direkt bewiesen werden: Die Translation T_1, die $\mathbf{p}^{(1)}$ auf $\mathbf{p}^{(5)}$ abbildet, bildet $\mathbf{p}^{(2)}$ auf $\mathbf{p}^{(4)}$ ab. Die Translation T_2, die $\mathbf{p}^{(2)}$ auf $\mathbf{p}^{(6)}$ abbildet, bildet $\mathbf{p}^{(3)}$ auf $\mathbf{p}^{(5)}$ ab. Dann bildet die Translation $T := T_2 \circ T_1^{-1} = T_1^{-1} \circ T_2$ den Punkt $\mathbf{p}^{(4)}$ auf $\mathbf{p}^{(6)}$ und den Punkt $\mathbf{p}^{(3)}$ auf $\mathbf{p}^{(1)}$ ab. Folglich sind g_3 und g_6 parallel. □

Übung: Zeigen Sie: Gilt der Satz von Pascal für Ellipsen, so gilt er auch für Parabeln!

Zum Abschluß dieses Abschnittes formulieren wir den Satz von Brianchon. Er ist dem Satz von Pascal sehr ähnlich (präzise werden wir die Ähnlichkeit im nächsten Abschnitt formulieren). Allerdings hat Pascal „seinen" Satz mehr als 150 Jahre früher gefunden (vgl. [Kline] §35 oder [Salmon–Fiedler] Band 2, Fußnote 7).

Satz 4.13 (Brianchon) *Sei C eine Ellipse, Parabel oder Hyperbel, und $\mathbf{p}^{(1)}$, ... , $\mathbf{p}^{(6)}$ Punkte von C. Sei g_j die Tangentialgerade an C im Punkt $\mathbf{p}^{(j)}$. Wir nehmen an, daß sich g_j und g_{j+1} in genau einem Punkt $\mathbf{q}^{(j)}$ schneiden ($g_7 := g_1$). Ferner sei $\mathbf{q}^{(j)} \neq \mathbf{q}^{(j+3)}$ für $j = 1, 2, 3$. Wir bezeichnen mit l_j die Verbindungsgerade von $\mathbf{q}^{(j)}$ und $\mathbf{q}^{(j+1)}$. Dann schneiden sich die drei Geraden l_1, l_2, l_3 in einem Punkt, oder l_1, l_2 und l_3 sind parallel (siehe Bild 4.42).*

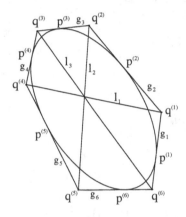

Bild 4.42

4.6 Dualität

Die Grundidee der Dualität ist — vom analytischen Standpunkt aus gesehen — folgende: Die Punkte von $\mathbb{R}^2$ sind per definitionem Paare reeller Zahlen. Jede Gerade g in $\mathbb{R}^2$, die nicht durch den Nullpunkt $(0,0)$ geht, läßt sich auf eindeutige Weise in der Form

$$g = \left\{ (x_1,x_2) \in \mathbb{R}^2 \mid ax_1 + bx_2 + 1 = 0 \right\}$$

mit einem von $(0,0)$ verschiedenen Paar (a,b) reeller Zahlen schreiben. Bezeichnet also G die Menge aller Geraden in $\mathbb{R}^2$, die nicht durch den Nullpunkt gehen, so ist die Abbildung

$$\mathbb{R}^2 \setminus \{(0,0)\} \to G,$$

die jedem Punkt $\mathbf{p} = (p_1,p_2) \in \mathbb{R}^2 \setminus \{(0,0)\}$ die Gerade

$$\mathbf{p}^* := \{(x_1,x_2) \in \mathbb{R}^2 \mid p_1 x_1 + p_2 x_2 + 1 = 0\}$$

zuordnet, eine Bijektion. $\mathbf{p}^*$ heißt die zum Punkt $\mathbf{p}$ *duale Gerade*. Die Umkehrabbildung ist die Abbildung

$$G \to \mathbb{R}^2 \setminus \{(0,0)\},$$

die jeder Geraden

$$g = \{(x_1,x_2) \in \mathbb{R}^2 \mid a x_1 + b x_2 + 1 = 0\}$$

den Punkt

$$g^* := (a,b)$$

zuordnet. g^* heißt der zu der Geraden g *duale Punkt*. Es gilt also

$$
\begin{aligned}
(\mathbf{p}^*)^* &= \mathbf{p} && \text{für alle } \mathbf{p} \in \mathbb{R}^2 \setminus \{(0,0)\} \\
(g^*)^* &= g && \text{für alle } g \in G
\end{aligned}
\tag{4.16}
$$

Die wichtigste Eigenschaft ist

Lemma 80 *Seien* $\mathbf{p} \in \mathbb{R}^2 \setminus \{(0,0)\}$ *und* $g \in G$. *Dann gilt*

$$\mathbf{p} \in g \iff g^* \in \mathbf{p}^*$$

Beweis Sei

$$\mathbf{p} = (p_1,p_2) \quad \text{und} \quad g = \{(x_1,x_2) \in \mathbb{R}^2 \mid a x_1 + b x_2 + 1 = 0\}.$$

Dann ist

$$g^* = (a,b) \quad \text{und} \quad \mathbf{p}^* = \{(x_1,x_2) \in \mathbb{R}^2 \mid p_1 x_1 + p_2 x_2 + 1 = 0\}.$$

Also gilt

$$\mathbf{p} \in g \iff a p_1 + b p_2 + 1 = 0 \iff p_1 a + p_2 b + 1 = 0 \iff g^* \in \mathbf{p}^*$$

$\square$

Eine im Weiteren nützliche Beobachtung ist

Lemma 81 *Seien* **p** *und* **q** *zwei verschiedene Punkte von* $\mathbb{R}^2 \setminus \{(0,0)\}$. *Dann geht die Verbindungsgerade von* **p** *und* **q** *genau dann durch* $(0,0)$, *wenn die dualen Geraden* **p*** *und* **q*** *parallel sind.*

Beweis Seien **p** $= (p_1, p_2)$ und **q** $= (q_1, q_2)$. Die Verbindungsgerade von **p** und **q** geht genau dann durch $(0,0)$, wenn es $\lambda \in \mathbb{R}$, $\lambda \neq 1$ gibt, so daß **p** $= \lambda \mathbf{q}$. Dies ist genau dann der Fall, wenn das inhomogene lineare Gleichungssystem

$$p_1 x_1 + p_2 x_2 + 1 = 0$$
$$q_1 x_1 + q_2 x_2 + 1 = 0$$

keine Lösung (x_1, x_2) hat, das heißt, wenn **p*** und **q*** sich nicht schneiden. $\square$

Übung:

1) Ist **p** $= (p_1, p_2)$ ein Punkt außerhalb des Einheitskreises, d.h. $p_1^2 + p_2^2 > 1$, so kann man die zu **p** duale Gerade **p*** folgendermaßen konstruieren. Sei

$$K := \left\{ (x_1, x_2) \in \mathbb{R}^2 \mid x_1^2 + x_2^2 = 1 \right\}$$

der Einheitskreis. Nach Proposition 72 gibt es durch den Punkt $-\mathbf{p}$ genau zwei Tangentialgeraden an K. Seien **q**$_1$ und **q**$_2$ die Berührungspunkte dieser Tangentialgeraden mit K. Dann ist **p*** die Verbindungsgerade von **q**$_1$ und **q**$_2$!

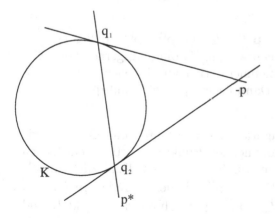

Bild 4.43

2) Ist **p** $\in K$, so ist **p*** die Tangentialgerade an K im Punkt $-\mathbf{p}$!

3) Liegt $\mathbf{p} \neq (0,0)$ im Inneren von K, d.h. $p_1^2 + p_2^2 < 0$, so erhält man $\mathbf{p}^*$ folgendermaßen. Wähle zwei verschiedene Geraden g und g' durch $-\mathbf{p}$. Seien $\mathbf{q}_1$ und $\mathbf{q}_2$ bzw. $\mathbf{q}_1'$ und $\mathbf{q}_2'$ die Schnittpunkte von g bzw. g' mit K. Die Tangenten an K in den Punkten $\mathbf{q}_1$ und $\mathbf{q}_2$ schneiden sich in einem Punkt $\mathbf{r}$, und entsprechend schneiden sich die Tangenten an K in den Punkten $\mathbf{q}_1'$ und $\mathbf{q}_2'$ in einem Punkt $\mathbf{r}'$. Dann ist $\mathbf{p}^*$ die Verbindungsgerade von $\mathbf{r}$ und $\mathbf{r}'$!

Die in dieser Übung beschriebene Konstruktion läßt sich statt für den Kreis K für jeden nichtentarteten Kegelschnitt C durchführen. Sie heißt die *Polarität* bzgl. C. Siehe [Berger], 14.5 und 15.5 oder [Salmon–Fiedler], Kapitel 21.

So wie wir sie hier formuliert haben, betrifft die Dualität Punkte von $\mathbb{R}^2 \setminus \{(0,0)\}$ und Geraden, die nicht durch $(0,0)$ gehen. In der projektiven Geometrie bettet man $\mathbb{R}^2$ in eine größere Menge $\mathbb{P}_2(\mathbb{R})$, die „projektive Ebene", ein, die aus $\mathbb{R}^2$ durch Hinzufügen einer „unendlich fernen Geraden" entsteht. Die Dualität läßt sich erweitern zu einer Dualität zwischen Punkten und Geraden der projektiven Ebene. Das Duale des Punktes $(0,0)$ ist dabei die „unendlich ferne Gerade", und dual zu den Punkten der „unendlich fernen Geraden" sind die Geraden durch $(0,0)$. Wir nehmen hier diese Einbettung von $\mathbb{R}^2$ in die projektive Ebene nicht vor und arbeiten statt dessen weiter mit der oben definierten Dualität zwischen Punkten von $\mathbb{R}^2 \setminus \{(0,0)\}$ und Geraden, die nicht durch $(0,0)$ gehen. Für eine Diskussion der Dualität in der projektiven Geometrie siehe Abschnitt 4.7.6 oder [Berger] 14.5, [Brieskorn–Knörrer] 6.2, [Fischer].

Lemma 80 ermöglicht es, aus Sätzen über Punkte und Geraden in $\mathbb{R}^2$ durch „Dualisieren" neue Sätze über Punkte und Geraden in der Ebene zu gewinnen. Betrachten wir zum Beispiel den Satz von Pappos (Satz 4.12). Er besagt (unter anderem) das Folgende:

> Seien l_1, l_2 Geraden in $\mathbb{R}^2$, $\mathbf{p}^{(1)}$, $\mathbf{p}^{(3)}$, $\mathbf{p}^{(5)} \in l_1$ und $\mathbf{p}^{(2)}$, $\mathbf{p}^{(4)}$, $\mathbf{p}^{(6)} \in l_2$ verschiedene Punkte. Mit g_j bezeichnen wir die Verbindungsgerade von $\mathbf{p}^{(j)}$ und $\mathbf{p}^{(j+1)}$ ($\mathbf{p}^{(7)} := \mathbf{p}^{(1)}$). Wir nehmen ferner an, daß sich g_j und g_{j+3} in einem Punkt $\mathbf{q}^{(j)}$ schneiden. Dann liegen $\mathbf{q}^{(1)}$, $\mathbf{q}^{(2)}$ und $\mathbf{q}^{(3)}$ auf einer Geraden.

Nehmen wir nun an, es läge eine Konfiguration von Punkten und Geraden wie im Satz von Pappos vor, so daß alle vorkommenden Punkte von $(0,0)$ verschieden sind und alle vorkommenden Geraden nicht durch $(0,0)$ gehen. Dual zu l_1 und l_2 sind dann zwei Punkte l_1^*, l_2^*. Die zu $\mathbf{p}^{(1)}$, ..., $\mathbf{p}^{(6)}$ dualen Geraden $\mathbf{p}^{(1)*}$, ..., $\mathbf{p}^{(6)*}$ haben dann die Eigenschaft, daß $\mathbf{p}^{(1)*}$, $\mathbf{p}^{(3)*}$, $\mathbf{p}^{(5)*}$ durch den Punkt l_1^* und $\mathbf{p}^{(2)*}$, $\mathbf{p}^{(4)*}$, $\mathbf{p}^{(6)*}$ durch den Punkt l_2^* gehen. Die zu g_j dualen Punkte g_j^* sind die Schnittpunkte der Geraden $\mathbf{p}^{(j)*}$ und $\mathbf{p}^{(j+1)*}$.

$\mathbf{q}^{(j)*}$ ist dann die Verbindungsgerade von g_j^* und g_{j+3}^*. Der Satz von Pappos impliziert zusammen mit Lemma 80, daß sich die drei Geraden $\mathbf{q}^{(1)*}$, $\mathbf{q}^{(2)*}$, $\mathbf{q}^{(3)*}$ in einem Punkt treffen.

Diese Überlegungen führen uns zu

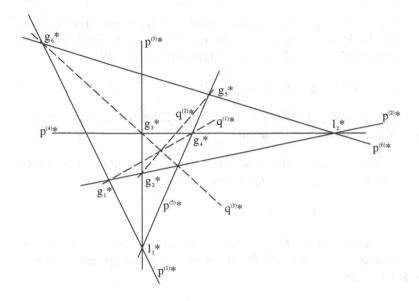

Bild 4.44

Satz 4.14 *Seien $h_1, \ldots, h_6$ verschiedene Geraden in $\mathbb{R}^2$, so daß sich h_1, h_3, h_5 in einem Punkt treffen oder parallel sind, und so daß sich h_2, h_4, h_6 in einem Punkt treffen oder parallel sind. Wir nehmen an, daß sich h_j und h_{j+1} in einem Punkt $s^{(j)}$ schneiden $(h_7 := h_1)$. Dann schneiden sich die Verbindungsgeraden k_1 von $s^{(1)}$ und $s^{(4)}$, k_2 von $s^{(2)}$ und $s^{(5)}$, und k_3 von $s^{(3)}$ und $s^{(6)}$ in einem Punkt oder sind parallel.*

Beweis von Satz 4.14 aus dem Satz von Pappos: Der Beweis besteht im Grunde darin, die Argumente, die zu Satz 4.14 geführt haben, umgekehrt zu durchlaufen. Indem wir eventuell zunächst eine Translation durchführen, können wir annehmen, daß die Geraden $h_1, \ldots, h_6, k_1, k_2, k_3$ alle in G liegen. Die Voraussetzung impliziert, daß es Geraden l_1, l_2 gibt, so daß die Punkte h_1^*, h_3^*, h_5^* auf l_1 und die Punkte h_2^*, h_4^*, h_6^* auf l_2 liegen. Falls sich h_1, h_3, h_5 in einem Punkt treffen, so ist l_1 die zu diesem Punkt duale Gerade, und falls h_1, h_3, h_5 parallel sind, so liegen h_1^*, h_3^*, h_5^* nach Lemma 81 auf einer Geraden durch $(0,0)$.

Die Geraden $s^{(j)*}$ sind die Verbindungsgeraden von h_j^* und h_{j+1}^*, und die Punkte k_j^* sind die Schnittpunkte der Geraden $s^{(j)*}$ und $s^{(j+1)*}$. Nach dem Satz von Pappos liegen k_1^*, k_2^*, k_3^* auf einer Geraden l. Falls $l \in G$, so schneiden sich k_1, k_2, k_3 im Punkt l^*. Falls l durch $(0,0)$ geht, so sind nach Lemma 81 die Geraden k_1, k_2 und k_3 parallel. $\qquad\square$

Die Dualität läßt sich auf Kegelschnitte erweitern. Dazu führen wir zunächst zwei Bezeichnungsweisen ein.

Ist C eine Ellipse, Parabel oder Hyperbel und $\mathbf{y} \in C$, so bezeichnen wir die

Tangentialgerade an C in $\mathbf{y}$ mit $t_{\mathbf{y}}(C)$, oder auch kurz mit $t_{\mathbf{y}}$, wenn klar ist, von welchem Kegelschnitt C die Rede ist. Ferner sei C_0 die Menge aller Punkte $\mathbf{y}$ von C, für die die Tangentialgerade $t_{\mathbf{y}}(C)$ nicht durch $(0,0)$ geht, das heißt

$$C_0 = \{\mathbf{y} \in C \mid t_{\mathbf{y}}(C) \in G\}.$$

Nach Proposition 72 gibt es von $(0,0)$ aus höchstens zwei Tangentialgeraden an C, also besteht $C \setminus C_0$ aus höchstens zwei Punkten.

Proposition 82 *Sei C eine Ellipse, Parabel oder Hyperbel. Dann gibt es einen eindeutig bestimmten Kegelschnitt C^*, so daß für alle $\mathbf{y} \in C_0$*

$$t_{\mathbf{y}}(C)^* \in C^*.$$

C^* heißt der zu C duale Kegelschnitt. Er ist wieder eine Ellipse, Parabel oder Hyperbel, jedoch kann beispielsweise der duale Kegelschnitt einer Ellipse eine Parabel oder Hyperbel sein. Ferner gilt

$$C^{**} = C, \qquad und$$

1) $t_{\mathbf{y}}(C)^* \in (C^*)_0$ für alle $\mathbf{y} \in C_0$,

2) die Abbildung $\mathbf{y} \mapsto t_{\mathbf{y}}(C)^*$ ist eine Bijektion zwischen C_0 und $(C^*)_0$,

3) für alle $\mathbf{y} \in C_0$ ist die Gerade $\mathbf{y}^*$ die Tangentialgerade an C^* im Punkt $t_{\mathbf{y}}(C)^*$.

Beweis   Sei

$$C = \left\{ (x_1, x_2) \in \mathbb{R}^2 \mid a_{11}x_1^2 + 2a_{12}x_1x_2 + a_{22}x_2^2 + 2b_1x_1 + 2b_2x_2 + c = 0 \right\}$$

(Beachten Sie den Faktor 2 vor b_1 und b_2!) Setze

$$a_{11}^* := \det \begin{pmatrix} a_{22} & b_2 \\ b_2 & c \end{pmatrix} = ca_{22} - b_2^2$$

$$a_{12}^* := -\det \begin{pmatrix} a_{12} & b_2 \\ b_1 & c \end{pmatrix} = b_1 b_2 - ca_{12}$$

$$a_{22}^* := \det \begin{pmatrix} a_{11} & b_1 \\ b_1 & c \end{pmatrix} = ca_{11} - b_1^2$$

$$b_1^* := \det \begin{pmatrix} a_{12} & a_{22} \\ b_1 & b_2 \end{pmatrix} = b_2 a_{12} - b_1 a_{22}$$

$$b_2^* := -\det \begin{pmatrix} a_{11} & a_{12} \\ b_1 & b_2 \end{pmatrix} = b_1 a_{12} - b_2 a_{11}$$

$$c^* := \det \begin{pmatrix} a_{11} & a_{12} \\ a_{12} & a_{22} \end{pmatrix} = a_{11} a_{22} - a_{12}^2$$

und

$$C^* := \left\{ (x_1, x_2) \in \mathbb{R}^2 \mid a_{11}^* x_1^2 + 2a_{12}^* x_1 x_2 + a_{22}^* x_2^2 + 2b_1^* x_1 + 2b_2^* x_2 + c^* = 0 \right\} \tag{4.17}$$

Ist $\mathbf{y} \in C$, so ist nach Korollar 70

$$t_{\mathbf{y}}(C) = \{ (x_1, x_2) \in \mathbb{R}^2 \mid 2(a_{11}y_1 + a_{12}y_2 + b_1)x_1 + 2(a_{12}y_1 + a_{22}y_2 + b_2)x_2$$
$$+ 2(b_1 y_1 + b_2 y_2 + c) = 0 \}$$

Geht $t_{\mathbf{y}}(C)$ nicht durch $(0,0)$, so ist $b_1 y_1 + b_2 y_2 + c \neq 0$. Für $\mathbf{y} \in C_0$ ist also

$$t_{\mathbf{y}}(C) = \left\{ (x_1, x_2) \in \mathbb{R}^2 \mid \frac{a_{11}y_1 + a_{12}y_2 + b_1}{b_1 y_1 + b_2 y_2 + c} x_1 + \frac{a_{12}y_1 + a_{22}y_2 + b_2}{b_1 y_1 + b_2 y_2 + c} x_2 + 1 = 0 \right\},$$

das heißt

$$t_{\mathbf{y}}^* = \left(\frac{a_{11}y_1 + a_{12}y_2 + b_1}{b_1 y_1 + b_2 y_2 + c}, \frac{a_{12}y_1 + a_{22}y_2 + b_2}{b_1 y_1 + b_2 y_2 + c} \right) \tag{4.18}$$

Als erstes prüfen wir nach, daß $t_{\mathbf{y}}^*$ in diesem Fall auf C^* liegt. Dazu setzen wir die Koordinaten von $t_{\mathbf{y}}^*$ in die Gleichung von C^* ein (ein eleganteres Argument skizzieren wir unten in Bemerkung 83). Es ergibt sich

$$\frac{1}{(b_1 y_1 + b_2 y_2 + c)^2} \left\{ a_{11}^* (a_{11}y_1 + a_{12}y_2 + b_1)^2 + a_{22}^* (a_{12}y_1 + a_{22}y_2 + b_2)^2 \right.$$
$$+ 2a_{12}^* (a_{11}y_1 + a_{12}y_2 + b_1)(a_{12}y_1 + a_{22}y_2 + b_2)$$
$$+ 2b_1^* (a_{11}y_1 + a_{12}y_2 + b_1)(b_1 y_1 + b_2 y_2 + c)$$
$$\left. + 2b_2^* (a_{12}y_1 + a_{22}y_2 + b_2)(b_1 y_1 + b_2 y_2 + c) + c^* (b_1 y_1 + b_2 y_2 + c)^2 \right\}$$
$$= \frac{1}{(b_1 y_1 + b_2 y_2 + c)^2} \left\{ \vphantom{\sum} \right.$$
$$(a_{11}y_1 + a_{12}y_2 + b_1)$$
$$\cdot \left[a_{11}^* (a_{11}y_1 + a_{12}y_2 + b_1) + a_{12}^* (a_{12}y_1 + a_{22}y_2 + b_2) + b_1^* (b_1 y_1 + b_2 y_2 + c) \right]$$
$$+ (a_{12}y_1 + a_{22}y_2 + b_2)$$
$$\cdot \left[a_{12}^* (a_{11}y_1 + a_{12}y_2 + b_1) + a_{22}^* (a_{12}y_1 + a_{22}y_2 + b_2) + b_2^* (b_1 y_1 + b_2 y_2 + c) \right]$$
$$+ (b_1 y_1 + b_2 y_2 + c)$$
$$\left. \cdot \left[b_1^* (a_{11}y_1 + a_{12}y_2 + b_1) + b_2^* (a_{12}y_1 + a_{22}y_2 + b_2) + c^* (b_1 y_1 + b_2 y_2 + c) \right] \right\}$$

Setze

$$D := a_{11} a_{22} c + 2a_{12} b_1 b_2 - a_{11} b_2^2 - a_{22} b_1^2 - a_{12}^2 c.$$

Dann ist $D \neq 0$ (vgl. die vorletzte Übung am Ende von Abschnitt 4.1). Ferner ist, wie man leicht nachrechnet

$$a_{11}^* (a_{11}y_1 + a_{12}y_2 + b_1) + a_{12}^* (a_{12}y_1 + a_{22}y_2 + b_2) + b_1^* (b_1 y_1 + b_2 y_2 + c) = D y_1$$
$$a_{12}^* (a_{11}y_1 + a_{12}y_2 + b_1) + a_{22}^* (a_{12}y_1 + a_{22}y_2 + b_2) + b_2^* (b_1 y_1 + b_2 y_2 + c) = D y_2$$
$$b_1^* (a_{11}y_1 + a_{12}y_2 + b_1) + b_2^* (a_{12}y_1 + a_{22}y_2 + b_2) + c^* (b_1 y_1 + b_2 y_2 + c) = D$$

Folglich ist der Ausdruck, der sich durch Einsetzen der Koordinaten von $t_{\mathbf{y}}$ in die Gleichung von C^* ergibt, gleich

$$\frac{D}{(b_1 y_1 + b_2 y_2 + c)^2} \left\{ (a_{11}y_1 + a_{12}y_2 + b_1)y_1 + (a_{12}y_1 + a_{22}y_2 + b_2)y_2 + (b_1 y_1 + b_2 y_2 + c) \right\}$$

$$= \frac{D}{(b_1 y_1 + b_2 y_2 + c)^2} \left\{ (a_{11}y_1^2 + 2a_{12}y_1 y_2 + a_{22}y_2^2 + 2b_1 y_1 + 2b_2 y_2 + c) \right\} = 0.$$

Damit ist gezeigt, daß $t_{\mathbf{y}}^* \in C^*$. C^* ist kein Geradenpaar und keine Doppelgerade, denn sonst gingen unendlich viele der Tangentialgeraden $t_{\mathbf{y}}$ durch einen Punkt (dual zu einer Geraden, die in C^* enthalten ist), im Widerspruch zu Proposition 72. Ebenso ist C^* kein Einsiedlerpunkt.

Nach der Klassifikation von Kegelschnitten aus Satz 4.1 ist C^* also eine Ellipse, Parabel oder Hyperbel.

Die Tangentialgerade an C^* im Punkt $t_{\mathbf{y}}^*$ ist nach (4.18) und Korollar 70

$$t_{t_{\mathbf{y}}^*}(C^*) = \left\{ (x_1, x_2) \in \mathbb{R}^2 \;\middle|\; \right.$$

$$[a_{11}^*(a_{11}y_1 + a_{12}y_2 + b_1) + a_{12}^*(a_{12}y_1 + a_{22}y_2 + b_2) + b_1^*(b_1 y_1 + b_2 y_2 + c)]x_1$$

$$+ [a_{12}^*(a_{11}y_1 + a_{12}y_2 + b_1) + a_{22}^*(a_{12}y_1 + a_{22}y_2 + b_2) + b_2^*(b_1 y_1 + b_2 y_2 + c)]x_2$$

$$+ [b_1^*(a_{11}y_1 + a_{12}y_2 + b_1) + b_2^*(a_{12}y_1 + a_{22}y_2 + b_2) + c^*(b_1 y_1 + b_2 y_2 + c)] \left. \right\} = 0 \right\}$$

also gleich

$$\left\{ (x_1, x_2) \in \mathbb{R}^2 \;\middle|\; \frac{D}{b_1 y_1 + b_2 y_2 + c}(y_1 x_1 + y_2 x_2 + 1) = 0 \right\}$$

Da $D/(b_1 y_1 + b_2 y_2 + c) \neq 0$, ist die Tangentialgerade an C^* im Punkt $t_{\mathbf{y}}^*$ gleich $\mathbf{y}^*$. Insbesondere liegt sie in G, d.h. $t_{\mathbf{y}}^* \in (C^*)_0$. Dies zeigt, daß die Abbildung

$$C_0 \to (C^*)_0; \quad \mathbf{y} \mapsto t_{\mathbf{y}}(C)^*$$

die Abbildung

$$(C^*)_0 \to C_0; \quad \mathbf{z} \mapsto t_{\mathbf{z}}(C^*)^*$$

als Umkehrabbildung hat, und insbesondere bijektiv ist. Da sich C^* von $(C^*)_0$ um höchstens zwei Punkte unterscheidet, folgt daraus auch, daß C^* durch C eindeutig bestimmt ist. Damit ist Proposition 82 bewiesen. $\qquad\qquad\square$

Bemerkung 83 Setzt man im Beweis von Proposition 82

$$A := \begin{pmatrix} a_{11} & a_{12} & b_1 \\ a_{12} & a_{22} & b_2 \\ b_1 & b_2 & c \end{pmatrix}$$

so ist

$$C = \left\{ (x_1,x_2) \in \mathbb{R}^2 \;\middle|\; \begin{pmatrix} x_1 \\ x_2 \\ 1 \end{pmatrix} \cdot A \begin{pmatrix} x_1 \\ x_2 \\ 1 \end{pmatrix} = 0 \right\}$$

und $D = \det A$. Die Matrix

$$A^* = \begin{pmatrix} a_{11}^* & a_{12}^* & b_1^* \\ a_{12}^* & a_{22}^* & b_2^* \\ b_1^* & b_2^* & c^* \end{pmatrix}$$

hat die Eigenschaft, daß

$$A^* \circ A = A \circ A^* = (\det A) \cdot \begin{pmatrix} 1 & 0 & 0 \\ 0 & 1 & 0 \\ 0 & 0 & 1 \end{pmatrix}$$

Ferner ist

$$C^* = \left\{ (x_1,x_2) \in \mathbb{R}^2 \;\middle|\; \begin{pmatrix} x_1 \\ x_2 \\ 1 \end{pmatrix} \cdot \left(A^* \circ \begin{pmatrix} x_1 \\ x_2 \\ 1 \end{pmatrix} \right) = 0 \right\}$$

Für $\mathbf{y} \in C$ ist

$$t_{\mathbf{y}} = \left\{ (x_1,x_2) \in \mathbb{R}^2 \;\middle|\; \begin{pmatrix} x_1 \\ x_2 \\ 1 \end{pmatrix} \cdot \left(A \circ \begin{pmatrix} y_1 \\ y_2 \\ 1 \end{pmatrix} \right) = 0 \right\}.$$

Sind also (z_1,z_2) die Koordinaten von $t_{\mathbf{y}}^*$, so ist

$$\begin{pmatrix} z_1 \\ z_2 \\ 1 \end{pmatrix} \quad \text{ein Vielfaches von} \quad A \circ \begin{pmatrix} y_1 \\ y_2 \\ 1 \end{pmatrix}$$

Mit dieser Schreibweise ist der Beweis, daß $t_{\mathbf{y}}^* \in C^*$ ist, relativ einfach, denn

$$\left(A \circ \begin{pmatrix} y_1 \\ y_2 \\ 1 \end{pmatrix} \right) \cdot A^* \circ \left(A \circ \begin{pmatrix} y_1 \\ y_2 \\ 1 \end{pmatrix} \right) = \left(A \circ \begin{pmatrix} y_1 \\ y_2 \\ 1 \end{pmatrix} \right) \cdot \left((A^* \circ A) \circ \begin{pmatrix} y_1 \\ y_2 \\ 1 \end{pmatrix} \right)$$

$$= (\det A) \cdot \left(A \circ \begin{pmatrix} y_1 \\ y_2 \\ 1 \end{pmatrix} \right) \cdot \begin{pmatrix} y_1 \\ y_2 \\ 1 \end{pmatrix}$$

$$= (\det A) \cdot \begin{pmatrix} y_1 \\ y_2 \\ 1 \end{pmatrix} \cdot \left(A \cdot \begin{pmatrix} y_1 \\ y_2 \\ 1 \end{pmatrix} \right)$$

$$= 0$$

Ebenso vereinfachen sich die anderen Schritte des Beweises von Proposition 82.

Bei der Dualität zwischen Kegelschnitten entspricht Proposition 66, die besagt, daß eine Gerade einen Kegelschnitt in höchstens zwei Punkten schneidet, Proposition 72, die besagt, daß es von einem Punkt aus höchstens zwei Tangentialgeraden an einen vorgegebenen Kegelschnitt gibt. Wir zeigen hier, wie man mit Hilfe der Dualität Proposition 72 aus Proposition 66 herleiten kann:

Sei also C eine Ellipse, Parabel oder Hyperbel und $\mathbf{y}$ ein Punkt von $\mathbb{R}^2$. Wir nehmen an, es gäbe drei verschiedene Geraden l_1, l_2, l_3 durch $\mathbf{y}$, die an C tangential sind. Indem wir – falls nötig – eine Translation durchführen, können wir annehmen, daß l_1, l_2, l_3 nicht durch $(0,0)$ gehen. Dann trifft nach Proposition 82 die Gerade $\mathbf{y}^*$ den dualen Kegelschnitt C^* in den Punkten l_1^*, l_2^* und l_3^*. Da C^* wieder eine Ellipse, Parabel oder Hyperbel ist, ergibt sich ein Widerspruch zu Proposition 66.   □

Auf ähnliche Weise kann man auch Proposition 66 aus Proposition 72 folgern. Wie angekündigt, zeigen wir nun

Proposition 84 *Der Satz von Brianchon impliziert den Satz von Pascal für Ellipsen, Parabeln und Hyperbeln.*

Beweis Sei C eine Ellipse, Parabel oder Hyperbel, und seien $\mathbf{p}^{(1)}$, ... ,$\mathbf{p}^{(6)}$ Punkte von C, für die die Voraussetzungen von Satz 4.11 erfüllt sind. Das heißt

$$\mathbf{p}^{(j)} \neq \mathbf{p}^{(j+1)} \qquad \text{mit } \mathbf{p}^{(7)} := \mathbf{p}^{(1)}$$

und für die Verbindungsgeraden g_j von $\mathbf{p}^{(j)}$ und $\mathbf{p}^{(j+1)}$ gilt

$$g_j \neq g_{j+3} \qquad \text{für } j = 1, 2, 3.$$

Indem wir eventuell eine Translation durchführen, können wir annehmen, daß

$$\mathbf{p}^{(1)}, \ldots ,\mathbf{p}^{(6)} \in C_0 \qquad \text{und} \qquad g_1, \ldots ,g_6 \in G.$$

Seien

$$\mathbf{y}^{(j)} := t_{\mathbf{p}^{(j)}}(C)^*$$

die Punkte des dualen Kegelschnitts C^*, die dual zu den Tangentialgeraden $t_{\mathbf{p}^{(j)}}(C)$ an C in $\mathbf{p}^{(j)}$ sind. Nach Proposition 82 ist $\mathbf{p}^{(j)^*}$ die Tangentialgerade an C^* im Punkt $\mathbf{y}^{(j)}$. Die Geraden $\mathbf{p}^{(j)^*}$ und $\mathbf{p}^{(j+1)^*}$ schneiden sich nach Lemma 80 im Punkt g_j^*.

Mit l_j bezeichnen wir die Verbindungsgerade von g_j^* und g_{j+3}^*. Nach dem Satz von Brianchon (4.13) gehen l_1, l_2, l_3 durch einen Punkt $\mathbf{z}$ oder sind alle drei parallel. *1. Fall*: l_1, l_2, l_3 gehen alle drei nicht durch $(0,0)$. In diesem Fall schneiden sich g_j und g_{j+3} im Punkt $\mathbf{q}^{(j)} := l_j^*$. Falls l_1, l_2, l_3 durch einen Punkt $\mathbf{z}$ gehen, so liegen nach Lemma 80 die Punkte $\mathbf{q}^{(1)}$, $\mathbf{q}^{(2)}$, $\mathbf{q}^{(3)}$ auf der Geraden $\mathbf{z}^*$, und der Satz von Pascal ist bewiesen. Falls l_1, l_2, l_3 parallel sind, so liegen nach Lemma 81 die Punkte $\mathbf{q}^{(1)}$, $\mathbf{q}^{(2)}$, $\mathbf{q}^{(3)}$ auf einer Geraden durch $(0,0)$; und wieder ist die Behauptung bewiesen.

2. Fall: Genau eine der drei Geraden l_1, l_2, l_3 geht durch (0,0). Wir können annehmen, daß dies die Gerade l_1 ist. Dann ist nach Lemma 81 die Gerade g_1 parallel zur Geraden g_4, während sich g_2 und g_5 in $\mathbf{q}^{(2)} := l_2^*$ und g_3 und g_6 in $\mathbf{q}^{(3)} := l_3^*$ schneiden. Schneiden sich l_1, l_2, l_3 in einem Punkt $\mathbf{z}$, so sind nach Lemma 81 die Geraden g_1, g_4 und $\mathbf{z}^*$ parallel. $\mathbf{z}^*$ ist aber die Verbindungsgerade von $\mathbf{q}^{(2)} = l_2^*$ und $\mathbf{q}^{(3)} = l_3^*$, also ergibt sich wieder die Behauptung des Satzes von Pascal. Sind l_1, l_2, l_3 parallel, so liegen $\mathbf{q}^{(2)}$ und $\mathbf{q}^{(3)}$ auf einer Geraden h durch (0,0). Die Gerade h schneidet g_1 nicht, denn dual zu einem Schnittpunkt $\mathbf{x}$ wäre eine Gerade $\mathbf{x}^* \in G$ durch g_1^*, die zu l_2 und l_3 parallel wäre. Dann wäre $\mathbf{x}^* = l_1$, läge also nicht in G. Ebenso zeigt man, daß h parallel zu g_4 ist.

3. Fall: Mindestens zwei der Geraden l_1, l_2, l_3 gehen durch (0,0). Dann sind g_1 und g_4, g_2 und g_5, und g_3 und g_6 jeweils parallel. $\qquad\square$

Mit Proposition 84 haben wir gezeigt, daß alle in Abschnitt 4.5 gemachten Aussagen aus dem Satz von Brianchon folgen. In der Tat: Wie wir gerade gesehen haben, impliziert nach Proposition 78 und Proposition 79 der Satz von Pascal für nichtentartete Kegelschnitte den Satz von Pappos. Der Satz von Pappos ist der nichttriviale Fall des Satzes von Pascal für Geradenpaare (vgl. die Diskussion vor Satz 4.12) also ergibt sich der Satz von Pascal im Allgemeinen. Den Satz von Brianchon werden wir im nächsten Kapital unter Verwendung der Geometrie im Raum beweisen.

Übung: Formulieren Sie Verallgemeinerungen des Satzes 4.14 in denen zugelassen wird, daß die Geraden h_j und h_{j+1} parallel sind, und folgern Sie diese Verallgemeinerungen aus dem Satz von Pappos!

Übung:

i) Seien $h_1, \ldots, h_6$ paarweise verschiedene Geraden in $\mathbb{R}^2$, so daß sich h_1, h_3, h_5 in einem Punkt $\mathbf{t}_g$ und h_2, h_4, h_6 in einem Punkt $\mathbf{t}_u$ treffen. Ferner sei $\mathbf{s}^{(j)}$ der Schnittpunkt von h_j und h_{j+1}. Setze

$$\mathbf{p}^{(1)} := \mathbf{s}^{(1)}, \quad \mathbf{p}^{(2)} := \mathbf{s}^{(4)}, \quad \mathbf{p}^{(3)} := \mathbf{t}_g$$
$$\mathbf{p}^{(4)} := \mathbf{s}^{(5)}, \quad \mathbf{p}^{(5)} := \mathbf{s}^{(2)}, \quad \mathbf{p}^{(6)} := \mathbf{t}_u.$$

Zeigen Sie, daß für die Punkte $\mathbf{p}^{(1)}, \ldots, \mathbf{p}^{(6)}$ die Voraussetzungen des Satzes von Pappos erfüllt sind!

ii) Verwenden Sie (i), um Satz 4.14 ohne Verwendung der Dualität aus dem Satz von Pappos herzuleiten!

Übung: Geben Sie je ein Beispiel einer Ellipse C an, für die C^* eine Ellipse, eine Parabel bzw. eine Hyperbel ist! (Hinweis: Legen Sie die Ellipse C so, daß (0,0) im Inneren, auf, oder außerhalb von C liegt!)

Übung: Beweisen Sie Lemma 77 mit Hilfe der Dualität!

Übung: Zeigen Sie, daß zwei voneinander verschiedene nichtentartete Kegelschnitte höchstens vier gemeinsame Tangentialgeraden haben!

4.7   Ergänzungen zu Kapitel 4

4.7.1   Gleichungen von Kegelschnitten in Polarkoordinaten

In vielen Zusammenhängen ist es nützlich, die Gleichungen von Kegelschnitten in Polarkoordinaten zu kennen (siehe z.B. Abschnitt 4.7.2). Die *Polarkoordinaten* eines Punktes $(x_1, x_2) \in \mathbb{R}^2$ sind definiert als

$$r \;=\; \sqrt{x_1^2 + x_2^2}$$

$$\varphi \;=\; \arccos \frac{x_1}{\sqrt{x_1^2 + x_2^2}}$$

falls $(x_1, x_2) \neq (0,0)$, und

$$r = \varphi = 0$$

falls $(x_1, x_2) = (0,0)$. r ist der Abstand des Punktes (x_1, x_2) vom Koordinatenursprung, und φ ist der Winkel zwischen der positiven x_1-Achse und dem Strahl von $(0,0)$ aus in Richtung des Punktes (x_1, x_2).

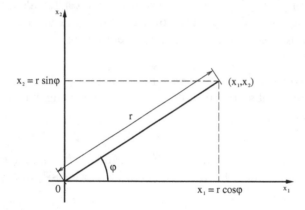

Bild 4.45

Die cartesischen Koordinaten x_1, x_2 ergeben sich aus den Polarkoordinaten nach der Regel

$$x_1 \;=\; r \cos \varphi$$

$$x_2 \;=\; r \sin \varphi$$

Im folgenden Satz wollen wir Gleichungen für Kegelschnitte in Polarkoordinaten angeben. Dazu bezeichnen wir für $\varepsilon \geq 0, \delta > 0$ und $\varphi_0 \in [0, 2\pi]$ mit $K(\varepsilon, \delta, \varphi_0)$ die Menge aller Punkte in $\mathbb{R}^2$, deren Polarkoordinaten die Gleichung

$$r \;=\; \frac{\delta}{1 - \varepsilon \cos(\varphi - \varphi_0)}$$

erfüllen.

Satz 4.15 *(i) Für jedes $\varepsilon \geq 0, \delta > 0, \varphi_0 \in [0,2\pi]$ ist $K(\varepsilon,\delta,\varphi_0)$ ein Kegelschnitt mit $(0,0)$ als Brennpunkt. Er ist*
eine Ellipse, falls $\varepsilon < 1$,
eine Parabel, falls $\varepsilon = 1$ und
eine Hyperbel, falls $\varepsilon > 1$.
(ii) Jede Ellipse, Parabel, oder Hyperbel mit $(0,0)$ als Brennpunkt ist von der Form $K(\varepsilon,\delta,\varphi_0)$ mit geeignetem $\varepsilon \geq 0, \delta > 0, \varphi_0 \in [0,2\pi]$.

Beweis Die Drehung um $(0,0)$ mit Winkel φ_0 führt $K(\varepsilon,\delta,\varphi_0)$ in $K(\varepsilon,\delta,0)$ über. Da diese Drehung Ellipsen, Parabeln oder Hyperbeln mit Brennpunkt $(0,0)$ wieder in Ellipsen, Parabeln oder Hyperbeln mit Brennpunkt $(0,0)$ überführt, genügt es, den Satz für $\varphi_0 = 0$ und für Kegelschnitte, die die x_1-Achse als Symmetrieachse haben, zu zeigen.

Betrachten wir zunächst eine Ellipse, die $(0,0)$ als einen Brennpunkt und einen Punkt $(f,0)$ mit $f > 0$ als anderen Brennpunkt hat. Dann gibt es $\rho > \frac{1}{2}f$, so daß die Ellipse gerade die Menge der Punkte $\mathbf{x}$ ist, für die die Summe der Abstände von $\mathbf{x}$ zu $(0,0)$ und von $\mathbf{x}$ zu $(f,0)$ gleich 2ρ ist. Sind r und φ die Polarkoordinaten von $\mathbf{x} = (x_1,x_2)$, so ist der Abstand von $(0,0)$ zu $\mathbf{x}$ gleich r, während der Abstand von $(f,0)$ zu $\mathbf{x}$ gleich

$$\sqrt{x_2^2 + (x_1 - f)^2} \;=\; \sqrt{x_2^2 + x_1^2 - 2x_1 f + f^2} \;=\; \sqrt{r^2 - 2fr\cos\varphi + f^2}$$

ist.

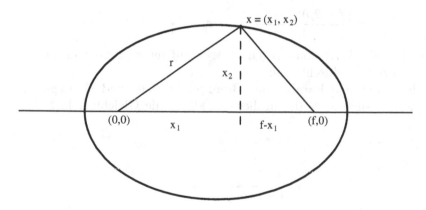

Bild 4.46

Die Gleichung der Ellipse ist also

$$r \;+\; \sqrt{r^2 - 2fr\cos\varphi + f^2} \;=\; 2\rho$$

Successive äquivalente Umformungen ergeben

$$\sqrt{r^2 - 2fr\cos\varphi + f^2} \;=\; 2\rho - r$$
$$r^2 - 2fr\cos\varphi + f^2 \;=\; 4\rho^2 - 4\rho r + r^2 \quad \text{und} \quad r \leq 2\rho$$

$$r = \frac{4\rho^2 - f^2}{4\rho - 2f\cos\varphi} \quad \text{und} \quad r \le 2\rho$$

$$r = \frac{(2\rho + f)(2\rho - f)}{2(2\rho - f\cos\varphi)} \quad \text{und} \quad r \le 2\rho$$

Da $f < 2\rho$, impliziert die erste Gleichung in der letzten Zeile die Ungleichung $r \le 2\rho$. Die Gleichung der Ellipse ist also

$$r = \frac{\delta}{1 - \varepsilon\cos\varphi}$$

mit

$$\delta = \frac{(2\rho + f)(2\rho - f)}{4\rho} \quad , \quad \varepsilon = \frac{f}{2\rho}$$

Man sieht, daß alle Werte von $\delta > 0$ und $0 \le \varepsilon < 1$ auftreten, wenn f und ρ alle Zahlen mit $f \ge 0$ und $\rho > \frac{1}{2}f$ durchlaufen.

Für eine Hyperbel mit Brennpunkten in $(0,0)$ und $(-f,0)$ $f > 0$, die dadurch charakterisiert ist, daß die Differenz der Abstände zu den Brennpunkten betragsmäßig gleich $2\rho < f$ ist, ergibt eine ähnliche Rechnung die Gleichung in Polarkoordinaten

$$r = \frac{\delta}{1 - \varepsilon\cos\varphi}$$

mit

$$\delta = \frac{(f + 2\rho)(f - 2\rho)}{4\rho} \quad , \quad \varepsilon = \frac{f}{2\rho}$$

Wieder sieht man, daß alle Werte von $\delta > 0$ und $\varepsilon > 1$ auftreten, wenn f und ρ alle Zahlen mit $f \ge 0$ und $\rho < \frac{1}{2}f$ durchlaufen.

Schließlich betrachten wir eine Parabel mit Brennpunkt $(0,0)$ und Brenngerade $\{ (x_1, x_2) \in \mathbb{R}^2 \mid x_1 = -a \}$, $a > 0$. In diesem Fall ist die Gleichung in Polarkoordinaten

$$r = r\cos\varphi + a$$

oder

$$r = \frac{\delta}{1 - \varepsilon\cos\varphi}$$

mit

$$\delta = a \quad , \quad \varepsilon = 1$$

Damit ist Teil (ii) des Satzes bewiesen. Teil (i) folgt daraus, daß alle möglichen Werte von δ und ε in den obigen Konstruktionen vorgekommen sind. $\qquad\square$

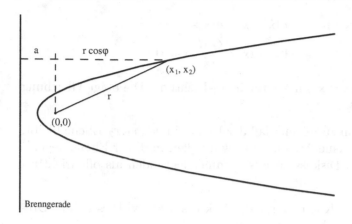

Bild 4.47

4.7.2 Kepler'sche Ellipsen

Basierend auf jahrelangen Beobachtungen formulierte Johannes Kepler im Jahre 1609 das folgende Gesetz über die Bewegung eines Planeten um die Sonne („erstes Kepler'sches Gesetz"): *Der Planet beschreibt eine Ellipse, in deren einem Brennpunkt die Sonne steht.*

Knapp hundert Jahre später entwickelte Isaac Newton eine Theorie der Gravitation. Einer der großen Erfolge der Newton'schen Theorie war, daß sich das erste Kepler'sche Gesetz - und viele andere Gesetze, die Kepler formuliert hatte - aus einigen wenigen Grundannahmen über Kraftgesetze ableiten ließ (siehe [Kline] 17.3). Wir geben hier eine Ableitung des ersten Kepler'schen Gesetzes aus den Newton'schen Gesetzen (siehe auch [Sommerfeld], Kap. 6). Der Einfachheit halber nehmen wir an, daß die Sonne im Koordinatenursprung ruht, und daß der Planet ein Massenpunkt der Masse m ist, der sich in der x_1,x_2-Ebene bewegt. Nach den Newton'schen Gesetzen ist die Kraft F, die auf den Planeten an der Stelle $\mathbf{x} = (x_1,x_2,0)$ ausgeübt wird, gleich

$$F = -G\,\frac{mM}{r^2}\,\frac{\mathbf{x}}{r}$$

Hier bezeichnet M die Masse der Sonne, $r := \sqrt{x_1^2 + x_2^2}$, und G ist die Gravitationskonstante. Nach den Newton'schen Bewegungsgleichungen bewegt sich der Planet auf einer Bahn $\mathbf{x}(t) = (x_1(t),x_2(t),0)$, für die gilt

$$m\ddot{\mathbf{x}} = -G\,\frac{mM}{r^2}\,\frac{\mathbf{x}}{r}$$

oder

$$\ddot{\mathbf{x}} = -G\,\frac{M}{r^3}\,\mathbf{x} \qquad\qquad (4.19)$$

Hier bezeichnet $\dot{\mathbf{x}} = \frac{\mathrm{d}}{\mathrm{d}t}\mathbf{x}(t)$ usw.. Aus dieser Gleichung folgt

$$\frac{\mathrm{d}}{\mathrm{d}t}(m\mathbf{x}\times\dot{\mathbf{x}}) = m\dot{\mathbf{x}}\times\dot{\mathbf{x}} + m\mathbf{x}\times\ddot{\mathbf{x}}$$

$$= \mathbf{0} - m\mathbf{x}\times\frac{GM}{r^3}\,\mathbf{x} = \mathbf{0}$$

nach Satz 2.2. Offenbar ist $m\mathbf{x}\times\dot{\mathbf{x}}$ ein Vektor in x_3-Richtung. Die obige Gleichung impliziert, daß er konstant ist.

Übung: Verwenden Sie dies, um zu zeigen, daß der Planet in der x_1,x_2-Ebene bleibt, wenn sein Anfangspunkt und seine Anfangsgeschwindigkeit in dieser Ebene liegen! (Das haben wir in der obigen Diskussion aus Symmetriegründen als offensichtlich angenommen.)

Wir bezeichnen mit L die x_3-Komponente des Vektors $m\mathbf{x}\times\dot{\mathbf{x}}$. Dies ist der Drehimpuls des Planeten um die x_3-Achse. Also gilt

$$m(x_1\dot{x}_2 - x_2\dot{x}_1) = L$$

oder in Polarkoordinaten

$$mr^2\dot{\varphi} = L \tag{4.20}$$

Übung: Leiten Sie daraus das zweite Kepler'sche Gesetz: „Der Radiusvektor von der Sonne nach dem Planeten überstreicht in gleichen Zeiten gleiche Flächen" her!

Falls $L = 0$, bewegt sich der Planet auf einer Geraden auf die Sonne zu, und das führt zur Katastrophe. Wir betrachten deshalb nun den Fall $L \neq 0$. Drückt man die rechte Seite der Bewegungsgleichung (4.19) in Polarkoordinaten aus, so ergibt sich

$$\frac{\mathrm{d}\dot{x}_1}{\mathrm{d}t} = -\frac{GM}{r^2}\cos\varphi \quad , \quad \frac{\mathrm{d}\dot{x}_2}{\mathrm{d}t} = -\frac{GM}{r^2}\sin\varphi$$

Multiplizieren wir dies mit $\frac{1}{\frac{\mathrm{d}\varphi}{\mathrm{d}t}} = \frac{1}{\dot{\varphi}}$, so ergibt sich

$$\frac{\mathrm{d}\dot{x}_1}{\mathrm{d}t}\frac{\mathrm{d}t}{\mathrm{d}\varphi} = -\frac{GM}{r^2\dot{\varphi}}\cos\varphi \quad , \quad \frac{\mathrm{d}\dot{x}_2}{\mathrm{d}t}\frac{\mathrm{d}t}{\mathrm{d}\varphi} = -\frac{GM}{r^2\dot{\varphi}}\sin\varphi$$

oder, unter Verwendung der Drehimpulsgleichung (4.20)

$$\frac{\mathrm{d}\dot{x}_1}{\mathrm{d}\varphi} = -\frac{GmM}{L}\cos\varphi \quad , \quad \frac{\mathrm{d}\dot{x}_2}{\mathrm{d}\varphi} = -\frac{GmM}{L}\sin\varphi$$

Durch Integration ergibt sich daraus

$$\dot{x}_1 = -\frac{GmM}{L}\sin\varphi + A \quad , \quad \dot{x}_2 = \frac{GmM}{L}\cos\varphi + B$$

mit Integrationskonstanten A,B. Drücken wir $\dot{x}_1$ und $\dot{x}_2$ in Polarkoordinaten aus, so erhalten wir

$$\dot{r}\cos\varphi - r\dot{\varphi}\sin\varphi = -\frac{GmM}{L}\sin\varphi + A$$

$$\dot{r}\sin\varphi + r\dot{\varphi}\cos\varphi = \frac{GmM}{L}\cos\varphi + B$$

Nun multiplizieren wir die erste Gleichung mit $-\sin\varphi$, die zweite mit $\cos\varphi$ und addieren die entstehenden Gleichungen. Damit ergibt sich

$$r\dot{\varphi} = \frac{GmM}{L} - A\sin\varphi + B\cos\varphi$$

Schreibe $A = -C\sin\varphi_0$, $B = -C\cos\varphi_0$ mit $C > 0$, $\varphi_0 \in [0,2\pi)$. Unter nochmaliger Verwendung von (4.20) ergibt sich

$$\frac{L}{m}\frac{1}{r} = \frac{GmM}{L} - C\cos(\varphi - \varphi_0)$$

oder

$$r = \frac{\delta}{1 - \varepsilon\cos(\varphi - \varphi_0)}$$

mit

$$\delta = \frac{L^2}{Gm^2M} \quad , \quad \varepsilon = \frac{LC}{GmM}$$

Man sieht aus (4.19), daß sich der Massenpunkt auf einem Kegelschnitt mit der Sonne als Brennpunkt bewegt. Im Falle eines Planeten, der ja die Sonne mehr als einmal umläuft, kann der Kegelschnitt keine Parabel und keine Hyperbel sein. Somit ist er eine Ellipse.   □

Eine geometrische Ableitung der Kepler'schen Gesetze aus dem Newton'schen Gravitationsgesetz findet sich in "Feynman's verschollener Vorlesung" [Goodstein]. Andere Beweise und weitere Information findet man in [Sommerfeld], ch.6.

4.7.3 Die Dandelin'schen Kugeln

Es sei K der Kreiskegel $\{(x_1, x_2, x_3) \in \mathbb{R}^3 / x_3^2 = x_1^2 + x_2^2\}$ und E eine Ebene, die K längs einer Ellipse C schneidet. Dann gibt es genau zwei Kugeln S_1, S_2, die K längs eines Kreises tangential treffen und auch noch an die Ebene E tangential sind. Es seien F_1 und F_2 die Berührpunkte von S_1 bzw. S_2 mit E.

Satz 4.16 *(Dandelin 1822) F_1 und F_2 sind die Brennpunkte von C.*

Beweis Sei P ein Punkt von C. Die Verbindungsgerade g von P mit der Kegelspitze **0** trifft die Kreise $S_1 \cap K$ bzw. $S_2 \cap K$ jeweils in einem Punkt, den wir R_1 bzw. R_2 nennen(siehe Bild 4.48). Der Abstand zwischen R_1 und R_2 hängt offenbar nicht von P ab. Deswegen genügt es für den Beweis des Satzes zu zeigen, daß die Summe der Abstände $\overline{F_1 P}$ zwischen F_1 und P und $\overline{F_2 P}$ zwischen F_2 und P gleich dem Abstand $\overline{R_1 R_2}$ zwischen R_1 und R_2 ist. Dazu genügt es natürlich zu zeigen, daß

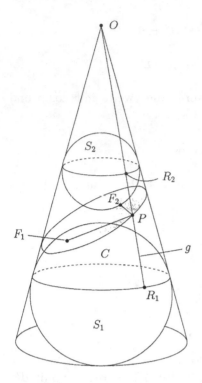

Bild 4.48

$$\overline{F_1\,P} = \overline{R_1\,P} \qquad \text{und} \qquad \overline{F_2\,P} = \overline{R_2\,P}$$

Die Strecken zwischen PF_1 und PR_1 sind beide Tangenten von P aus an die Kugel S_1, werden also durch eine geeignete Drehung um die Achse durch P und den Mittelpunkt von S_1 ineinander übergeführt. Deswegen ist $\overline{F_1\,P} = \overline{R_1\,P}$. Ebenso zeigt man, daß $\overline{F_2\,P} = \overline{R_2\,P}$. □

Der Satz von Dandelin ist wahrscheinlich der eleganteste Weg, die Beschreibung von Ellipsen als Schnitte eines Kegels und einer Ebene mit der Brennpunkteigenschaft von Satz 4.2 in Verbindung zu bringen. Analoge Sätze gelten für Parabeln und Hyperbeln. So läßt sich die Theorie der Kegelschnitte aus ihrer Definition als Schnitte von Kegeln mit Ebenen entwickeln (siehe [Jennings] ch.3).

4.7.4   Billiards

Das elliptische Billiard, das wir in Satz 4.10 betrachtet haben, ist Spezialfall einer allgemeineren Situation. Gegeben sei eine stückweise einmal stetig differenzierbare geschlossene Kurve C in der Ebene $\mathbb{R}^2$. Mit Ω bezeichnen wir das Innere von C (siehe Bild 4.49).

   Nun betrachten wir die Trajektorien (Bahnkurven) von Punkten, die sich in Ω geradlinig bewegen und am Rand, das heißt in den Punkten von C, nach dem Prinzip

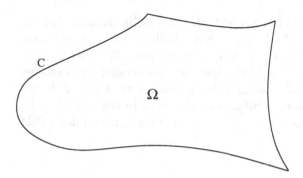

Bild 4.49

„Einfallswinkel = Ausfallswinkel" reflektiert werden. Dabei beschränken wir uns auf den Fall, daß die Trajektorien keinen Eckpunkt von C treffen. (Man kann zeigen, daß für jeden Anfangspunkt und fast jede Anfangsrichtung die entsprechende Trajektorie die Ecken von C nicht trifft.) Eine Trajektorie besteht dann aus Strecken (wir nennen sie Stücke), deren Endpunkte in C liegen und die sonst ganz im Inneren von Ω verlaufen (siehe Bild 4.50).

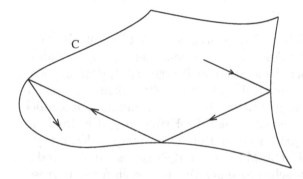

Bild 4.50

Die Situation, daß C eine Ellipse ist, haben wir in Abschnitt 4.4 betrachtet. In Satz 4.10 haben wir gesehen, daß alle zu C konfokalen, innerhalb von Ω liegenden Ellipsen C' folgende Eigenschaften haben:
(i) Ist ein Stück einer Trajektorie tangential an C', so gilt dies für jedes Stück der Trajektorie.
(ii) Verläuft ein Stück einer Trajektorie außerhalb von C', so gilt dies für jedes Stück der Trajektorie
Allgemein nennt man ein Kurve C' mit den obigen Eigenschaften eine *Kaustik* für das Billiard im Inneren von C. Das Billiard im Inneren einer Ellipse C besitzt also eine Einparameterschar von Kaustiken, nämlich alle zu C konfokalen Ellipsen, die im Inneren von C liegen, sowie alle zu C konfokalen Hyperbeln. Man vermutet, daß eine glatte konvexe Kurve, für die es eine Einparameterschar von Kaustiken gibt, eine Ellipse ist. Die Existenz einer Kaustik C' für das Billiard innerhalb einer konvexen

Kurve C impliziert, daß jedenfalls sehr viele Trajektorien des Billiards nicht dicht in Ω sind: Geht man nämlich von einem Punkt $p \in \Omega$ außerhalb von C' aus, der nahe bei C liegt, so gibt es ein ganzes Segment von Anfangsrichtungen für Trajektorien, deren erstes Stück zwischen C und C' verläuft. Die entsprechenden Trajektorien werden dann niemals ins Innere von C' gelangen. Insbesondere zeigt das, daß sich Trajektorien nicht allzu gut mischen: eine Situation, die man in der statistischen Mechanik bei der Untersuchung eines Gases eigentlich nicht erwartet (siehe Bild 4.51).

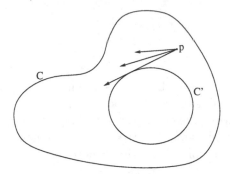

Bild 4.51

Es stellt sich die Frage, unter welchen Voraussetzungen an C es für Billiards im Inneren von C Kaustiken gibt. Die Antworten, die man kennt, zeigen, daß es sich hierbei um ein sehr subtiles Problem handelt (siehe [Berger 1991],[Bunimovich], [Tabachnikov]): V. Lazutkin hat 1973 gezeigt, daß es im Fall strikt konvexer unendlich oft differenzierbarer Randkurven in jeder Umgebung der Randkurve unendlich viele Kaustiken gibt. „Strikt konvex" bedeutet, daß die Krümmung der Randkurve überall strikt positiv ist. Gibt es jedoch einen Punkt, in dem die Krümmung gleich Null ist, so gibt es keine Kaustiken. J. Mather hat 1982 gezeigt, daß es in diesem Fall Trajektorien gibt, die sich für sehr große positive und auch für sehr grosse negative Zeit beliebig nahe an die Randkurve anschmiegen, aber mit *umgekehrter* Umlaufrichtung!

Wenn viele Trajektorien dicht in Ω liegen, so findet eine recht gute Durchmischung der Trajektorien statt. Es ist aber noch nicht ganz die Mischungseigenschaft, die man in der statistischen Mechanik gerne hätte. Nach Definition liegt eine Trajektorie dicht in Ω, wenn für jedes $p \in \Omega$ und jedes $\varepsilon > 0$ die Trajektorie die Kreisscheibe um p mit Radius ε unendlich oft schneidet. Es könnte aber nun sein, daß die Trajektorien in den Schnittpunkten mit einer solchen Kreisscheibe alle ungefähr die gleiche Richtung haben; es könnte aber auch sein, daß die Richtungen etwa gleichverteilt sind. Um diese zweite Eigenschaft zu präzisieren, führt man den Begriff der Ergodizität ein. Es sei M die Menge aller Paare $(\mathbf{p},\mathbf{v})$, wobei $\mathbf{p}$ ein glatter Punkt von C, und $\mathbf{v}$ ein von $\mathbf{p}$ aus ins Innere von Ω zeigender Einheitsvektor ist (siehe Bild 4.52).

Zu jedem Punkt $(\mathbf{p},\mathbf{v})$ von M gehört eine Trajektorie, die von $\mathbf{p}$ aus in Richtung $\mathbf{v}$ verläuft (siehe Bild 4.53).

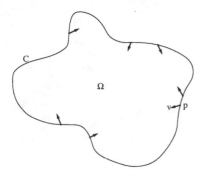

Bild 4.52

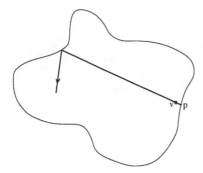

Bild 4.53

Sei M' die Menge aller $(\mathbf{p},\mathbf{v})$, für die die Trajektorie keine Ecke von C trifft. Ferner sei

$$T: \ M' \to M'$$

die Abbildung, die $(\mathbf{p},\mathbf{v})$ das Paar $(\mathbf{p}',\mathbf{v}')$, bestehend aus dem ersten Schnittpunkt $\mathbf{p}'$ des Strahls von $\mathbf{p}$ aus in Richtung $\mathbf{v}$ mit C und der Richtung $\mathbf{v}'$ der Trajektorie nach der ersten Reflexion in $\mathbf{p}'$, zuordnet (siehe Bild 4.54).

Man sagt, das Billiard im Inneren von C sei *ergodisch*, falls jede T-invariante meßbare Funktion auf M' außerhalb einer Lebesgue-Nullmenge konstant ist. Das Billiard innerhalb der Ellipse

$$E_{a_1,a_2} \ = \ \Big\{ \ \mathbf{x} \in \mathbb{R}^2 \ \Big| \ \frac{x_1^2}{a_1^2} + \frac{x_2^2}{a_2^2} = 1 \ \Big\}$$

ist nicht ergodisch, denn die Funktion, die jedem $(\mathbf{p},\mathbf{v})$ den Wert λ zuordnet, für den die Gerade $\{ \ \mathbf{p} + t\mathbf{v} \ | \ t \in \mathbb{R} \ \}$ tangential an

$$C_\lambda \ = \ \Big\{ \ \mathbf{x} \in \mathbb{R}^2 \ \Big| \ \frac{x_1^2}{a_1^2 - \lambda} + \frac{x_2^2}{a_2^2 - \lambda} = 1 \ \Big\}$$

ist, ist T-invariant und nicht konstant. Dagegen hat Y. Sinai gezeigt, daß Billiards im Inneren von Kurven, die stückweise konkav sind, stets ergodisch sind (siehe Bild 4.55).

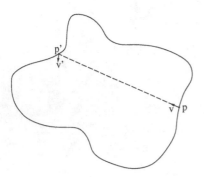

Bild 4.54

Bild 4.55

Ein anderes Beispiel eines ergodischen Billiards ist der Fall, daß die Randkurve aus zwei Halbkreisen und zwei parallelen Strecken – wie in Figur 4.56 – zusammengesetzt ist.

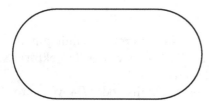

Bild 4.56

Für einen Überblick über Billiards im Inneren von Polygonen verweisen wir auf [Berger 1991], [Bunimovich] [Tabachnikov].

Übung: Sei C eine strikt konvexe geschlossene Kurve und $p_1, p_2, \cdots, p_n$ Punkte auf C, so daß das Polygon $p_1, p_2, \cdots, p_n$ maximalen Umfang (unter allen in C einbeschriebenen Polygonen mit n Ecken) hat. Dann ist $p_1 p_2, p_2 p_3, \cdots, p_{n-1} p_n, p_n p_1$ eine sich schließende Trajektorie für das Billiard im Inneren von C!

4.7.5 Der Poncelet'sche Schließungssatz

In Satz 4.10 haben wir festgestellt, daß das Billiard im Inneren einer Ellipse $E = E_{a_1,a_2} = \{ (x_1,x_2) \in \mathbb{R}^2 \mid \frac{x_1^2}{a_1^2} + \frac{x_2^2}{a_2^2} = 1 \}$ folgende Eigenschaft hat: Ist t eine Trajektorie (Bahnkurve), so geht t entweder zwischen je zwei Reflexionen an E durch einen der Brennpunkte , oder es gibt eine reelle Zahl λ, so daß t zwischen zwei Reflexionen stets tangential an den zu E konfokalen Kegelschnitt

$$C_\lambda = \{ \mathbf{x} \in \mathbb{R}^2 \mid \frac{x_1^2}{a_1^2 - \lambda} + \frac{x_2^2}{a_2^2 - \lambda} = 1 \}$$

ist. Wir bezeichnen mit T_λ die Menge aller Trajektorien t des Billiards im Inneren von E, die C_λ zwischen je zwei Reflexionen berühren. Nun kann es sein, daß sich eine Trajektorie schließt, daß heißt, daß die Trajektorie nach einer gewissen Anzahl von Reflexionen zum Ausgangspunkt zurückkehrt. Man kann zeigen: *„Schließt sich eine Trajektorie in T_λ nach n Reflexionen, so schließt sich jede Trajektorie in T_λ nach n Reflexionen.“*

Übung: Zeigen Sie, daß es $\lambda \in \mathbb{R}$ gibt, so daß eine Trajektorie in T_λ geschlossen ist!

Eine Trajektorie in T_λ, die sich nach n Reflexionen schließt, bildet ein n-Eck (im Allgemeinen mit Selbstüberschneidung) das in E einbeschrieben und dem Kegelschnitt C_λ umbeschrieben ist. Allgemein definieren wir: Seien C, C' zwei verschiedene Kegelschnitte, die keine Geraden enthalten. Ein n-Eck, das C einbeschrieben und C' umbeschrieben ist, ist ein Folge $\mathbf{p}_1, \mathbf{p}_2, \cdots, \mathbf{p}_n$ paarweise verschiedener Punkte von C, so daß die Verbindungsgeraden von $\mathbf{p}_1$ und $\mathbf{p}_2$, von $\mathbf{p}_2$ und $\mathbf{p}_3, \cdots$, von $\mathbf{p}_{n-1}$ und $\mathbf{p}_n$ und von $\mathbf{p}_n$ und $\mathbf{p}_1$ alle tangential an C' sind. Die Aussage, die wir oben über geschlossene Trajektorien des elliptischen Billiards gemacht haben, ist Spezialfall des

Satz 4.17 *(Schließungssatz von Poncelet) Seien C, C' zwei verschiedene Ellipsen. Gibt es ein n-Eck, das C einbeschrieben und C' umbeschrieben ist, so geht durch jeden Punkt von C ein n-Eck, das C einbeschrieben und C' umbeschrieben ist.*

Eine analoge Aussage gilt für beliebige nichtentartete Kegelschnitte. Man muß dann allerdings zulassen, daß gewisse Punkte der Konfiguration „im Unendlichen" liegen (vgl. Abschnitt 4.7.6). Eine ausführliche Diskussion des Poncelet'schen Schließungssatzes mit vielen historischen Bemerkungen findet man in [Bos *et al.*], eine Diskussion von einem etwas anderen Standpunkt aus in [Hurwitz], und mehrere verschiedene Beweise in [Tabachnikov].

4.7.6 Affine Klassifikation von Kegelschnitten und affine Kurven

In Abschnitt 4.1 haben wir Normalformen für Kegelschnitte bezüglich orientierungserhaltender Kongruenzen (d.h. orientierungserhaltender Abbildungen, die auch den Abstand erhalten) angegeben. In Kapitel 4 haben wir aber eine Reihe von Aussagen über Kegelschnitte kennengelernt, in denen der Begriff „Abstand" nicht vorkommt, so z.B. Proposition 66, die besagt, daß ein Kegelschnitt eine Gerade in höchstens zwei Punkten trifft oder die Gerade ganz enthält. Bei genauem Nachprüfen werden Sie feststellen, daß in den Abschnitten 4.3, 4.5 und 4.6 der Begriff des „Abstandes" überhaupt nicht vorkommt. Bei der Untersuchung von Problemen wie in diesen Abschnitten ist es nützlich, eine Klasse von Abbildungen der Ebene auf sich zu betrachten, die größer ist als die der orientierungserhaltenden Kongruenzen. Diese Abbildungen sollten wohl noch Geraden in Geraden überführen, aber nicht mehr notwendigerweise Abstände erhalten.

Definition 85 *Eine* affine Transformation der Ebene *ist eine Abbildung* $\mathbb{R}^2 \to \mathbb{R}^2$ *der Form*

$$\begin{pmatrix} x_1 \\ x_2 \end{pmatrix} \mapsto \begin{pmatrix} a_{11} & a_{12} \\ a_{21} & a_{22} \end{pmatrix} \begin{pmatrix} x_1 \\ x_2 \end{pmatrix} + \begin{pmatrix} v_1 \\ v_2 \end{pmatrix}$$

wobei $\begin{pmatrix} a_{11} & a_{12} \\ a_{21} & a_{22} \end{pmatrix}$ *eine* (2×2)*-Matrix mit von Null verschiedener Determinante und* $\begin{pmatrix} v_1 \\ v_2 \end{pmatrix}$ *ein Vektor in* $\mathbb{R}^2$ *ist.*

Übung: Zeigen Sie:
(i) Affine Transformationen sind bijektiv!
(ii) Die affinen Transformationen bilden eine Gruppe!
(iii) Affine Transformationen bilden Geraden auf Geraden und Kegelschnitte auf Kegelschnitte ab!

Wir sagen, zwei Kegelschnitte seien *affin äquivalent*, wenn sie sich durch eine affine Transformation aufeinander abbilden lassen. Offenbar wird die Ellipse

$$E = E_{a_1,a_2} = \left\{ (x_1,x_2) \in \mathbb{R}^2 \mid \frac{x_1^2}{a_1^2} + \frac{x_2^2}{a_2^2} = 1 \right\}$$

durch die affine Transformation

$$(x_1,x_2) \mapsto \left(\frac{x_1}{a_1}, \frac{x_2}{a_2} \right)$$

bijektiv auf den Kreis $\left\{ (x_1,x_2) \in \mathbb{R}^2 \mid x_1^2 + x_2^2 = 1 \right\}$ abgebildet. Da jede orientierungserhaltende Kongruenz eine affine Transformation ist, ist jeder Kegelschnitt affin äquivalent zu einem der in Satz 4.1 genannten. Es ist leicht nachzuprüfen, welche der in Satz 4.1 aufgeführten Kegelschnitte affin äquivalent sind. Es ergibt sich:

Satz 4.18 *Jeder nichtleere Kegelschnitt ist affin äquivalent zu einem der folgenden:*

$$\{\ (x_1,x_2) \in \mathbb{R}^2 \mid x_1^2 + x_2^2 = 1\ \}$$
$$\{\ (x_1,x_2) \in \mathbb{R}^2 \mid x_1^2 - x_2^2 = 1\ \}$$
$$\{\ (x_1,x_2) \in \mathbb{R}^2 \mid x_2 = x_1^2\ \}$$
$$\{\ (x_1,x_2) \in \mathbb{R}^2 \mid x_1^2 + x_2^2 = 0\ \}$$
$$\{\ (x_1,x_2) \in \mathbb{R}^2 \mid x_1^2 - x_2^2 = 0\ \}$$
$$\{\ (x_1,x_2) \in \mathbb{R}^2 \mid x_1^2 - 1 = 0\ \}$$
$$\{\ (x_1,x_2) \in \mathbb{R}^2 \mid x_1^2 = 0\ \}$$

Die Klassifikation von Kegelschnitten bis auf affine Äquivalenz ist also wesentlich einfacher als die Klassifikation bis auf orientierungserhaltende Kongruenz. Insbesondere treten keine „freien Parameter" auf. Man kann versuchen, auch Kurven höheren Grades bis auf affine Äquivalenz zu klassifizieren. Eine *ebene affine Kurve vom Grad* n ist eine Menge der Form

$$\{\ (x_1,x_2) \in \mathbb{R}^2 \mid f(x_1,x_2) = 0\ \}$$

wobei f ein Polynom vom Grad n in den Variablen x_1,x_2 ist. Ein Beispiel ist die „Fermatkurve"

$$\{\ (x_1,x_2) \in \mathbb{R}^2 \mid x_1^n + x_2^n = 1\ \}$$

Ist (x_1,x_2) ein Punkt der Fermatkurve mit rationalen Koordinaten $x_1 = \frac{a}{c}, x_2 = \frac{b}{c}$, $a,b,c \in \mathbb{Z}$, $c \neq 0$, so ist $a^n + b^n = c^n$. Die von Wiles und Taylor 1994 bewiesene Fermat'sche Vermutung besagt , daß für $n \geq 3$ die Fermatkurve keinen Punkt mit rationalen Koordinaten hat. Ein anderes Beispiel einer affinen Kurve ist (siehe Bild 4.57)

$$\{\ (x_1,x_2) \in \mathbb{R}^2 \mid x_2^2 = x_1^3 - x_1\ \}$$

Diese Kurve hat Grad 3. Die Klassifikation von Kurven vom Grad 3 bis auf affine

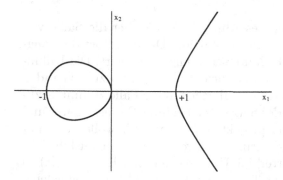

Bild 4.57

Äquivalenz hat I.Newton durchgeführt. Man kommt dabei auf über 70 verschiedene Fälle. Will man diese Klassifikation besser verstehen und noch weiter treiben, so empfiehlt es sich, zunächst nach noch gröberen Kriterien zu klassifizieren. Dies führt zur Betrachtung von Kurven in der komplex projektiven Ebene (siehe Abschnitt 4.7.7 und für Weitergehendes [Brieskorn–Knörrer]).

Satz 4.8 besagt, daß sich zwei Kurven vom Grad 2 in höchstens $4 = 2 \cdot 2$ Punkten schneiden, wenn sie nicht eine Kurve vom Grad ≤ 2 gemeinsam haben. Diese Aussage ist ein Spezialfall von

Satz 4.19 *(Satz von Bézout)* *Seien C_1 und C_2 ebene Kurven vom Grad n_1 bzw. n_2, so daß es keine ebene Kurve C' mit unendlich vielen Punkten gibt, die im Durchschnitt $C_1 \cap C_2$ von C_1 und C_2 enthalten ist. Dann ist*

$$|C_1 \cap C_2| \leq n_1 \cdot n_2$$

Übung: (i) Zeigen Sie unter Verwendung des Satzes von Bézout: Seien C_1 und C_2 ebene Kurven vom Grad n_1 bzw. n_2 mit $|C_1 \cap C_2| = n_1 \cdot n_2$. Gibt es eine ebene Kurve C' vom Grad $d \leq n_2$, die genau $n_1 \cdot d$ Punkte von $C_1 \cap C_2$ enthält, und gibt es keine Kurve $C'' \subset C'$ mit einem Grad $0 < d'' < d$, die genau $n_1 \cdot d''$ Punkte von $C_1 \cap C_2$ enthält, so gibt es eine ebene Kurve vom Grad $n_2 - d$, die die nicht auf C' gelegenen Punkte von $C_1 \cap C_2$ enthält!

(ii) Sei $g(t)$ ein Polynom dritten Grades mit drei verschiedenen reellen Nullstellen. Setzen Sie

$$C := \left\{ (x_1, x_2) \in \mathbb{R}^2 \mid x_2^2 = g(x_1) \right\}$$

Führen Sie außerdem einen idealen Punkt „∞" ein und setzen Sie

$$\bar{C} := C \cup \{\infty\}$$

Zeigen Sie: Es gibt eine Verknüpfung $+$ auf $\bar{C}$, so daß $(\bar{C}, +)$ eine kommutative Gruppe mit ∞ als neutralem Element ist und so, daß für drei verschiedene Punkte $p, q, r \in C$, die auf einer Geraden liegen, $p + q + r = \infty$ gilt!

4.7.7 Die projektive Ebene

Wahrscheinlich haben Sie sich beim Lesen des Abschnittes 4.5 über die Sätze von Pascal, Brianchon und Pappos und des Abschnittes 4.6 über Dualität über die Langatmigkeit einiger Beweise und die vielen Fallunterscheidungen geärgert. Die Fallunterscheidungen waren notwendig, weil wir unterscheiden mußten, ob zwei Geraden parallel waren oder sich schnitten. Es gibt eine Möglichkeit, diese Fälle zusammenzufassen, so daß sowohl die Formulierungen der Sätze als auch ihrer Beweise klarer und durchsichtiger werden: Die Einführung der projektiven Ebene. Wir wollen hier nur kurz die Definition und die wichtigsten Konstruktionen vorstellen. Eine ausführliche Motivation findet man in [Brieskorn–Knörrer] I.3. Um die projektive Ebene $\mathbb{P}_2(\mathbb{R})$ zu definieren, führen wir auf dem Komplement des Nullpunktes in $\mathbb{R}^3$ eine Äquivalenzrelation $\sim$ ein. Wir sagen, zwei Vektoren (x_0, x_1, x_2) und (x_0', x_1', x_2') in $\mathbb{R}^3 \setminus \{0\}$ seien äquivalent, wenn es einen Skalar $\lambda \in \mathbb{R} \setminus \{0\}$ gibt, so daß $(x_0, x_1, x_2) = \lambda \cdot (x_0', x_1', x_2')$. Die *projektive Ebene* $\mathbb{P}_2(\mathbb{R})$ ist dann die Menge aller Äquivalenzklassen dieser Äquivalenzrelation:

$$\mathbb{P}_2(\mathbb{R}) = \mathbb{R}^3 \setminus \{\mathbf{0}\}/\sim$$

Die Äquivalenzklasse von (x_0,x_1,x_2) bezeichnen wir mit $[x_0,x_1,x_2]$. Man sieht sofort, daß die Äquivalenzklasse eines Vektors $(x_0,x_1,x_2) \in \mathbb{R}^3 \setminus \{\mathbf{0}\}$ genau zwei Punkte auf der Sphäre $S^2 = \{ (x_0,x_1,x_2) \in \mathbb{R}^3 \mid x_0^2 + x_1^2 + x_2^2 = 1 \}$ enthält, nämlich die Punkte $\pm \frac{1}{\sqrt{x_0^2+x_1^2+x_2^2}}(x_0,x_1,x_2)$. Die projektive Ebene kann also auch aufgefaßt werden als der Quotient von S^2 nach der Äquivalenzrelation, bei der antipodale Punkte als äquivalent aufgefaßt werden (vgl. Abschnitt 3.5.4). Als nächstes definieren wir Geraden und Quadriken in $\mathbb{P}_2(\mathbb{R})$. Eine *Gerade* in $\mathbb{P}_2(\mathbb{R})$ ist eine Teilmenge der Form

$$\{ [x_0,x_1,x_2] \in \mathbb{P}_2(\mathbb{R}) \mid a_0x_0 + a_1x_1 + a_2x_2 = 0 \}$$

wobei $(a_0,a_1,a_2) \in \mathbb{R}^3 \setminus \{\mathbf{0}\}$. Man beachte, daß für einen Vektor $(x_0,x_1,x_2) \in \mathbb{R}^3 \setminus \{\mathbf{0}\}$ die Gleichung $a_0x_0 + a_1x_1 + a_2x_2 = 0$ genau dann erfüllt ist, wenn für jeden zu (x_0,x_1,x_2) äquivalenten Vektor (x_0',x_1',x_2') ebenfalls die Gleichung $a_0x_0' + a_1x_1' + a_2x_2' = 0$ gilt. Deshalb macht die obige Definition Sinn. Ebenso definiert man eine Quadrik in $\mathbb{P}_2(\mathbb{R})$ als eine Teilmenge der Form

$$\left\{ [x_0,x_1,x_2] \in \mathbb{P}_2(\mathbb{R}) \mid \sum_{0 \le i \le j \le 2} a_{ij}x_ix_j = 0 \right\}$$

wobei nicht alle a_{ij} gleich Null sind. Die Beziehung zwischen der Ebene $\mathbb{R}^2$ und der projektiven Ebene $\mathbb{P}_2(\mathbb{R})$ wird durch die Abbildung

$$\begin{aligned} i_p : \mathbb{R}^2 &\to \mathbb{P}_2(\mathbb{R}) \\ (x_1,x_2) &\mapsto [1,x_1,x_2] \end{aligned}$$

hergestellt.

Lemma 86 *i)* i_p *ist injektiv.*
ii) Nennen wir $G_\infty = \{ [x_0,x_1,x_2] \in \mathbb{P}_2(\mathbb{R}) \mid x_0 = 0 \}$ *die unendlich ferne Gerade, so ist das Bild von* i_p *gerade das Komplement von* G_∞ *in* $\mathbb{P}_2(\mathbb{R})$.
iii) Ist G *eine von* G_∞ *verschiedene Gerade in* $\mathbb{P}_2(\mathbb{R})$, *so ist* $i_p^{-1}(G)$ *eine Gerade in* $\mathbb{R}^2$. *Ist umgekehrt* g *eine Gerade in* $\mathbb{R}^2$, *so gibt es eine Gerade* G *in* $\mathbb{P}_2(\mathbb{R})$, *so daß* $g = i_p^{-1}(G)$.
iv) Ist Q *eine Quadrik in* $\mathbb{P}_2(\mathbb{R})$, *so ist* $i_p^{-1}(Q)$ *ein Kegelschnitt, eine Gerade oder leer. Ist umgekehrt* C *ein Kegelschnitt in* $\mathbb{R}^2$, *so gibt es eine Quadrik* Q *in* $\mathbb{P}_2(\mathbb{R})$, *so daß* $C = i_p^{-1}(Q)$.

Beweis i) Sind (x_1,x_2) und (x_1',x_2') Punkte von $\mathbb{R}^2$ mit $i_p(x_1,x_2) = i_p(x_1',x_2')$, so ist nach Definition $(1,x_1,x_2) \sim (1,x_1',x_2')$. Das heißt, es gibt $\lambda \in \mathbb{R} \setminus \{0\}$, so daß $(1,x_1,x_2) = \lambda(1,x_1',x_2')$. Betrachtet man die erste Komponente dieser Gleichung, so sieht man, daß $\lambda = 1$. Somit ist $(x_1,x_2) = (x_1',x_2')$.
ii) Offenbar ist $i_p(\mathbb{R}^2) \subset \mathbb{P}_2(\mathbb{R}) \setminus G_\infty$. Ist umgekehrt $[x_0,x_1,x_2] \in \mathbb{P}_2(\mathbb{R}) \setminus G_\infty$, so ist $x_0 \ne 0$ und somit

$$[x_0,x_1,x_2] = \left[1,\tfrac{x_1}{x_0},\tfrac{x_2}{x_0}\right] = i_p\left(\tfrac{x_1}{x_0},\tfrac{x_2}{x_0}\right)$$

iii) Sei $G = \{ [x_0,x_1,x_2] \in \mathbb{P}_2(\mathbb{R}) \mid a_0x_0 + a_1x_1 + a_2x_2 = 0 \}$ mit $(a_0,a_1,a_2) \in \mathbb{R}^3 \setminus \{0\}$. Da $G \neq G_\infty$, ist $(a_1,a_2) \neq (0,0)$. Nach Definition ist

$$i_p^{-1}(G) = \{ (x_1,x_2) \in \mathbb{R}^2 \mid a_0 + a_1x_1 + a_2x_2 = 0 \}$$

eine Gerade in $\mathbb{R}^2$. Da jede Gerade in $\mathbb{R}^2$ in dieser Form geschrieben werden kann, ist Teil (iii) des Lemmas bewiesen.
iv) beweist man ähnlich wie (iii). $\qquad\qquad\square$

Geometrisch kann man sich die Einbettung $i_p : \mathbb{R}^2 \to \mathbb{P}_2(\mathbb{R})$ folgendermaßen vorstellen: Ist $(x_0,x_1,x_2) \in \mathbb{R}^3 \setminus \{0\}$, so besteht die Äquivalenzklasse von (x_0,x_1,x_2) aus allen Punkten der Geraden durch 0 und (x_0,x_1,x_2), die von 0 verschieden sind. Deshalb läßt sich $\mathbb{P}_2(\mathbb{R})$ auch auffassen als die Menge aller Geraden in $\mathbb{R}^3$, die durch den Koordinatenursprung $(0,0,0)$ gehen. Die Abbildung $i_p : \mathbb{R}^2 \to \mathbb{P}_2(\mathbb{R})$ ist dann die Abbildung, die jedem Punkt $(x_1,x_2) \in \mathbb{R}^2$ die Gerade durch 0 und $(1,x_1,x_2)$ zuordnet. Die Punkte der „unendlich fernen Geraden" G_∞ in $\mathbb{P}_2(\mathbb{R})$ entsprechen den Geraden in $\mathbb{R}^3$ durch 0, die ganz in der x_1,x_2-Ebene enhalten sind.

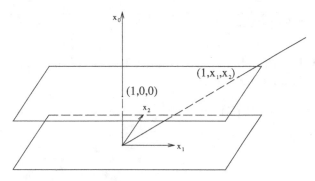

Bild 4.58

Ein Grund dafür, daß die Einführung des projektiven Raums viele geometrische Überlegungen vereinfacht, liegt in

Satz 4.20 *i) Durch je zwei verschiedene Punkte von $\mathbb{P}_2(\mathbb{R})$ gibt es genau eine Gerade.*
ii) Je zwei verschieden Geraden in $\mathbb{P}_2(\mathbb{R})$ schneiden sich in genau einem Punkt.

Beweis i) Sind $[y_0,y_1,y_2]$ und $[y'_0,y'_1,y'_2]$ zwei verschiedene Punkte von $\mathbb{P}_2(\mathbb{R})$, so sind die Vektoren (y_0,y_1,y_2) und (y'_0,y'_1,y'_2) in $\mathbb{R}^3$ linear unabhängig. Deshalb ist der Lösungsraum des linearen Gleichungssystems

$$y_0a_0 + y_1a_1 + y_2a_2 = 0$$
$$y'_0a_0 + y'_1a_1 + y'_2a_2 = 0$$

in den Variablen (a_0,a_1,a_2) eindimensional. Somit gibt es ein bis auf Multiplikation mit Skalaren eindeutiges Tripel (a_0,a_1,a_2), so daß sowohl (y_0,y_1,y_2) als auch (y'_0,y'_1,y'_2) auf der Geraden

$$\left\{\ [x_0,x_1,x_2] \in \mathbb{P}_2(\mathbb{R}) \ \middle|\ a_o x_0 + a_1 x_1 + a_2 x_2 = 0\ \right\}$$

liegen.

ii) Seien

$$G_1 \ = \ \left\{\ [x_0,x_1,x_2] \in \mathbb{P}_2(\mathbb{R}) \ \middle|\ a_0 x_0 + a_1 x_1 + a_2 x_2 = 0\ \right\}$$
$$\text{und}\ \ G_2 \ = \ \left\{\ [x_0,x_1,x_2] \in \mathbb{P}_2(\mathbb{R}) \ \middle|\ b_0 x_0 + b_1 x_1 + b_2 x_2 = 0\ \right\}$$

zwei verschiedene Geraden in $\mathbb{P}_2(\mathbb{R})$. Dann stimmen die beiden Untervektorräume

$$V_1 \ = \ \left\{\ (x_0,x_1,x_2) \in \mathbb{R}^3 \ \middle|\ a_0 x_0 + a_1 x_1 + a_2 x_2 = 0\ \right\}$$
$$V_2 \ = \ \left\{\ (x_0,x_1,x_2) \in \mathbb{R}^3 \ \middle|\ b_0 x_0 + b_1 x_1 + b_2 x_2 = 0\ \right\}$$

von $\mathbb{R}^3$ nicht überein. Also ist $V_1 \cap V_2$ ein eindimensionaler Untervektorraum von $\mathbb{R}^3$. Es gibt also $(y_0,y_1,y_2) \in \mathbb{R}^3 \setminus \{\mathbf{0}\}$, so daß

$$V_1 \cap V_2 \ = \ \left\{\ \lambda \cdot (y_0,y_1,y_2) \ \middle|\ \lambda \in \mathbb{R}\ \right\}$$

Dann ist

$$G_1 \cap G_2 \ = \ \{[y_0,y_1,y_2]\}$$

$\square$

In Lemma 86 haben wir gesehen, daß es für jede Gerade g in $\mathbb{R}^2$ eine Gerade G in $\mathbb{P}_2(\mathbb{R})$ gibt, so daß $g = i_p^{-1}(G)$. Nach Satz 4.20 schneidet G die unendlich ferne Gerade G_∞ in genau einem Punkt g^∞. Wir nennen g^∞ den „unendlich fernen Punkt" von g. Offenbar ist $G = i_p(g) \cup g^\infty$. Von nun an identifizieren wir $\mathbb{R}^2$ mit $\mathbb{P}_2(\mathbb{R}) \setminus G_\infty$ mittels der Abbildung i_p. Wie wir oben gesehen haben, wird jede Gerade g in $\mathbb{R}^2$ durch Hinzufügen ihres unendlich fernen Punktes g^∞ zu einer projektiven Geraden G komplettiert. Wir nennen G die *projektive Komplettierung* von g. Sind g_1, g_2 zwei parallele, voneinander verschiedene Geraden, und G_1, G_2 ihre projektiven Komplettierungen, so liegt der (nach obigem Satz existierende) Schnittpunkt von G_1 und G_2 in $\mathbb{P}_2(\mathbb{R}) \setminus \mathbb{R}^2 = G_\infty$. Parallele Geraden schneiden sich also auf der „unendlich fernen Geraden". Mit dieser Betrachtungsweise läßt sich der Satz von Pappos nun einfacher so formulieren:

Satz 4.21 *(Projektive Version des Satzes von Pappos)* *Seien L_1, L_2 verschiedene Geraden in $\mathbb{P}_2(\mathbb{R})$, sowie $p^{(1)}, p^{(3)}, p^{(5)} \in L_1$ und $p^{(2)}, p^{(4)}, p^{(6)} \in L_2$ paarweise verschieden Punkte von $\mathbb{P}_2(\mathbb{R})$. Keiner dieser Punkte liege auf $L_1 \cap L_2$. Wir setzen $p^{(7)} = p^{(1)}$ und bezeichnen mit G_j die Verbindungsgerade von $p^{(j)}$ und $p^{(j+1)}$. Dann liegen die Schnittpunkte $q^{(1)}$ von G_1 und G_4, $q^{(2)}$ von G_2 und G_5 und $q^{(3)}$ von G_3 und G_6 auf einer Geraden.*

Aus der projektiven Version des Satzes von Pappos folgt die affine Version (d.h. Satz 4.12), indem man die entsprechenden affinen Geraden g_j zu projektiven Geraden G_j komplettiert. Im Fall *1)* von Satz 4.12 schneiden sich G_1 und G_4, G_2 und G_5

sowie G_3 und G_6 außerhalb von G_∞, und die Schlußfolgerung läßt sich direkt aus der projektiven Version des Satzes von Pappos herleiten. Im Fall *2)* von Satz 4.12 liegt der Schnittpunkt $q^{(1)}$ von G_1 und G_4 auf G_∞, während die Schnittpunkte $q^{(2)}$ bzw. $q^{(3)}$ von G_2 und G_5 bzw. G_3 und G_6 im „Endlichen", d.h. in $\mathbb{R}^2$ liegen. Nach der projektiven Version des Satzes von Pappos geht die Verbindungsgerade L von $q^{(2)}$ und $q^{(3)}$ durch den Punkt $q^{(1)}$. L, G_1 und G_4 treffen sich also in dem auf G_∞ gelegenen Punkt $q^{(1)}$. Da nach dem obigen Satz je zwei dieser Geraden nur einen Schnittpunkt haben, treffen sich ihre „im Endlichen" gelegenen Teile nicht. Insbesondere ist $\ell := L \cap \mathbb{R}^2$ parallel zu g_1 und g_4. Schließlich liegen im Fall *3)* sowohl der Schnittpunkt $q^{(1)}$ von G_1 und G_4 als auch der Schnittpunkt $q^{(2)}$ von G_2 und G_5 auf der unendlich fernen Geraden G_∞. Nach der projektiven Version des Satzes von Pappos liegt dann auch der Schnittpunkt $q^{(3)}$ von G_3 und G_6 auf G_∞, d.h. g_3 und g_6 sind parallel.

Ein Beweis des Satzes von Pappos mit den Mitteln der projektiven Geometrie ist wesentlich kürzer als der Beweis, den wir für Satz 4.12 gegeben haben. Um ihn durchzuführen, verwenden wir noch ein weiteres Konzept.

Definition 87 *Eine* projektive Transformation *ist eine Abbildung der Form*

$$T : \mathbb{P}_2(\mathbb{R}) \quad \to \quad \mathbb{P}_2(\mathbb{R})$$
$$[\mathbf{x}] \quad \mapsto \quad [A\mathbf{x}]$$

wobei A eine invertierbare (3×3)-Matrix ist.

Übung: Zeigen Sie:
(i) Projektive Transformationen sind bijektiv und bilden Geraden auf Geraden ab!
(ii) Sind G und H Geraden in $\mathbb{P}_2(\mathbb{R})$, so gibt es eine projektive Transformation T mit $T(G) = H$!

Beweis der projektiven Version des Satzes von Pappos: Zunächst beweisen wir den Satz in dem Spezialfall, daß $q^{(1)} \neq q^{(2)}$, und daß die Verbindungsgerade L von $q^{(1)}$ und $q^{(2)}$ gleich der „unendlich fernen" Geraden G_∞ ist. Es bezeichne

$$g_j := G_j \cap \mathbb{R}^2$$

den „im Endlichen" gelegenen Teil der Geraden G_j. Dann sind $p^{(1)}, p^{(2)}, \cdots, p^{(6)} \in \mathbb{R}^2$, denn wäre etwa $p^{(1)} \in G_\infty$ so wäre $p^{(1)}$ der unendlich ferne Punkt von G_1, und somit gleich $q^{(1)}$. L_1 und G_4 träfen dann die Gerade G_∞ in $p^{(1)} = q^{(1)}$, also wäre $p^{(1)} = p^{(4)}$. Nach Konstruktion sind die Geraden g_1 und g_4 bzw. g_2 und g_5 parallel. Dieser spezielle Fall des Satzes von Pappos in $\mathbb{R}^2$ ist aber leicht direkt zu beweisen – wir haben diesen Beweis im Fall 3 des Beweises von Proposition 78 durchgeführt. Also sind g_3 und g_6 parallel, und somit liegt auch der Schnittpunkt $q^{(3)}$ von G_3 und G_6 auf $G_\infty = L$.

Aus diesem Spezialfall leitet man die allgemeine Fassung der projektiven Version des Satzes von Pappos nun folgendermaßen her: Falls $q^{(1)} = q^{(2)} = q^{(3)}$, ist nichts zu zeigen. Ansonsten kann man annehmen, daß $q^{(1)} \neq q^{(2)}$. Es bezeichne L die Verbindungsgerade von $q^{(1)}$ und $q^{(2)}$. Nach Teil (ii) der Übung gibt es eine projektive Transformation T, so daß $T(L) = G_\infty$. Dann kann man den eben bewiesenen Spezialfall auf die Konfiguration der Punkte $T(p^{(1)}), T(p^{(2)}), \cdots, T(p^{(6)}), T(q^{(1)}), T(q^{(2)}), T(q^{(3)})$ anwenden und sieht, daß $T(q^{(3)})$ auf $G_\infty = T(L)$ liegt. Somit liegt $q^{(3)}$ auf L, d.h, $q^{(1)}, q^{(2)}, q^{(3)}$ liegen auf einer Geraden. □

Auch die Dualität aus Abschnitt 4.6 läßt sich mit Hilfe der projektiven Ebene einfacher formulieren. Man erhält nämlich eine Bijektion zwischen der Menge der Punkte in $\mathbb{P}_2(\mathbb{R})$ und der Menge der Geraden in $\mathbb{P}_2(\mathbb{R})$, indem man jedem Punkt $[p_0, p_1, p_2]$ von $\mathbb{P}_2(\mathbb{R})$ die Gerade

$$\left\{ [x_0, x_1, x_2] \in \mathbb{P}_2(\mathbb{R}) \mid p_0 x_0 + p_1 x_1 + p_2 x_2 = 0 \right\}$$

zuordnet. Für diese Zuordnung gilt (4.16); und die Aussage von Lemma 80 ist eine einfache Folgerung. Überlegungen, wie wir sie hier für Geraden und Konfigurationen von Geraden in $\mathbb{P}_2(\mathbb{R})$ angestellt haben, kann man natürlich auch für Quadriken anstellen. Dabei vereinfacht sich die Behandlung der Sätze von Pascal und Brianchon entsprechend. Siehe z.B. [Berger].

5 Quadriken in $\mathbb{R}^3$

Kegelschnitte haben wir in Kapitel 4 dadurch charakterisiert, daß sie Nullstellenmengen von quadratischen Gleichungen in $\mathbb{R}^2$ sind. Ähnlich sagen wir

Definition 88 *Eine* Quadrik *in $\mathbb{R}^3$ ist eine Teilmenge von $\mathbb{R}^3$ der Form*

$$Q = \{(x_1, x_2, x_3) \in \mathbb{R}^3 \mid \sum_{i,j=1}^{3} a_{ij} x_i x_j + \sum_{j=1}^{3} b_j x_j + c = 0\}\,,$$

wobei a_{ij} $(i,j = 1,2,3)$, b_1, b_2, b_3 und c reelle Zahlen sind und es ein Paar (i,j) gibt, so daß $a_{ij} + a_{ji} \neq 0$.

Da $x_i x_j = x_j x_i$, läßt sich die Gleichung einer Quadrik auch in der Form

$$\sum_{i=1}^{3} a_{ii} x_i^2 + \sum_{\substack{i,j=1 \\ i<j}}^{3} (a_{ij} + a_{ji}) x_i x_j + \sum_{j=1}^{3} b_j x_j + c = 0$$

oder auch

$$\sum_{i,j=1}^{3} \tfrac{1}{2} (a_{ij} + a_{ji}) x_i x_j + \sum_{j=1}^{3} b_j x_j + c = 0$$

schreiben. Wir können deshalb in der obigen Definition annehmen, daß $a_{ij} = a_{ji}$ (ersetze sonst a_{ij} durch $\frac{1}{2}(a_{ij} + a_{ji})$!). In anderen Worten, wir können annehmen, daß die Matrix

$$\mathbf{A} = \begin{pmatrix} a_{11} & a_{12} & a_{13} \\ a_{21} & a_{22} & a_{23} \\ a_{31} & a_{32} & a_{33} \end{pmatrix}$$

symmetrisch bezüglich Spiegelung an der Hauptdiagonalen ist. Setzen wir

$$\mathbf{b} := (b_1, b_2, b_3)$$

so schreibt sich die Gleichung von Q als

$$\mathbf{x} \cdot (\mathbf{A}\mathbf{x}) + \mathbf{b} \cdot \mathbf{x} + c = 0\,, \tag{5.1}$$

Hier ist $\mathbf{x} = (x_1, x_2, x_3)$,

$$\mathbf{A}\mathbf{x} = \begin{pmatrix} a_{11} x_1 + a_{12} x_2 + a_{13} x_3 \\ a_{21} x_1 + a_{22} x_2 + a_{23} x_3 \\ a_{31} x_1 + a_{32} x_2 + a_{33} x_3 \end{pmatrix}$$

der Vektor in $\mathbb{R}^3$, der durch Anwenden der Matrix $\mathbf{A}$ auf den Vektor $\mathbf{x}$ entsteht, und $\cdot$ das Skalarprodukt in $\mathbb{R}^3$ (vgl. Kapitel 2).

Ähnlich wie Kapitel 4 wollen wir Normalformen für Quadriken in $\mathbb{R}^3$ angeben. Ein erster Schritt dazu ist die

5.1 Hauptachsentransformation für quadratische Formen

Wie in Abschnitt 4.1 sagen wir

Definition 89 *Eine* quadratische Form *in drei Variablen ist eine Abbildung* $q : \mathbb{R}^3 \longrightarrow \mathbb{R}$ *der Form*

$$q(\mathbf{x}) = \mathbf{x} \cdot (\mathbf{A}\mathbf{x}) \ ,$$

wobei $\mathbf{A} = (a_{ij})$ *eine reelle symmetrische* (3×3)-*Matrix ist.*

In Lemma 56 haben wir Normalformen für quadratische Formen in zwei Variablen angegeben. Eine entsprechende Aussage gilt auch für quadratische Formen in drei (oder auch mehr) Variablen.

Satz 5.1 *Sei* $q : \mathbb{R}^3 \longrightarrow \mathbb{R}$ *eine quadratische Form in drei Variablen. Dann gibt es drei paarweise aufeinander senkrecht stehende Vektoren* $\mathbf{v}^{(1)}$, $\mathbf{v}^{(2)}$, $\mathbf{v}^{(3)}$ *der Länge 1 (d.h.* $\mathbf{v}^{(i)} \cdot \mathbf{v}^{(j)} = 0$ *für* $i \neq j$, *und* $\mathbf{v}^{(i)} \cdot \mathbf{v}^{(i)} = 1$) *und reelle Zahlen* $\alpha_1 \geq \alpha_2 \geq \alpha_3$, *so daß*

$$q(x_1 \mathbf{v}^{(1)} + x_2 \mathbf{v}^{(2)} + x_3 \mathbf{v}^{(3)}) = \alpha_1 {x_1}^2 + \alpha_2 {x_2}^2 + \alpha_3 {x_3}^2$$

für alle $(x_1, x_2, x_3) \in \mathbb{R}^3$.

Bemerkungen 90   (i) Ein System $\mathbf{v}^{(1)}$, $\mathbf{v}^{(2)}$, $\mathbf{v}^{(3)}$ von Vektoren in $\mathbb{R}^3$ mit der Eigenschaft, daß $\mathbf{v}^{(i)} \cdot \mathbf{v}^{(j)} = 0$ für $i \neq j$ und $\mathbf{v}^{(i)} \cdot \mathbf{v}^{(i)} = 1$ nennt man auch eine *Orthonormalbasis* von $\mathbb{R}^3$.

   Übung: Zeigen Sie, daß eine Orthonormalbasis von $\mathbb{R}^3$ stets eine Basis im Sinn der Linearen Algebra ist!

 (ii) Satz 5.1 besagt, daß keine gemischten Terme $x_i x_j$ ($i \neq j$) auftreten, wenn man die quadratische Form q bezüglich einer geeigneten Basis (nämlich $\mathbf{v}^{(1)}$, $\mathbf{v}^{(2)}$, $\mathbf{v}^{(3)}$) aufschreibt. Man sagt auch, bezüglich der Basis $\mathbf{v}^{(1)}$, $\mathbf{v}^{(2)}$, $\mathbf{v}^{(3)}$ sei die quadratische Form diagonalisiert. Die Achsen $\{t\, \mathbf{v}^{(j)} \mid t \in \mathbb{R}\}$, $j = 1, 2, 3$ heißen auch *Hauptachsen* der quadratischen Form; und Satz 5.1 nennt man den Satz über die *Hauptachsentransformation*.

(iii) Ist $q(\mathbf{x}) = \alpha_1 x_1^2 + \alpha_2 x_2^2 + \alpha_3 x_3^2$ mit $\alpha_1 \geq \alpha_2 \geq \alpha_3$ eine bereits diagonalisierte quadratische Form, so nimmt die Einschränkung von q auf die Sphäre $S^2 := \{\mathbf{x} \in \mathbb{R}^3 \mid {x_1}^2 + {x_2}^2 + {x_3}^2 = 1\}$ ihr Maximum in den Punkten $(\pm 1, 0, 0)$ an. Dies sind die Durchstoßpunkte der ersten Hauptachse mit S^2. Diese Beobachtung ist die Motivation für den nun folgenden Beweis, in dem für eine allgemeine quadratische Form q der Vektor $\mathbf{v}^{(1)}$ als einer derjenigen Punkte auf S^2 gewählt wird, in denen $q|_{S^2}$ ein Maximum annimmt.

Beweis von Satz 5.1 Sei

$$q(\mathbf{x}) = \mathbf{x} \cdot (\mathbf{A}\mathbf{x})$$

mit einer symmetrischen Matrix $\mathbf{A} = (a_{ij})$. Setze für $\mathbf{x}, \mathbf{y} \in \mathbb{R}^3$

$$B(\mathbf{x,y}) := \mathbf{x} \cdot (\mathbf{Ay}) = \sum_{i,j=1}^{3} a_{ij} x_i y_j \ .$$

Da $a_{ij} = a_{ji}$, gilt

$$
\begin{aligned}
B(\mathbf{x,y}) &= B(\mathbf{y,x}) \text{ für alle } \mathbf{x,y} \in \mathbb{R}^3 \\
B(\mathbf{x} + \mathbf{x'},\mathbf{y}) &= B(\mathbf{x,y}) + B(\mathbf{x'},\mathbf{y}) \text{ für alle } \mathbf{x,x',y} \in \mathbb{R}^3 \qquad (5.2) \\
B(\lambda\mathbf{x,y}) &= \lambda \cdot B(\mathbf{x,y}) \text{ für alle } \mathbf{x,y} \in \mathbb{R}^3, \lambda \in \mathbb{R}
\end{aligned}
$$

Offenbar gilt für $\mathbf{x} \in \mathbb{R}^3$, daß

$$q(\mathbf{x}) = B(\mathbf{x,x}) \qquad\qquad (5.3)$$

Allgemein nennt man Abbildungen $B : \mathbb{R}^3 \times \mathbb{R}^3 \longrightarrow \mathbb{R}$, für die (5.2) gilt, *symmetrische Bilinearformen.*

Übung:

(i) Zeigen Sie: Ist $B : \mathbb{R}^3 \times \mathbb{R}^3 \longrightarrow \mathbb{R}$ eine symmetrische Bilinearform, so ist $B(\mathbf{x},\mathbf{y} + \mathbf{y'}) = B(\mathbf{x,y}) + B(\mathbf{x,y'})$ und $B(\mathbf{x},\lambda\mathbf{y}) = \lambda B(\mathbf{x,y})$!

(ii) Zeigen Sie: In der obigen Situation ist

$$B(\mathbf{x,y}) = {}^1\!/_2 \left[q(\mathbf{x} + \mathbf{y}) - q(\mathbf{x}) - q(\mathbf{y}) \right]$$

Nach (5.2) und (5.3) ist für jedes System $\mathbf{w}^{(1)}, \mathbf{w}^{(2)}, \mathbf{w}^{(3)}$ von drei Vektoren in $\mathbb{R}^3$

$$
\begin{aligned}
q(x_1\mathbf{w}^{(1)} + x_2\mathbf{w}^{(2)} + x_3\mathbf{w}^{(3)}) \ = \ & q(\mathbf{w}^{(1)}) x_1{}^2 + q(\mathbf{w}^{(2)}) x_2{}^2 + q(\mathbf{w}^{(3)}) x_3{}^2 \\
& + 2 \sum_{1 \le i < j \le 3} x_i x_j \, B(\mathbf{w}^{(i)},\mathbf{w}^{(j)})
\end{aligned}
$$

Die Vektoren $\mathbf{v}^{(1)}, \mathbf{v}^{(2)}, \mathbf{v}^{(3)}$, die wir konstruieren wollen, müssen also die Eigenschaft

$$B(\mathbf{v}^{(i)},\mathbf{v}^{(j)}) = 0 \quad \text{für } i \ne j$$

haben. Wir werden darauf gleich (in Lemma 91) eingehen. Zunächst betrachten wir die 2-Sphäre

$$S^2 := \{\mathbf{x} \in \mathbb{R}^3 \mid x_1{}^2 + x_2{}^2 + x_3{}^2 = 1\}$$

und die Einschränkung $q|_{S^2}$ von q auf S^2. Dies ist eine stetige Funktion auf S^2. Nach einem Satz aus der Analysis nimmt die Funktion $q|_{S^2}$ ihr Maximum an. Es gibt also $\mathbf{v}^{(1)} \in S^2$, so daß

$$q(\mathbf{v}^{(1)}) \ge q(\mathbf{y}) \quad \text{für alle } \mathbf{y} \in S^2 \ . \qquad\qquad (5.4)$$

Setze

$$\alpha_1 := q(\mathbf{v}^{(1)})$$

Sei E die zu $\mathbf{v}^{(1)}$ orthogonale Ebene, das heißt

$$E := \{\mathbf{x} \in \mathbb{R}^3 \mid \mathbf{x} \cdot \mathbf{v}^{(1)} = 0\}$$

Ein wichtiger Schritt beim Beweis von Satz 5.1 ist

Lemma 91 *Für alle* $\mathbf{x} \in E$ *gilt* $B(\mathbf{x},\mathbf{v}^{(1)}) = 0$.

Beweis von Lemma 91 Wir nehmen an, es gäbe $\mathbf{x} \in E$, so daß $B(\mathbf{x},\mathbf{v}^{(1)}) \neq 0$. Im Durchschnitt von S^2 mit der von $\mathbf{0}$, $\mathbf{x}$ und $\mathbf{v}^{(1)}$ aufgespannten Ebene suchen wir einen Punkt , in dem q einen Wert annimmt, der größer als $\alpha_1 := q(\mathbf{v}^{(1)})$ ist. Da $\mathbf{x} \cdot \mathbf{v}^{(1)} = 0$, ist für jede reelle Zahl t

$$\|\mathbf{v}^{(1)} + t\,\mathbf{x}\|^2 = \|\mathbf{v}^{(1)}\|^2 + t^2\,\|\mathbf{x}\|^2 = 1 + t^2\,\|\mathbf{x}\|^2$$

Insbesondere ist $\mathbf{v}^{(1)} + t\,\mathbf{x}$ stets von Null verschieden. Setze

$$\mathbf{y}(t) := \frac{1}{\|\mathbf{v}^{(1)} + t\,\mathbf{x}\|}\left(\mathbf{v}^{(1)} + t\,\mathbf{x}\right)$$

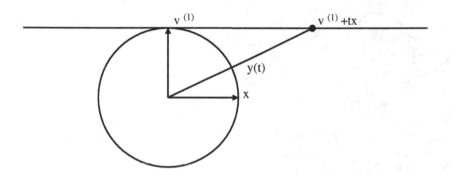

Bild 5.1

Dann ist für alle t

$$\mathbf{y}(t) \in S^2 \qquad \text{und} \quad \mathbf{y}(0) = \mathbf{v}^{(1)}$$

Ferner ist nach (5.3) und (5.2)

$$
\begin{aligned}
q\left(\mathbf{y}(t)\right) &= B(\mathbf{y}(t),\mathbf{y}(t)) \\
&= B\left(\frac{1}{\|\mathbf{v}^{(1)} + t\,\mathbf{x}\|}(\mathbf{v}^{(1)} + t\,\mathbf{x}), \frac{1}{\|\mathbf{v}^{(1)} + t\,\mathbf{x}\|}(\mathbf{v}^{(1)} + t\,\mathbf{x})\right) = \\
&= \frac{1}{\|\mathbf{v}^{(1)} + t\,\mathbf{x}\|^2}\, B(\mathbf{v}^{(1)} + t\,\mathbf{x},\mathbf{v}^{(1)} + t\,\mathbf{x}) \\
&= \frac{1}{1 + t^2\|\mathbf{x}\|^2}\left(B(\mathbf{v}^{(1)},\mathbf{v}^{(1)}) + 2\,t\,B(\mathbf{x},\mathbf{v}^{(1)}) + t^2 B(\mathbf{x},\mathbf{x})\right) \\
&= \frac{1}{1 + t^2\|\mathbf{x}\|^2}\left(\alpha_1 + 2\,t\,B(\mathbf{x},\mathbf{v}^{(1)}) + t^2 B(\mathbf{x},\mathbf{x})\right)
\end{aligned}
$$

Also ist

$$\frac{\mathrm{d}}{\mathrm{d}t}q(\mathbf{y}(t))\bigg|_{t=0} = 2B(\mathbf{x},\mathbf{v}^{(1)}) \neq 0\,.$$

Deshalb hat die Funktion $t \mapsto q(\mathbf{y}(t))$ im Punkt 0 kein Extremum. Es gibt also einen Punkt t', so daß

$$q(\mathbf{y}(t')) > q(\mathbf{y}(0))$$

Nun ist aber $\mathbf{y}(0) = \mathbf{v}^{(1)}$ und $\mathbf{y}(t') \in S^2$; also haben wir einen Widerspruch zu (5.4). $\qquad\square$

Wir setzen jetzt den Beweis von Satz 5.1 fort. Die Einschränkung von q auf $E \cap S^2$ ist wieder eine stetige Funktion auf $E \cap S^2$, nimmt also ihr Maximum an. Es gibt also $\mathbf{v}^{(2)} \in E \cap S^2$, so daß

$$\alpha_2 := q(\mathbf{v}^{(2)}) \geq q(\mathbf{x}) \quad \text{für alle } \mathbf{x} \in E \cap S^2$$

$L := \{\mathbf{x} \in E \mid \mathbf{x} \cdot \mathbf{v}^{(2)} = 0\} = \{\mathbf{x} \in \mathbb{R}^3 \mid \mathbf{x} \cdot \mathbf{v}^{(1)} = \mathbf{x} \cdot \mathbf{v}^{(2)} = 0\}$ ist dann eine Gerade

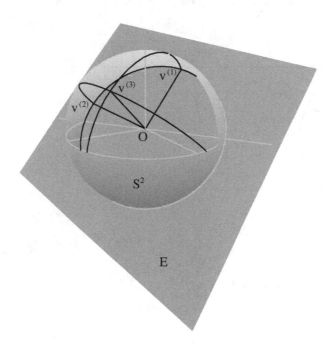

Bild 5.2

durch $\mathbf{0}$. Wie oben sieht man, daß

$$B(\mathbf{x},\mathbf{v}^{(2)}) = 0 \quad \text{für alle } \mathbf{x} \in L\,. \tag{5.5}$$

L schneidet S^2 in zwei Punkten. Nenne einen davon $\mathbf{v}^{(3)}$ (vgl. Bild 5.2) und setze $\alpha_3 := q(\mathbf{v}^{(3)})$. Nach Konstruktion ist

$$\mathbf{v}^{(j)} \in S^2 \qquad \text{für } j = 1,2,3 \,, \qquad \mathbf{v}^{(i)} \cdot \mathbf{v}^{(j)} = 0 \text{ für } i \neq j \,,$$

und nach Lemma 91 und (5.5) ist

$$B(\mathbf{v}^{(i)}, \mathbf{v}^{(j)}) = 0 \text{ für } i \neq j \qquad\qquad (5.6)$$

Deshalb ist für $\mathbf{x} = (x_1, x_2, x_3) \in \mathbb{R}^3$

$$
\begin{aligned}
q(x_1 \mathbf{v}^{(1)} &+ x_2 \mathbf{v}^{(2)} + x_3 \mathbf{v}^{(3)}) = \\
&= B(x_1 \mathbf{v}^{(1)} + x_2 \mathbf{v}^{(2)} + x_3 \mathbf{v}^{(3)}, x_1 \mathbf{v}^{(1)} + x_2 \mathbf{v}^{(2)} + x_3 \mathbf{v}^{(3)}) \\
&= x_1{}^2 B(\mathbf{v}^{(1)}, \mathbf{v}^{(1)}) + x_2{}^2 B(\mathbf{v}^{(2)}, \mathbf{v}^{(2)}) + x_3{}^2 B(\mathbf{v}^{(3)}, \mathbf{v}^{(3)}) \\
&\quad + \sum_{\substack{i,j=1 \\ i \neq j}}^{3} x_i x_j B(\mathbf{v}^{(i)}, \mathbf{v}^{(j)}) \\
&= \alpha_1 x_1{}^2 + \alpha_2 x_2{}^2 + \alpha_3 x_3{}^2
\end{aligned}
$$

Damit ist Satz 5.1 bewiesen. $\square$

Bemerkung 92 Sind $\mathbf{v}^{(1)}$, $\mathbf{v}^{(2)}$, $\mathbf{v}^{(3)}$ die Vektoren aus Satz 5.1, so ist

$$\mathbf{A} \cdot \mathbf{v}^{(j)} = \alpha_j \cdot \mathbf{v}^{(j)} \text{ für } j = 1,2,3 \qquad\qquad (5.7)$$

Wir beweisen (5.7) für $j = 1$. Nach (5.6) sind sowohl $\mathbf{v}^{(1)}$ als auch $\mathbf{A}\mathbf{v}^{(1)}$ Lösungen der beiden Gleichungen

$$\mathbf{v}^{(2)} \cdot \mathbf{x} = 0, \ \mathbf{v}^{(3)} \cdot \mathbf{x} = 0$$

Dieses Gleichungssystem hat einen eindimensionalen Lösungsraum, also ist $\mathbf{A}\mathbf{v}^{(1)} = \lambda \mathbf{v}^{(1)}$ für ein $\lambda \in \mathbb{R}$.
Nun ist

$$\alpha_1 = q(\mathbf{v}^{(1)}) = \mathbf{v}^{(1)} \cdot \mathbf{A}\mathbf{v}^{(1)} = \lambda \mathbf{v}^{(1)} \cdot \mathbf{v}^{(1)} = \lambda$$

$\square$

Ist allgemein $\mathbf{B}$ eine $(n \times n)$-Matrix, $\mathbf{v} \in \mathbb{R}^n \setminus \{\mathbf{0}\}$ und $\lambda \in \mathbb{R}$, so daß

$$\mathbf{B} \cdot \mathbf{v} = \lambda \mathbf{v} \,,$$

so sagt man, $\mathbf{v}$ sei ein *Eigenvektor* von $\mathbf{B}$ und λ der zugehörige *Eigenwert* . Satz 5.1 zeigt also, daß es für jede symmetrische (3×3)-Matrix $\mathbf{A}$ eine Orthonormalbasis von $\mathbb{R}^3$ gibt, die aus Eigenvektoren von $\mathbf{A}$ besteht.

Korollar 93 *Ist q eine quadratische Form in drei Variablen, so gibt es eine Drehung R um eine Achse durch $\mathbf{0}$ und $\alpha_1, \alpha_2, \alpha_3 \in \mathbb{R}$ so daß*

$$(q \circ R)(\mathbf{x}) = \alpha_1 x_1{}^2 + \alpha_2 x_2{}^2 + \alpha_3 x_3{}^2 \ \text{für alle } \mathbf{x} \in \mathbb{R}^3$$

Beweis Nach Satz 5.1 gibt es eine Orthonormalbasis $\mathbf{v}^{(1)},\mathbf{v}^{(2)},\mathbf{v}^{(3)}$ und $\alpha_1,\alpha_2,\alpha_3 \in \mathbb{R}$, so daß

$$q(x_1\mathbf{v}^{(1)} + x_2\mathbf{v}^{(2)} + x_3\mathbf{v}^{(3)}) = \alpha_1 x_1{}^2 + \alpha_2 x_2{}^2 + \alpha_3 x_3{}^2 \, .$$

Sei $\mathbf{e}_1 := (1,0,0), \mathbf{e}_2 := (0,1,0), \mathbf{e}_3 := (0,0,1)$. Die Vektoren $\mathbf{e}_1,\mathbf{e}_2,\mathbf{e}_3$ bilden ebenfalls eine Orthonormalbasis von $\mathbb{R}^3$. Wähle zunächst eine Drehung R_1 so, daß $R_1(\mathbf{e}_1) = \mathbf{v}^{(1)}$. Dann stehen $R_1(\mathbf{e}_2)$ und $R_1(\mathbf{e}_3)$ senkrecht auf $\mathbf{v}^{(1)} = R_1(\mathbf{e}_1)$, liegen also in der Ebene E senkrecht zu $\mathbf{v}^{(1)}$ (vgl. Bild 5.3). Somit gibt es eine Drehung R_2 um die

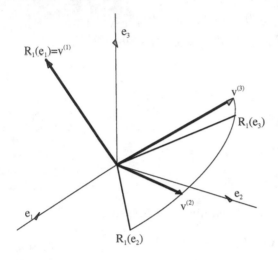

Bild 5.3

von $\mathbf{v}^{(1)}$ aufgespannte Achse $\mathbb{R} \cdot \mathbf{v}^{(1)}$, die $R_1(\mathbf{e}_2)$ auf $\mathbf{v}^{(2)}$ abbildet. Sei $R := R_2 \circ R_1$. Nach Satz 1.6 ist die Abbildung R eine Drehung um eine Achse durch $\mathbf{0}$. Nun ist $R(\mathbf{e}_1) = \mathbf{v}^{(1)}, R(\mathbf{e}_2) = \mathbf{v}^{(2)}$, und $R(\mathbf{e}_3)$ steht senkrecht auf $\mathbf{v}^{(1)}$ und $\mathbf{v}^{(2)}$. Folglich ist $R(\mathbf{e}_3) = \pm\mathbf{v}^{(3)}$. Da Drehungen um Achsen durch $\mathbf{0}$ lineare Abbildungen sind, ist

$$\begin{aligned}
(q \circ R)(\mathbf{x}) &= q\left(R(x_1\mathbf{e}_1 + x_2\mathbf{e}_2 + x_3\mathbf{e}_3)\right) \\
&= q\left(x_1 R(\mathbf{e}_1) + x_2 R(\mathbf{e}_2) + x_3 R(\mathbf{e}_3)\right) \\
&= q(x_1\mathbf{v}^{(1)} + x_2\mathbf{v}^{(2)} + x_3\mathbf{v}^{(3)}) \\
&= \alpha_1 x_1{}^2 + \alpha_2 x_2{}^2 + \alpha_3 x_3{}^2 \, .
\end{aligned}$$

$\square$

Bemerkung 94 Im Beweis von Korollar 93 haben wir den Satz 1.6 verwendet, der besagt, daß die Hintereinanderschaltung zweier Drehungen um Achsen durch $\mathbf{0}$ wieder eine Drehung um eine Achse durch $\mathbf{0}$ ist (Einen zweiten Beweis dieses Satzes geben wir am Anfang von Kapitel 6). Wenn man diese Ergebnisse nicht verwenden möchte, so kann man in der Formulierung von Korollar 93 das Wort „Drehung R" durch „Abbildung R, die Hintereinanderschaltung von Drehungen um Achsen durch $\mathbf{0}$ ist", ersetzen.

Bemerkung 95 Die Resultate dieses Abschnitts – mit Ausnahme von Bemerkung 94 – übertragen sich wortwörtlich auf quadratische Formen in n Variablen. Der Beweis von Satz 5.1 kann – der hier beschriebenen Linie folgend – durch Induktion geführt werden (vgl. z.B. [Klingenberg], Theorem 6.5.7, [Roe], 10.3). Für einen algebraischen Beweis des Satzes 5.1, der das Argument im Beweis von Lemma 56 verallgemeinert, siehe z.B. [Fischer] 1.5.9.

5.2 Normalformen

Wir sagen, zwei Quadriken Q, Q' in $\mathbb{R}^3$ seien *(euklidisch) äquivalent*, falls es eine Abbildung $F : \mathbb{R}^3 \longrightarrow \mathbb{R}^3$ gibt, die Hintereinanderschaltung

$$F = F_1 \circ \cdots \circ F_n$$

von Abbildungen F_j ist, von denen jede entweder eine Translation oder eine Drehung um eine Achse durch $\mathbf{0}$ ist, so daß

$$F(Q) = Q' \, .$$

Im ersten Teil von Bemerkung 4 (Seite 15) haben wir gesehen, daß die Abbildungen F der obigen Gestalt genau die orientierungserhaltenden Isometrien des Raumes sind. Da wir die Diskussion hier unabhängig von den Resultaten von Kapitel 1 halten wollen, wählen wir die obige, etwas kompliziertere Definition (vgl. auch Bemerkung 95).

Übung: Zeigen Sie:

  i) Ist $F : \mathbb{R}^3 \to \mathbb{R}^3$ eine Drehung um eine Achse durch $\mathbf{0}$ oder eine Translation und Q eine Quadrik in $\mathbb{R}^3$, so ist $F(Q)$ wieder eine Quadrik!

  ii) Abbildungen F wie oben sind bijektiv!

Wie in Satz 4.1 geben wir nun eine Liste von Quadriken an, so daß jede beliebige Quadrik in $\mathbb{R}^3$ zu einer der Quadriken aus dieser Liste äquivalent ist.

(5.8.1) Für $a_1, a_2, a_3 > 0$ sei

$$E_{a_1, a_2, a_3} := \left\{ \mathbf{x} \in \mathbb{R}^3 \mid \frac{x_1{}^2}{a_1{}^2} + \frac{x_2{}^2}{a_2{}^2} + \frac{x_3{}^2}{a_3{}^2} = 1 \right\}$$

Eine Quadrik, die zu einer der Quadriken E_{a_1, a_2, a_3} äquivalent ist, heißt *Ellipsoid* (siehe Bild 5.4). Falls $a_1 = a_2 = a_3$, so ist E_{a_1, a_2, a_3} die Sphäre mit Radius a_1 um $\mathbf{0}$. Falls zwei der a_i gleich sind, nennt man E_{a_1, a_2, a_3} ein Rotationsellipsoid.

Bild 5.4 Ellipsoid

(5.8.2) Für $a_1, a_2, a_3 > 0$ sei

$$H^{(1)}_{a_1, a_2, a_3} := \left\{ \mathbf{x} \in \mathbb{R}^3 \mid \frac{x_1{}^2}{a_1{}^2} + \frac{x_2{}^2}{a_2{}^2} - \frac{x_3{}^2}{a_3{}^2} = 1 \right\}$$

Bild 5.5 Einschaliges Hyperboloid

Eine Quadrik, die zu $H^{(1)}_{a_1, a_2, a_3}$ äquivalent ist, heißt *einschaliges Hyperboloid* (siehe Bild 5.5).

(5.8.3) Für $a_1, a_2, a_3 > 0$ sei

$$H^{(2)}_{a_1, a_2, a_3} := \left\{ \mathbf{x} \in \mathbb{R}^3 \mid \frac{x_1{}^2}{a_1{}^2} - \frac{x_2{}^2}{a_2{}^2} - \frac{x_3{}^2}{a_3{}^2} = 1 \right\}$$

Eine Quadrik, die zu $H^{(2)}_{a_1, a_2, a_3}$ äquivalent ist, heißt *zweischaliges Hyperboloid* (siehe Bild 5.6).

(5.8.4) Für $a_1, a_2 > 0$ sei

$$P^{(+)}_{a_1, a_2} := \left\{ \mathbf{x} \in \mathbb{R}^3 \mid x_3 = \frac{x_1{}^2}{a_1{}^2} + \frac{x_2{}^2}{a_2{}^2} \right\}$$

Bild 5.6 Zweischaliges Hyperboloid

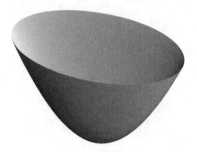

Bild 5.7 Elliptisches Paraboloid

Eine Quadrik, die zu $P_{a_1,a_2}^{(+)}$ äquivalent ist, heißt *elliptisches Paraboloid* (siehe Bild 5.7).

(5.8.5) Für $a_1, a_2 > 0$ sei

$$P_{a_1,a_2}^{(-)} := \left\{ \mathbf{x} \in \mathbb{R}^3 \mid x_3 = \frac{x_1{}^2}{a_1{}^2} - \frac{x_2{}^2}{a_2{}^2} \right\}$$

Bild 5.8 Hyperbolisches Paraboloid

Eine Quadrik, die zu $P_{a_1,a_2}^{(-)}$ äquivalent ist, heißt *hyperbolisches Paraboloid* (siehe Bild 5.8).

(5.8.6) Für $a_1, a_2 > 0$ sei

$$K_{a_1, a_2} := \left\{ \mathbf{x} \in \mathbb{R}^3 \mid {x_1}^2 = \frac{{x_1}^2}{{a_1}^2} + \frac{{x_2}^2}{{a_2}^2} \right\}$$

Eine Quadrik, die zu K_{a_1, a_2} äquivalent ist, heißt (quadratischer) *Kegel* (siehe

Bild 5.9   Kegel

Bild 5.9).

(5.8.7) Eine Quadrik, die zu der einpunktigen Menge

$$\{\mathbf{0}\} := \left\{ \mathbf{x} \in \mathbb{R}^3 \mid \frac{{x_1}^2}{{a_1}^2} + \frac{{x_2}^2}{{a_2}^2} + \frac{{x_3}^2}{{a_3}^2} = 0 \right\}$$

äquivalent ist, nennen wir *Einsiedlerpunkt*.

(5.8.8) Ist C ein Kegelschnitt in $\mathbb{R}^2$, so nennt man eine zu

$$\left\{ (x_1, x_2, x_3) \in \mathbb{R}^3 \mid (x_1, x_2) \in C \right\}$$

äquivalente Quadrik einen *Zylinder* über dem Kegelschnitt C (siehe Bild 5.10).

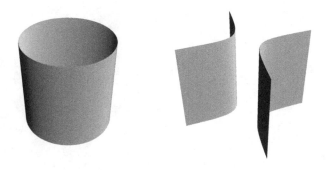

Bild 5.10   *Links*: Zylinder über Ellipse — *rechts*: Zylinder über Hyperbel

Satz 5.2 *Jede nichtleere Quadrik in $\mathbb{R}^3$ ist zu einer der Quadriken (5.8.1)–(5.8.8) äquivalent.*

Beweis Sei Q eine Quadrik in $\mathbb{R}^3$. Nach Korollar 93 ist Q äquivalent zu einer Quadrik Q' der Form

$$Q' = \left\{ \mathbf{x} \in \mathbb{R}^3 \mid \alpha_1 x_1{}^2 + \alpha_2 x_2{}^2 + \alpha_3 x_3{}^2 + b_1 x_1 + b_2 x_2 + b_3 x_3 + c \right\}$$

mit $\alpha_1, \alpha_2, \alpha_3, b_1, b_2, b_3, c \in \mathbb{R}, (\alpha_1, \alpha_2, \alpha_3) \neq (0,0,0)$.

1. Fall: $\alpha_1, \alpha_2, \alpha_3$ sind alle drei von Null verschieden:
Sei $T : \mathbb{R}^3 \longrightarrow \mathbb{R}^3$ die Translation

$$(x_1, x_2, x_3) \mapsto \left(x_1 + {}^1\!/_2\, \frac{b_1}{\alpha_1}, x_2 + {}^1\!/_2\, \frac{b_2}{\alpha_2}, x_3 + {}^1\!/_2\, \frac{b_3}{\alpha_3} \right)$$

Dann gibt es $c' \in \mathbb{R}$ so, daß

$$T(Q') = \left\{ \mathbf{x} \in \mathbb{R}^3 \mid \alpha_1 x_1{}^2 + \alpha_2 x_2{}^2 + \alpha_3 x_3{}^2 = c' \right\}$$

Fall 1a: $c' \neq 0$: In diesem Fall ist

$$T(Q') = \left\{ \mathbf{x} \in \mathbb{R}^3 \mid \frac{\alpha_1}{c'} x_1{}^2 + \frac{\alpha_2}{c'} x_2{}^2 + \frac{\alpha_3}{c'} x_3{}^2 = 1 \right\}$$

Indem man Drehungen um $90°$ um die Koordinatenachsen durchführt, kann man die Rollen von $\alpha_1, \alpha_2, \alpha_3$ paarweise vertauschen. Deshalb können wir annehmen, daß

$$\frac{\alpha_1}{c'} \geq \frac{\alpha_2}{c'} \geq \frac{\alpha_3}{c'}.$$

Wir setzen

$$a_j := \sqrt{\left| \frac{c'}{\alpha_j} \right|}, \qquad j = 1, 2, 3.$$

Falls $\frac{\alpha_3}{c'} > 0$, so ist die Quadrik $\{ \mathbf{x} \in \mathbb{R}^3 \mid \frac{\alpha_1}{c'} x_1{}^2 + \frac{\alpha_2}{c'} x_2{}^2 + \frac{\alpha_3}{c'} x_3{}^2 = 1 \}$ gleich dem Ellipsoid E_{a_1, a_2, a_3}, also ist Q äquivalent zu diesem Ellipsoid. Ebenso ist für $\frac{\alpha_2}{c'} > 0 > \frac{\alpha_3}{c'}$ die Quadrik Q zu dem einschaligen Hyperboloid $H^{(1)}_{a_1, a_2, a_3}$ äquivalent, und für $\frac{\alpha_1}{c'} > 0 > \frac{\alpha_2}{c'}$ ist Q zum zweischaligen Hyperboloid $H^{(2)}_{a_1, a_2, a_3}$ äquivalent. Wäre $0 > \frac{\alpha_1}{c'}$, so wäre $T(Q')$ und somit auch Q' die leere Menge.
Fall 1b: $c' = 0$: Dann ist $T(Q') = \{ \mathbf{x} \in \mathbb{R}^3 \mid \alpha_1 x_1{}^2 + \alpha_2 x_2{}^2 + \alpha_3 x_3{}^2 = 0 \}$. Falls $\alpha_1, \alpha_2, \alpha_3$ dasselbe Vorzeichen haben, ist $T(Q')$ und somit auch Q' ein Einsiedlerpunkt. Ansonsten können wir — indem wir eventuell die Gleichung von $T(Q')$ mit (-1) multiplizieren — annehmen, daß zwei der drei Zahlen $\alpha_1, \alpha_2, \alpha_3$ positiv sind, und die dritte negativ. Da man mittels Drehungen um $90°$ um die Koordinatenachsen die Rollen von $\alpha_1, \alpha_2, \alpha_3$ paarweise vertauschen kann, können wir annehmen, daß $\alpha_1 \geq \alpha_2 > 0 \geq \alpha_3$. Somit ist Q äquivalent zu der Quadrik $\{ \mathbf{x} \in \mathbb{R}^3 \mid \alpha_1 x_1{}^2 + \alpha_2 x_2{}^2 = |\alpha_3|\, x_3{}^2 \}$. Dies ist der Kegel K_{a_1, a_2} mit $a_1 := \sqrt{\left| \frac{\alpha_3}{\alpha_1} \right|}$, $a_2 := \sqrt{\left| \frac{\alpha_3}{\alpha_2} \right|}$.

2. *Fall*: Genau zwei der drei Zahlen α_1, α_2, α_3 sind von Null verschieden: Indem wir wieder Drehungen mit Winkel 90° um die Koordinatenachsen durchführen, können wir annehmen, daß

$$\alpha_1, \alpha_2 \neq 0 \text{ und } \alpha_3 = 0.$$

Sei jetzt $T : \mathbb{R}^3 \to \mathbb{R}^3$ die Translation

$$(x_1, x_2, x_3) \mapsto \left(x_1 + \tfrac{1}{2}\frac{b_1}{\alpha_1}, x_2 + \tfrac{1}{2}\frac{b_2}{\alpha_2}, x_3 \right)$$

Dann gibt es $c' \in \mathbb{R}$, so daß

$$T(Q') = \left\{ \mathbf{x} \in \mathbb{R}^3 \mid \alpha_1 x_1{}^2 + \alpha_2 x_2{}^2 + b_3 x_3 + c' = 0 \right\}$$

Falls $b_3 = 0$, ist $T(Q')$ der Zylinder über dem Kegelschnitt

$$\left\{ (x_1, x_2) \in \mathbb{R}^2 \mid \alpha_1 x_1{}^2 + \alpha_2 x_2{}^2 + c = 0 \right\}.$$

Wir betrachten nun die Situation $b_3{}' \neq 0$. Sei $T' : \mathbb{R}^3 \to \mathbb{R}^3$ die Translation

$$(x_1, x_2, x_3) \mapsto (x_1, x_2, x_3 + \frac{c'}{b_3}).$$

$Q'' := (T' \circ T)(Q')$ ist dann die Quadrik

$$Q'' = \left\{ \mathbf{x} \in \mathbb{R}^3 \mid \alpha_1{}' x_1{}^2 + \alpha_2{}' x_2{}^2 = x_3 \right\},$$

wobei $\alpha_1{}' := -\frac{\alpha_1}{b_3}$, $\alpha_2{}' := -\frac{\alpha_2}{b_3}$. Falls sowohl $\alpha_1{}'$ als auch $\alpha_2{}'$ negativ sind, wenden wir die Drehung um 180° um die x_1-Achse $(x_1, x_2, x_3) \mapsto (x_1, -x_2, -x_3)$ an, um zu sehen, daß Q zu einer Quadrik

$$\tilde{Q} = \left\{ \mathbf{x} \in \mathbb{R}^3 \mid \tilde{\alpha}_1 x_1{}^2 + \tilde{\alpha}_2 x_2{}^2 = x_3 \right\} \qquad (\tilde{\alpha}_1, \tilde{\alpha}_2 \neq 0)$$

äquivalent ist, wobei mindestens eine der beiden Zahlen $\tilde{\alpha}_1$, $\tilde{\alpha}_2$ positiv ist. Indem wir eventuell die Drehung um 90° um die x_3-Achse anwenden, können wir annehmen, daß $\tilde{\alpha}_1 \geq \tilde{\alpha}_2$. Setze

$$\alpha_j := \frac{1}{\sqrt{|\tilde{\alpha}_j|}} \qquad j = 1, 2.$$

Falls $\tilde{\alpha}_2 > 0$, so ist $\tilde{Q}$ das elliptische Paraboloid $P_{a_1, a_2}^{(+)}$, falls $\tilde{\alpha}_2 < 0$, so ist $\tilde{Q}$ das hyperbolische Paraboloid $P_{a_1, a_2}^{(-)}$.

3. *Fall*: Zwei der drei Zahlen α_1, α_2, α_3 sind Null:
Wie oben können wir annehmen, daß $\alpha_1 \neq 0$, $\alpha_2 = \alpha_3 = 0$. Also ist

$$Q' = \left\{ \mathbf{x} \in \mathbb{R}^3 \mid \alpha_1 x_1{}^2 + b_1 x_1 + b_2 x_2 + b_3 x_3 + c = 0 \right\}.$$

Nun gibt es eine Drehung R um die x_1-Achse und $b_2{}' \in \mathbb{R}$ so, daß

$$\mathbf{b} \cdot (R^{-1}\mathbf{x}) = b_1 x_1 + b_2{}' x_2.$$

Dann ist
$$R(Q') = \left\{ \mathbf{x} \in \mathbb{R}^3 \mid \alpha_1 {x_1}^2 + b_1 x_1 + b_2' x_2 + c = 0 \right\}$$
der Zylinder über dem Kegelschnitt
$$\left\{ (x_1, x_2) \in \mathbb{R}^2 \mid \alpha_1 {x_1}^2 + b_1 x_1 + b_2' x_2 + c = 0 \right\}.$$
Damit ist Satz 5.2 bewiesen. □

5.3 Geraden auf einem einschaligen Hyperboloid

In diesem Abschnitt beweisen wir, daß es – wie in Bild 5.11 angedeutet – auf einem einschaligen Hyperboloid zwei Einparameterscharen von Geraden gibt, die das Hyperboloid überstreichen. Zunächst benötigen wir einige Begriffe.

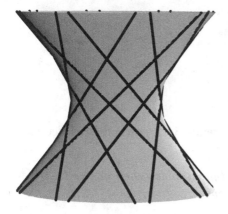

Bild 5.11

Definitionen: Eine *Gerade* in $\mathbb{R}^3$ ist eine Teilmenge der Form
$$g = \left\{ \mathbf{x} + t\, \mathbf{v} \mid t \in \mathbb{R} \right\},$$
wobei $\mathbf{x}, \mathbf{v} \in \mathbb{R}^3$ und $\mathbf{v} \neq 0$.

Übung: Läßt sich eine Gerade g in der Gestalt $g = \left\{ \mathbf{x} + t\, \mathbf{v} \mid t \in \mathbb{R} \right\}$ und in der Gestalt $g = \left\{ \mathbf{x} + t\, \mathbf{w} \mid t \in \mathbb{R} \right\}$ schreiben, so gibt es $\lambda \in \mathbb{R}$, $\lambda \neq 0$, so daß $\mathbf{w} = \lambda\, \mathbf{v}$!

Die obige Übung zeigt, daß bei einer Geraden $\{\mathbf{x} + t\,\mathbf{v} \mid t \in \mathbb{R}\}$ der Vektor $\mathbf{v}$ bis auf einen Skalar durch die Gerade bestimmt ist. Er heißt *Richtungsvektor* der Geraden.

Zwei Geraden $\{\mathbf{x} + t\,\mathbf{v} \mid t \in \mathbb{R}\}$ und $\{\mathbf{y} + t\,\mathbf{w} \mid t \in \mathbb{R}\}$ heißen *parallel*, wenn es $\lambda \in \mathbb{R}$ gibt, so daß $\mathbf{w} = \lambda\,\mathbf{v}$.

Übung: Zeigen Sie, daß parallele Geraden entweder gleich oder disjunkt sind!

Man nennt zwei Geraden *windschief*, wenn sie sich nicht schneiden und nicht parallel sind (vgl. Bild 5.12).   2cm

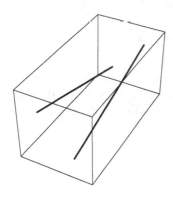

Bild 5.12

Das zentrale Thema dieses Abschnitts ist der folgende Satz, sowie die Konsequenzen und Weiterungen, die sich aus ihm ergeben.

Satz 5.3 *Durch jeden Punkt eines einschaligen Hyperboloids gehen genau zwei Geraden, die ganz in diesem Hyperboloid enthalten sind.*

Beweis Zunächst können wir annehmen, daß das einschalige Hyperboloid eines der Hyperboloide

$$H^{(1)}_{a_1,a_2,a_3} = \left\{ \mathbf{x} \in \mathbb{R}^3 \mid \frac{x_1^{\,2}}{a_1^{\,2}} + \frac{x_2^{\,2}}{a_2^{\,2}} - \frac{x_3^{\,2}}{a_3^{\,2}} = 1 \right\}$$

mit $a_1, a_2, a_3 > 0$ ist. Um die Rechnungen zu vereinfachen, betrachten wir die Abbildung

$$\begin{aligned} \Psi : \quad \mathbb{R}^3 \quad &\longrightarrow \quad \mathbb{R}^3 \\ (x_1, x_2, x_3) \quad &\longmapsto \quad (a_1 x_1, a_2 x_2, a_3 x_3) \end{aligned} \qquad (5.9)$$

Sie ist bijektiv, führt Geraden in Geraden über, und bildet das Hyperboloid

$$H := H_{1,1,1} = \left\{ \mathbf{x} \in \mathbb{R}^3 \mid x_1^{\,2} + x_2^{\,2} - x_3^{\,2} = 1 \right\}$$

bijektiv auf H_{a_1,a_2,a_3} ab. Deshalb genügt es, Satz 5.3 nur für das Hyperboloid H zu beweisen. Man beachte, daß jede Drehung um die x_3-Achse das Hyperboloid H in sich überführt.

Sei nun $\mathbf{x}$ ein Punkt von H. Nach einer Drehung um die x_3-Achse können wir annehmen, daß $x_2 = 0$. Ist $\mathbf{v} \in \mathbb{R}^3$, $\mathbf{v} \neq 0$, so ist die Gerade

$$\{\mathbf{x} + t\,\mathbf{v} \mid t \in \mathbb{R}\}$$

genau dann ganz in H enthalten, wenn für alle $t \in \mathbb{R}$

$$(x_1 + t\,v_1)^2 + (t\,v_2)^2 - (x_3 + t\,v_3)^2 = 1\,.$$

Das ist genau dann der Fall, wenn für alle $t \in \mathbb{R}$

$$x_1{}^2 - x_3{}^2 + 2t(x_1v_1 - x_3v_3) + t^2(v_1{}^2 + v_2{}^2 - v_3{}^2) = 1\,.$$

Da $x_1{}^2 - x_3{}^2 = 1$, ist dies wiederum äquivalent zu

(5.10.1) $\qquad\qquad x_1v_1 - x_3v_3 = 0$ und

(5.10.2) $\qquad\qquad v_1{}^2 + v_2{}^2 = v_3{}^2$

Wir suchen nach Lösungen $\mathbf{v} = (v_1,v_2,v_3) \neq (0,0,0)$ der Gleichungen (5.10.1) und (5.10.2). Aus (5.10.2) sieht man, daß für jede Lösung $v_3 \neq 0$. Da die Geraden $\{\mathbf{x}+t\,\mathbf{v} \mid t \in \mathbb{R}\}$ und $\{\mathbf{x}+t\,\mathbf{v}' \mid t \in \mathbb{R}\}$ genau dann gleich sind, wenn sich die Richtungsvektoren nur um einen skalaren Faktor unterscheiden, können wir die Lösungen von (5.10.1) und (5.10.2) so normieren, daß

(5.10.3) $\qquad\qquad v_3 = 1$

Diese Gleichungen sind dann äquivalent zu

(5.11.1) $\qquad\qquad x_1v_1 = x_3$ und

(5.11.2) $\qquad\qquad v_1{}^2 + v_2{}^2 = 1$

mit $v_3 = 1$. Die Lösungen von (5.11.1) und (5.11.2) entsprechen bijektiv den Geraden durch $\mathbf{x}$, die ganz in H enthalten sind. Da $x_1^2 - x_3^2 = 1$, ist

$$\left| \frac{x_3}{x_1} \right| < 1$$

Also hat das Gleichungssystem (5.11) als Lösungen gerade

$$(v_1^{\pm}, v_2^{\pm}) = \left(\frac{x_3}{x_1}, \pm\frac{1}{x_1} \right) \tag{5.12}$$

$\square$

Wir wollen die Geraden auf H noch etwas genauer betrachten. Sei $\mathbf{x} = (x_1,x_2,x_3)$ ein beliebiger Punkt von H und $\mathbf{v} = (v_1,v_2,v_3)$ Richtungsvektor einer in H enthaltenen Geraden durch x. Es gibt $\alpha > 0$, so daß die Drehung

$$R : \mathbb{R}^3 \longrightarrow \mathbb{R}^3$$
$$(x_1, x_2, x_3) \longmapsto (x_1\cos\alpha - x_2\sin\alpha,\, x_1\sin\alpha + x_2\cos\alpha,\, x_3)$$

um die x_3-Achse mit Winkel α den Punkt $\mathbf{x}$ auf einen Punkt $\mathbf{x}' = R\mathbf{x}$ mit $x_2' = 0, x_1' > 0$ abbildet. Dann ist $\mathbf{v}' = R\mathbf{v} = (v_1 \cos\alpha - v_2 \sin\alpha, v_1 \sin\alpha + v_2 \cos\alpha, v_3)$ Richtungsvektor einer der beiden in H enthaltenen Geraden durch $\mathbf{x}'$. Wir können deshalb wieder annehmen, daß $v_3 = v_3' = 1$. Nach (5.12) ist

$$(v_1', v_2') = \left(\frac{x_3'}{x_1'}, \pm \frac{1}{x_1'} \right)$$

Folglich ist

$$
\begin{aligned}
x_1 v_2 - x_2 v_1 &= \begin{pmatrix} x_1 \\ x_2 \\ 0 \end{pmatrix} \begin{pmatrix} v_2 \\ -v_1 \\ 1 \end{pmatrix} = R \begin{pmatrix} x_1 \\ x_2 \\ 0 \end{pmatrix} \cdot R \begin{pmatrix} v_2 \\ -v_1 \\ 1 \end{pmatrix} \\
&= \begin{pmatrix} x_1' \\ 0 \\ 0 \end{pmatrix} \cdot \begin{pmatrix} v_2' \\ -v_1' \\ 1 \end{pmatrix} = x_1' v_2' = \pm 1
\end{aligned}
$$

Also hat eine der beiden in H enthaltenen Geraden durch $\mathbf{x}$ einen Richtungsvektor $\mathbf{v}^+ = (v_1^+, v_2^+, 1)$ mit $x_1 v_2^+ - x_2 v_1^+ > 0$, und die andere einen Richtungsvektor $\mathbf{v}^- = (v_1^-, v_2^-, 1)$ mit $x_1 v_2^- - x_2 v_1^- < 0$. Die erste Gerade nennen wir g^+, die zweite g^-.

Jeder Punkt $\mathbf{y}$ von g^+ ist von der Form $\mathbf{y} = \mathbf{x} + \lambda \mathbf{v}^+$ mit $\lambda \in \mathbb{R}$, also ist

$$y_1 v_2^+ - y_2 v_1^+ = (x_1 + \lambda v_1^+)v_2^+ - (x_2 + \lambda v_2^+)v_1^+ = x_1 v_2^+ - x_2 v_1^+ > 0$$

für jeden Punkt $\mathbf{y} \in g^+$. Ebenso ist für jeden Punkt $\mathbf{z} \in g^-$

$$z_1 v_2^- - z_2 v_1^- < 0.$$

Wir können also die Menge $\mathcal{G}$ aller Geraden, die ganz in H enthalten sind, in zwei Teile teilen, nämlich die Menge $\mathcal{G}^+$ aller Geraden g in $\mathcal{G}$, die einen Richtungsvektor der Form $(v_1, v_2, 1)$ haben, so daß $y_1 v_2 - y_2 v_1 > 0$ für alle $\mathbf{y} \in g$, und die Menge $\mathcal{G}^-$ aller Geraden g in $\mathcal{G}$, die einen Richtungsvektor der Form $(v_1, v_2, 1)$ haben, so daß $y_1 v_2 - y_2 v_1 < 0$ für alle $\mathbf{y} \in g$. Die obige Diskussion zeigt:

Bemerkung 96 Durch jeden Punkt $\mathbf{x} \in H$ geht genau eine Gerade aus dem System $\mathcal{G}^+$ und eine Gerade aus dem System $\mathcal{G}^-$.

Bemerkung 97 Der Ausdruck $x_1 v_2 - x_2 v_1$ kann auch geschrieben werden als

$$x_1 v_2 - x_2 v_1 = \det \begin{pmatrix} x_1 & v_1 & 0 \\ x_2 & v_2 & 0 \\ x_3 & 1 & 1 \end{pmatrix}$$

Also ist

$$\det \begin{pmatrix} x_1 & v_1^+ & 0 \\ x_2 & v_2^+ & 0 \\ x_3 & 1 & 1 \end{pmatrix} > 0 \quad \text{und} \quad \det \begin{pmatrix} x_1 & v_1^- & 0 \\ x_2 & v_2^- & 0 \\ x_3 & 1 & 1 \end{pmatrix} < 0,$$

wenn $\mathbf{v}^+, \mathbf{v}^-$ wie oben die Richtungsvektoren der Geraden $g^+ \in \mathcal{G}^+$, bzw. $g^- \in \mathcal{G}^-$ durch $\mathbf{x}$ sind. Geometrisch bedeutet dies (vgl. Bild 5.13), daß die Vektoren $\mathbf{v}^+$ und $\mathbf{v}^-$ auf verschiedene Seiten der von $\mathbf{x}$ und dem Vektor $(0,0,1)$ aufgespannten Ebene zeigen (vgl. Abschnitt 2.2).

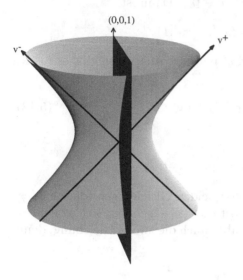

Bild 5.13

Als nächstes zeigen wir

Lemma 98 *Seien g und g' verschiedene Geraden, die ganz in H enthalten sind. Falls g und g' beide zu $\mathcal{G}^+$ oder beide zu $\mathcal{G}^-$ gehören, so sind g und g' windschief. Falls eine der beiden Geraden in $\mathcal{G}^+$ und die andere in $\mathcal{G}^-$ liegt, so sind g und g' parallel oder sie schneiden sich in einem Punkt.*

Beweis Da jede Gerade aus $\mathcal{G}$ einen Richtungsvektor der Gestalt $(v_1, v_2, 1)$ hat, trifft sie die Ebene $\{\mathbf{x} \in \mathbb{R}^3 \mid x_3 = 0\}$. Wir können also g bzw. g' in der Form

$$
\begin{aligned}
g &= \{(x_1, x_2, 0) + t\,(v_1, v_2, 1) \mid t \in \mathbb{R}\} \\
g' &= \{(x_1', x_2', 0) + t\,(v_1', v_2', 1) \mid t \in \mathbb{R}\}
\end{aligned}
$$

mit $x_1^2 + x_2^2 = 1$, $x_1'^2 + x_2'^2 = 1$ schreiben. g ist in H enthalten genau dann, wenn

$$
\begin{aligned}
x_1 v_1 + x_2 v_2 &= 0 \ \text{und} \\
v_1^2 + v_2^2 &= 1
\end{aligned}
$$

Somit ist

$$
(v_1, v_2) = \pm(-x_2, x_1)
$$

Das Vorzeichen $+$ entspricht $g \in \mathcal{G}^+$, das Vorzeichen $-$ entspricht $g \in \mathcal{G}^-$. Ebenso ist

$$
(v_1', v_2') = \pm(-x_2', x_1')
$$

Sind g,g' beide aus $\mathcal{G}^+$, so sind die Richtungsvektoren $\mathbf{v}$ und $\mathbf{v}'$ nicht proportional, wenn immer $\mathbf{x} \neq \mathbf{x}'$. Also sind in diesem Fall g und g' nicht parallel. Für einen Schnittpunkt $\mathbf{p}$ wäre Bemerkung 96 verletzt, denn sowohl g als auch g' wären Geraden aus dem System $\mathcal{G}^+$, die durch $\mathbf{p}$ gingen. Also sind g und g' windschief. Ebenso zeigt man, daß g und g' windschief sind, wenn beide in $\mathcal{G}^-$ liegen. Schließlich betrachten wir den Fall, daß $g \in \mathcal{G}^+$, $g' \in \mathcal{G}^-$. Dann ist

$$\mathbf{v} = (-x_2, x_1, 1) \text{ und } \mathbf{v}' = (x_2', -x_1', 1).$$

Ist $\mathbf{x}' = -\mathbf{x}$, so ist $\mathbf{v} = \mathbf{v}'$ und somit sind g und g' parallel. Ansonsten gibt es $t \in \mathbb{R}$, so daß

$$(x_1, x_2, 0) + t\,\mathbf{v} = (x_1', x_2', 0) + t\,\mathbf{v}'. \tag{5.13}$$

In der Tat, (5.13) ist äquivalent zu

$$x_1 - x_1' = t\,(x_2 + x_2') \quad \text{und} \quad x_2 - x_2' = -t(x_1 + x_1').$$

Ist $x_2 = -x_2'$ und $x_1 = x_1'$, so löst $t := -\frac{x_2}{x_1}$ diese beiden Gleichungen (da wir $\mathbf{x}' \neq -\mathbf{x}$ voraussetzen, ist $x_1 \neq 0$). Ist $x_2 \neq -x_2'$, so löst $t := (x_1 - x_1')/(x_2 + x_2')$ offenbar die erste der beiden obigen Gleichungen. Es löst aber auch die zweite Gleichung, denn

$$-\frac{x_1 - x_1'}{x_2 + x_2'}\,(x_1 + x_1') \;=\; -\frac{x_1^2 - x_1'^2}{x_2 + x_2'}$$

$$= -\frac{(1 - x_2^2) - (1 - x_2'^2)}{x_2 + x_2'} \;=\; \frac{x_2^2 - x_2'^2}{x_2 + x_2'} = x_2 - x_2'.$$

(5.13) zeigt, daß sich g und g' im Punkt $(x_1, x_2, 0) + t\,\mathbf{v}$ schneiden. $\square$

Die in Bemerkung 96 und Lemma 98 erzielten Resultate lassen sich mit Hilfe der in (5.9) definierten Abbildung Ψ direkt auf die Hyperboloide $H^{(1)}_{a_1,a_2,a_3}$ übertragen. Wir fassen sie noch einmal zusammen:

Proposition 99 *Sei $\mathcal{G}$ die Menge der Geraden, die ganz in dem einschaligen Hyperboloid $H^{(1)}_{a_1,a_2,a_3} = \{\, \mathbf{x} \in \mathbb{R}^3 \mid \frac{x_1^2}{a_1^2} + \frac{x_2^2}{a_2^2} - \frac{x_3^2}{a_3^2} = 1 \,\}$ enthalten sind. $\mathcal{G}^+$ bzw. $\mathcal{G}^-$ bezeichne die Menge aller Geraden g in $\mathcal{G}$, die einen Richtungsvektor $(v_1, v_2, 1)$ haben, so daß für alle $\mathbf{y} \in g$*

$$y_1 v_2 - y_2 v_1 > 0 \qquad (\text{bzw. } y_1 v_2 - y_2 v_1 < 0).$$

Dann ist $\mathcal{G} = \mathcal{G}^+ \cup \mathcal{G}^-$. Durch jeden Punkt von $H^{(1)}_{a_1,a_2,a_3}$ geht genau eine Gerade aus $\mathcal{G}^+$ und eine Gerade aus $\mathcal{G}^-$. Zwei verschiedene Geraden g,g', die beide in $\mathcal{G}^+$ oder beide in $\mathcal{G}^-$ liegen, sind stets windschief zueinander. Ist $g \in \mathcal{G}^+$ und $g' \in \mathcal{G}^-$, so sind g und g' entweder parallel oder schneiden sich in einem Punkt.

Bemerkungen 100   (i) Der Durchschnitt des Hyperboloids

$$H^{(1)}_{a_1,a_2,a_3} = \{\, \mathbf{x} \in \mathbb{R}^3 \mid \frac{x_1^2}{a_1^2} + \frac{x_2^2}{a_2^2} - \frac{x_3^2}{a_3^2} = 1 \,\}$$

mit der Ebene

$$E := \{\, \mathbf{x} \in \mathbb{R}^3 \mid x_3 = 0 \,\}$$

kann in offensichtlicher Weise mit der Ellipse

$$E_{a_1,a_2} = \{\, \mathbf{x} \in \mathbb{R}^3 \mid \frac{x_1^2}{a_1^2} + \frac{x_2^2}{a_2^2} = 1 \,\}$$

identifiziert werden. Nach Proposition 99 gibt es für jeden Punkt $\mathbf{x}$ dieses Durchschnitts Vektoren $\mathbf{v}^+(\mathbf{x}) = (v_1^+(\mathbf{x}), v_2^+(\mathbf{x}), 1)$ und $\mathbf{v}^-(\mathbf{x}) = (v_1^-(\mathbf{x}), v_2^-(\mathbf{x}), 1)$, so daß die Geraden $g^+(\mathbf{x}) = \{\, \mathbf{x} + t\,\mathbf{v}^+(\mathbf{x}) \mid t \in \mathbb{R} \,\}$ und $g^-(\mathbf{x}) = \{\, \mathbf{x} + t\,\mathbf{v}^-(\mathbf{x}) \mid t \in \mathbb{R} \,\}$ in $\mathcal{G}^+$ bzw. $\mathcal{G}^-$ liegen. Proposition 99 zeigt, daß die Abbildungen

$$
\begin{array}{rcll}
\Phi^+ : & E_{a_1,a_2} \times \mathbb{R} & \longrightarrow & H^{(1)}_{a_1,a_2,a_3} \qquad\qquad \text{und} \\
& (\mathbf{x},t) & \longmapsto & \mathbf{x} + t\,\mathbf{v}^+(\mathbf{x})
\end{array}
$$

$$
\begin{array}{rcll}
\Phi^- : & E_{a_1,a_2} \times \mathbb{R} & \longrightarrow & H^{(1)}_{a_1,a_2,a_3} \\
& (\mathbf{x},t) & \longmapsto & \mathbf{x} + t\,\mathbf{v}^-(\mathbf{x})
\end{array}
$$

bijektiv sind. Zusammen mit der Parametrisierung von Ellipsen aus Bemerkung 59.ii) ermöglicht es dies, die Punkte eines einschaligen Hyperboloids zu parametrisieren.

(ii) Aus Proposition 99 ergibt sich ein Verfahren, ein einschaliges Rotationshyperboloid, d.h. ein Hyperboloid der Gestalt $\{\, \mathbf{x} \in \mathbb{R}^3 \mid \frac{x_1^2}{a_1^2} + \frac{x_2^2}{a_2^2} - \frac{x_3^2}{a_3^2} = 1 \,\}$ mit $a_1 = a_2$ zu konstruieren. In zwei horizontalen Ebenen nehme man zwei übereinanderliegende Kreise (vgl. Bild 5.14). Für jeden Punkt q des unteren Kreises bezeichne $\varphi^+(q)$ den Punkt des oberen Kreises, der entsteht, wenn man den direkt über q liegenden Punkt q' des oberen Kreises um einen fest vorgegebenen Winkel α dreht. Wir verbinden die Punkte q und $\varphi^+(q)$ jeweils durch einen Stab oder einen straffgezogenen Faden. Die Stäbe, bzw. Fäden überdecken dann den Teil eines Rotationshyperboloids, der zwischen den beiden horizontalen Ebenen liegt. Jeder einzelne Stab oder Faden ist Stück einer Geraden aus dem System $\mathcal{G}^+$. Die Geraden aus dem System $\mathcal{G}^-$ erhält man, wenn man jeden Punkt des unteren Kreises mit dem Punkt $\varphi^-(q)$ des oberen Kreises verbindet, der aus q' durch Drehen um den Winkel $-\alpha$ entsteht. Ein Foto eines derartigen (und ähnlicher) Modelle findet man in [Mathematische Modelle], Kapitel 1. Läßt man bei der oben beschriebenen Konstruktion die Stäbe sich abwechselnd über- und unterkreuzen, so erhält man ein sehr stabiles Hyperboloid. Dieses Prinzip wird oft bei aus Korb geflochtenen Hockern und Stühlen und auch im Bauwesen angewandt (siehe [Giering–Seybold], Kapitel 8 oder [Beles–Soare]).

(iii) Die *Tangentialebene* $T_x Q$ eines Ellipsoids, Paraboloids oder Hyperboloids $Q = \{\, \mathbf{x} \in \mathbb{R}^3 \mid f(x_1, x_2, x_3) = 0 \,\}$ (hier ist f eine quadratische Gleichung) definiert man als die Menge aller Punkte $\mathbf{x} + \mathbf{v}$, für die es eine differenzierbare Abbildung $w : (-\varepsilon, \varepsilon) \longrightarrow Q$ gibt, so daß $w(0) = \mathbf{x}$ und $\dot{w}(0) = \mathbf{v}$ (vgl. [do Carmo]

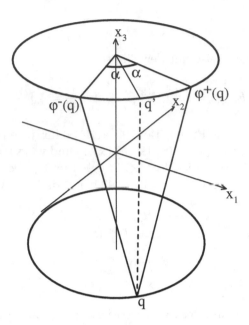

Bild 5.14

2.4). Man kann zeigen, daß $T_x Q$ eine Ebene in $\mathbb{R}^3$ ist, das heißt, daß es linear unabhängige Vektoren $\mathbf{v}_1, \mathbf{v}_2$ gibt, so daß $T_x Q = \{\, \mathbf{x} + t_1\, \mathbf{v}_1 + t_2\, \mathbf{v}_2 \mid t_1, t_2 \in \mathbb{R} \,\}$. Der Durchschnitt $Q \cap T_x Q$ von Q mit seiner Tangentialebene entspricht dann der Nullstellenmenge der quadratischen Funktion

$$q(t_1, t_2) = f(\mathbf{x} + t_1 \mathbf{v}_1 + t_2 \mathbf{v}_2)\,.$$

Offenbar ist $q(0,0) = 0$, und aus der Definition folgt, daß $\frac{\partial q}{\partial t_1}(0,0) = \frac{\partial q}{\partial t_2}(0,0) = 0$. Folglich ist q eine quadratische Form. Nach Bemerkung 58 ist also $Q \cap T_x Q$ ein Einsiedlerpunkt, eine Doppelgerade oder ein Paar sich im Punkt $\mathbf{x}$ schneidender Geraden. Im Fall eines einschaligen Hyperboloids liegt der dritte Fall vor.

Übung: Beweisen Sie, daß Ellipsoide, zweischalige Hyperboloide und elliptische Paraboloide keine Geraden enthalten!

Dagegen verhalten sich hyperbolische Paraboloide ähnlich wie einschalige Hyperboloide.

Satz 5.4 *Sei $\mathcal{G}$ die Menge der Geraden, die ganz in dem hyperbolischen Paraboloid $P_{a_1,a_2}^{(-)} = \{\, \mathbf{x} \in \mathbb{R}^3 \mid x_3 = \frac{x_1{}^2}{a_1{}^2} - \frac{x_2{}^2}{a_2{}^2} \,\}$ enthalten sind. $\mathcal{G}^+$ bzw. $\mathcal{G}^-$ bezeichnen die Menge aller Geraden g in $\mathcal{G}$, die einen Richtungsvektor der Form $(v_1, v_2, 1)$ haben mit*

$$y_1 v_2 - y_2 v_1 > 0 \qquad (bzw.\ y_1 v_2 - y_2 v_1 < 0)$$

für alle $\mathbf{y} \in g$. *Dann ist* $\mathcal{G} = \mathcal{G}^+ \cup \mathcal{G}^-$. *Durch jeden Punkt von* $P_{a_1,a_2}^{(-)}$ *geht genau eine Gerade des Systems* $\mathcal{G}^+$ *und eine Gerade des Systems* $\mathcal{G}^-$. *Zwei verschiedene Geraden* g,g' *in* $\mathcal{G}$, *die beide in* $\mathcal{G}^+$ *oder beide in* $\mathcal{G}^-$ *liegen, sind stets zueinander windschief. Ist* $g \in \mathcal{G}^+$ *und* $g' \in \mathcal{G}^-$, *so sind* g *und* g' *parallel, oder sie schneiden sich in einem Punkt.*

Der Beweis sei den LeserInnen als Übung überlassen.

Wir verwenden nun die Resultate dieses Abschnitts um den Satz von Brianchon (Satz 4.13) zu beweisen. Dazu benötigen wir noch einige Tatsachen über Geraden und Ebenen in $\mathbb{R}^3$.

Definition 101 *Eine* Ebene *in* $\mathbb{R}^3$ *ist eine Teilmenge der Form*

$$E = \{\,\mathbf{x} + t_1\,\mathbf{v}_1 + t_2\,\mathbf{v}_2 \mid t_1,t_2 \in \mathbb{R}\,\},$$

wobei $\mathbf{v}_1,\mathbf{v}_2 \in \mathbb{R}^3$ *linear unabhängige Vektoren sind und* $\mathbf{x} \in \mathbb{R}^3$.

Übung: Sei $E = \{\mathbf{x} + t_1\,\mathbf{v}_1 + t_2\,\mathbf{v}_2 \in \mathbb{R}^3 \mid t_1,t_2 \in \mathbb{R}\}$ eine Ebene in $\mathbb{R}^3$, $\mathbf{y}$ ein Punkt von E, $\left(\begin{smallmatrix} a & c \\ b & d \end{smallmatrix}\right) \in GL(2,\mathbb{R})$ und

$$\mathbf{w}_1 := a\mathbf{v}_1 + b\mathbf{v}_2, \qquad \mathbf{w}_2 := c\mathbf{v}_1 + d\mathbf{v}_2$$

Dann ist

$$E = \{\,\mathbf{y} + t_1\,\mathbf{w}_1 + t_2\mathbf{w}_2 \mid t_1,t_2 \in \mathbb{R}\,\}\,!$$

Lemma 102   *(i) Sind g,g' verschiedene Geraden in $\mathbb{R}^3$, die sich entweder schneiden oder parallel sind, so gibt es eine eindeutig bestimmte Ebene E in $\mathbb{R}^3$, die sowohl g als auch g' enthält. E heißt die von g und g' aufgespannte Ebene.*

(ii) Sind E und E' verschiedene Ebenen in $\mathbb{R}^3$, so ist $E \cap E'$ entweder leer oder eine Gerade in $\mathbb{R}^3$ (vgl. Bild 5.15).

Bild 5.15

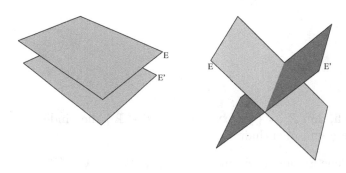

(iii) Seien g eine Gerade und E eine Ebene in $\mathbb{R}^3$. Dann ist entweder

    – $g \subset E$, oder

    – $g \cap E = \emptyset$, oder

    – $g \cap E$ besteht aus genau einem Punkt.

Beweis

(i) Wir betrachten zunächst den Fall, daß $g \cap g' \neq \emptyset$. Sei $\mathbf{x} \in g \cap g'$. Ferner seien $\mathbf{v}$ bzw. $\mathbf{v}'$ Richtungsvektoren von g bzw. g'. Da $g \neq g'$, sind $\mathbf{v}$ und $\mathbf{v}'$ linear unabhängig. Setze

$$E := \{\mathbf{x} + t\,\mathbf{v} + t'\,\mathbf{v}' \mid t, t' \in \mathbb{R}\}\,.$$

E ist offenbar eine Ebene, die $g = \{\mathbf{x} + t\,\mathbf{v} \mid t \in \mathbb{R}\}$ und $g' = \{\mathbf{x} + t'\,\mathbf{v}' \mid t' \in \mathbb{R}\}$ enthält. Sei nun E' eine weitere Ebene, die sowohl g als auch g' enthält. Dann ist $\mathbf{x} \in E'$, also kann man

$$E' = \{\mathbf{x} + t_1\mathbf{w}_1 + t_2\mathbf{w}_2 \mid t_1, t_2 \in \mathbb{R}\}$$

schreiben. Da $g, g' \subset E'$, gibt es $a, b, c, d \in \mathbb{R}$ so, daß

$$\mathbf{v} = a\mathbf{w}_1 + b\mathbf{w}_2 \qquad \text{und} \qquad \mathbf{v}' = c\mathbf{w}_1 + d\mathbf{w}_2\,.$$

Da $\mathbf{v}$ und $\mathbf{v}'$ linear unabhängig sind, ist $\det\left(\begin{smallmatrix} a & c \\ b & d \end{smallmatrix}\right) \neq 0$. Die obige Übung zeigt, daß $E' = E$.

Im Fall, daß g und g' parallel sind, geht man ähnlich vor. $\mathbf{v}$ sei wieder ein Richtungsvektor von g; in diesem Fall ist $\mathbf{v}$ auch ein Richtungsvektor von g'. Wähle $\mathbf{y} \in g$, $\mathbf{y}' \in g'$ und setze $\mathbf{v}' := \mathbf{y} - \mathbf{y}'$ (vgl. Bild 5.16).

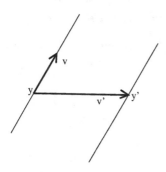

Bild 5.16

Wie oben prüft man nach, daß $E := \{\mathbf{y} + t\mathbf{v} + t'\mathbf{v}' \mid t, t' \in \mathbb{R}\}$ die eindeutig bestimmte Ebene ist, die g und g' enthält.

(ii) Seien E und E' verschiedene Ebenen in $\mathbb{R}^3$ mit $E \cap E' \neq \emptyset$. Wähle $\mathbf{x} \in E \cap E'$! Dann gibt es Vektoren $\mathbf{v}_1, \mathbf{v}_2, \mathbf{v}'_1, \mathbf{v}'_2$ so, daß

$$E = \{\, \mathbf{x} + t_1\, \mathbf{v}_1 + t_2 \mathbf{v}_2 \mid t_1, t_2 \in \mathbb{R} \,\}$$

$$E' = \{\, \mathbf{x} + t_1'\, \mathbf{v}_1' + t_2' \mathbf{v}_2' \mid t_1', t_2' \in \mathbb{R} \,\}.$$

$\mathbf{v}_1$ und $\mathbf{v}_2$ sind linear unabhängig, und ebenso sind $\mathbf{v}_1'$ und $\mathbf{v}_2'$ linear unabhängig. Da vier Vektoren in $\mathbb{R}^3$ stets linear abhängig sind, gibt es $(\lambda_1, \lambda_2, \lambda_1', \lambda_2') \neq (0,0,0,0)$, so daß

$$\lambda_1 \mathbf{v}_1 + \lambda_2 \mathbf{v}_2 = \lambda_1' \mathbf{v}_1' + \lambda_2' \mathbf{v}_2'.$$

Setze

$$\mathbf{w} := \lambda_1 \mathbf{v}_1 + \lambda_2 \mathbf{v}_2.$$

$g := \{\, \mathbf{x} + t\, \mathbf{w} \mid t \in \mathbb{R} \,\}$ ist dann eine Gerade, die in $E \cap E'$ enthalten ist. Um zu zeigen, daß $g = E \cap E'$, nehmen wir an, es gäbe einen Punkt $\mathbf{y} \in E \cap E'$, der nicht auf g liegt. Sei

$$\mathbf{v} := \mathbf{y} - \mathbf{x}.$$

Dann sind $\mathbf{v}$ und $\mathbf{w}$ linear unabhängig. Die Ebene

$$E'' = \{\mathbf{x} + t_1\, \mathbf{v} + t_2\, \mathbf{w} \mid t_1, t_2 \in \mathbb{R}\}$$

wäre dann ganz in $E \cap E'$ enthalten. Daraus folgt (nach der obigen Übung), daß $E = E'' = E'$. Dies steht im Widerspruch zur Voraussetzung, daß E und E' verschieden sind.

(iii) Seien $E = \{\, \mathbf{x} + t_1\, \mathbf{v}_1 + t_2\, \mathbf{v}_2 \mid t_1, t_2 \in \mathbb{R} \,\}$ und $g = \{\mathbf{y} + t\, \mathbf{w} \mid t \in \mathbb{R}\}$

1. Fall $\mathbf{v}_1, \mathbf{v}_2$ und $\mathbf{w}$ sind linear abhängig: Da $\mathbf{v}_1$ und $\mathbf{v}_2$ linear unabhängig sind, gibt es $\lambda_1, \lambda_2 \in \mathbb{R}$ so, daß $\mathbf{w} = \lambda_1 \mathbf{v}_1 + \lambda_2 \mathbf{v}_2$. Ist $g \cap E \neq \emptyset$, so wähle $\mathbf{z} \in g \cap E$. Dann ist

$$\begin{aligned} E &= \{\, \mathbf{z} + t_1\, \mathbf{v}_1 + t_2\, \mathbf{v}_2 \mid t_1, t_2 \in \mathbb{R} \,\} \qquad \text{und} \\ g &= \{\mathbf{z} + t\, \mathbf{w} \mid t \in \mathbb{R}\} = \{\mathbf{z} + t\lambda_1\, \mathbf{v}_1 + t\lambda_2\, \mathbf{v}_2 \mid t \in \mathbb{R}\}, \end{aligned}$$

also ist $g \subset E$.

2. Fall $\mathbf{v}_1, \mathbf{v}_2$ und $\mathbf{w}$ sind linear unabhängig: Dann bilden $\mathbf{v}_1, \mathbf{v}_2, -\mathbf{w}$ eine Basis von $\mathbb{R}^3$. Somit gibt es $t_1, t_2, t \in \mathbb{R}$, so daß

$$-\mathbf{x} + \mathbf{y} = t_1 \mathbf{v}_1 + t_2 \mathbf{v}_2 - t\mathbf{w},$$

das heißt

$$\mathbf{x} + t_1\, \mathbf{v}_1 + t_2\, \mathbf{v}_2 = \mathbf{y} + t\, \mathbf{w}.$$

$\mathbf{z} := \mathbf{x} + t_1\, \mathbf{v}_1 + t_2\, \mathbf{v}_2$ ist dann ein Punkt von $g \cap E$. Wenn $g \cap E$ neben $\mathbf{z}$ noch einen weiteren Punkt $\mathbf{z}'$ hätte, so ließe sich $\mathbf{z}' - \mathbf{z}$ schreiben als

$$\begin{aligned} \mathbf{z}' - \mathbf{z} &= t_1'\, \mathbf{v}_1 + t_2'\, \mathbf{v}_2 \qquad \text{und als} \\ \mathbf{z}' - \mathbf{z} &= t'\, \mathbf{w} \end{aligned}$$

mit $t_1',t_2',t' \in \mathbb{R}$, $t' \neq 0$. Dann wäre

$$\mathbf{w} = \frac{t_1'}{t'}\mathbf{v}_1 + \frac{t_2'}{t'}\mathbf{v}_2 \,,$$

also wären $\mathbf{v}_1,\mathbf{v}_2,\mathbf{w}$ nicht linear unabhängig.   □

Wir formulieren jetzt noch einmal neu den Satz von Brianchon (Satz 4.13 im Kapitel über Kegelschnitte).

Satz 5.5 (Brianchon) *Sei C eine Ellipse, Parabel oder Hyperbel, und $p^{(1)}, \ldots,$ $p^{(6)}$ Punkte von C. Mit g_j bezeichnen wir die Tangentialgerade von C im Punkt $p^{(j)}$, und wir setzen $g_7 = g_1$. Wir nehmen an, daß g_j und g_{j+1} sich in genau einem Punkt $q^{(j)}$ schneiden $(j = 1,\ldots,6)$. Sind $q^{(1)} \neq q^{(4)}$, $q^{(2)} \neq q^{(5)}$ und $q^{(3)} \neq q^{(6)}$, so schneiden sich die Verbindungsgeraden l_1 von $q^{(1)}$ und $q^{(4)}$, l_2 von $q^{(2)}$ und $q^{(5)}$, und l_3 von $q^{(3)}$ und $q^{(6)}$ in einem Punkt, oder diese drei Verbindungsgeraden sind parallel.*

Es genügt, den Satz von Brianchon für die Ellipsen, Parabeln und Hyperbeln in der Normalform von Satz 4.1 zu zeigen. Dies sind die

Ellipsen $\quad E_{a_1,a_2} = \{\, (x_1,x_2) \in \mathbb{R}^2 \mid \frac{x_1{}^2}{a_1{}^2} + \frac{x_2{}^2}{a_2{}^2} = 1 \,\} \qquad (a_1,a_2 > 0)$

Hyperbeln $\quad H_{a_1,a_2} = \{\, (x_1,x_2) \in \mathbb{R}^2 \mid \frac{x_1{}^2}{a_1{}^2} - \frac{x_2{}^2}{a_2{}^2} = 1 \,\} \qquad (a_1,a_2 > 0)$

Parabeln $\quad P_a = \{\, (x_1,x_2) \in \mathbb{R}^2 \mid x_2 = ax_1{}^2 \,\} \qquad\qquad\quad (a > 0).$

Beweis des Satzes von Brianchon für die Ellipse E_{a_1,a_2}: Wähle $a_3 > 0$! Wir identifizieren $\mathbb{R}^2$ mit der Ebene

$$V := \{\, (x_1,x_2,x_3) \in \mathbb{R}^3 \mid x_3 = 0 \,\}$$

mit Hilfe der Bijektion

$$\begin{array}{ccc} \mathbb{R}^2 & \longrightarrow & V \\ (x_1,x_2) & \longmapsto & (x_1,x_2,0). \end{array}$$

Die Ellipse $C := E_{a_1,a_2}$ entspricht dann dem Durchschnitt von V mit dem einschaligen Hyperboloid $H^{(1)}_{a_1,a_2,a_3} = \{\, \mathbf{x} \in \mathbb{R}^3 \mid \frac{x_1{}^2}{a_1{}^2} + \frac{x_2{}^2}{a_2{}^2} - \frac{x_3{}^2}{a_3{}^2} = 1 \,\}$. Ferner bezeichne

$$\begin{array}{ccc} \pi : \quad \mathbb{R}^3 & \longrightarrow & V \\ (x_1,x_2,x_3) & \longmapsto & (x_1,x_2,0) \end{array}$$

die Projektion auf V.

Lemma 103 *Sei $\hat{g}$ eine Gerade, die ganz in $H^{(1)}_{a_1,a_2,a_3}$ enthalten ist, und $\mathbf{p} = (p_1,p_2,0)$ ihr Durchstoßpunkt durch die Ebene V. Dann ist die Gerade $\pi(\hat{g}) \subset V$ die Tangentialgerade an C im Punkt $\mathbf{p}$ (vgl. Bild 5.17).*

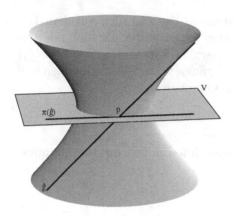

Bild 5.17

Beweis Schreibe

$$\hat{g} = \{\mathbf{p} + t\,\mathbf{v} \mid t \in \mathbb{R}\,\} \qquad \text{mit } \mathbf{v} = (v_1, v_2, 1)\,.$$

Nach Proposition 99 ist $(v_1, v_2) \neq (0,0)$. Also ist $\pi(\hat{g})$ eine Gerade, nämlich

$$\pi(\hat{g}) = \{\,(p_1, p_2, 0) + t\,(v_1, v_2, 0) \mid t \in \mathbb{R}\,\}\,.$$

Setze

$$P(t) := \frac{(p_1 + tv_1)^2}{a_1{}^2} + \frac{(p_2 + tv_2)^2}{a_2{}^2} - 1\,.$$

Dann ist $P(0) = 0$, und für jedes $t \in \mathbb{R}$ ist

$$P(t) = \frac{(p_1 + tv_1)^2}{a_1{}^2} + \frac{(p_2 + tv_2)^2}{a_2{}^2} - \frac{(t \cdot 1)^2}{a_3{}^2} - 1 + \frac{(t \cdot 1)^2}{a_3{}^2} = \frac{t^2}{a_3{}^2} \geq 0\,,$$

denn $\mathbf{p} + t\,\mathbf{v}$ liegt ja auf $H^{(1)}_{a_1, a_2, a_3}$. Folglich hat die Funktion $t \mapsto P(t)$ in 0 ein absolutes Minimum. Nach Lemma 68 (Seite 190) ist also $\pi(\hat{g})$ die Tangentialgerade an C im Punkt $\mathbf{p}$. □

Mit $\mathcal{G} = \mathcal{G}^+ \cup \mathcal{G}^-$ bezeichnen wir wie in Proposition 99 das System der Geraden auf dem Hyperboloid $H^{(1)}_{a_1, a_2, a_3}$. Seien nun $p^{(1)}$, ..., $p^{(6)}$ Punkte von C und g_j die Tangentialgeraden an C in $p^{(j)}$, so daß die Voraussetzungen des Satzes von Brianchon erfüllt sind. Das heißt, wir nehmen an, daß sich g_j und g_{j+1} in genau einem Punkt $q^{(j)}$ schneiden, und daß $q^{(j)} \neq q^{(j+3)}$ $(j = 1,2,3)$.
Seien $\hat{g}_1, \hat{g}_3, \hat{g}_5$ die Geraden aus $\mathcal{G}^+$, die durch $p^{(1)}$, $p^{(3)}$, $p^{(5)}$ gehen, und $\hat{g}_2$, $\hat{g}_4$, $\hat{g}_6$ die Geraden aus $\mathcal{G}^-$, die durch $p^{(2)}$, $p^{(4)}$, $p^{(6)}$ gehen. Nach Lemma 103 ist

$$\pi(\hat{g}_j) = g_j\,.$$

Da $\hat{g}_j$ und $\hat{g}_{j+1}$ in verschiedenen Teilen des Systems $\mathcal{G}$ der Geraden auf dem Hyperboloid liegen, sind $\hat{g}_j$ und $\hat{g}_{j+1}$ nach Proposition 99 entweder parallel, oder sie schneiden sich in einem Punkt. Wären $\hat{g}_j$ und $\hat{g}_{j+1}$ parallel, so wären auch $g_j = \pi(\hat{g}_j)$ und $g_{j+1} = \pi(\hat{g}_{j+1})$ parallel, im Widerspruch zur Voraussetzung. Also schneiden sich $\hat{g}_j$ und $\hat{g}_{j+1}$ in einem Punkt, den wir $\hat{q}^{(j)}$ nennen. Offenbar ist

$$\pi(\hat{q}^{(j)}) = q^{(j)} \, .$$

Da $q^{(j)} \neq q^{(j+3)}$, ist auch $\hat{q}^{(j)} \neq \hat{q}^{(j+3)}$. Wir bezeichnen mit $\hat{l}_j$ die Verbindungs-

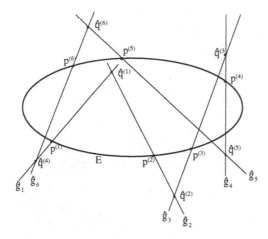

Bild 5.18

gerade von $\hat{q}^{(j)}$ und $\hat{q}^{(j+3)}$. Die Gerade $l_j := \pi(\hat{l}_j)$ ist dann die Verbindungsgerade von $q^{(j)}$ und $q^{(j+3)}$. Wir behaupten nun, daß sich die drei Geraden $\hat{l}_1$, $\hat{l}_2$, $\hat{l}_3$ in einem Punkt schneiden oder parallel sind. Daraus folgt dann direkt die Behauptung des Satzes von Brianchon, nämlich daß l_1, l_2, l_3 sich in einem Punkt schneiden oder parallel sind.

Um zu zeigen, daß sich $\hat{l}_1$, $\hat{l}_2$, $\hat{l}_3$ in einem Punkt schneiden oder parallel sind, bemerken wir zunächst, daß $\hat{g}_j$ und $\hat{g}_{j+3}$ in verschiedenen Teilen des Systems $\mathcal{G}$ von Geraden auf dem Hyperboloid liegen. Nach Proposition 99 sind also $\hat{g}_j$ und $\hat{g}_{j+3}$ parallel, oder sie schneiden sich in einem Punkt. Wir können also Lemma 102 anwenden und sehen, daß es eine Ebene E_j gibt, so daß

$$\hat{g}_j \cup \hat{g}_{j+3} \subset E_j \qquad (j = 1,2,3) \, .$$

Der Durchschnitt von $H^{(1)}_{a_1,a_2,a_3}$ mit E_j ist ein Kegelschnitt, der die beiden (voneinander verschiedenen) Geraden $\hat{g}_j$ und $\hat{g}_{j+3}$ enthält.

Nach der Klassifikation von Kegelschnitten (Satz 4.1) ist also

$$E_j \cap H^{(1)}_{a_1,a_2,a_3} = \hat{g}_j \cup \hat{g}_{j+3} \qquad (j = 1,2,3) \, .$$

Daraus folgt, daß die Ebenen, E_1, E_2, E_3 paarweise verschieden sind. Wäre nämlich etwa $E_1 = E_2$, so wäre $\hat{g}_1 \cup \hat{g}_4 = \hat{g}_2 \cup \hat{g}_5$. Da $\hat{g}_1$, $\hat{g}_5 \in \mathcal{G}^+$ und $\hat{g}_2, \hat{g}_4 \in \mathcal{G}^-$, wäre also $\hat{g}_1 = \hat{g}_5$ und $\hat{g}_2 = \hat{g}_4$. Dann wäre aber der Schnittpunkt $\hat{q}^{(1)}$ von $\hat{g}_1$ und $\hat{g}_2$ gleich dem Schnittpunkt $\hat{q}^{(4)}$ von $\hat{g}_4$ und $\hat{g}_5$. Also wäre $q^{(1)} = q^{(4)}$, im Widerspruch zur Voraussetzung.

Nach Konstruktion liegen die Punkte $\hat{q}^{(1)}$ und $\hat{q}^{(4)}$ sowohl auf E_1 als auch auf E_2. Nach Lemma 102 gilt also für ihre Verbindungsgerade $\hat{l}_1$

$$\hat{l}_1 = E_1 \cap E_2 \,.$$

Ebenso gilt

$$\hat{l}_2 = E_2 \cap E_3 \qquad \text{und} \qquad \hat{l}_3 = E_3 \cap E_1 \,.$$

Falls E_3 die Gerade $\hat{l}_1$ trifft, so ist jeder Punkt von $E_3 \cap \hat{l}_1$ ein Punkt von $\hat{l}_1 \cap \hat{l}_2 \cap \hat{l}_3$. Falls E_3 die Gerade $\hat{l}_1$ nicht trifft, so sind die Geraden $\hat{l}_1$ und $\hat{l}_2$ beide in E_2 enthalten und schneiden sich nicht, sind also parallel. Ebenso sind $\hat{l}_1$ und $\hat{l}_3$ parallel (vgl. Bild 5.19). Damit ist der Satz von Brianchon für Ellipsen bewiesen. $\square$

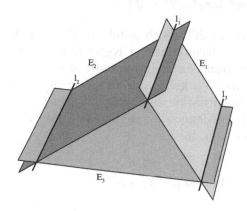

Bild 5.19

Beweis des Satzes von Brianchon für die Hyperbel H_{a_1, a_2} und die Parabel P_a

Den Beweis führt man analog wie oben, indem man H_{a_1, a_2} mit dem Ebenenschnitt $\{\, \mathbf{x} \in H^{(1)}_{a_1, 1, a_2} \mid x_2 = 0 \,\}$ des einschaligen Hyperboloids

$$H^{(1)}_{a_1, 1, a_2} = \left\{\, \mathbf{x} \in \mathbb{R}^3 \mid \frac{{x_1}^2}{{a_1}^2} + {x_2}^2 - \frac{{x_3}^2}{{a_2}^2} = 1 \,\right\}$$

identifiziert und die Projektion $(x_1, x_2, x_3) \mapsto (x_1, 0, x_3)$ betrachtet.

Ebenso kann man P als Schnitt des hyperbolischen Paraboloids

$$P^{(-)}_{\frac{1}{\sqrt{a}}, 1} = \left\{\, \mathbf{x} \in \mathbb{R}^3 \mid x_3 = a{x_1}^2 - {x_2}^2 \,\right\}$$

mit der Ebene $\{\, \mathbf{x} \in \mathbb{R}^3 \mid x_2 = 0 \,\}$ auffassen, die Projektion $(x_1,x_2,x_3) \mapsto (x_1,0,x_3)$ verwenden und Satz 5.4 anwenden.

Übung: Seien g_1,g_2,g_3 drei paarweise windschiefe Geraden. Dann gibt es genau eine Quadrik Q, die alle drei Geraden g_1,g_2,g_3 enthält!

Übung: Verwenden Sie Lemma 103 um Lemma 98 zu beweisen!

Übung: Formulieren und beweisen Sie eine Verallgemeinerung des Satzes von Brianchon, in der zugelassen wird, daß g_1 und g_2 oder g_2 und g_3 usw. parallel sind!

5.4 Lorentz-Geometrie

In diesem Abschnitt betrachten wir hauptsächlich den Kegel

$$K := \{\, (x_1,x_2,t) \in \mathbb{R}^3 \mid {x_1}^2 + {x_2}^2 - t^2 = 0 \,\}$$

und die Gruppe der invertierbaren Matrizen, die K in sich abbilden. Daß wir die dritte Koordinate jetzt t statt x_3 nennen, liegt daran, daß der Kegel K (bzw. sein Analogon in $\mathbb{R}^4$) eine wichtige Rolle in der speziellen Relativitätstheorie spielt; t übernimmt dann die Rolle einer Zeitkoordinate. Wir gehen darauf später in diesem Abschnitt ein. Zunächst aber betrachten wir die Situation unter rein mathematischen Gesichtspunkten. Mit $SO(2,1)$ bezeichnen wir die Menge aller reellen (3×3)-Matrizen A mit Determinante 1, die K in sich abbilden, d.h. für die

$$A \cdot \begin{pmatrix} x_1 \\ x_2 \\ t \end{pmatrix} \in K \qquad\qquad \text{falls } (x_1,x_2,t) \in K.$$

Wir wollen nun die Menge $SO(2,1)$ auf algebraische Weise beschreiben. Dazu führen wir die folgende Notation ein:

$$\text{Ist } A = \begin{pmatrix} a_{11} & a_{12} & a_{13} \\ a_{21} & a_{22} & a_{23} \\ a_{31} & a_{32} & a_{33} \end{pmatrix} \text{ eine } (3 \times 3)\text{-Matrix,}$$

so nennen wir

$$A^\top := \begin{pmatrix} a_{11} & a_{21} & a_{31} \\ a_{12} & a_{22} & a_{32} \\ a_{13} & a_{23} & a_{33} \end{pmatrix}$$

die zu **A** *transponierte Matrix* . Es gilt

$$\left(A \begin{pmatrix} x_1 \\ x_2 \\ t \end{pmatrix}\right) \cdot \begin{pmatrix} x_1' \\ x_2' \\ t' \end{pmatrix} = \begin{pmatrix} x_1 \\ x_2 \\ t \end{pmatrix} \cdot \left(A^\top \begin{pmatrix} x_1' \\ x_2' \\ t' \end{pmatrix}\right) \qquad\qquad (5.14)$$

In der Tat ist

$$
\left(A \begin{pmatrix} x_1 \\ x_2 \\ t \end{pmatrix} \right) \cdot \begin{pmatrix} x_1' \\ x_2' \\ t' \end{pmatrix} = \begin{pmatrix} a_{11}x_1 + a_{12}x_2 + a_{13}t \\ a_{21}x_1 + a_{22}x_2 + a_{23}t \\ a_{31}x_1 + a_{32}x_2 + a_{33}t \end{pmatrix} \cdot \begin{pmatrix} x_1' \\ x_2' \\ t' \end{pmatrix}
$$

$$
= a_{11}x_1x_1' + a_{12}x_2x_1' + a_{13}tx_1' + a_{21}x_1x_2'
$$
$$
+ a_{22}x_2x_2' + a_{23}tx_2' + a_{31}x_1t' + a_{32}x_2t' + a_{33}tt'
$$
$$
= a_{11}x_1'x_1 + a_{21}x_2'x_1 + a_{31}t'x_1 + a_{12}x_1'x_2
$$
$$
+ a_{22}x_2'x_2 + a_{32}t'x_2 + a_{13}x_1't + a_{23}x_2't + a_{33}t't
$$
$$
= \begin{pmatrix} x_1 \\ x_2 \\ t \end{pmatrix} \cdot \left(A^\top \begin{pmatrix} x_1' \\ x_2' \\ t' \end{pmatrix} \right)
$$

Lemma 104 $SO(2,1)$ *ist die Menge aller reellen* (3×3)-*Matrizen* A *mit Determinante 1, für die gilt*

$$
A^\top \circ \begin{pmatrix} 1 & 0 & 0 \\ 0 & 1 & 0 \\ 0 & 0 & -1 \end{pmatrix} \circ A = \begin{pmatrix} 1 & 0 & 0 \\ 0 & 1 & 0 \\ 0 & 0 & -1 \end{pmatrix}
$$

Beweis

Wir bezeichnen mit G die Menge aller reellen (3×3)-Matrizen A mit Determinante 1, für die gilt

$$
A^\top \circ \begin{pmatrix} 1 & 0 & 0 \\ 0 & 1 & 0 \\ 0 & 0 & -1 \end{pmatrix} \circ A = \begin{pmatrix} 1 & 0 & 0 \\ 0 & 1 & 0 \\ 0 & 0 & -1 \end{pmatrix}
$$

Wie in Abschnitt 5.1 betrachten wir die quadratische Form

$$
q(x_1,x_2,t) = x_1{}^2 + x_2{}^2 - t^2 = \begin{pmatrix} x_1 \\ x_2 \\ t \end{pmatrix} \cdot \begin{pmatrix} 1 & 0 & 0 \\ 0 & 1 & 0 \\ 0 & 0 & -1 \end{pmatrix} \begin{pmatrix} x_1 \\ x_2 \\ t \end{pmatrix} \tag{5.15}
$$

Dann ist nach (5.14) und (5.15)

$$
q\left(A \begin{pmatrix} x_1 \\ x_2 \\ t \end{pmatrix} \right) = \begin{pmatrix} x_1 \\ x_2 \\ t \end{pmatrix} \cdot A^\top \circ \begin{pmatrix} 1 & 0 & 0 \\ 0 & 1 & 0 \\ 0 & 0 & -1 \end{pmatrix} \circ A \begin{pmatrix} x_1 \\ x_2 \\ t \end{pmatrix} \tag{5.16}
$$

Da

$$
K = \{ (x_1,x_2,t) \in \mathbb{R}^3 \mid q(x_1,x_2,t) = 0 \},
$$

folgt aus (5.15) und (5.16) sofort, daß $G \subset SO(2,1)$.

Wir zeigen nun die umgekehrte Inklusion. Sei also $A \in SO(2,1)$. Wir setzen

$$
M := A^\top \circ \begin{pmatrix} 1 & 0 & 0 \\ 0 & 1 & 0 \\ 0 & 0 & -1 \end{pmatrix} \circ A
$$

und wollen zeigen, daß $M = \begin{pmatrix} 1 & 0 & 0 \\ 0 & 1 & 0 \\ 0 & 0 & -1 \end{pmatrix}$. Da $A \in SO(2,1)$, ist

$$\begin{pmatrix} x_1 \\ x_2 \\ t \end{pmatrix} \cdot M \begin{pmatrix} x_1 \\ x_2 \\ t \end{pmatrix} = 0 \text{ für alle } (x_1, x_2, t) \text{ mit} \tag{5.17}$$

$$\begin{pmatrix} x_1 \\ x_2 \\ t \end{pmatrix} \cdot \begin{pmatrix} 1 & 0 & 0 \\ 0 & 1 & 0 \\ 0 & 0 & -1 \end{pmatrix} \begin{pmatrix} x_1 \\ x_2 \\ t \end{pmatrix} = 0$$

und

$$\det M = \det \begin{pmatrix} 1 & 0 & 0 \\ 0 & 1 & 0 \\ 0 & 0 & -1 \end{pmatrix} = -1 \,.$$

Das Polynom

$$P(\lambda) = \det \left(M - \lambda \begin{pmatrix} 1 & 0 & 0 \\ 0 & 1 & 0 \\ 0 & 0 & -1 \end{pmatrix} \right)$$

in λ ist reell und hat Grad 3. Aus dem Zwischenwertsatz folgt, daß es eine reelle Nullstelle λ_0 hat. Dann ist

$$\det \left(M - \lambda_0 \begin{pmatrix} 1 & 0 & 0 \\ 0 & 1 & 0 \\ 0 & 0 & -1 \end{pmatrix} \right) = 0 \,. \tag{5.18}$$

Wäre $M \neq \lambda_0 \begin{pmatrix} 1 & 0 & 0 \\ 0 & 1 & 0 \\ 0 & 0 & -1 \end{pmatrix}$, so wäre die Menge

$$K' := \{ (x_1, x_2, t) \in \mathbb{R}^3 \mid \begin{pmatrix} x_1 \\ x_2 \\ t \end{pmatrix} \cdot (M - \lambda_0 \begin{pmatrix} 1 & 0 & 0 \\ 0 & 1 & 0 \\ 0 & 0 & -1 \end{pmatrix}) \begin{pmatrix} x_1 \\ x_2 \\ t \end{pmatrix} = 0 \}$$

Nullstellenmenge einer nichtverschwindenden quadratischen Form. Wegen (5.18) ist bei der Normalform für diese quadratische Form wenigstens eine der Zahlen α_i gleich Null. Nach der Klassifikation von Satz 5.2 wäre also K' äquivalent zu einem Zylinder über einem Kegelschnitt. Aus (5.17) folgt, daß

$$K \subset K'$$

Ein Zylinder über einem Kegelschnitt enthält aber niemals einen Kegel der Form K. Dies ist anschaulich klar, ein präziser Beweis sei den LeserInnen als Übung überlassen. Damit ist gezeigt, daß $M = \lambda_0 \begin{pmatrix} 1 & 0 & 0 \\ 0 & 1 & 0 \\ 0 & 0 & -1 \end{pmatrix}$. Da $\det M = -1$, folgt $\lambda_0{}^3 = 1$, also $\lambda_0 = 1$. $\square$

Übung: Zeigen Sie, daß $SO(2,1)$ eine Untergruppe von $GL(3,\mathbb{R})$ ist!

Beispiele von Elementen von $SO(2,1)$: (5.19)

a) Ist $\begin{pmatrix} \cos\varphi & -\sin\varphi \\ \sin\varphi & \cos\varphi \end{pmatrix}$ eine Drehung, so ist

$$R(\varphi) := \begin{pmatrix} \cos\varphi & -\sin\varphi & 0 \\ \sin\varphi & \cos\varphi & 0 \\ 0 & 0 & 1 \end{pmatrix} \in SO(2,1),$$

und Elemente dieser Form $R(\varphi)$ wollen wir „räumliche Drehungen" in $SO(2,1)$ nennen.

b) Ist $\alpha \in \mathbb{R}$, so ist

$$L(\alpha) := \begin{pmatrix} \cosh\alpha & 0 & -\sinh\alpha \\ 0 & 1 & 0 \\ -\sinh\alpha & 0 & \cosh\alpha \end{pmatrix} \in SO(2,1).$$

Elemente dieser Form nennt man *Lorentz-Boosts* in x_1-Richtung. Allgemeiner sind Lorentz-Boosts Elemente der Form $R(\varphi) \circ L(\alpha) \circ R(\varphi)^{-1}$.

c)

$$\begin{pmatrix} -1 & 0 & 0 \\ 0 & 1 & 0 \\ 0 & 0 & -1 \end{pmatrix} \in SO(2,1)$$

Übung: Zeigen Sie: $L(\alpha_1 + \alpha_2) = L(\alpha_1) \circ L(\alpha_2)$!

Der rechte untere Eintrag einer Matrix $A \in SO(2,1)$ spielt eine besonders wichtige Rolle. Wir bezeichnen ihn mit $\gamma(A)$. In Formeln:

$$A = \begin{pmatrix} a_{11} & a_{12} & a_{13} \\ a_{21} & a_{22} & a_{23} \\ a_{31} & a_{32} & a_{33} \end{pmatrix} \in SO(2,1) \Longrightarrow \gamma(A) = a_{33}$$

$\gamma(A)$ ist also die t-Komponente des Vektors $A \begin{pmatrix} 0 \\ 0 \\ 1 \end{pmatrix}$.

Lemma 105 *Für $A \in SO(2,1)$ ist*

$$|\gamma(A)| \geq 1$$

Ferner ist $\gamma(A) = 1$ genau dann, wenn A eine räumliche Drehung ist.

Beweis Sei $A \in SO(2,1)$ und

$$\begin{pmatrix} y_1 \\ y_2 \\ t \end{pmatrix} = A \begin{pmatrix} 0 \\ 0 \\ 1 \end{pmatrix}$$

Dann ist $t = \gamma(A)$ und

$$y_1{}^2 + y_2{}^2 - t^2 = q(y_1,y_2,t) = q(0,0,1) = -1$$

und somit

$$\gamma(A)^2 = t^2 = 1 + y_1{}^2 + y_2{}^2 \geq 1$$

Ist $\gamma(A) = 1$, so ist $y_1 = y_2 = 0$. A hat also dann die Gestalt

$$A = \begin{pmatrix} a_{11} & a_{12} & 0 \\ a_{21} & a_{22} & 0 \\ a_{31} & a_{32} & 1 \end{pmatrix}$$

Somit ist

$$\begin{pmatrix} 1 & 0 & 0 \\ 0 & 1 & 0 \\ 0 & 0 & -1 \end{pmatrix} = A^\top \circ \begin{pmatrix} 1 & 0 & 0 \\ 0 & 1 & 0 \\ 0 & 0 & -1 \end{pmatrix} \circ A$$

$$= \begin{pmatrix} a_{11} & a_{21} & a_{31} \\ a_{12} & a_{22} & a_{32} \\ 0 & 0 & 1 \end{pmatrix} \circ \begin{pmatrix} a_{11} & a_{12} & 0 \\ a_{21} & a_{22} & 0 \\ -a_{31} & -a_{32} & -1 \end{pmatrix}$$

Vergleicht man die Einträge in der letzten Spalte der obigen Matrix-Gleichung, so folgt $a_{31} = a_{32} = 0$. Die Matrix A hat also die Gestalt

$$A = \begin{pmatrix} a_{11} & a_{12} & 0 \\ a_{21} & a_{22} & 0 \\ 0 & 0 & 1 \end{pmatrix}$$

Schreibt man

$$A' := \begin{pmatrix} a_{11} & a_{12} \\ a_{21} & a_{22} \end{pmatrix}$$

so folgt aus Lemma 104, daß $\det A' = 1$ und $(A')^\top \circ A' = \mathbb{1}$. Man sieht nun leicht, daß A' von der Form

$$A' = \begin{pmatrix} \cos\varphi & -\sin\varphi \\ \sin\varphi & \cos\varphi \end{pmatrix}$$

mit $\varphi \in \mathbb{R}$ ist. Damit ist Lemma 105 bewiesen.   □

Das Komplement des Kegels K in $\mathbb{R}^3$ zerfällt in drei Teile, nämlich (vgl. Bild 5.20)

$$\mathcal{R} := \{ (x_1,x_2,t) \in \mathbb{R}^3 \mid x_1{}^2 + x_2{}^2 - t^2 > 0 \}$$

$$\mathcal{Z}_+ := \{ (x_1,x_2,t) \in \mathbb{R}^3 \mid x_1{}^2 + x_2{}^2 - t^2 < 0 , t > 0 \}$$

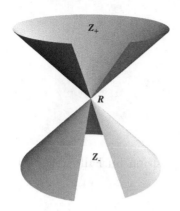

Bild 5.20

$$\mathcal{Z}_- := \left\{ (x_1, x_2, t) \in \mathbb{R}^3 \mid x_1{}^2 + x_2{}^2 - t^2 < 0 , t < 0 \right\}$$

Übung: Zeigen Sie, daß $\mathcal{Z}_+$, $\mathcal{Z}_-$ und $\mathcal{R}$ zusammenhängende Teilmengen von $\mathbb{R}^3$ sind, daß aber weder $\mathcal{Z}_+ \cup \mathcal{Z}_-$ noch $\mathcal{Z}_+ \cup \mathcal{R}$ noch $\mathcal{Z}_- \cup \mathcal{R}$ zusammenhängend sind!

Wegen Lemma 104 und (5.16) bildet jedes $A \in SO(2,1)$ die Menge $\mathcal{R}$ bijektiv auf $\mathcal{R}$ und die Menge $\mathcal{Z}_+ \cup \mathcal{Z}_-$ bijektiv auf $\mathcal{Z}_+ \cup \mathcal{Z}_-$ ab.

Proposition 106 *Sei $A \in SO(2,1)$. Ist $\gamma(A) > 0$, so bildet A die Menge $\mathcal{Z}_+$ bijektiv auf $\mathcal{Z}_+$ und die Menge $\mathcal{Z}_-$ bijektiv auf $\mathcal{Z}_-$ ab. Ist $\gamma(A) < 0$, so bildet A die Menge $\mathcal{Z}_+$ bijektiv auf $\mathcal{Z}_-$ ab.*

Zum Beweis dieser Proposition verwenden wir

Lemma 107 *Seien $(x_1, x_2, t) \in \mathcal{Z}_+$, $(x_1', x_2', t') \in \mathcal{Z}_+ \cup \mathcal{Z}_-$. Dann gilt*

$$\begin{pmatrix} x_1 \\ x_2 \\ t \end{pmatrix} \cdot \begin{pmatrix} 1 & 0 & 0 \\ 0 & 1 & 0 \\ 0 & 0 & -1 \end{pmatrix} \begin{pmatrix} x_1' \\ x_2' \\ t' \end{pmatrix} \begin{array}{c} < 0 \\ > 0 \end{array} \Longleftrightarrow \begin{array}{c} (x_1', x_2', t') \in \mathcal{Z}_+ \\ (x_1', x_2', t') \in \mathcal{Z}_- \end{array}$$

Beweis

$$\begin{pmatrix} x_1 \\ x_2 \\ t \end{pmatrix} \cdot \begin{pmatrix} 1 & 0 & 0 \\ 0 & 1 & 0 \\ 0 & 0 & -1 \end{pmatrix} \begin{pmatrix} x_1' \\ x_2' \\ t' \end{pmatrix} = x_1 x_1' + x_2 x_2' - t t'$$

Nach der Cauchy-Schwarz'schen Ungleichung (Korollar 18 auf Seite 74) ist

$$(x_1 x_1' + x_2 x_2')^2 \le (x_1{}^2 + x_2{}^2)(x_1'{}^2 + x_2'{}^2)$$

Nach Voraussetzung ist

$$x_1{}^2 + x_2{}^2 < t^2 \qquad \text{und } x_1'{}^2 + x_2'{}^2 < t'{}^2$$

Folglich ist

$$|x_1 x_1' + x_2 x_2'| < |t|\,|t'|$$

Ist $(x_1',x_2',t') \in \mathcal{Z}_+$, so sind t und t' positiv und somit ist

$$x_1 x_1' + x_2 x_2' - tt' < 0\,.$$

Ist $(x_1',x_2',t') \in \mathcal{Z}_-$, so ist $t > 0$ und $t' < 0$ und damit

$$x_1 x_1' + x_2 x_2' - tt' > 0\,.$$

Beweis von Proposition 106 Wir beweisen diese Proposition im Fall $\gamma(A) > 0$. Der Fall $\gamma(A) < 0$ wird analog bewiesen.

Die Annahme, daß $\gamma(A) > 0$ ist, impliziert, daß

$$A \begin{pmatrix} 0 \\ 0 \\ 1 \end{pmatrix} \in \mathcal{Z}_+$$

Sei nun $(x_1,x_2,t) \in \mathcal{Z}_+$. Dann ist

$$\left(A \begin{pmatrix} x_1 \\ x_2 \\ t \end{pmatrix} \right) \cdot \begin{pmatrix} 1 & 0 & 0 \\ 0 & 1 & 0 \\ 0 & 0 & -1 \end{pmatrix} \circ \left(A \begin{pmatrix} 0 \\ 0 \\ 1 \end{pmatrix} \right) =$$

$$= \begin{pmatrix} x_1 \\ x_2 \\ t \end{pmatrix} \cdot A^\top \begin{pmatrix} 1 & 0 & 0 \\ 0 & 1 & 0 \\ 0 & 0 & -1 \end{pmatrix} A \begin{pmatrix} 0 \\ 0 \\ 1 \end{pmatrix} =$$

$$= \begin{pmatrix} x_1 \\ x_2 \\ t \end{pmatrix} \begin{pmatrix} 1 & 0 & 0 \\ 0 & 1 & 0 \\ 0 & 0 & -1 \end{pmatrix} \begin{pmatrix} 0 \\ 0 \\ 1 \end{pmatrix} =$$

$$= -t < 0$$

Nach Lemma 107 ist also $A\begin{pmatrix} x_1 \\ x_2 \\ t \end{pmatrix} \in \mathcal{Z}_+$. Dies zeigt, daß

$$A(\mathcal{Z}_+) \subset \mathcal{Z}_+\,.$$

Da $\mathcal{Z}_- = -\mathcal{Z}_+$, ist $A(\mathcal{Z}_-) \subset \mathcal{Z}_-$. Nun bildet A aber $\mathcal{Z}_+ \cup \mathcal{Z}_-$ bijektiv auf $\mathcal{Z}_+ \cup \mathcal{Z}_-$ ab. Daraus folgt, daß $\mathcal{Z}_+$ bijektiv auf $\mathcal{Z}_+$ und $\mathcal{Z}_-$ bijektiv auf $\mathcal{Z}_-$ abgebildet wird. $\square$

Aus Proposition 106 folgt, daß

$$SO^+(2,1) = \{\, A \in SO(2,1) \mid \gamma(A) > 0 \,\}$$

eine Untergruppe von $SO(2,1)$ ist. Offenbar liegen die räumlichen Drehungen (5.19a) und die Lorentz-Boosts (5.19b) in $SO^+(2,1)$, während eine Matrix wie in (5.19c) nicht in $SO^+(2,1)$ liegt. Im folgenden Satz zeigen wir, daß räumliche Drehungen und Lorentz-Boosts die Gruppe $SO^+(2,1)$ erzeugen.

Satz 5.6 *Für jedes $A \in SO^+(2,1)$ gibt es $\varphi_1, \varphi_2, \alpha$, so daß*

$$A = R(\varphi_1) \circ L(\alpha) \circ R(\varphi_2)$$

Beweis Sei

$$A = \begin{pmatrix} a_{11} & a_{12} & a_{13} \\ a_{21} & a_{22} & a_{23} \\ a_{31} & a_{32} & a_{33} \end{pmatrix} \in SO^+(2,1)$$

Ist $a_{13} = a_{23} = 0$, so folgt aus

$$-a_{33}^2 = q\left(A\begin{pmatrix} 0 \\ 0 \\ 1 \end{pmatrix}\right) = q(0,0,1) = -1,$$

daß $\gamma(A) = a_{33} = 1$. Nach Lemma 105 ist A in diesem Fall eine räumliche Drehung. Wir können also $\alpha = 0$, $\varphi_2 = 0$ setzen. Von jetzt an nehmen wir an, daß $(a_{13}, a_{23}) \neq (0,0)$. Der Vektor (a_{13}, a_{23}) ist die Projektion des Vektors

$$A\begin{pmatrix} 0 \\ 0 \\ 1 \end{pmatrix}$$

auf die $(x_1\text{-}x_2)$-Ebene (vgl. Bild 5.21). Da $a_{13}^2 + a_{23}^2 - a_{33}^2 = -1$, hat der Vektor

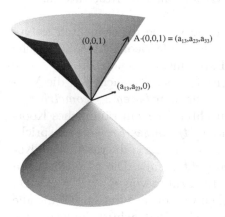

Bild 5.21

(a_{13}, a_{23}) die Länge

$$\tilde{\beta}(A) := \sqrt{\gamma(A)^2 - 1}$$

Durch eine Drehung in der (x_1, x_2)-Ebene um einen geeigneten Winkel, den wir $-\varphi_1$ nennen wollen, läßt sich (a_{13}, a_{23}) in den Vektor $(\tilde{\beta}(A), 0)$ überführen. Setze

$$A' := R(-\varphi_1) \circ A.$$

Dann ist

$$A' \begin{pmatrix} 0 \\ 0 \\ 1 \end{pmatrix} = \begin{pmatrix} \tilde{\beta}(A) \\ 0 \\ \gamma(A) \end{pmatrix} \qquad \text{und } \tilde{\beta}(A)^2 - \gamma(A)^2 = -1$$

Wähle nun α so, daß

$$\cosh \alpha = \gamma(A), \qquad \sinh \alpha = -\tilde{\beta}(A)$$

und setze

$$A'' := L(-\alpha) \circ A' = L(-\alpha) \circ R(-\varphi_1) \circ A$$

Dann ist

$$A'' \begin{pmatrix} 0 \\ 0 \\ 1 \end{pmatrix} = \begin{pmatrix} \gamma(A) & 0 & -\tilde{\beta}(A) \\ 0 & 1 & 0 \\ -\tilde{\beta}(A) & 0 & \gamma(A) \end{pmatrix} \begin{pmatrix} \tilde{\beta}(A) \\ 0 \\ \gamma(A) \end{pmatrix} = \begin{pmatrix} 0 \\ 0 \\ 1 \end{pmatrix}$$

Somit ist $\gamma(A'') = 1$. Nach Lemma 105 ist A'' eine räumliche Drehung $R(\varphi_2)$. Aus

$$L(-\alpha) \circ R(-\varphi_1) \circ A = R(\varphi_2)$$

folgt

$$A = R(\varphi_1) \circ L(\alpha) \circ R(\varphi_2) . \quad \square$$

Wir beschreiben nun die Beziehungen der bis jetzt formulierten Resultate zur speziellen Relativitätstheorie.

Der Ausgangspunkt der speziellen Relativitätstheorie ist die experimentell festgestellte Tatsache, daß je zwei sich gegeneinander bewegende Beobachter die gleiche Lichtgeschwindigkeit messen (Michelson-Morley-Experiment , siehe z.B. [Feynman–Leighton–Sands] 15-3). Die Konsequenzen dieser Tatsache auf die Messung von Längen, Zeiten und Geschwindigkeiten nennt man *Lorentz-Geometrie*.

Zunächst gehen wir davon aus, daß jeder Beobachter über ein räumliches Koordinatensystem und eine geeichte Uhr verfügt. Ein *punktförmiges Ereignis* entspricht also für einen Beobachter einem Paar $(\mathbf{x},t)$, wobei $\mathbf{x} = (x_1,x_2,x_3)$ die räumlichen Koordinaten des Ereignisses sind, so wie sie der Beobachter mißt. Die punktförmigen Ereignisse entsprechen also für jeden Beobachter Elementen von $\mathbb{R}^3 \times \mathbb{R} = \mathbb{R}^4$. Da man sich $\mathbb{R}^4$ nur schwer vorstellen kann, beschränken wir uns auf Ereignisse, die alle in einer Ebene stattfinden. Somit entsprechen für jeden Beobachter punktförmige Ereignisse Elementen von $\mathbb{R}^2 \times \mathbb{R}$. Die Einschränkung auf ebene Ereignisse machen wir übrigens wirklich nur wegen der Anschaulichkeit; alles, was wir noch sagen werden, überträgt sich direkt auf die räumliche Situation. Betrachten wir die Messung von Raum und Zeit im Koordinatensystem eines Beobachters etwas genauer. Ein punktförmiges Teilchen hat zu jeder Zeit t eine Ortskoordinate $\mathbf{x}(t)$. Die Menge

$$\{ (\mathbf{x}(t),t) \mid t \in \mathbb{R} \}$$

nennt man die *Weltlinie* des Teilchens (vgl. Bild 5.22). Die Weltlinie ist genau dann eine Gerade, wenn sich das Teilchen mit konstanter Geschwindigkeit $\mathbf{v} = (v_1,v_2)$ bewegt. In diesem Fall ist die Weltlinie von der Form

$$\{\,(p_1 + t\,v_1, p_2 + t\,v_2, t) \mid t \in \mathbb{R}\,\}$$

(p_1, p_2) ist dabei die Position des Teilchens zur Zeit $t = 0$. Um die Notation zu

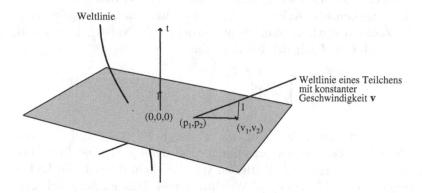

Bild 5.22

vereinfachen, nehmen wir an, daß die Längen- und Zeiteinheiten so gewählt sind, daß die Lichtgeschwindigkeit gleich 1 ist. Betrachten wir nun die Weltlinie eines Teilchens, das sich zur Zeit 0 im Koordinatenursprung befindet und sich mit konstanter Geschwindigkeit $\mathbf{v}$ bewegt. Falls $|\mathbf{v}| = 1$, d.h. falls sich das Teilchen mit Lichtgeschwindigkeit bewegt, so verläuft seine Weltlinie ganz im Kegel

$$K = \{\,((x_1, x_2), t) \in \mathbb{R}^2 \times \mathbb{R} \mid x_1{}^2 + x_2{}^2 - t^2 = 0\,\},$$

und umgekehrt. Falls $|\mathbf{v}| < 1$, so verläuft die Weltlinie in $\mathcal{Z}_+ \cup \mathcal{Z}_- \cup \{0\}$ (vgl. Bild 5.23). Falls $|\mathbf{v}| = 0$, so ist die Weltlinie die t-Achse. Wie ändern sich die Raum-

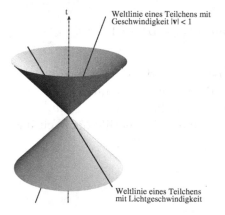

Bild 5.23

Zeit Koordinaten nun für einen zweiten Beobachter, der sich dem ersten Beobachter gegenüber mit konstanter Geschwindigkeit (gemessen im Koordinatensystem des ersten Beobachters) bewegt? Wir nennen die Raum-Zeit Koordinaten des zweiten Beobachters $(\mathbf{x}',t')$, und nehmen an, daß $\mathbf{x} = t = 0$ und $\mathbf{x}' = t' = 0$ das gleiche punktförmige Ereignis beschreiben. Es ist naheliegend anzunehmen, daß sich die Koordinaten $(\mathbf{x}',t')$ durch eine orientierungserhaltende lineare Transformation aus den Koordinaten $(\mathbf{x},t)$ ergeben (die Annahme der „Linearität" kann übrigens nach einem Satz von E.C. Zeeman stark abgeschwächt werden, vgl. [Naber], 1.6). Dann gibt es also eine (3×3)-Matrix A mit $\det A > 0$, so daß

$$\begin{pmatrix} x_1' \\ x_2' \\ t' \end{pmatrix} = A \begin{pmatrix} x_1 \\ x_2 \\ t \end{pmatrix}$$

Die ganze Diskussion ändert sich nicht, wenn wir $\mathbf{x}'$ durch $\mathbf{x}'/\sqrt[3]{\det A}$ und t' durch $t'/\sqrt[3]{\det A}$ ersetzen. Deswegen können wir annehmen, daß $\det A = 1$. Die Invarianz der Lichtgeschwindigkeit impliziert, daß Weltlinien von Teilchen, die sich mit Lichtgeschwindigkeit bewegen, von A wieder auf Weltlinien von Teilchen, die sich mit Lichtgeschwindigkeit bewegen, abgebildet werden. Folglich bildet A den Kegel K, der ja gerade aus solchen Weltlinien besteht, wieder in den Kegel K ab. Nach Lemma 104 ist also $A \in SO(2,1)$. Es ist ferner vernünftig anzunehmen, daß A die Menge $\mathcal{Z}_+$ in sich überführt (Erhalt der Kausalität). Nach Proposition 106 bedeutet dies, daß

$$A \in SO^+(2,1)$$

Satz 5.5 besagt, daß sich A in der Form $A = R(\varphi_1) \circ L(\alpha) \circ R(\varphi_2)$ schreiben läßt, d.h. daß A bis auf die im ersten Koordinatensystem durchgeführte räumliche Drehung $R(\varphi_2)$ und die im zweiten Koordinatensystem durchgeführte räumliche Drehung $R(\varphi_1)$ ein Lorentz-Boost $L(\alpha)$ ist. Die räumlichen Drehungen in den beiden Koordinatensystemen sind physikalisch recht harmlos; deswegen nehmen wir an, daß $A = L(\alpha)$ ist.
Wir schreiben

$$A = \begin{pmatrix} \gamma & 0 & -\beta\gamma \\ 0 & 1 & 0 \\ -\beta\gamma & 0 & \gamma \end{pmatrix} \qquad \text{mit } \gamma^2(1 - \beta^2) = 1$$

Betrachten wir nun ein Teilchen, das sich im ersten Koordinatensystem mit der konstanten Geschwindigkeit $\mathbf{v} = (v_1,v_2)$ bewegt und zur Zeit $t = 0$ durch den Koordinatenursprung geht. Wir bestimmen nun die Geschwindigkeit $\mathbf{v}' = (v_1',v_2')$ des Teilchens im zweiten Koordinatensystem. Dazu berechnen wir das Bild der Weltlinie

$$\left\{ t \cdot \begin{pmatrix} v_1 \\ v_2 \\ 1 \end{pmatrix} \,\middle|\, t \in \mathbb{R} \right\}$$

des Teilchens. Es ist

$$\left\{ t \cdot A \begin{pmatrix} v_1 \\ v_2 \\ 1 \end{pmatrix} \,\middle|\, t \in \mathbb{R} \right\} = \left\{ t \cdot (\gamma(v_1 - \beta),v_2,\gamma(1 - \beta v_1)) \,\middle|\, t \in \mathbb{R} \right\}$$

$$= \left\{ t \cdot \left(\frac{v_1 - \beta}{1 - \beta v_1}, \frac{v_2}{\gamma(1 - \beta v_1)},1\right) \,\middle|\, t \in \mathbb{R} \right\}$$

Also ist

$$\mathbf{v}' = (v_1', v_2') = (\frac{v_1 - \beta}{1 - \beta v_1}, \frac{\sqrt{1 - \beta^2}}{1 - \beta v_1} v_2) \tag{5.20}$$

Ist beispielsweise $\mathbf{v} = (0,0)$, so ist $\mathbf{v}' = (-\beta, 0)$. Ein im ersten Koordinatensystem ruhendes Teilchen hat also im zweiten Koordinatensystem die Geschwindigkeit $(-\beta, 0)$.

Übung: Zeigen Sie, daß ein Teilchen, das sich im ersten Koordinatensystem mit Geschwindigkeit $(\beta, 0)$ bewegt, im zweiten Koordinatensystem in Ruhe ist!

Deshalb sagt man, daß sich das zweite Koordinatensystem gegenüber dem ersten mit Geschwindigkeit $(\beta, 0)$ bewegt. Die Formel (5.20) ist die Rechenregel, die angibt, wie sich Geschwindigkeiten zwischen zwei Koordinatensystemen mit Relativgeschwindigkeit β umrechnen lassen. Beachten Sie, daß nichtrelativistisch die Formel einfach $\mathbf{v}' = \mathbf{v} - (\beta, 0)$ wäre!

Übung: Zeigen Sie, daß bei der Umrechnungsformel (5.20)

$$\|\mathbf{v}'\| = 1 \iff \|\mathbf{v}\| = 1 \ !$$

Betrachten wir nun zwei punktförmige Ereignisse, die nacheinander (zu den Zeitpunkten $t_1 < t_2$) am Koordinatenursprung des ersten Koordinatensystems stattfinden. Sie haben also für den ersten Beobachter die Koordinaten $(0,0,t_1)$ und $(0,0,t_2)$, und ihr zeitlicher Abstand ist

$$\Delta t = t_2 - t_1$$

Wir berechnen nun den zeitlichen Abstand der beiden Ereignisse im zweiten Koordinatensystem. Er ist gleich der dritten Komponente des Vektors $A\begin{pmatrix} 0 \\ 0 \\ \Delta t \end{pmatrix}$, also gleich

$$\Delta t' = \gamma(A) \cdot \Delta t = \frac{1}{\sqrt{1 - \beta^2}} \Delta t$$

$\gamma(A) = \frac{1}{\sqrt{1-\beta^2}}$ beschreibt also den relativistischen Effekt der *Zeit-Dilatation*.

Übung: (i) Seien $(\mathbf{x}, 0)$, $(\mathbf{y}, 0)$ zwei Ereignisse zur Zeit 0 im ersten Koordinatensystem. Berechne den räumlichen Abstand dieser Ereignisse im zweiten Koordinatensystem!

    (ii) Sei $\mathbf{v} \in \mathbb{R}^3 \setminus \{\mathbf{0}\}$. Zeigen Sie

       – $\mathbf{v} \in \mathcal{R} \Leftrightarrow$ Es gibt $A \in SO^+(2,1)$, so daß $A\mathbf{v}$ in der (x_1, x_2)-Ebene liegt!

       – $\mathbf{v} \in \mathcal{Z}_+ \Leftrightarrow$ Es gibt $A \in SO^+(2,1)$, so daß $A\mathbf{v} \in \mathbb{R}_+ \cdot (0,0,1)$!

Deshalb nennt man Vektoren in $\mathcal{R}$ *raumartig* und Vektoren in $\mathcal{Z}_+$ *zeitartig*. Vektoren in K nennt man *lichtartig*, und K den *Lichtkegel*.

Damit wollen wir die Diskussion der Lorentz-Geometrie abschließen. Wie gesagt, haben wir nur eine räumlich zweidimensionale Situation diskutiert; alle Resultate übertragen sich aber direkt auf $\mathbb{R}^3 \times \mathbb{R}$ und die Gruppe

$$SO^+(3,1) := \{\, A \in GL(4,\mathbb{R}) \quad | \quad A^\top \circ \begin{pmatrix} 1 & 0 & 0 & 0 \\ 0 & 1 & 0 & 0 \\ 0 & 0 & 1 & 0 \\ 0 & 0 & 0 & -1 \end{pmatrix} \circ A$$

$$- \begin{pmatrix} 1 & 0 & 0 & 0 \\ 0 & 1 & 0 & 0 \\ 0 & 0 & 1 & 0 \\ 0 & 0 & 0 & -1 \end{pmatrix}, \det A = 1, a_{44} \geq 1 \,\}$$

Die Konsequenzen der eben diskutierten Regeln für die Messung von geometrischen Größen und der Zeit auf physikalische Gesetze sind Thema der speziellen Relativitätstheorie (siehe etwa [Feynman–Leighton–Sands], Ch. 15, 16, 17). Für eine ausführliche Diskussion der Lorentz-Geometrie (oder, wie man auch sagt, der Minkowski-Geometrie) siehe [Naber] oder [Yaglom] sec. 12.

Übungen:

i) Sei $K_+ := \{\, (x_1,x_2,t) \in K \mid t > 0 \,\}$ und $K_- := \{\, (x_1,x_2,t) \in K \mid t < 0 \,\}$.
   Zeigen Sie: Jedes $A \in SO^+(2,1)$ bildet K_+ bijektiv auf K_+ und K_- bijektiv auf K_- ab!

ii) Sei $r \neq 0$ und H_r das Hyperboloid

$$H_r := \{\, (x_1,x_2,t) \in \mathbb{R}^3 \mid x_1{}^2 + x_2{}^2 - t^2 = r \,\}$$

   Zeigen Sie, daß $SO(2,1) = \{\, A \in GL(3,\mathbb{R}) \mid A(H_r) = H_r, \det A = 1 \,\}$! Wie läßt sich die Untergruppe $SO^+(2,1)$ in Termen der Operation auf Q_r charakterisieren (die Antwort ist verschieden, je nachdem ob $r < 0$ oder $r > 0$, d.h. ob H_r ein zweischaliges oder einschaliges Hyperboloid ist)?

iii) Geben Sie einen Beweis von Proposition 106, der darauf basiert, daß $\mathcal{Z}_+$, $\mathcal{Z}_-$ und $\mathcal{R}$ die Zusammenhangskomponenten von $\mathbb{R}^3 \backslash K$ sind!

iv) Zeigen Sie, daß $SO^+(2,1)$ zusammenhängend ist, $SO(2,1)$ aber nicht!

5.5 Ergänzungen zu Kapitel 5

5.5.1 Der Trägheitstensor

Wir betrachten einen starren Körper, der in einem festen Punkt O aufgehängt ist, und wollen seine kinetische Energie bei einer gleichförmigen Rotation um eine Achse durch O bestimmen. Dazu führen wir zunächst ein „körperfestes" cartesisches Koordinatensystem K mit Koordinatenursprung in O ein. In guter Approximation kann man sich den starren Körper als Ansammlung einer sehr großen Anzahl von Massenpunkten mit Masse m_i ($1 \leq i \leq N$) vorstellen, deren Position r_i im körperfesten Koordinatensystem K für alle Zeit dieselbe ist. Wir führen nun noch ein raumfestes Koordinatensystem K' ein und nehmen an, daß zur Zeit $t = 0$ K und K' übereinstimmen. Die Achse, um die der Körper rotiert, sei bezüglich des raumfesten Koordinatensystems K' gleich $\mathbb{R} \cdot \boldsymbol{\omega}$ mit $\boldsymbol{\omega} \in \mathbb{R}^3, \|\boldsymbol{\omega}\| = 1$. Die Winkelgeschwindigkeit sei 1. Ist $R(t)$ die Drehung um $\mathbb{R} \cdot \boldsymbol{\omega}$ um den Winkel $t \cdot 360°/2\pi$ (von $\boldsymbol{\omega}$ aus gesehen), so ist die Position des i-ten Massenpunktes zur Zeit t im raumfesten Koordinatensystem gleich $R(t)\mathbf{r}_i$. Die gesamte kinetische Energie ist deshalb gleich

$$T_\omega = \sum_{i=1}^{N} \frac{1}{2} m_i \left\| \frac{\mathrm{d}}{\mathrm{d}t} R(t) r_i \right\|^2$$

Wie wir in Abschnitt 2.3.3 gesehen haben, ist dies gleich

$$T_\omega = \frac{1}{2} \sum_{i=1}^{N} m_i (\boldsymbol{\omega} \times \mathbf{r}_i) \cdot (\boldsymbol{\omega} \times \mathbf{r}_i)$$

Die Abbildung

$$\boldsymbol{\omega} \mapsto \frac{1}{2} \sum_{i=1}^{N} m_i (\boldsymbol{\omega} \times \mathbf{r}_i) \cdot (\boldsymbol{\omega} \times \mathbf{r}_i)$$

ist eine quadratische Form. Wie wir zu Anfang von Abschnitt 5.1 gesehen haben, läßt sie sich durch eine Matrix Θ beschreiben, d.h.

$$T_\omega = \boldsymbol{\omega} \cdot \Theta \, \boldsymbol{\omega}$$

Beachten Sie, daß Θ unabhängig von $\boldsymbol{\omega}$ ist. Θ heißt der *Trägheitstensor* des Körpers bezüglich des Aufhängepunktes O.

Übung: Zeigen Sie

$$2\Theta = \left(\sum_{i=1}^{N} m_i \|\mathbf{r}_i\|^2 \right) \mathbb{1} - \sum_{i=1}^{N} m_i (\mathbf{r}_i^\top \circ \mathbf{r}_i),$$

wobei für einen Vektor $\mathbf{v}$ die Matrix $\mathbf{v}^\top \circ \mathbf{v}$ als

$$\begin{pmatrix} v_1{}^2 & v_1 v_2 & v_1 v_3 \\ v_2 v_1 & v_2{}^2 & v_2 v_3 \\ v_3 v_1 & v_3 v_2 & v_3{}^2 \end{pmatrix} \text{ definiert ist!}$$

Nach Satz 5.1 ist es möglich, das Koordinatensystem K so zu wählen, daß Θ eine Diagonalmatrix wird, d.h.

$$\Theta = \begin{pmatrix} \Theta_1 & 0 & 0 \\ 0 & \Theta_2 & 0 \\ 0 & 0 & \Theta_3 \end{pmatrix}$$

Die Zahlen $\Theta_1,\Theta_2,\Theta_3$ heißen *Hauptträgheitsmomente* des Körpers bezüglich des Punktes O, und die Achsen des ausgezeichneten Koordinatensystems heißen *Hauptträgheitsachsen*.

5.5.2 Eine Beziehung zwischen Lorentz-Geometrie und hyperbolischer Geometrie

Wie in Abschnitt 5.4 bezeichne H_1 das zweischalige Hyperboloid

$$H_1 := \{\, (x_1,x_2,t) \in \mathbb{R}^3 \mid x_1{}^2 + x_2{}^2 - t^2 = -1 \,\}$$

Der Punkt $(0,0,-1)$ liegt auf H_1. Es sei

$$\hat{P} : H_1 \backslash \{(0,0,-1)\} \longrightarrow \mathbb{R}^2$$

die Abbildung, die jedem Punkt (x_1,x_2,t) von $H_1 \backslash \{(0,0,-1)\}$ den Durchstoßpunkt der Geraden durch $(0,0,-1)$ und (x_1,x_2,t) mit der Ebene

$$\{\, (x_1,x_2,t) \in \mathbb{R}^3 \mid t = 0 \,\} \cong \mathbb{R}^2$$

zuordnet, d.h.:

$$\hat{P}(x_1,x_2,t) = \left(\frac{x_1}{1+t}, \frac{x_2}{1+t} \right)$$

$\hat{P}$ ist ähnlich definiert wie die stereographische Projektion, die wir in Abschnitt 3.5.1 betrachtet haben und in Abschnitt 6.3 untersuchen werden. Man überlegt sich leicht, daß $\hat{P}$ eine Bijektion zwischen $H_1 \backslash \{(0,0,-1)\}$ und $\{\, (x_1,x_2) \in \mathbb{R}^2 \mid x_1{}^2 + x_2{}^2 \neq 1 \,\}$ ist. Die Umkehrabbildung zu $\hat{P}$ ist

$$\hat{P}^{-1} : (x_1,x_2) \longmapsto \left(\frac{2x_1}{1-(x_1{}^2+x_2{}^2)}, \frac{2x_2}{1-(x_1{}^2+x_2{}^2)}, \frac{1+x_1{}^2+x_2{}^2}{1-(x_1{}^2+x_2{}^2)} \right)$$

Ferner bildet $\hat{P}$ die beiden Schalen des Hyperboloids

$$H_1^{\pm} := \{\, (x_1,x_2,t) \in H_1 \mid t \gtrless 0 \,\}$$

bijektiv auf das Innere bzw. Äußere des Einheitskreises ab. Mit P bezeichnen wir die Abbildung, die durch Verknüpfung der Einschränkung $\hat{P}|_{H_1^+}$ von $\hat{P}$ auf H_1^+ mit der Bijektion $\mathbb{R}^2 \to \mathbb{C}$, $(x_1,x_2) \mapsto x_1 + ix_2$ entsteht. P ist also eine Bijektion zwischen H_1^+ und dem Inneren E des Einheitskreises in $\mathbb{C}$:

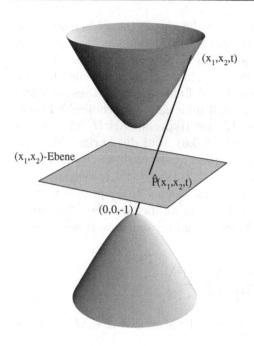

Bild 5.24

$$P: \quad H_1^+ \quad \longrightarrow \quad E = \{\, z \in \mathbb{C} \mid |z| < 1 \,\}$$
$$(x_1, x_2, t) \quad \longmapsto \quad \tfrac{1}{t+1}(x_1 + ix_2)$$

Es stellt sich nun heraus, daß bei der Bijektion P die Operation von $SO^+(2,1)$ auf H_1^+ der in Abschnitt 3.4 betrachteten Operation von $SU(1,1)$ auf E durch gebrochen lineare Transformationen entspricht. Wir erinnern an die Notation

$$\varphi_A(z) = \frac{a_{11}z + a_{12}}{a_{21}z + a_{22}} \qquad \text{falls } A = \begin{pmatrix} a_{11} & a_{12} \\ a_{21} & a_{22} \end{pmatrix}$$

Satz 5.7 *Es gibt einen surjektiven Gruppenhomomorphismus*

$$\rho : SU(1,1) \longrightarrow SO^+(2,1)$$

so daß für alle $A \in SU(1,1)$ und alle $(x_1, x_2, t) \in H_1^+$

$$P(\rho(A) \cdot \begin{pmatrix} x_1 \\ x_2 \\ t \end{pmatrix}) = \varphi_A\left(P(x_1, x_2, t)\right)$$

Ferner ist für $A, A' \in SU(1,1)$

$$\rho(A) = \rho(A') \Longleftrightarrow A' = \pm A.$$

Das Innere E des Einheitskreises ist die Punktmenge für das Poincaré-Scheibenmodell der hyperbolischen Geometrie. Die Geraden in diesem Modell sind Schnitte von E mit Kreisen oder Geraden, die senkrecht auf dem Rand von E stehen. Wie in Abschnitt 3.2 können alle anderen Begriffe, die eine „hyperbolische Ebene" konstituieren, mit Hilfe der Operation von $SU(1,1)$ auf E definiert werden. Dies folgt aus dem Satz 3.6. Aus dem obigen Satz folgt also, daß man eine hyperbolische Ebene erhält, wenn man als Punktmenge die Schale H_1^+ des Hyperboloids H_1 nimmt, als Geraden die Schnitte von H_1^+ mit Ebenen durch $(0,0,0)$, und die übrigen Begriffe mittels der Operation von $SO^+(2,1)$ definiert. Projiziert man übrigens H_1^+ vom Ursprung aus auf die Kreisscheibe $\{ (x_1,x_2,t) \in \mathbb{R}^3 \mid t = 1, x_1{}^2 + x_2{}^2 < 1 \}$, so erhält man wieder das Beltrami-Klein-Modell der hyperbolischen Ebene. In Kapitel 6 werden wir einen Satz formulieren, der dem obigen Resultat sehr ähnlich ist (Satz 6.5); auch die Beweise sind sich sehr ähnlich. Wir geben deswegen hier nur eine Beweisskizze. Die Umkehrabbildung zu P ist

$$z \longmapsto \left(\frac{2\mathrm{Re}z}{1 - |z|^2}, \frac{2\mathrm{Im}z}{1 - |z|^2}, \frac{1 + |z|^2}{1 - |z|^2} \right)$$

Wir berechnen zunächst für $(x_1,x_2,t) \in H_1^+$ und spezielle Matrizen $A \in SU(1,1)$ das Element

$$P^{-1} \circ \varphi_A \circ P(x_1,x_2,t)$$

Ist $A = \begin{pmatrix} e^{i\varphi} & 0 \\ 0 & e^{-i\varphi} \end{pmatrix}$, so ist

$$
\begin{aligned}
P^{-1} \quad \circ \quad \varphi_A \quad \circ \quad P(x_1,x_2,t) &= P^{-1} \left(e^{2i\varphi} \frac{x_1 + ix_2}{1 + t} \right) \\
&= P^{-1} \left(\frac{1}{1 + t} \Big((x_1 \cos 2\varphi - x_2 \sin 2\varphi) + i(x_1 \sin 2\varphi + x_2 \cos 2\varphi) \Big) \right) \\
&= (x_1 \cos 2\varphi - x_2 \sin 2\varphi, x_1 \sin 2\varphi + x_2 \cos 2\varphi, t) \\
&= R(2\varphi) \begin{pmatrix} x_1 \\ x_2 \\ t \end{pmatrix}
\end{aligned}
$$

wobei wie in (5.19a)

$$R(2\varphi) = \begin{pmatrix} \cos 2\varphi & -\sin 2\varphi & 0 \\ \sin 2\varphi & \cos 2\varphi & 0 \\ 0 & 0 & 1 \end{pmatrix}$$

eine räumliche Drehung ist.

Ist $A = \begin{pmatrix} \cosh \alpha & \sinh \alpha \\ \sinh \alpha & \cosh \alpha \end{pmatrix}$, so folgt unter Berücksichtigung der Gleichung $x_1{}^2 + x_2{}^2 = t^2 - 1$ für Elemente $(x_1,x_2,t) \in H_1^+$

$$P^{-1} \circ \varphi_A \circ P(x_1, x_2, t) =$$

$$= P^{-1} \left(\frac{(x_1 + ix_2)\cosh\alpha + (1+t)\sinh\alpha}{(x_1 + ix_2)\sinh\alpha + (1+t)\cosh\alpha} \right)$$

$$= P^{-1} \left(\frac{\left(x_1{}^2 + x_2{}^2 + (1+t)^2\right)\sinh\alpha\cosh\alpha}{(x_1{}^2 + x_2{}^2)\sinh^2\alpha + 2(1+t)x_1\sinh\alpha\cosh\alpha + (1+t)^2\cosh^2\alpha} \right.$$

$$\left. + \frac{(1+t)\left((x_1 - ix_2)\sinh^2\alpha + (x_1 + ix_2)\cosh^2\alpha\right)}{(x_1{}^2 + x_2{}^2)\sinh^2\alpha + 2(1+t)x_1\sinh\alpha\cosh\alpha + (1+t)^2\cosh^2\alpha} \right) =$$

$$= P^{-1} \left(\frac{(1+t)\left[t\sinh 2\alpha + x_1(\sinh^2\alpha + \cosh^2\alpha) + ix_2(\cosh^2\alpha - \sinh^2\alpha)\right]}{(1+t)\left[(t-1)\sinh^2\alpha + x_1\sinh 2\alpha + (1+t)\cosh^2\alpha\right]} \right)$$

$$= P^{-1} \left(\frac{x_1\cosh 2\alpha + t\sinh 2\alpha + ix_2}{x_1\sinh 2\alpha + t\cosh 2\alpha + 1} \right)$$

$$= (x_1\cosh 2\alpha + t\sinh 2\alpha, x_2, x_1\sinh 2\alpha + t\cosh 2\alpha)$$

$$= L(-2\alpha) \cdot \begin{pmatrix} x_1 \\ x_2 \\ t \end{pmatrix}$$

wobei L den Lorentz-Boost wie in (5.19b) bezeichnet. Also gibt es für jedes A in der Menge

$$\mathcal{E} := \left\{ \begin{pmatrix} \cosh\alpha & \sinh\alpha \\ \sinh\alpha & \cosh\alpha \end{pmatrix} \mid \alpha \in \mathbb{R} \right\} \cup \left\{ \begin{pmatrix} e^{i\varphi} & 0 \\ 0 & e^{-i\varphi} \end{pmatrix} \mid \varphi \in \mathbb{R} \right\}$$

eine Matrix $B \in SO(2,1)$, so daß

$$P^{-1} \circ \varphi_A \circ P = B$$

B ist offenbar durch A eindeutig bestimmt. Da

$$(P^{-1} \circ \varphi_A \circ P) \circ (P^{-1} \circ \varphi_{A'} \circ P) = P^{-1} \circ \varphi_{A \circ A'} \circ P$$

gibt es also einen Homomorphismus ρ von der von $\mathcal{E}$ erzeugten Untergruppe G' nach $SO^+(2,1)$, so daß

$$P^{-1} \circ \varphi_A \circ P = \rho(A) \qquad \text{für alle } A \in G'.$$

Unter Verwendung von Satz 3.6 und der ersten Übung am Ende von Abschnitt 3.3 kann man zeigen, daß $\mathcal{E}$ ein Erzeugendensystem für $SU(1,1)$ ist, das heißt, daß $G' = SU(1,1)$. Die obigen Rechnungen und Satz 5.6 implizieren, daß ein Erzeugendensystem von $SO^+(2,1)$ im Bild von ρ liegt. Deshalb ist ρ surjektiv. Die Aussage über die Fasern von ρ ist einfach zu verifizieren. $\qquad\square$

5.5.3   Die Schläfli'sche Doppelsechs und kubische Flächen

Der Satz von Pappos ergibt eine interessante Konfiguration von 9 Punkten und 9 Geraden, so daß durch jeden Punkt der Konfiguration drei Geraden der Konfiguration gehen und auf jeder Geraden drei Punkte liegen. Allgemein nennt man eine *Konfiguration* vom Typ (n_k, m_l) ein Paar (P, G), wobei P eine Menge von n Punkten und G eine Menge von m Geraden ist, so daß jeder Punkt von P auf genau k Geraden von G liegt, und jede Gerade aus G genau l Punkte von P enthält. Die Konfiguration des Satzes von Pappos ist also vom Typ $(9_3, 9_3)$. Es gibt sehr viele solche Konfigurationen (vgl. [Hilbert–Cohn Vossen] III). Eine besonders interessante ist die *Schläfli'sche Doppelsechs*. Diese räumliche Konfiguration vom Typ $(30_2, 12_5)$ wollen wir hier beschreiben. Um eine Schläfli'sche Doppelsechs zu konstruieren, beginnt man mit einer Geraden g_1 und drei paarweise windschiefen Geraden g_2', g_3', g_4', die g_1 treffen. In einer Übung am Ende von Abschnitt 5.3 haben wir gesehen, daß

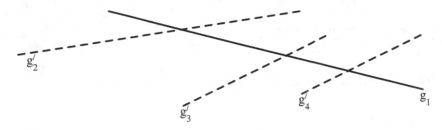

Bild 5.25

es eine Quadrik Q gibt, die g_2', g_3', g_4' enthält.

Zeigen Sie:
  $g_1 \subset Q$!

Wählen Sie eine fünfte Gerade g_5', die g_1 trifft, zu g_2', g_3', g_4' windschief ist und Q in genau zwei Punkten trifft.

Zeigen Sie:
  Es gibt genau eine von g_1 verschiedene Gerade g_6 mit der Eigenschaft, daß g_6 jede der Geraden g_2', g_3', g_4', g_5' trifft oder zu ihr parallel ist!

Wählen Sie nun eine Gerade g_6', die g_1 trifft, windschief zu g_2', g_3', g_4', g_5' und zu g_6 ist, und die weder auf Q noch auf der durch g_2', g_3', g_5' noch auf der durch g_2', g_4', g_5' noch auf der durch g_3', g_4', g_5' bestimmten Quadrik liegt.

Zeigen Sie:
  Für $j = 2,3,4,5$ gibt es genau eine von g_1 verschiedene Gerade g_j, die jede der Geraden $g_2', g_3', g_4', g_5', g_6'$ mit Ausnahme von g_j' trifft oder zu ihr parallel ist!

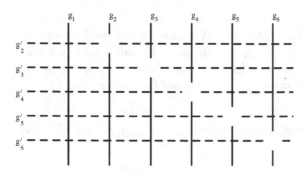

Bild 5.26

Falls in den obigen Aussagen nie der Fall der Parallelität auftritt, haben $g_1, \ldots, g_6$; $g_2', \ldots, g_6'$ das folgende Inzidenzschema:

Zeigen Sie:

Von den Geraden $g_1, \ldots, g_6$ liegen keine vier auf einer Quadrik! (Hinweis: Jede Gerade, die drei dieser vier Geraden trifft, liegt dann auch auf der Quadrik)

Zeigen Sie:

$g_j \cap g_j' = \emptyset$ *für* $j = 2,3,4,5,6$ *! (Hinweis: Welche der Geraden g_i' liegen auf der Quadrik durch g_1, g_j, g_{j+1} bzw. für $j = 6$ durch g_1, g_5, g_6?)*

Zeigen Sie:

Es gibt genau eine von g_6' verschiedene Gerade g_1', die jede der Geraden g_2, g_3, g_4, g_5 trifft oder zu ihr parallel ist! Es gilt $g_1 \cap g_1' = \emptyset$!

Zeigen Sie:

$g_1, g_2', g_3', g_4', g_5', g_6'$ *können so gewählt werden, daß keine zwei der Geraden $g_1, \ldots, g_6$, $g_1', \ldots, g_6'$ parallel sind!*

Eine *kubische Fläche* in $\mathbb{R}^3$ ist eine Menge der Form

$$\{\mathbf{x} \in \mathbb{R}^3 : \sum_{i_1+i_2+i_3 \leq 3} a_{i_1 i_2 i_3} x_1^{i_1} x_2^{i_2} x_3^{i_3} = 0\}$$

Zeigen Sie:

Ist $\tilde{Q}$ eine Quadrik, F eine kubische Fläche und $\tilde{Q} \subset F$, so gibt es eine Ebene E, so daß $F = \tilde{Q} \cup E$!

Zeigen Sie:

Es gibt eine kubische Fläche F, die $g_1, \ldots, g_6, g_1', \ldots, g_6'$ enthält! (Hinweis: Wählen Sie vier Punkte auf g_1 und je drei geeignete Punkte auf $g_2', \ldots, g_6'$. Zeigen Sie, daß es eine kubische Fläche F gibt, die diese 19 Punkte enthält. Zeigen Sie, daß alle Geraden g_j und g_j' in F enthalten sind, wenn diese 19 Punkte geeignet gewählt waren!)

Zeigen Sie:

g_1' *schneidet* g_6 *oder ist zu* g_6 *parallel! (Hinweis: Nehmen Sie an, daß* g_1' *und* g_6 *windschief sind. Zeigen Sie, daß es eine von* g_5' *verschiedene Gerade* ℓ *gibt, die jede der Geraden* g_2, g_3, g_4, g_6 *trifft oder zu ihr parallel ist. Dann ist* $\ell \subset F$ *und* $\ell \neq g_1'$*. Zeigen Sie, daß es eine Quadrik* $\tilde{Q}$ *gibt, die* ℓ, g_1', g_5', g_6' *enthält! Zeigen Sie, daß* $\tilde{Q} \subset F$ *und führen Sie dies zum Widerspruch!)*

Falls von den Geraden keine zwei parallel sind, so haben $g_1, \ldots, g_6, g_1', \ldots, g_6'$ also das folgende Inzidenzschema:

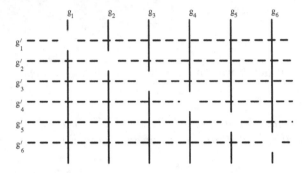

Bild 5.27

Diese Konfiguration von 12 Geraden und 30 Punkten heißt die Schläfli'sche Doppelsechs nach Ludwig Schläfli (1814-1895, Professor für Botanik und Mathematik in Bern).

Übung:

Versuchen Sie, ein räumliches Bild einer Schläfli'schen Doppelsechs zu zeichnen!

Zeigen Sie:

Ist $i \neq j$*, so spannen* g_i *und* g_j *eine Ebene* E_{ij} *auf, und*

$$F \cap E_{ij} = g_i \cup g_j$$

oder es gibt eine Gerade ℓ_{ij}*, so daß*

$$F \cap E_{ij} = g_i \cup g_j \cup \ell_{ij} \tag{5.21}$$

Man kann zeigen, daß für eine "allgemeine" Wahl von $g_1, g_2', g_3', g_4', g_5', g_6'$ für alle Paare (i,j) mit $i \neq j$ der Fall (5.21) auftritt. In diesem Fall sind die Geraden ℓ_{ij} paarweise verschieden und auch von den Geraden $g_1, \ldots, g_6$ und $g_1', \ldots, g_6'$ verschieden.

Damit hat man nun $12 + 15 = 27$ Geraden auf F gefunden. Man kann zeigen, daß 27 die Maximalzahl von Geraden auf einer kubischen Fläche ist, die keine Quadrik enthält (vgl. [Hilbert–Cohn Vossen] §25, [Mathematische Modelle] für ein Bild einer kubischen Fläche mit den 27 Geraden und weitere Erklärungen, sowie [Mumford] oder [Reid] für Beweise). Die Symmetriegruppe dieser Konfiguration von 27 Geraden (d.h. die Gruppe der Permutationen der 27 Geraden, die das Inzidenzschema erhalten) hat Ordnung 51840 und spielt eine wichtige Rolle z.B. in der Theorie der Liealgebren.

6 Die Geometrie der Gruppe SO(3)

In Kapitel 1 haben wir $SO(3)$ definiert als die Gruppe, die aus der Identität und allen Drehungen im euklidischen Raum um Achsen durch einen ausgezeichneten Punkt O besteht. Satz 1.6 besagt, daß die Hintereinanderschaltung zweier Drehungen um eine Achse durch O wieder eine Drehung um eine Achse durch O ist. Er garantiert, daß $SO(3)$ eine Gruppe ist. Um diese Aussage noch einmal anders zu beweisen, und um die Gruppe $SO(3)$ genauer zu untersuchen, gehen wir mit Methoden der analytischen Geometrie vor. Wir führen also cartesische Koordinaten im Raum ein, die den Punkt O als Basispunkt haben. Dadurch erhalten wir eine Identifikation des Raumes mit $\mathbb{R}^3$, so daß O dem Punkt $\mathbf{0} = (0,0,0)$ entspricht. Einer Drehung um eine Achse durch O entspricht dann eine lineare Abbildung von $\mathbb{R}^3$ auf sich, die den Abstand in $\mathbb{R}^3$ erhält. Eine solche lineare Abbildung wird durch eine Matrix R beschrieben, die die Eigenschaft hat, daß für jedes $\mathbf{x} \in \mathbb{R}^3$ die Vektoren $\mathbf{x}$ und $R\mathbf{x}$ die gleiche Länge haben. Also ist

$$(R\mathbf{x}) \cdot (R\mathbf{x}) = \mathbf{x} \cdot \mathbf{x}$$

für alle $\mathbf{x} \in \mathbb{R}^3$. Daraus folgt, daß für alle $\mathbf{x},\mathbf{y} \in \mathbb{R}^3$

$$
\begin{aligned}
(R\mathbf{x}) \cdot (R\mathbf{y}) &= \tfrac{1}{2}[(R\mathbf{x} + R\mathbf{y}) \cdot (R\mathbf{x} + R\mathbf{y}) - (R\mathbf{x}) \cdot (R\mathbf{x}) - (R\mathbf{y}) \cdot (R\mathbf{y})] \\
&= \tfrac{1}{2}[(R(\mathbf{x} + \mathbf{y})) \cdot (R(\mathbf{x} + \mathbf{y})) - (R\mathbf{x}) \cdot (R\mathbf{x}) - (R\mathbf{y}) \cdot (R\mathbf{y})] \\
&= \tfrac{1}{2}[(\mathbf{x} + \mathbf{y}) \cdot (\mathbf{x} + \mathbf{y}) - \mathbf{x} \cdot \mathbf{x} - \mathbf{y} \cdot \mathbf{y}] \\
&= \mathbf{x} \cdot \mathbf{y}
\end{aligned}
\tag{6.1}
$$

Nun ist

$$(R\mathbf{x}) \cdot (R\mathbf{y}) = \mathbf{x} \cdot \left((R^\top \circ R)\mathbf{y}\right)$$

wobei $R^\top$ die zu R transponierte Matrix bezeichnet (vgl. Abschnitt 5.4, Seite 278). Folglich ist

$$\mathbf{x} \cdot \left((R^\top \circ R - \mathbb{1})\mathbf{y}\right) = 0 \quad \text{für alle} \quad \mathbf{x},\mathbf{y} \in \mathbb{R}^3$$

Ist $\mathbf{y}$ fest, so impliziert die Bedingung, daß das Skalarprodukt von $(R^\top \circ R - \mathbb{1})\,\mathbf{y}$ mit jedem Vektor $\mathbf{x} \in \mathbb{R}^3$ gleich Null ist, daß also $(R^\top \circ R - \mathbb{1})\,\mathbf{y} = \mathbf{0}$. Dies gilt für jedes $\mathbf{y}$, also ist $R^\top \circ R - \mathbb{1} = 0$ oder

$$R^\top \circ R = \mathbb{1} \tag{6.2}$$

R erhält auch die Orientierung in $\mathbb{R}^3$, also ist $\det R > 0$. Aus (6.2) folgt, daß $(\det R)^2 = (\det R^\top) \cdot (\det R) = (\det \mathbb{1})^2 = 1$, also ist

$$\det R = 1 \tag{6.3}$$

Drehungen um eine Achse im Raum werden also durch Matrizen beschrieben, die (6.2) und (6.3) erfüllen. Umgekehrt gilt

Satz 6.1 *Sei R eine reelle (3×3)-Matrix, die*

$$R^\top \circ R = \mathbb{1} \quad \text{und} \quad \det R = 1$$

erfüllt. Dann ist die durch R beschriebene lineare Abbildung $\mathbb{R}^3 \to \mathbb{R}^3$, $\mathbf{x} \mapsto R\mathbf{x}$ eine Drehung um eine Achse durch $\mathbf{0}$ oder die Identität.

Beweis Wir betrachten das Polynom

$$f(\lambda) := \det(R - \lambda \mathbb{1})$$

in der Variablen λ. Es hat Grad drei und deswegen mindestens eine reelle Nullstelle λ_0. Dann ist $\det(R - \lambda_0 \mathbb{1}) = 0$. Deswegen gibt es einen von Null verschiedenen Vektor $\mathbf{v}$, so daß $(R - \lambda_0 \mathbb{1})\,\mathbf{v} = \mathbf{0}$. Indem wir $\mathbf{v}$ durch $\frac{1}{||\mathbf{v}||}\mathbf{v}$ ersetzen, können wir annehmen, daß $||\mathbf{v}|| = 1$. Es gilt also

$$R\mathbf{v} = \lambda_0 \mathbf{v} \quad \text{und} \quad ||\mathbf{v}|| = 1$$

$f(\lambda)$ heißt das *charakteristische Polynom* von R, λ_0 nennt man einen *Eigenwert* von R, und $\mathbf{v}$ ist ein *Eigenvektor* von R zum Eigenwert λ_0. Nach (6.2) ist

$$\lambda_0^2 \, ||\mathbf{v}||^2 \;=\; (\lambda_0 \mathbf{v}) \cdot (\lambda_0 \mathbf{v}) \;=\; R\mathbf{v} \cdot R\mathbf{v} \;=\; \mathbf{v} \cdot \mathbf{v} \;=\; ||\mathbf{v}||^2$$

also ist

$$\lambda_0 = \pm 1$$

Sei $E := \{\mathbf{x} \in \mathbb{R}^3 / \mathbf{x} \cdot \mathbf{v} = 0\}$ die Ebene in $\mathbb{R}^3$ durch $\mathbf{0}$ senkrecht zu $\mathbf{v}$. Dann ist für jedes $\mathbf{x} \in E$ nach (6.1)

$$(R\mathbf{x}) \cdot \mathbf{v} \;=\; \frac{1}{\lambda_0}(R\mathbf{x}) \cdot (\lambda_0 \mathbf{v}) \;=\; \frac{1}{\lambda_0}(R\mathbf{x}) \cdot (R\mathbf{v}) \;=\; \frac{1}{\lambda_0}\mathbf{x} \cdot \mathbf{v} \;=\; 0$$

also

$$R\mathbf{x} \in E \quad \text{für alle } \mathbf{x} \in E$$

Wähle nun eine Basis $\mathbf{v}_1, \mathbf{v}_2$ von E mit $||\mathbf{v}_1|| = ||\mathbf{v}_2|| = 1$ und $\mathbf{v}_1 \cdot \mathbf{v}_2 = 0$ (siehe Bild 6.1).
  Sei

$$\tilde{R} \;=\; \begin{pmatrix} a & b \\ c & d \end{pmatrix}$$

die Matrix der Einschränkung von R auf E bezüglich der Basis $\mathbf{v}_1, \mathbf{v}_2$, d.h.

$$\begin{aligned} \tilde{R}\mathbf{v}_1 &= a\mathbf{v}_1 + c\mathbf{v}_2 \\ \tilde{R}\mathbf{v}_2 &= b\mathbf{v}_1 + d\mathbf{v}_2 \end{aligned}$$

$\tilde{R}$ beschreibt wieder eine Isometrie, also ist

$$\tilde{R}^\top \circ \tilde{R} \;=\; \mathbb{1} \tag{6.4}$$

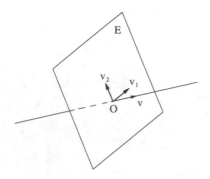

Bild 6.1

Wir unterscheiden nun zwei Fälle, nämlich $\lambda_0 = 1$ und $\lambda_0 = -1$.

1. Fall $\lambda_0 = 1$: Wegen (6.3) ist dann

$$\det \tilde{R} = \lambda_o \det \tilde{R} = \det R = 1$$

Daraus und aus (6.4) sieht man nach einer einfachen Rechnung, daß $\tilde{R}$ von der Form

$$\tilde{R} \;=\; \begin{pmatrix} a & -b \\ b & a \end{pmatrix} \quad \text{mit } a^2 + b^2 = 1$$

ist. $\tilde{R}$ beschreibt also eine Drehung in der Ebene E um einen Winkel α mit $\cos\alpha = a$. Die von R beschriebene Abbildung ist also die Drehung um die Achse $\mathbb{R} \cdot \mathbf{v}$ um den Winkel α.

2. Fall $\lambda_0 = -1$: Wie oben sieht man, daß $\tilde{R}$ von der Form

$$\tilde{R} \;=\; \begin{pmatrix} a & b \\ b & -a \end{pmatrix} \quad \text{mit } a^2 + b^2 = 1$$

ist. $\tilde{R}$ ist die Matrix der Spiegelung in E an der Achse $\mathbb{R} \cdot (b\mathbf{v}_1 + (1-a)\mathbf{v}_2)$. Somit beschreibt R die Drehung im Raum um diese Achse mit Winkel $180°$. $\square$

Übung: Zeigen Sie, daß die Menge der (3×3)-Matrizen R mit $R^\top \circ R = \mathbb{1}$ und $\det R = 1$ eine Gruppe bzgl. Matrixmultiplikation bildet!

Die obige Übung zeigt, daß das Produkt zweier Matrizen, die (6.2) und (6.3) erfüllen, wieder (6.2) und (6.3) erfüllt. Dies gibt einen neuen Beweis der zuerst in Satz 1.6 formulierten Tatsache, daß das Produkt zweier Drehungen im Raum um eine Achse durch O wieder eine Drehung im Raum um eine Achse durch O oder die Identität ist. Sind nämlich zwei Drehungen im Raum um Achsen durch O gegeben, so werden sie nach dem, was wir zu Beginn des Kapitels gesagt haben, durch Matrizen R_1 und R_2 beschrieben, die (6.2) und (6.3) erfüllen. Die Hintereinanderschaltung der beiden Drehungen wird durch die Matrix $R_1 \circ R_2$ beschrieben, die wieder (6.2) und (6.3) erfüllt. Nach Satz 6.1 ist sie also wieder eine Drehung um eine Achse durch O, oder die Identität. Die Bezeichnung $SO(n)$ (spezielle orthogonale Gruppe) ist die Standardbezeichnung für die Gruppe aller $(n \times n)$-Matrizen A, für die $A^\top \circ A = \mathbb{1}$ und $\det A = 1$. Daß wir in Kapitel 1 die Gruppe aller Drehungen im Raum um eine Achse durch O mit $SO(3)$ bezeichnet haben, entspricht nicht ganz dem üblichen Sprachgebrauch und ist erst durch Satz 6.1 gerechtfertigt.

Übung: Zeigen Sie, daß jedes Element von $SO(3)$ in $SO(3)$ zu einer Matrix der Form

$$\begin{pmatrix} \cos\alpha & -\sin\alpha & 0 \\ \sin\alpha & \cos\alpha & 0 \\ 0 & 0 & 1 \end{pmatrix}$$

mit $0 \leq \alpha < 360°$ *konjugiert ist!*

Übung: Gegeben sei das *Einheitstangentialbündel*

$$T_1 S^2 := \{(\mathbf{x},\mathbf{y}) \in \mathbb{R}^3 \times \mathbb{R}^3 | \parallel \mathbf{x} \parallel = \parallel \mathbf{y} \parallel = 1 \text{ und } \mathbf{x} \cdot \mathbf{y} = 0\}$$

der 2-Sphäre $S^2 = \{\mathbf{x} \in \mathbb{R}^3 | \parallel \mathbf{x} \parallel = 1\}$. Versuchen Sie, eine Bijektion

$$f \colon SO(3) \to T_1 S^2$$

zu finden!

6.1   Eulersche Winkel

Bekanntlich ist eine lineare Abbildung von $\mathbb{R}^3$ nach $\mathbb{R}^3$ durch die Bilder der Basisvektoren $\mathbf{e}_1 := (1,0,0)$, $\mathbf{e}_2 := (0,1,0)$, $\mathbf{e}_3 := (0,0,1)$ eindeutig bestimmt. Ist $R \in SO(3)$, so beschreiben die R zugeordneten *Eulerschen Winkel* ϑ,φ,ψ die Lage der Bilder $\mathbf{e}_1{}' := R\,\mathbf{e}_1$, $\mathbf{e}_2{}' := R\,\mathbf{e}_2$, $\mathbf{e}_3{}' := R\,\mathbf{e}_3$ der Standardbasisvektoren $\mathbf{e}_1$, $\mathbf{e}_2$, $\mathbf{e}_3$. Sie sind folgendermaßen definiert:

- ϑ ist der Winkel zwischen den Vektoren $\mathbf{e}_3$ und $\mathbf{e}_3{}'$, der zwischen 0° und 180° liegt.

- Falls $\vartheta \neq \pm 0°,180°$, so definieren wir die *Knotenlinie* g als den Durchschnitt der von $\mathbf{e}_1$ und $\mathbf{e}_2$ aufgespannten Ebene E und der von $\mathbf{e}_1{}'$ und $\mathbf{e}_2{}'$ aufgespannten Ebene E'. Sie steht senkrecht auf der von $\mathbf{e}_3$ und $\mathbf{e}_3{}'$ aufgespannten Ebene. Dann gibt es genau einen Vektor $\mathbf{v}$ der Länge 1 auf der Knotenlinie, so daß $\mathbf{e}_3$, $\mathbf{e}_3{}'$ und $\mathbf{v}$ eine orientierte Basis von $\mathbb{R}^3$ bilden.

- φ ist dann der Winkel zwischen $\mathbf{e}_1$ und $\mathbf{v}$ in der Ebene E, und ψ ist der Winkel zwischen $\mathbf{v}$ und $\mathbf{e}_1{}'$ in der Ebene E'. Dabei werden φ und ψ so gewählt, daß $0 \leq \varphi,\psi < 360°$ (siehe Bild 6.2).

- Ist $\vartheta = 180°$, so ist R die Drehung um eine Achse in der von $\mathbf{e}_1$ und $\mathbf{e}_2$ aufgespannten Ebene E um den Winkel 180°. In diesem Fall bezeichnen wir diese Achse als Knotenlinie, wählen $\mathbf{v}$ auf der Knotenlinie so, daß der Winkel φ zwischen $\mathbf{e}_1$ und $\mathbf{v}$ höchstens 180° ist, und setzen $\psi = -\varphi$.

- Ist $\vartheta = 0$ so ist R eine Drehung um die Achse $\mathbb{R} \cdot \mathbf{e}_3$ mit einem Winkel, den wir φ nennen. In diesem Fall setzen wir $\psi = 0$.

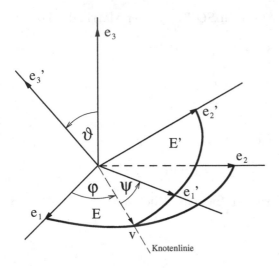

Bild 6.2

Wir bezeichnen mit

$$S_3(\alpha) := \begin{pmatrix} \cos\alpha & -\sin\alpha & 0 \\ \sin\alpha & \cos\alpha & 0 \\ 0 & 0 & 1 \end{pmatrix}$$

die Drehung um die Achse $\mathbb{R} \cdot \mathbf{e}_3$ mit Winkel α, und mit

$$S_1(\alpha) := \begin{pmatrix} 1 & 0 & 0 \\ 0 & \cos\alpha & -\sin\alpha \\ 0 & \sin\alpha & \cos\alpha \end{pmatrix}$$

die Drehung um die Achse $\mathbb{R} \cdot \mathbf{e}_1$ mit Winkel α. Dann gilt

Satz 6.2 *Ist $R \in SO(3)$ und sind ϑ, φ, ψ die R zugeordneten Eulerschen Winkel, so ist*

$$R = S_3(\varphi) \circ S_1(\vartheta) \circ S_3(\psi)$$

Beweis Wir diskutieren den Fall, daß $\vartheta \neq 0°, 180°$; die anderen Fälle sind trivial. Setze wie oben $\mathbf{e}_j' := R\mathbf{e}_j$ für $j = 1, 2, 3$. Dann liegt der Vektor $S_3(-\varphi)\mathbf{e}_3'$ in der Ebene senkrecht zu $\mathbf{e}_1$ und bildet den Winkel ϑ mit $\mathbf{e}_3$. Die Vektoren $S_3(-\varphi)\mathbf{e}_1'$ und

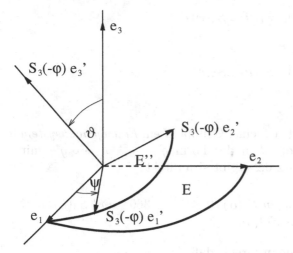

Bild 6.3

$S_3(-\varphi)\mathbf{e}_2'$ liegen in der Ebene E'' senkrecht zu $S_3(-\varphi)\mathbf{e}_3'$. Diese Ebene E'' enthält auch den Vektor $\mathbf{e}_1$. Der Winkel zwischen $\mathbf{e}_1$ und $S_3(-\varphi)\mathbf{e}_1'$ ist ψ (siehe Bild 6.3).

Dann ist $(S_1(-\vartheta) \circ S_3(-\varphi))(\mathbf{e}_3') = \mathbf{e}_3$, und die Vektoren $(S_1(-\vartheta) \circ S_3(-\varphi))(\mathbf{e}_1')$ und $(S_1(-\vartheta) \circ S_3(-\varphi))(\mathbf{e}_2')$ liegen in der Ebene E und sind gegen $\mathbf{e}_1$ bzw. $\mathbf{e}_2$ um den Winkel ψ gedreht (siehe Bild 6.4).

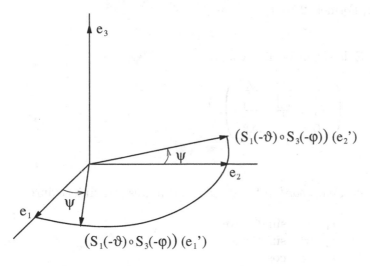

Bild 6.4

Folglich ist für $j = 1,2,3$

$$(S_3(-\psi) \circ S_1(-\vartheta) \circ S_3(-\varphi))\,(\mathbf{e}_j') = \mathbf{e}_j \quad \text{das heißt,}$$
$$(S_3(-\psi) \circ S_1(-\vartheta) \circ S_3(-\varphi) \circ R)\,(\mathbf{e}_j) = \mathbf{e}_j$$

Deswegen ist

$$R\,\mathbf{e}_j \;=\; S_3(\varphi)\circ S_1(\vartheta)\circ S_3(\psi)\,\mathbf{e}_j$$

für $j = 1,2,3$, und somit

$$R \;=\; S_3(\varphi)\circ S_1(\vartheta)\circ S_3(\psi)$$

$\square$

Wir erinnern daran, daß wir eine Teilmenge $\mathcal{E}$ einer Gruppe G ein *Erzeugendensystem* nennen, wenn sich jedes Element g von G in der Form $g = g_1^{\varepsilon_1}\circ\cdots\circ g_r^{\varepsilon_r}$ mit $g_i \in \mathcal{E}, \varepsilon_i \in \{\pm 1\}$ schreiben läßt. Aus Satz 6.2 ergibt sich direkt

Korollar 108 *Die Menge aller Drehungen* $S_1(\alpha), 0 \le \alpha < 360°$ *und* $S_3(\beta), 0 \le \beta < 360°$ *ist ein Erzeugendensystem für* $SO(3)$.

Bemerkungen: (i) Aus Satz 6.2 sieht man direkt, daß

$$\begin{aligned}
\mathbf{e}_1{}' &= (\cos\varphi\,\cos\psi - \cos\vartheta\,\sin\varphi\,\sin\psi \;,\; \sin\varphi\,\cos\psi + \cos\vartheta\,\cos\varphi\,\sin\psi \;,\; \sin\vartheta\,\sin\psi)\\
\mathbf{e}_2{}' &= (-\cos\varphi\,\sin\psi - \cos\vartheta\,\sin\varphi\,\cos\psi \;,\; -\sin\varphi\,\sin\psi + \cos\vartheta\,\cos\varphi\,\cos\psi \;,\; \sin\vartheta\,\cos\psi)\\
\mathbf{e}_3{}' &= (\sin\vartheta\,\sin\varphi \;,\; -\sin\vartheta\,\cos\varphi \;,\; \cos\vartheta)
\end{aligned}$$

Die Matrix R ist die Matrix, die aus den Spaltenvektoren $\mathbf{e}_1{}', \mathbf{e}_2{}', \mathbf{e}_3{}'$ gebildet wird.

(ii) Die Beschreibung von Elementen von $SO(3)$ mit Eulerschen Winkeln ist sehr anschaulich, das Gruppengesetz in diesen Winkeln auszudrücken, ist aber umständlich (siehe [Miller], sect.7.2, Formel (2.16)).

Übung: Bestimmen Sie die Eulerschen Winkel von

$$\begin{pmatrix} \frac{1}{2} & -\frac{3}{4} & \frac{\sqrt{3}}{4} \\ \frac{\sqrt{3}}{2} & \frac{\sqrt{3}}{4} & -\frac{1}{4} \\ 0 & \frac{1}{2} & \frac{\sqrt{3}}{2} \end{pmatrix} \;!$$

Übung: Ist $\mathbf{x} \in S^2$, so sind die *Polarkoordinaten* ϑ', φ' des Punktes $\mathbf{x}$ definiert durch

$$\begin{aligned}
x_1 &= \sin\vartheta'\,\cos\varphi'\\
x_2 &= \sin\vartheta'\,\sin\varphi'\\
x_3 &= \cos\vartheta'
\end{aligned}$$

Zeigen Sie: Hat $R \in SO(3)$ die Eulerschen Winkel ϑ, φ, ψ, so hat der Punkt $R\,\mathbf{e}_3$ die Polarkoordinaten $\vartheta' = \vartheta$, $\varphi' = \varphi - \frac{\pi}{2}$!

6.2 Die Liealgebra $sO(3)$

Die Bewegung eines starren Körpers, der an einem Punkt befestigt ist, sich um diesen aber frei drehen kann, beschreibt man meist folgendermaßen: Man wählt den Ursprung eines raumfesten Koordinatensystems im Aufhängepunkt des Körpers, und zeichnet eine "Ruheposition" des Körpers aus. Für jede andere Lage des Körpers gibt es dann eine eindeutig bestimmte Drehung $R \in SO(3)$, die die Ruheposition des Körpers auf die gegebene Position des Körpers abbildet (siehe Bild 6.5).

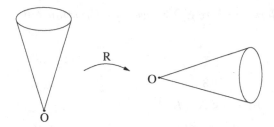

Bild 6.5

Die Bewegung des starren Körpers um den festen Aufhängepunkt wird also durch eine $SO(3)$- wertige Funktion $t \mapsto R(t)$, d.h. eine Abbildung $R : \mathbb{R} \to SO(3)$, beschrieben. Für jede Zeit t ist dabei $R(t)$ das Element von $SO(3)$, das die Lage des Körpers zur Zeit t charakterisiert. Meistens wird die Funktion $t \mapsto R(t)$ differenzierbar sein (d.h. jeder Eintrag $R_{ij}(t)$ der Matrix $R(t)$ wird eine differenzierbare Funktion von t sein). Die physikalischen Gesetze für die Bewegung des Körpers werden normalerweise als Differentialgleichungen für $R(t)$ formuliert. In Abschnitt 6.8.1 beschreiben wir ein konkretes Beispiel. Betrachten wir nun also eine differenzierbare $SO(3)$-wertige Funktion $t \mapsto R(t)$. Wir fragen uns, wie die Ableitung einer solchen Funktion aussieht. Da für jedes t_0

$$\frac{\mathrm{d}}{\mathrm{dt}}R(t)\Big|_{t=t_0} = R(t_0) \circ \frac{\mathrm{d}}{\mathrm{dt}}\left(R(t_0)^{-1} \circ R(t)\right)\Big|_{t=t_0}$$

und $\left(R(t_0)^{-1} \circ R(t)\right)$ an der Stelle $t = t_0$ gleich $\mathbb{1}$ ist, genügt es, die Situation zu betrachten, daß $R(t_0) = \mathbb{1}$. Ohne Beschränkung der Allgemeinheit können wir annehmen, daß $t_0 = 0$. Wie üblich setzen wir $\dot{R}(t_0) := \frac{\mathrm{d}}{\mathrm{dt}}R(t)\Big|_{t=t_0}$. Aus der Gleichung

$$R(t)^{\top} \circ R(t) = \mathbb{1}$$

ergibt sich durch Differenzieren

$$\dot{R}(t)^{\top} \circ R(t) + R(t)^{\top} \circ \dot{R}(t) = 0$$

und somit, da $R(0) = \mathbb{1}$,

$$\dot{R}(0)^{\top} + \dot{R}(0) = 0$$

Deshalb definieren wir $sO(3)$ als die Menge aller reellen (3×3)-Matrizen X, für die $X^\top = -X$ gilt. Man sagt, die Matrizen X aus $sO(3)$ seien *schiefsymmetrisch* , da sie bei Spiegelung an der Hauptdiagonale in ihr Negatives übergehen. Die obige Rechnung zeigt, daß die Ableitung einer $SO(3)$-wertigen Funktion $t \mapsto R(t)$ mit $R(0) = \mathbb{1}$ an der Stelle 0 in $sO(3)$ liegt. Allgemeiner gilt

Satz 6.3 *(i) Ist $t \mapsto R(t)$ eine differenzierbare $SO(3)$-wertige Funktion mit $R(0) = \mathbb{1}$, so ist $\dot{R}(0) \in sO(3)$.*

(ii) Für jedes $X \in sO(3)$ gibt es eine differenzierbare $SO(3)$-wertige Funktion mit $R(0) = \mathbb{1}$, so daß $\dot{R}(0) - X$.

(iii) Die Abbildung

$$
SO(3) \times sO(3) \quad \to \quad sO(3)
$$
$$
(R\,,\,X) \quad \mapsto \quad R \circ X \circ R^{-1}
$$

definiert eine Operation der Gruppe $SO(3)$ auf $sO(3)$.

Beweis (i) wurde bereits gezeigt.

(ii) Zunächst verifizieren wir, daß die Menge der Ableitungen $SO(3)$-wertiger Funktionen $R(t)$ mit $R(0) = \mathbb{1}$ einen Untervektorraum im Raum aller (3×3)-Matrizen bildet. In der Tat ist

$$
\frac{\mathrm{d}}{\mathrm{d}t} R(\lambda t)\big|_{t=0} \;=\; \lambda \cdot \left(\frac{\mathrm{d}}{\mathrm{d}t} R(t)\big|_{t=0} \right) \quad \text{und}
$$

$$
\frac{\mathrm{d}}{\mathrm{d}t} \left(R_1(t) \circ R_2(t) \right)\big|_{t=0} \;=\; \dot{R}_1(0) \circ R_2(0) + R_1(0) \circ \dot{R}_2(0) \;=\; \dot{R}_1(0) + \dot{R}_2(0)
$$

wenn $R_1(0) = R_2(0) = \mathbb{1}$ ist. Deshalb genügt es zu zeigen, daß alle Elemente einer Basis von $sO(3)$ als Ableitungen einer $SO(3)$-wertigen Funktion wie oben auftreten. Eine Basis von $sO(3)$ bilden die Matrizen

$$
\begin{pmatrix} 0 & -1 & 0 \\ 1 & 0 & 0 \\ 0 & 0 & 0 \end{pmatrix} \;,\quad
\begin{pmatrix} 0 & 0 & 0 \\ 0 & 0 & -1 \\ 0 & 1 & 0 \end{pmatrix} \;,\quad
\begin{pmatrix} 0 & 0 & 1 \\ 0 & 0 & 0 \\ -1 & 0 & 0 \end{pmatrix}
$$

Man verifiziert leicht, daß dies gerade die Ableitungen

$$
\frac{\mathrm{d}}{\mathrm{d}t} S_3(t)\big|_{t=0} \;,\quad \frac{\mathrm{d}}{\mathrm{d}t} S_1(t)\big|_{t=0} \;,\quad \frac{\mathrm{d}}{\mathrm{d}t} S_2(t)\big|_{t=0}
$$

der Drehungen um die x_3- bzw. x_1- bzw. x_2-Achse sind.

(iii) Im Wesentlichen ist zu zeigen, daß für $X \in sO(3)$ und $R \in SO(3)$ die Matrix $R \circ X \circ R^{-1}$ wieder in $sO(3)$ liegt. Aber

$$
\begin{aligned}
(R \circ X \circ R^{-1})^\top + R \circ X \circ R^{-1} &= (R^{-1})^\top \circ X^\top \circ R^\top + R \circ X \circ R^{-1} \\
&= (R^{-1})^\top \circ (-X) \circ R^\top + R \circ X \circ R^{-1} \\
&= -R \circ X \circ R^{-1} + R \circ X \circ R^{-1} \\
&= 0
\end{aligned}
$$

Bei der vorletzten Umformung wurde verwendet, daß $R^\top \circ R = \mathbb{1}$, also $R^\top = R^{-1}$. $\qquad\square$

Man definiert allgemein für eine beliebige Matrixgruppe G die *Liealgebra* $\underline{g}$ von G als die Menge aller Matrizen X, die als Ableitungen $\dot{R}(0)$ von G-wertigen differenzierbaren Funktionen $R(t)$ mit $R(0) = \mathbb{1}$ auftreten. Stets ist $\underline{g}$ ein Vektorraum, und G operiert auf $\underline{g}$ durch $G \times \underline{g} \to \underline{g}$, $(R,X) \mapsto R \circ X \circ R^{-1}$. Diese Operation heißt die *adjungierte Darstellung* von G auf $\underline{g}$. $sO(3)$ ist also die Liealgebra von $SO(3)$, und die in Teil (iii) des Satzes beschriebene Operation ist die adjungierte Darstellung der Gruppe $SO(3)$ auf ihrer Liealgebra $sO(3)$. Ein weiteres Beispiel einer Matrixgruppe und ihrer adjungierten Darstellung werden wir in Abschnitt 6.4 kennenlernen. Teil (iii) von Satz 6.3 besagt, daß die Gruppe $SO(3)$ durch Konjugation auf ihrer Liealgebra operiert. Diese Operation kann man noch einmal differenzieren.

Lemma 109 *Sei $t \mapsto R(t)$ eine differenzierbare $SO(3)$-wertige Funktion mit $R(0) = \mathbb{1}$. Setze $X = \dot{R}(0)$. Dann gilt für alle $Y \in sO(3)$*

$$\frac{\mathrm{d}}{\mathrm{d}t} \left(R(t) \circ Y \circ R(t)^{-1} \right) \big|_{t=0} = X \circ Y - Y \circ X$$

Beweis Nach der Produktregel ist

$$\frac{\mathrm{d}}{\mathrm{d}t} \left(R(t) \circ Y \circ R(t)^{-1} \right) \big|_{t=0} = \left(\frac{\mathrm{d}}{\mathrm{d}t} R(t) \big|_{t=0} \right) \circ Y + Y \circ \left(\frac{\mathrm{d}}{\mathrm{d}t} R(t)^{-1} \big|_{t=0} \right)$$

Nun ist $\left(\frac{\mathrm{d}}{\mathrm{d}t} R(t) \big|_{t=0} \right) = X$. Da $R(t) \circ R(t)^{-1} = \mathbb{1}$, folgt durch Differenzieren $X + \left(\frac{\mathrm{d}}{\mathrm{d}t} R(t)^{-1} \big|_{t=0} \right) = 0$, das heißt $\left(\frac{\mathrm{d}}{\mathrm{d}t} R(t)^{-1} \big|_{t=0} \right) = -X$. Damit ergibt sich die Behauptung. $\qquad\square$

Wir definieren für zwei Elemente X,Y von $sO(3)$ die *Lieklammer* von X und Y als

$$[X,Y] := X \circ Y - Y \circ X$$

Lemma 109 und Satz 6.3 (ii) implizieren, daß $[X,Y]$ wieder in $sO(3)$ liegt. $\qquad\square$

Übung: Zeigen Sie, daß für drei Elemente X,Y,Z von $sO(3)$ gilt:

$$[X,[Y,Z]] + [Y,[Z,X]] + [Z,[X,Y]] = 0 \ !$$

Diese Gleichung heißt die *Jacobi-Identität* .

Die Lieklammer ist allgemein auf der Liealgebra $\underline{g}$ einer beliebigen Matrixgruppe G definiert. Noch allgemeiner definiert man eine abstrakte Liealgebra als einen Vektorraum $\underline{g}$, zusammen mit einer bilinearen Abbildung $[\,,\,] : \underline{g} \times \underline{g} \to \underline{g}$, für die die Jacobi-Identität gilt und $[X,X] = 0$ für alle $X \in \underline{g}$. Es stellt sich heraus, daß die Liealgebra einer Matrixgruppe sehr viel Information über die Matrixgruppe enthält, und daß jede endlichdimensionale abstrakte Liealgebra die Liealgebra einer Matrixgruppe ist (vgl. [Varadarajan]).

In Abschnitt 2.3.3 haben wir bereits gesehen, daß $\mathbb{R}^3$ und das Kreuzprodukt eine Beziehung zu infinitesimalen Drehungen haben. Dies können wir jetzt genauer formulieren.

Satz 6.4 *Die Abbildung*

$$\underline{X}: \mathbb{R}^3 \ \to \ sO(3)$$

$$(\omega_1,\omega_2,\omega_3) \ \mapsto \ \omega_1 \begin{pmatrix} 0 & 0 & 0 \\ 0 & 0 & -1 \\ 0 & 1 & 0 \end{pmatrix} + \omega_2 \begin{pmatrix} 0 & 0 & 1 \\ 0 & 0 & 0 \\ -1 & 0 & 0 \end{pmatrix} + \omega_3 \begin{pmatrix} 0 & -1 & 0 \\ 1 & 0 & 0 \\ 0 & 0 & 0 \end{pmatrix}$$

ist ein Vektorraumisomorphismus, und es gilt

(i) $\omega \times \mathbf{v} = \underline{X}(\omega) \cdot \mathbf{v}$

(ii) $\underline{X}(R \cdot \omega) = R \circ \underline{X}(\omega) \circ R^{-1}$

(iii) $\underline{X}(\omega_1 \times \omega_2) = [\underline{X}(\omega_1),\underline{X}(\omega_2)]$

für alle ω, ω_1, ω_2, $\mathbf{v} \in \mathbb{R}^3$ *und* $R \in SO(3)$. *Dabei ist* $\omega_1 \times \omega_2$ *das Vektorprodukt von* ω_1 *und* ω_2, *vgl. Abschnitt 2.2.*

Beweis (i) Die Gleichung ist linear in ω, deshalb genügt es, sie für $\omega = (1,0,0)$, $\omega = (0,1,0)$ und $\omega = (0,0,1)$ nachzuprüfen. Dies ist aber trivial.

(ii) Für alle $\mathbf{v} \in \mathbb{R}^3$ ist nach Korollar 20 in Kapitel 2 und dem eben bewiesenen Teil (i)

$$\bigl(R \circ \underline{X}(\omega) \circ R^{-1}\bigr) \cdot \mathbf{v} = R(\omega \times (R^{-1} \cdot \mathbf{v})) = R \cdot \omega \times (R \circ R^{-1}) \cdot \mathbf{v} = R \cdot \omega \times \mathbf{v} = \underline{X}(R \cdot \omega) \cdot \mathbf{v}$$

(iii) Seien $\omega_1, \omega_2 \in \mathbb{R}^3$. Setze $X_1 = \underline{X}(\omega_1)$, $X_2 = \underline{X}(\omega_2)$. Nach Satz 6.3 (ii) gibt es eine $SO(3)$-wertige Funktion $t \mapsto R_1(t)$ mit $R_1(0) = \mathbb{1}$ und $\dot{R}_1(0) = X_1$. Dann ist nach Lemma 109 und dem bereits bewiesenen Teil (ii)

$$\frac{\mathrm{d}}{\mathrm{dt}} \underline{X}(R_1(t) \cdot \omega_2)\big|_{t=0} = \frac{\mathrm{d}}{\mathrm{dt}} \left(R_1(t) \circ X_2 \circ R_1(t)^{-1} \right)\big|_{t=0} = [X_1,X_2]$$

Wegen der Linearität von $\underline{X}$ und dem eben bewiesenen Teil (i) ist andererseits

$$\frac{\mathrm{d}}{\mathrm{dt}} \underline{X}(R_1(t) \cdot \omega_2)\big|_{t=0} = \underline{X}\left(\frac{\mathrm{d}}{\mathrm{dt}} R_1(t) \cdot \omega_2\big|_{t=0} \right)$$

$$= \underline{X}(X_1 \cdot \omega_2) = \underline{X}(\underline{X}(\omega_1) \cdot \omega_2) = \underline{X}(\omega_1 \times \omega_2)$$

$\square$

Übung: Beweisen Sie Teil (iii) von Satz 6.3, wobei Sie nur Teil (i) und (ii) des Satzes verwenden!

6.3   Die stereographische Projektion

Wir wiederholen zunächst einige Konstruktionen aus Kapitel 3. Die Riemann'sche Zahlenkugel $\mathbb{P}_1\mathbb{C}$ ist definiert als die disjunkte Vereinigung der komplexen Ebene $\mathbb{C}$ mit einem Punkt, der ∞ genannt wird: $\mathbb{P}_1\mathbb{C} = \mathbb{C} \cup \{\infty\}$. Wir haben gesehen – und es ist nicht schwer, das direkt nachzuprüfen – daß die Abbildung

$$GL(2,\mathbb{C}) \times \mathbb{P}_1\mathbb{C} \;\to\; \mathbb{P}_1\mathbb{C}$$
$$\left(\begin{pmatrix} a & b \\ c & d \end{pmatrix}, z \right) \;\mapsto\; \varphi_A(z)$$

wobei

$$\varphi_A(z) = \begin{cases} \frac{az+b}{cz+d} & \text{für} \quad z \neq -\frac{d}{c}, \infty \\ a/c & \text{für} \quad z = \infty, \; c \neq 0 \\ \infty & \text{für} \quad z = -\frac{d}{c} \; \text{oder} \; z = \infty, c = 0 \end{cases}$$

eine Operation der Gruppe $GL(2,\mathbb{C})$ aller invertierbaren komplexen (2×2)-Matrizen auf der Riemann'schen Zahlenkugel $\mathbb{P}_1\mathbb{C}$ definiert. Das heißt, daß insbesondere $\varphi_{A \circ B} = \varphi_A \circ \varphi_B$ und $\varphi_{\mathbb{1}} = id$. Die Abbildungen φ_A , $A \in GL(2,\mathbb{C})$ heißen gebrochen lineare Transformationen oder Möbiustransformationen.

In diesem Abschnitt werden wir eine Bijektion p zwischen der 2-Sphäre

$$S^2 := \{ \, \mathbf{x} \in \mathbb{R}^3 \mid x_1^2 + x_2^2 + x_3^2 = 1 \, \}$$

und der Riemann'schen Zahlenkugel $\mathbb{P}_1\mathbb{C}$ konstruieren, so daß die Operation von Matrizen aus $SO(3)$ auf S^2 bei dieser Bijektion gebrochen linearen Abbildungen φ_A entspricht, die zu Matrizen in

$$SU(2) := \{ \, A \in GL(2,\mathbb{C}) \mid A^\top \circ \bar{A} = \mathbb{1} \, , \; \det A = 1 \, \}$$

gehören. Hier bezeichnet $\bar{A}$ die Matrix, die aus A entsteht, indem man von allen Einträgen den konjugiert komplexen nimmt.

Übung:

i) Zeigen Sie: $SU(2) = \left\{ \begin{pmatrix} a & b \\ -\bar{b} & \bar{a} \end{pmatrix} \mid |a|^2 + |b|^2 = 1, \; a,b \in \mathbb{C} \right\}$!

ii) Zeigen Sie, daß $SU(2)$ eine Untergruppe von $GL(2,\mathbb{C})$ ist!

iii) Zeigen Sie: Jedes Element von $SU(2)$ ist in $SU(2)$ konjugiert zu einer Diagonalmatrix!

Die Bijektion $p : S^2 \longrightarrow \mathbb{P}_1\mathbb{C}$ definiert man folgendermaßen: Für einen Punkt $\mathbf{x}$ auf der 2-Sphäre, der vom Nordpol $N = (0,0,1)$ verschieden ist, sei $\hat{p}(\mathbf{x})$ der Durchstoßpunkt der Geraden durch N und $\mathbf{x}$ mit der Ebene

$$E = \{ (\xi_1,\xi_2,\xi_3) \in \mathbb{R}^3 \mid \xi_3 = 0 \}$$

(siehe Bild 6.6). In Formeln:

$$\hat{p}(\mathbf{x}) = \frac{1}{1 - x_3}(x_1,x_2,0)$$

$\hat{p}$ definiert eine Bijektion zwischen $S^2 \setminus \{N\}$ und E, die Umkehrabbildung ist

$$\hat{p}^{-1}(\xi_1,\xi_2,0) = \left(\frac{2}{1 + \xi_1^2 + \xi_2^2} \cdot \xi_1 , \frac{2}{1 + \xi_1^2 + \xi_2^2} \cdot \xi_2 , 1 - \frac{2}{1 + \xi_1^2 + \xi_2^2} \right)$$

Wir identifizieren nun E in der üblichen Weise mit der komplexen Ebene $\mathbb{C}$ durch

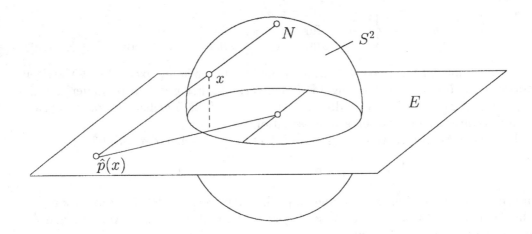

Bild 6.6

$$\mathcal{Z} : E \to \mathbb{C} \quad , \quad (\xi_1,\xi_2,0) \mapsto \xi_1 + i\xi_2$$

Die Abbildung $\mathcal{Z} \circ \hat{p} : S^2 \setminus \{N\} \to \mathbb{C}$ ist dann wieder eine Bijektion. Wir definieren die *stereographische Projektion*

$$p : S^2 \longrightarrow \mathbb{P}_1\mathbb{C} = \mathbb{C} \cup \{\infty\}$$

durch

$$p(\mathbf{x}) = \begin{cases} (\mathcal{Z} \circ \hat{p})(\mathbf{x}) & \text{falls } \mathbf{x} \neq N \\ \infty & \text{falls } \mathbf{x} = N \end{cases}$$

Aus dem oben Gesagten ist klar, daß p eine Bijektion ist. In Formeln wird p beschrieben durch

$$p(\mathbf{x}) \;=\; \begin{cases} \frac{1}{1-x_3}(x_1 + ix_2) & \text{falls } x_3 \neq 1 \\ \infty & \text{falls } x_3 = 1 \end{cases}$$

$$p^{-1}(z) \;=\; \begin{cases} \left(\frac{2}{|z|^2+1}\,\mathrm{Re}\,z,\, \frac{2}{|z|^2+1}\,\mathrm{Im}\,z,\, \frac{|z|^2-1}{|z|^2+1} \right) & \text{falls } z \neq \infty \\ (0,0,1) & \text{falls } z = \infty \end{cases} \qquad (6.5)$$

Diese Bijektion ist der Grund dafür, daß wir in Kapitel 3 die Menge $\mathbb{P}_1\mathbb{C} = \mathbb{C} \cup \{\infty\}$ als „Zahlenkugel" bezeichnet haben.

Jede Drehung $R \in SO(3)$ bildet die Sphäre S^2 auf sich ab. Wir wollen nun untersuchen, wie die entsprechende Abbildung $\mathbb{P}_1\mathbb{C} \to \mathbb{P}_1\mathbb{C}$, $z \mapsto p\left(R(p^{-1}(z))\right)$ aussieht. Zunächst betrachten wir den Fall, daß $R = S_3(\alpha)$ eine Drehung um die x_3-Achse mit Winkel α ist. Aus der Konstruktion ist klar, daß für $z \in \mathbb{P}_1\mathbb{C}$

$$p\left(R(p^{-1}(z))\right) \;=\; \begin{cases} e^{i\alpha} \cdot z & \text{falls } z \neq \infty \\ \infty & \text{falls } z = \infty \end{cases}$$

denn in der komplexen Ebene beschreibt die Multiplikation mit $e^{i\alpha} = \cos\alpha + i\sin\alpha$ gerade die Drehung um 0 um den Winkel α. Die Abbildung $p \circ R \circ p^{-1} : \mathbb{P}_1\mathbb{C} \longrightarrow \mathbb{P}_1\mathbb{C}$ ist also in diesem Fall gleich der gebrochen linearen Abbildung φ_A, wobei

$$A \;=\; \begin{pmatrix} e^{i\alpha/2} & 0 \\ 0 & e^{-i\alpha/2} \end{pmatrix}$$

In Formeln:

$$p \circ S_3(\alpha) \circ p^{-1} \;=\; \varphi \begin{pmatrix} e^{i\alpha/2} & 0 \\ 0 & e^{-i\alpha/2} \end{pmatrix} \qquad (6.6)$$

Man beachte, daß A in der definierten Gruppe $SU(2)$ liegt. Als nächstes betrachten wir den Fall, daß $R = S_2(90^\circ)$ die Drehung um den Winkel 90° um die x_2-Achse ist. Dann ist für $\mathbf{x} \in S^2$

$$R \cdot \begin{pmatrix} x_1 \\ x_2 \\ x_3 \end{pmatrix} = \begin{pmatrix} x_3 \\ x_2 \\ -x_1 \end{pmatrix}$$

Für $\mathbf{x} \neq (0,0,1), (1,0,0)$ ist

$$p(\mathbf{x}) = \frac{1}{1-x_3}(x_1 + ix_2) \quad \text{und} \quad p(R \cdot \mathbf{x}) = \frac{1}{1+x_1}(x_3 + ix_2)$$

Setze

$$A := \tfrac{1}{\sqrt{2}} \begin{pmatrix} 1 & -1 \\ 1 & 1 \end{pmatrix}$$

Diese Matrix liegt in $SU(2)$. Dann ist

$$\varphi_A(p(\mathbf{x})) = \frac{x_1 + ix_2 - 1 + x_3}{x_1 + ix_2 + 1 - x_3} = \frac{-1 + x_1 + x_3 + ix_2}{1 + x_1 - x_3 + ix_2}$$

Somit ist

$$\frac{\varphi_A(p(\mathbf{x}))}{p(R \cdot \mathbf{x})} = \frac{(-1 + x_1 + x_3 + ix_2)(1 + x_1)}{(1 + x_1 - x_3 + ix_2)(x_3 + ix_2)}$$

$$= \frac{-1 + x_1^2 + x_3 + x_1 x_3 + i(x_2 + x_1 x_2)}{x_3 + x_1 x_3 - x_3^2 - x_2^2 + i(x_2 + x_1 x_2)} = 1$$

da ja $x_3^2 + x_2^2 = 1 - x_1^2$. Also ist

$$p \circ S_2(90°) \circ p^{-1} = \varphi_{\frac{1}{\sqrt{2}}\begin{pmatrix} 1 & -1 \\ 1 & 1 \end{pmatrix}} \tag{6.7}$$

Die obigen Argumente zeigen, daß es für jede Drehung R in

$$\mathcal{S} := \{ S_3(\alpha) \mid \alpha \in \mathbb{R} \} \cup \{S_2(90°)\}$$

eine Matrix A in $SU(2)$ gibt, so daß

$$p \circ R \circ p^{-1} = \varphi_A$$

Sind $R, R' \in SO(3)$, so daß es $A, A' \in SU(2)$ gibt mit

$$p \circ R \circ p^{-1} = \varphi_A \qquad p \circ R' \circ p^{-1} = \varphi_{A'}$$

so ist

$$p \circ (R \circ R') \circ p^{-1} = \varphi_{A \circ A'} \quad \text{und} \quad p \circ R^{-1} \circ p^{-1} = \varphi_{A^{-1}}$$

Folglich gibt es für jedes $R \in SO(3)$, das sich in der Form $R = S_1^{\varepsilon_1} \circ \cdots \circ S_r^{\varepsilon_r}$ mit $S_i \in \mathcal{S}, \varepsilon_i \in \{\pm 1\}$ schreiben läßt, eine Matrix A in $SU(2)$, so daß $p \circ R \circ p^{-1} = \varphi_A$. Nun gilt aber

Lemma 110 *Die Menge*

$$\mathcal{S} := \{ S_3(\alpha) \mid \alpha \in \mathbb{R} \} \cup \{S_2(90°)\}$$

ist ein Erzeugendensystem von $SO(3)$.

Beweis Nach Korollar 108 bilden die Matrizen $S_3(\alpha), \alpha \in \mathbb{R}$ und $S_1(\beta), \beta \in \mathbb{R}$ ein Erzeugendensystem für $SO(3)$. Nun ist für jedes β

$$S_1(\beta) = S_2(90°) \circ S_3(\beta) \circ S_2(90°)^{-1}$$

(siehe Bild 6.7) Daraus folgt, daß $\mathcal{S}$ ein Erzeugendensystem für $SO(3)$ ist.   □

Nach dem, was wir vor Lemma 110 gesagt haben, gibt es also für jedes $R \in SO(3)$ ein $A \in SU(2)$, so daß $p \circ R \circ p^{-1} = \varphi_A$. Genauer gilt

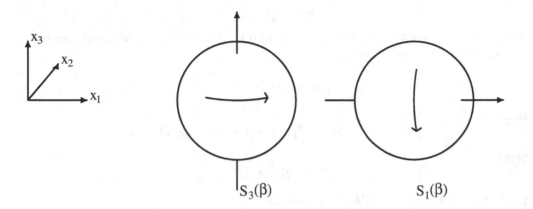

Bild 6.7

Satz 6.5 *Es gibt einen surjektiven Gruppenhomomorphismus*

$$\rho : \; SU(2) \longrightarrow SO(3)$$

so daß für alle $A \in SU(2)$

$$\rho(A) \; = \; p^{-1} \circ \varphi_A \circ p$$

Ferner gilt für $A, A' \in SU(2)$

$$\rho(A) = \rho(A') \quad \text{genau dann, wenn} \quad A = \pm A'$$

Beweis Zunächst zeigen wir, daß für jedes $A \in SU(2)$ die Abbildung

$$S^2 \longrightarrow S^2 \quad , \quad \mathbf{x} \mapsto \left(p^{-1} \circ \varphi_A \circ p\right)(\mathbf{x})$$

von der Form $\mathbf{x} \mapsto R \cdot \mathbf{x}$ mit $R \in SO(3)$ ist. Dieses Element R von $SO(3)$ ist dann natürlich eindeutig.

Sei also $A \in SU(2)$. Das Polynom $f(\lambda) := \det(A - \lambda \mathbb{1})$ (das charakteristische Polynom von A) hat Grad 2 in λ. Sei $\lambda_0 \in \mathbb{C}$ eine Nullstelle von f. Dann gibt es einen von $\mathbf{0}$ verschiedenen Vektor $\mathbf{v} = (v_1, v_2) \in \mathbb{C}^2$ so daß $(A - \lambda_0 \mathbb{1}) \cdot \mathbf{v} = \mathbf{0}$, d.h.

$$A \cdot \mathbf{v} \; = \; \lambda_0 \mathbf{v}$$

Setze

$$z := \begin{cases} v_1/v_2 & \text{falls } v_2 \neq 0 \\ \infty & \text{falls } v_2 = 0 \end{cases}$$

Indem man Bemerkung 27 anwendet oder direkt nachrechnet, sieht man, daß

$$\varphi_A(z) \; = \; z$$

Setze

$$\hat{\mathbf{x}} := p^{-1}(z)$$

Wähle nun $S \in SO(3)$ so, daß $S \cdot \hat{\mathbf{x}} = N = (0,0,1)$. Nach dem, was wir oben bewiesen haben, gibt es $B \in SU(2)$ so daß

$$\varphi_B = p \circ S \circ p^{-1}$$

Dann ist

$$\varphi_B(z) = \left(p \circ S \circ p^{-1}\right)(z) = p(S \cdot \hat{\mathbf{x}}) = p(N) = \infty$$

Setze

$$A' = B \circ A \circ B^{-1}$$

Dies ist ein Element von $SU(2)$, und es gilt

$$\varphi_{A'}(\infty) = \varphi_B \circ \varphi_A \circ \varphi_B^{-1}(\infty) = \infty$$

Schreibe

$$A' = \begin{pmatrix} a' & b' \\ -\bar{b}' & \bar{a}' \end{pmatrix} \quad \text{mit } a',b' \in \mathbb{C}, \ |a'|^2 + |b'|^2 = 1$$

Da $\varphi_{A'}(\infty) = \infty$ ist $b' = 0$. Somit hat A' die Gestalt

$$A' = \begin{pmatrix} e^{i\alpha} & 0 \\ 0 & e^{-i\alpha} \end{pmatrix} \quad \text{mit } \alpha \in \mathbb{R}$$

Mit (6.6) folgt daraus, daß

$$p^{-1} \circ \varphi_{A'} \circ p = S_3(2\alpha)$$

Deshalb ist

$$p^{-1} \circ \varphi_A \circ p = p^{-1} \circ \varphi_{(B^{-1} \circ A' \circ B)} \circ p = p^{-1} \circ \varphi_B^{-1} \circ \varphi_{A'} \circ \varphi_B \circ p$$
$$= \left(p^{-1} \circ \varphi_B^{-1} \circ p\right) \circ \left(p^{-1} \circ \varphi_{A'} \circ p\right) \circ \left(p^{-1} \circ \varphi_B \circ p\right) = S^{-1} \circ S_3(2\alpha) \circ S$$

ein Element von $SO(3)$. Wir definieren jetzt $\rho : SU(2) \mapsto SO(3)$, indem wir jedem $A \in SU(2)$ das eindeutig bestimmte Element $R = \rho(A)$ von $SO(3)$ zuordnen, für das $R \cdot \mathbf{x} = (p^{-1} \circ \varphi_A \circ p)(\mathbf{x})$ für $\mathbf{x} \in S^2$ gilt. Es ist leicht nachzurechnen, daß ρ ein Gruppenhomomorphismus ist. Die Surjektivität von ρ haben wir bereits in den Überlegungen vor der Formulierung von Satz 6.5 bewiesen. Ist schließlich $\rho(A) = \rho(A')$, so setze $B := A^{-1} \circ A'$. Dann ist $\rho(B) = \mathbb{1}$, also $\varphi_B = \text{id}$. Daraus folgt, daß $B = \pm\mathbb{1}$, also $A' = \pm A$. Damit ist Satz 6.5 bewiesen. $\qquad \square$

Bemerkung 111 *(Ergänzung zu Satz 6.5)*
i)

$$\rho\left(\begin{pmatrix} e^{i\alpha} & 0 \\ 0 & e^{-i\alpha} \end{pmatrix}\right) = S_3(2\alpha) \quad \text{für alle } \alpha \in \mathbb{R}, \text{ und}$$

$$\rho\left(\frac{1}{\sqrt{2}}\begin{pmatrix} 1 & -1 \\ 1 & 1 \end{pmatrix}\right) = S_2(90°)$$

ii) Die Gruppe $SU(2)$ wird von den Matrizen

$$\frac{1}{\sqrt{2}}\begin{pmatrix} 1 & -1 \\ 1 & 1 \end{pmatrix} \quad \text{und} \quad \begin{pmatrix} e^{i\alpha} & 0 \\ 0 & e^{-i\alpha} \end{pmatrix}, \alpha \in \mathbb{R}$$

erzeugt.

Beweis: Teil (i) folgt direkt aus (6.6) und (6.7). Zum Beweis von (ii) sei

$$\mathcal{E} = \left\{\begin{pmatrix} e^{i\alpha} & 0 \\ 0 & e^{-i\alpha} \end{pmatrix} \Big/ \alpha \in \mathbb{R}\right\} \cup \left\{\frac{1}{\sqrt{2}}\begin{pmatrix} 1 & -1 \\ 1 & 1 \end{pmatrix}\right\}$$

und

$$H := \left\{ A_1^{\varepsilon_1} \circ A_2^{\varepsilon_2} \circ \cdots \circ A_r^{\varepsilon_r} \mid A_j \in \mathcal{E}, \varepsilon_j \in \{\pm 1\}, r \in \mathbb{N} \right\}$$

Dann ist H eine Untergruppe von $SU(2)$. Wir müssen zeigen, daß $H = SU(2)$. Nach (i) und Lemma 110 ist $\{ \rho(A) \mid A \in \mathcal{E} \}$ ein Erzeugendensystem für $SO(3)$. Somit gibt es für jedes Element R von $SO(3)$ Matrizen $A_1, \cdots, A_r$ in $\mathcal{E}$ und $\varepsilon_1, \cdots, \varepsilon_r \in \{\pm 1\}$ so daß

$$R = \rho(A_1)^{\varepsilon_1} \circ \cdots \circ \rho(A_r)^{\varepsilon_r} = \rho\left(A_1^{\varepsilon_1} \circ \cdots \circ A_r^{\varepsilon_r}\right)$$

Deshalb ist

$$\rho(H) = SO(3)$$

Sei nun $A \in SU(2)$. Da $\rho(H) = SO(3)$, gibt es $A' \in H$ so daß $\rho(A) = \rho(A')$. Nach Satz 6.5 ist $A = \pm A'$. Da

$$-\mathbb{1} = \begin{pmatrix} e^{i\pi} & 0 \\ 0 & e^{-i\pi} \end{pmatrix}$$

in $\mathcal{E}$ liegt, ist $A = (\pm \mathbb{1}) \circ A'$ in H. Dies zeigt, daß $H = SU(2)$. $\square$

Aus Satz 6.5 ergibt sich

Korollar 112 *Sei K ein Kreis auf der 2-Sphäre S^2. Falls K durch den Nordpol N geht, ist $\hat{p}(K - \{N\})$ eine Gerade in der Ebene E. Falls K nicht durch den Nordpol N geht, ist $\hat{p}(K)$ ein Kreis in der Ebene E.*

Beweis Der Kreis K ist der Durchschnitt einer Ebene F mit S^2. Falls K durch N geht, so ist

$$\hat{p}(K - \{N\}) = E \cap F$$

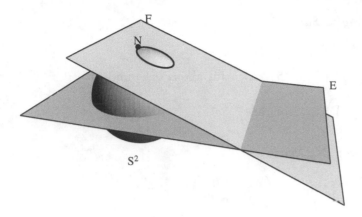

Bild 6.8

(vgl. Bild 6.8). Wir betrachten nun den Fall, daß K nicht durch N geht. Wähle eine Drehung $R \in SO(3)$, die F auf eine zu E parallele Ebene F' abbildet. Dann ist $K' = R(K)$ ein "Breitenkreis" auf S^2. Es ist klar, daß das Bild von K' unter der stereographischen Projektion p ein Kreis in $\mathbb{C}$ mit 0 als Mittelpunkt ist (siehe Bild 6.9). Nach Satz 6.5 gibt es $A \in SU(2)$, so daß $\rho(A) = R^{-1}$. Dann ist

$$p(K) = p(R^{-1}(K')) = (p \circ \rho(A))(K') = \varphi_A(p(K'))$$

Wie wir eben gesehen haben, ist $p(K')$ ein Kreis in $\mathbb{C}$. Da gebrochen lineare Trans-

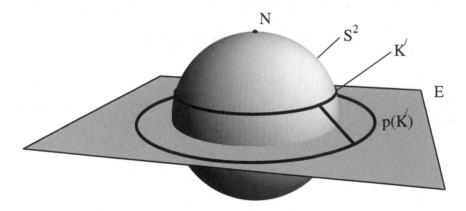

Bild 6.9

formationen Kreise und Geraden in Kreise oder Geraden überführen (Proposition 42), ist dann auch $p(K) = \varphi_A(p(K'))$ ein Kreis oder eine Gerade. Da $p(K)$ kompakt ist, ist es ein Kreis. $\qquad \square$

Bemerkung 113 Manche Autoren verwenden zur Konstruktion von ρ die stereographische Projektion vom Nordpol N aus auf die Ebene $\{\,(x_1,x_2,x_3) \in \mathbb{R}^3/x_3 = -1\}$ (siehe Bild 6.10).

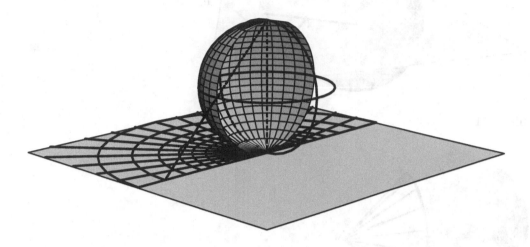

Bild 6.10

Diese Abbildung unterscheidet sich von der hier betrachteten Abbildung p nur um den Faktor 2.

Übung: Sei $\sigma:\ (x_1,x_2,x_3) \mapsto (x_1,x_2,-x_3)$ die Spiegelung an der (x_1,x_2) - Ebene. Bestimmen Sie die Abbildung $p \circ \sigma \circ p^{-1}$ und geben Sie eine geometrische Interpretation ihrer Einschränkung auf $\mathbb{C} \setminus \{0\}$!

Übung: Wie oben bezeichne $\hat{p}: S^2 \setminus \{N\} \longrightarrow E$ die stereographische Projektion.

i) Sei $\mathbf{x} \in S^2 \setminus \{N\}$, g eine Tangentialgerade an S^2 im Punkt $\mathbf{x}$, h die Verbindungsgerade von $\mathbf{x}$ und $\hat{p}(\mathbf{x})$, und $\hat{p}(g)$ die Schnittgerade der Ebene E mit der Ebene durch g und N (siehe Bild 6.11). Beweisen Sie, daß die Gerade h mit der Geraden g den gleichen Winkel einschließt wie mit der Geraden $\hat{p}(g)$!

ii) Sei K ein Kreis auf S^2, der nicht durch N geht. Dann gibt es einen Punkt M im Raum, so daß alle Tangenten von M aus an S^2 die Sphäre S^2 in Punkten von K treffen (siehe Bild 6.12). Zeigen Sie, daß $\hat{p}(K)$ ein Kreis mit Mittelpunkt $\hat{p}(M)$ ist! Hier bezeichnet $\hat{p}(M)$ den Durchstoßpunkt der Geraden durch N und M mit der Ebene E.

iii) Verwenden Sie (i), um zu zeigen, daß $\hat{p}$ winkeltreu ist! Wegen der Winkeltreue wird die stereographische Projektion manchmal bei der Erstellung von Landkarten verwendet.

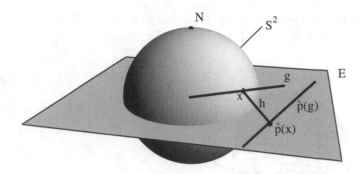

Bild 6.11

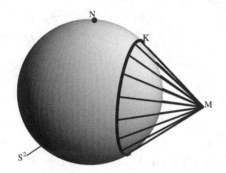

Bild 6.12

6.4   Die Pauli-Matrizen

Den im vorigen Abschnitt beschriebenen Homomorphismus

$$\rho : SU(2) \longrightarrow SO(3)$$

kann man auch auf algebraische Weise konstruieren. Dazu sei $sU(2)$ die Menge aller komplexen (2×2)-Matrizen X für die

$$X^\top = -\bar{X} \quad \text{und} \quad \text{Spur} X = 0$$

Wir erinnern daran, daß die *Spur* einer Matrix die Summe ihrer Diagonalelemente ist, d.h.

$$\text{Spur} \begin{pmatrix} a_{11} & a_{12} \\ a_{21} & a_{22} \end{pmatrix} = a_{11} + a_{22}$$

Lemma 114 *Die Abbildung*

$$\begin{aligned} SU(2) \times sU(2) &\rightarrow sU(2) \\ (A, X) &\mapsto A \circ X \circ A^{-1} \end{aligned}$$

definiert eine Operation der Gruppe $SU(2)$ auf $sU(2)$.

Beweis Im Wesentlichen ist zu zeigen, daß für $X \in sU(2), A \in SU(2)$ die Matrix $A \circ X \circ A^{-1}$ wieder in $sU(2)$ liegt. Nun ist

$$(A \circ X \circ A^{-1})^\top + \overline{(A \circ X \circ A^{-1})} = (A^{-1})^\top \circ X^\top \circ A + \bar{A} \circ \bar{X} \circ \bar{A}^{-1}$$

Da $A^\top \circ \bar{A} = \mathbb{1}$, ist $A^\top = \bar{A}^{-1}$ und $(A^\top)^{-1} = (A^{-1})^\top = \bar{A}$. Somit ist

$$
\begin{aligned}
(A \circ X \circ A^{-1})^\top + \overline{(A \circ X \circ A^{-1})} &= \bar{A} \circ X^\top \circ \bar{A}^{-1} + \bar{A} \circ \bar{X} \circ \bar{A}^{-1} \\
&= \bar{A} \circ (X^\top + \bar{X}) \circ \bar{A}^{-1} \\
&= 0
\end{aligned}
$$

Ferner ist

$$\mathrm{Spur}(A \circ X \circ A^{-1}) = \mathrm{Spur}(X) = 0$$

da sich die Spur einer Matrix bei Konjugation nicht ändert. $\qquad\square$

$sU(2)$ ist – bezüglich Addition von Matrizen und komponentenweiser Skalarmultiplikation – ein reeller Vektorraum. Sind $\sigma^1, \sigma^2, \sigma^3$ die *Pauli-Matrizen*

$$\sigma^1 := \begin{pmatrix} 0 & 1 \\ 1 & 0 \end{pmatrix} \quad, \quad \sigma^2 := \begin{pmatrix} 0 & -i \\ i & 0 \end{pmatrix} \quad, \quad \sigma^3 := \begin{pmatrix} 1 & 0 \\ 0 & -1 \end{pmatrix}$$

so bilden $i \cdot \sigma^1, i \cdot \sigma^2, i \cdot \sigma^3$ eine Basis dieses Vektorraums. Für jedes $A \in SU(2)$ ist die Abbildung

$$
\begin{aligned}
sU(2) &\to sU(2) \\
X &\mapsto A \circ X \circ A^{-1}
\end{aligned}
$$

eine lineare Abbildung. Wie in Satz 6.3 zeigt man, daß $sU(2)$ die Menge der Ableitungen $\dot{A}(0)$ differenzierbarer $SU(2)$-wertiger Funktionen $t \mapsto A(t)$ mit $A(0) = \mathbb{1}$ ist. $sU(2)$ ist also die Lialgebra von $SU(2)$, und die in Lemma 114 definierte Operation ist die adjungierte Darstellung. Mit Hilfe der adjungierten Darstellung von $SU(2)$ auf dem dreidimensionalen Vektorraum $sU(2)$ können wir die Abbildung $\rho: SU(2) \longrightarrow SO(3)$ elegant beschreiben.

Satz 6.6 *Sei* $\mathcal{X}: \mathbb{R}^3 \mapsto sU(2)$ *die Abbildung* $(x_1, x_2, x_3) \mapsto i(x_1 \sigma^1 - x_2 \sigma^2 + x_3 \sigma^3)$. *Dann gilt für alle* $A \in SU(2)$ *und alle* $\mathbf{x} \in \mathbb{R}^3$

$$\rho(A) \cdot \mathbf{x} = \mathcal{X}^{-1}(A \circ \mathcal{X}(\mathbf{x}) \circ A^{-1})$$

Mit anderen Worten: Die Konjugation mit A *in* $sU(2)$ *entspricht unter der Abbildung* $\mathcal{X}$ *der Drehung* $\rho(A)$ *in* $\mathbb{R}^3$.

Beweis Für jedes $A \in SU(2)$ ist

$$
\begin{aligned}
\tilde{\rho}(A): \mathbb{R}^3 &\to \mathbb{R}^3 \\
\mathbf{x} &\mapsto \mathcal{X}^{-1}(A \circ \mathcal{X}(\mathbf{x}) \circ A^{-1})
\end{aligned}
$$

eine lineare Abbildung von $\mathbb{R}^3$ auf sich, wird also durch eine Matrix beschrieben, die wir auch mit $\tilde{\rho}(A)$ bezeichnen. Da $(A,X) \mapsto A \circ X \circ A^{-1}$ eine Gruppenoperation von $SU(2)$ auf $sU(2)$ ist, ist $\tilde{\rho}$ ein Gruppenhomomorphismus von $SU(2)$ in die Gruppe $GL(3,\mathbb{R})$ der invertierbaren reellen (3×3)-Matrizen. Wir wollen zeigen, daß $\tilde{\rho} = \rho$. Dazu genügt es, zu zeigen, daß $\tilde{\rho}(A) = \rho(A)$ für alle A in einem Erzeugendensystem von $SU(2)$. Nach Lemma 110 erzeugen die Matrizen

$$\begin{pmatrix} e^{i\alpha} & 0 \\ 0 & e^{-i\alpha} \end{pmatrix} \quad \text{mit } \alpha \in \mathbb{R} \quad \text{und} \quad \frac{1}{\sqrt{2}} \begin{pmatrix} 1 & -1 \\ 1 & 1 \end{pmatrix}$$

die Gruppe $SU(2)$. Nun ist

$$\begin{pmatrix} e^{i\alpha} & 0 \\ 0 & e^{-i\alpha} \end{pmatrix} \circ \sigma^1 \circ \begin{pmatrix} e^{i\alpha} & 0 \\ 0 & e^{-i\alpha} \end{pmatrix}^{-1} = \begin{pmatrix} 0 & e^{2i\alpha} \\ e^{-2i\alpha} & 0 \end{pmatrix} = (\cos 2\alpha)\,\sigma^1 - (\sin 2\alpha)\,\sigma^2$$

$$\begin{pmatrix} e^{i\alpha} & 0 \\ 0 & e^{-i\alpha} \end{pmatrix} \circ \sigma^2 \circ \begin{pmatrix} e^{i\alpha} & 0 \\ 0 & e^{-i\alpha} \end{pmatrix}^{-1} = \begin{pmatrix} 0 & -ie^{2i\alpha} \\ ie^{-2i\alpha} & 0 \end{pmatrix} = (\sin 2\alpha)\,\sigma^1 + (\cos 2\alpha)\,\sigma^2$$

$$\begin{pmatrix} e^{i\alpha} & 0 \\ 0 & e^{-i\alpha} \end{pmatrix} \circ \sigma^3 \circ \begin{pmatrix} e^{i\alpha} & 0 \\ 0 & e^{-i\alpha} \end{pmatrix}^{-1} = \sigma^3$$

Also ist

$$\tilde{\rho}\left(\begin{pmatrix} e^{i\alpha} & 0 \\ 0 & e^{-i\alpha} \end{pmatrix} \right) = S_3(2\alpha) = \rho\left(\begin{pmatrix} e^{i\alpha} & 0 \\ 0 & e^{-i\alpha} \end{pmatrix} \right)$$

Ebenso ist

$$\frac{1}{\sqrt{2}} \begin{pmatrix} 1 & -1 \\ 1 & 1 \end{pmatrix} \circ \sigma^1 \circ \left(\frac{1}{\sqrt{2}} \begin{pmatrix} 1 & -1 \\ 1 & 1 \end{pmatrix} \right)^{-1} = -\sigma^3$$

$$\frac{1}{\sqrt{2}} \begin{pmatrix} 1 & -1 \\ 1 & 1 \end{pmatrix} \circ \sigma^2 \circ \left(\frac{1}{\sqrt{2}} \begin{pmatrix} 1 & -1 \\ 1 & 1 \end{pmatrix} \right)^{-1} = \sigma^2$$

$$\frac{1}{\sqrt{2}} \begin{pmatrix} 1 & -1 \\ 1 & 1 \end{pmatrix} \circ \sigma^3 \circ \left(\frac{1}{\sqrt{2}} \begin{pmatrix} 1 & -1 \\ 1 & 1 \end{pmatrix} \right)^{-1} = \sigma^1$$

Also ist

$$\tilde{\rho}\left(\frac{1}{\sqrt{2}} \begin{pmatrix} 1 & -1 \\ 1 & 1 \end{pmatrix} \right) = S_2(90°) = \rho\left(\frac{1}{\sqrt{2}} \begin{pmatrix} 1 & -1 \\ 1 & 1 \end{pmatrix} \right)$$

$\square$

Korollar 115 *Ist $A \in SU(2)$, so ist für $j = 1,2,3$*

$$(-1)^{j+1} A\,\sigma^j\,A^{-1} = \sum_{i=1}^{3} \rho(A)_{ij}\,(-1)^{i+1}\sigma^i$$

Dabei bezeichnet $\rho(A)_{ij}$ den Eintrag der (3×3)-Matrix $\rho(A)$ in der i-ten Zeile und der j-ten Spalte.

Beweis

$$(-1)^{j+1} A \sigma^j A^{-1} = A \mathcal{X}(e_j) A^{-1} = \mathcal{X}(\rho(A) e_j)$$

$$= \mathcal{X}\left(\sum_{i=1}^{3} \rho(A)_{ij} e_i\right) = \sum_{i=1}^{3} \rho(A)_{ij} (-1)^{i+1} \sigma^i$$

$\square$

Bemerkung 116 $SO(3)$ ist die Menge der reellen (3×3)−Matrizen mit Determinante 1, die das Skalarprodukt auf $\mathbb{R}^3$ invariant lassen. Man kann leicht nachrechnen, daß unter dem Vektorraumisomorphismus $\mathcal{X} : \mathbb{R}^3 \to sU(2)$ das Skalarprodukt in $\mathbb{R}^3$ der auf $sU(2)$ definierten symmetrischen Bilinearform

$$(X, Y) := -\tfrac{1}{2} \operatorname{Spur}(X \circ Y) \tag{6.8}$$

entspricht, das heißt

$$\mathbf{x} \cdot \mathbf{y} = (\mathcal{X}(\mathbf{x}), \mathcal{X}(\mathbf{y})) \quad \text{für alle } \mathbf{x}, \mathbf{y} \in \mathbb{R}^3$$

Allgemein definiert (6.8) eine Bilinearform auf der Liealgebra $\underline{g}$ einer Matrixgruppe G, denn es ist ja stets

$$\operatorname{Spur}(X \circ Y) = \operatorname{Spur}(Y \circ X)$$

Diese Bilinearform heißt die *Killingform* auf $\underline{g}$ (nach dem Mathematiker Wilhelm Killing (1847 - 1923)). Sie ist stets invariant unter der adjungierten Darstellung, denn

$$\operatorname{Spur}(X \circ Y) = \operatorname{Spur}(A \circ (X \circ Y) \circ A^{-1}) = \operatorname{Spur}((A \circ X \circ A^{-1}) \circ (A \circ Y \circ A^{-1}))$$

Bemerkung 117 Korollar 115 ermöglicht es, für beliebiges $A \in SU(2)$ das Bild $\rho(A)$ auszurechnen. Es ergibt sich: Ist

$$A = \begin{pmatrix} \alpha + i\beta & -\gamma + i\delta \\ \gamma + i\delta & \alpha - i\beta \end{pmatrix} \quad \text{mit } \alpha, \beta, \gamma, \delta \in \mathbb{R}$$

so ist

$$\rho(A) = \begin{pmatrix} \alpha^2 - \beta^2 - \gamma^2 + \delta^2 & -2\alpha\beta + 2\gamma\delta & 2\alpha\gamma + 2\beta\delta \\ 2\alpha\beta + 2\gamma\delta & \alpha^2 - \beta^2 + \gamma^2 - \delta^2 & -2\alpha\delta + 2\beta\gamma \\ -2\alpha\gamma + 2\beta\delta & 2\alpha\delta + 2\beta\gamma & \alpha^2 + \beta^2 - \gamma^2 - \delta^2 \end{pmatrix}$$

Übung:

(i) Zeigen Sie

$$\sigma^j \circ \sigma^k + \sigma^k \circ \sigma^j = \begin{cases} 2 \cdot \mathbb{1} & \text{falls } j = k \\ 0 & \text{falls } j \neq k \end{cases} !$$

(ii) Zeigen Sie:

$$\sigma^1 \circ \sigma^2 = i\sigma^3 \quad , \quad \sigma^2 \circ \sigma^3 = i\sigma^1 \quad , \quad \sigma^3 \circ \sigma^1 = i\sigma^2$$

(iii) Zeigen Sie:

$$\mathcal{X}(\mathbf{v} \times \mathbf{w}) = \tfrac{1}{2} \left(\mathcal{X}(\mathbf{v}) \circ \mathcal{X}(\mathbf{w}) - \mathcal{X}(\mathbf{w}) \circ \mathcal{X}(\mathbf{v}) \right) - [\mathcal{X}(\mathbf{v}), \mathcal{X}(\mathbf{w})]$$

für alle $\mathbf{v}, \mathbf{w} \in \mathbb{R}^3$! Dabei bezeichnet $\mathbf{v} \times \mathbf{w}$ das Vektorprodukt von $\mathbf{v}$ und $\mathbf{w}$; vgl Kapitel 2.

(iv) Konstruieren Sie einen Vektorraumisomorphismus $F : sU(2) \to sO(3)$, so daß $F([X,Y]) = [F(X),F(Y)]$ für alle $X,Y \in sU(2)$!

(v) Was ist die Killingform auf $sO(3)$?

Übung: Sei $R \in SO(3)$ die Drehung mit den Eulerschen Winkeln ϑ, φ, ψ. Bestimmen Sie $A \in SU(2)$ so daß $\rho(A) = R$!

6.5 Ein Weg in $SO(3)$, der nicht zusammenziehbar ist

In diesem Abschnitt wollen wir eine interessante topologische Eigenschaft von $SO(3)$ vorstellen, nämlich die, daß es in $SO(3)$ einen geschlossenen Weg w gibt, der nicht zusammenziehbar ist, daß aber der Weg, den man erhält, wenn man w zweimal durchläuft, zusammenziehbar ist (siehe Bild 6.13).

nicht zusammenziehbar   zusammenziehbar

Bild 6.13

Um diese Aussage zu präzisieren, machen wir einige Definitionen.

Definition 118 *Sei X eine Teilmenge von $\mathbb{R}^n$ (oder allgemeiner, ein metrischer Raum, oder, noch allgemeiner, ein topologischer Raum) und x_0 ein Punkt von X. Ein geschlossener Weg in X mit Anfangs- und Endpunkt x_0 ist eine stetige Abbildung*

$$w : [0,1] \longrightarrow X$$

so daß $w(0) = w(1) = x_0$. Der Weg w heißt zusammenziehbar, *falls es eine stetige Abbildung*

$$h : [0,1] \times [0,1] \longrightarrow X$$

gibt, so daß

$$
\begin{aligned}
h(t,0) &= w(t) && \text{für alle } t \in [0,1] \\
h(0,s) = h(1,s) &= x_0 && \text{für alle } s \in [0,1] \\
h(t,1) &= x_0 && \text{für alle } t \in [0,1]
\end{aligned}
$$

Bemerkung 119 In der obigen Situation bildet h die Seiten $\{0\} \times [0,1], [0,1] \times \{1\}$ und $\{1\} \times [0,1]$ des Quadrats $[0,1] \times [0,1]$ auf x_0 ab. Setzt man $h_s(t) := h(t,s)$, so ist für jedes $s \in [0,1]$ die Abbildung $h_s : [0,1] \to X$ ein geschlossener Weg mit Anfangs- und Endpunkt x_0. h_0 ist der Weg w, während $h_1(t) = x_0$ für alle $t \in [0,1]$ ist. Der Weg w ist also zusammenziehbar, wenn es eine „stetige Familie" von Wegen h_s gibt, die w mit dem konstanten Weg $h_1(t) = x_0$ verbinden.

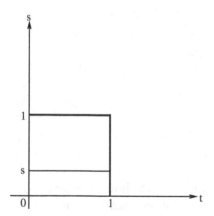

Bild 6.14

Übung: Zeigen Sie, daß jeder Weg in $\mathbb{R}^3$ mit Anfangs- und Endpunkt $\mathbf{0}$ zusammenziehbar ist!

$SO(3)$ besteht aus (3×3)-Matrizen, kann also als eine Teilmenge von $\mathbb{R}^{3 \times 3} = \mathbb{R}^9$ aufgefaßt werden. Deshalb sind die obigen Definitionen auf $SO(3)$ anwendbar. Was wir am Anfang dieses Abschnitts angedeutet haben, können wir jetzt exakt formulieren. Wir bezeichnen mit $S_3(\alpha)$ die Drehung

$$S_3(\alpha) = \begin{pmatrix} \cos\alpha & -\sin\alpha & 0 \\ \sin\alpha & \cos\alpha & 0 \\ 0 & 0 & 1 \end{pmatrix}$$

um die x_3-Achse mit Winkel α.

Satz 6.7 (i) *Der Weg* $w_1 : [0,1] \to SO(3), t \mapsto S_3(t \cdot 360°)$ *in* $SO(3)$ *mit Anfangs- und Endpunkt* $\mathbb{1}$ *ist nicht zusamenziehbar.*

(ii) *Der Weg* $w_2 : [0,1] \to SO(3), t \mapsto S_3(2t \cdot 360°)$ *in* $SO(3)$ *mit Anfangs- und Endpunkt* $\mathbb{1}$ *ist zusammenziehbar.*

Der Weg w_2 entsteht aus dem Weg w_1, indem man w_1 - mit doppelter Geschwindigkeit - zweimal durchläuft. Wir beschreiben in diesem Abschnitt eine „gymnastische Übung", die Satz 6.7 plausibel macht (in Abschnitt 6.6 skizzieren wir einen mathematisch exakten Beweis):
Halten Sie zunächst den rechten Arm senkrecht nach unten und winkeln Sie die Hand mit der Handfläche nach oben an, so daß die Finger nach vorne zeigen (siehe Bild 6.15). Diese Lage des Arms nennen wir die *Ruhelage*. Stellen Sie sich vor, daß

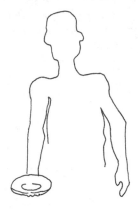

Bild 6.15 Ruhelage

an jedem Punkt des rechten Arms ein „Dreibein" (d.h. eine Orthonormalbasis von $\mathbb{R}^3$) so befestigt ist, daß die x_3-Achse des Dreibeins nach oben (parallel zum Arm), die x_1-Achse nach vorne (parallel zu den Fingern) und die x_2-Achse zum Körper hin zeigt. Parametrisieren Sie den Arm (oder genauer, einen Weg auf dem Arm) von der Schulter bis zur Hand durch $t \in [0,1]$. Einer beliebigen Stellung des Armes entspricht dann eine stetige Abbildung $[0,1] \longrightarrow SO(3), t \mapsto R(t)$. Es gibt nämlich genau eine Drehung $R(t) \in SO(3)$, die das Dreibein an der Schulter in ein Dreibein überführt, das parallel zum Dreibein an der Stelle t des Armes ist. Falls bei der Stellung des Arms die Handfläche nach oben und die Finger nach vorne zeigen, so ist das am weitesten außen liegende Dreibein an der Hand ($t = 1$) parallel zum letzten Dreibein an der Schulter. In diesem Fall ist $R(1) = \mathbb{1}$ und R ein geschlossener Weg.

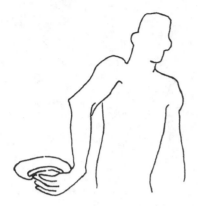

Bild 6.16 Handfläche gegenüber der Ruhelage um 360° gedreht

Betrachten wir die Stellung des Armes, die entsteht, wenn man die Handfläche gegenüber der Ruhelage um 360° dreht (siehe Bild 6.16). Falls die Parametrisierung des Armes geeignet gewählt war, stimmt der zugehörige Weg $t \mapsto R(t)$ mit $t \mapsto S_3(t \cdot 360°) = w_1(t)$ überein. Nehmen wir nun an, dieser Weg sei zusammenziehbar. Dann gäbe es eine stetige Familie R_s von geschlossenen Wegen $t \mapsto R_s(t)$ in $SO(3)$ mit Anfangs- und Endpunkt $\mathbb{1}$ ($s \in [0,1]$), so daß $R_0(t) = R(t)$ und $R_1(t) = \mathbb{1}$ für alle $t \in [0,1]$. Fassen wir s als Zeit auf, so könnte man zu jeder Zeit s den Arm in eine Lage bringen, die den Weg $t \mapsto R_s(t)$ repräsentiert. Dadurch entstünde eine Bewegung des Armes, bei der Schulter und Hand stets in dieselbe Richtung wiesen und der Arm „entdreht" würde. Probieren Sie, es geht nicht! Das überzeugt Sie vielleicht, daß der Weg $t \mapsto R(t)$ nicht zusammenziehbar ist. Dies entspricht Teil (i) von Satz 6.7. Damit ist die erste Übung beendet.

Der Weg $[0,1] \longrightarrow SO(3), t \mapsto S_3((2t) \cdot 360°)$ ist in der Praxis kaum durch eine Armstellung zu realisieren. Er entspräche ja der Situation, daß die Hand gegenüber der Ausgangslage um 720° gedreht wäre. Deshalb schlagen wir eine andere Übung vor, die deutlich macht, daß der Weg $t \mapsto S_3((2t) \cdot 360°)$ zusammenziehbar ist. Drehen Sie wie in der ersten Übung die Handfläche um 360° um die x_3-Achse! Dies ist die Ausgangslage der zweiten Übung. Ihr entspricht wieder der Weg $t \mapsto S_3(t \cdot 360°)$. Führen Sie nun die Hand über den Kopf, wobei Sie die Handfläche immer nach oben halten und sie gleichzeitig noch einmal um 360° drehen. Am Ende der Bewegung gelangen Sie zur Ruhestellung des Armes (siehe Bild 6.17). Der Teller, den Sie bei dieser Übung vielleicht in der Hand hatten, ist hoffentlich nicht heruntergefallen!

$R(t,s)$ sei die Drehung in $SO(3)$, die dem Dreibein an der Stelle t des Armes zur Zeit s der Übung entspricht. Die stetige Abbildung

$$[0,1] \times [0,1] \longrightarrow SO(3)$$
$$(t, s) \longmapsto R(t,s)$$

hat, wenn die Parametrisierung mit der Zeit s geeignet gewählt war, die folgenden Eigenschaften:

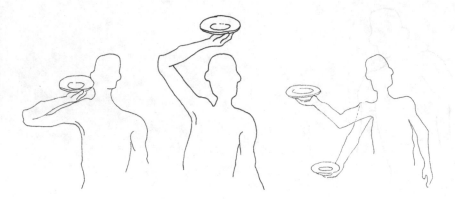

Bild 6.17

$i)$ $(t,s) \mapsto R(t,s)$ ist stetig

$ii)$ $R(t,0) = S_3(t \cdot 360°)$ (dies entspricht der Ausgangslage des Arms bei der zweiten Übung)

$iii)$ $R(1,s) = S_3(s \cdot 360°)$ (im Verlauf der Übung wird die Hand um 360° gedreht)

$iv)$ $R(t,1) = \mathbb{1}$ (am Ende der Übung ist der Arm gerade)

$v)$ $R(0,s) = \mathbb{1}$ (die Schulter hat sich nicht bewegt)   (6.9)

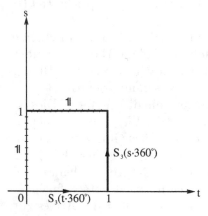

Bild 6.18

Unten werden wir eine stetige Abbildung

$$F : \ [0,1] \times [0,1] \longrightarrow: [0,1] \times [0,1]$$

konstruieren, so daß

$$F(t,0) \;=\; (2t,0) \qquad \text{für } 0 \leq t \leq \tfrac{1}{2}$$
$$F(t,0) \;=\; \left(1,2(t - \tfrac{1}{2})\right) \qquad \text{für } \tfrac{1}{2} \leq t \leq 1$$
$$F\left(\left(\{0\} \times [0,1]\right) \cup \left([0,1] \times \{1\}\right) \cup \left(\{1\} \times [0,1]\right)\right) \;\subset\; \left(\{0\} \times [0,1]\right) \cup \left([0,1] \times \{1\}\right)$$

$$(6.10)$$

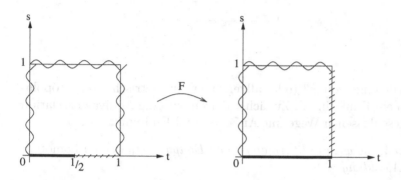

Bild 6.19

Aus (6.9) und (6.10) folgt dann, daß für

$$h \;:=\; R \circ F$$

gilt

$$h(t,0) \;=\; S_3\left((2t) \cdot 360°\right) \qquad \text{für alle } t \in [0,1]$$
$$h(0,s) \;=\; h(1,s) \;=\; \mathbb{1} \qquad \text{für alle } s \in [0,1]$$
$$h(t,1) \;=\; \mathbb{1} \qquad \text{für alle } t \in [0,1]$$

Die Abbildung h zieht also den Weg $t \mapsto S_3\left((2t) \cdot 360°\right) = w_2(t)$ zusammen. Es bleibt, eine stetige Abbildung $F : [0,1] \times [0,1] \to : [0,1] \times [0,1]$ mit den Eigenschaften (6.10) anzugeben. Man prüft leicht nach, daß

$$F : [0,1] \times [0,1] \longrightarrow [0,1] \times [0,1]$$
$$(\,t\,,\,s\,) \longmapsto \begin{cases} ((2-2s)t,s) & \text{falls } 0 \leq t \leq \tfrac{1}{2} \\ (1-s,s+(1-s)(2t-1)) & \text{falls } \tfrac{1}{2} \leq t \leq 1 \end{cases}$$

alle diese Bedingungen erfüllt (siehe Bild 6.20).

Ein anderes Experiment, das Satz 6.7 „beweist", ist in [Berger] 8.10.4 beschrieben.

6.6 Die Fundamentalgruppe

Wir skizzieren einen mathematisch präzisen Beweis von Satz 6.7. Dazu führen wir einen neuen Begriff ein, nämlich die Fundamentalgruppe. Sie ist ein Maß dafür, wieviele wesentlich verschiedene nicht zusammenziehbare Wege es in einem Raum gibt.

 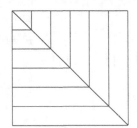

Bild 6.20

Sei wieder X eine Teilmenge von $\mathbb{R}^n$ (oder allgemeiner ein metrischer oder topologischer Raum) und x_0 ein Punkt in X. Zunächst führen wir eine Äquivalenzrelation auf der Menge aller geschlossenen Wege mit Anfangs- und Endpunkt x_0 ein.

Definition 120 *Zwei Wege* w_1, w_2 *mit Anfangs- und Endpunkt* x_0 *heißen* homotop, *wenn es eine stetige Abbildung*

$$h : [0,1] \times [0,1] \longrightarrow X$$

gibt, so daß

$$
\begin{aligned}
h(t,0) &= w_1(t) \quad \text{und} \quad h(t,1) = w_2(t) \quad \text{für alle } t \in [0,1]\\
h(0,s) &= h(1,s) = x_0 \quad \text{für alle } s \in [0,1]
\end{aligned}
$$

Wir schreiben: $w_1 \sim w_2$. *Die Abbildung heißt eine* Homotopie *zwischen* w_1 *und* w_2.

Wir bezeichnen den *konstanten Weg* mit e, d.h.

$$e(t) = x_0 \qquad \text{für alle } t \in [0,1]$$

Nach Definition ist ein Weg also genau dann zusammenziehbar, wenn er zum konstanten Weg homotop ist.

Übung: Zeigen Sie, daß $\sim$ eine Äquivalenzrelation auf der Menge aller geschlossenen Wege mit Anfangs- und Endpunkt x_0 ist!

Desweiteren definieren wir eine Verknüpfung auf der Menge aller geschlossenen Wege mit Anfangs- und Endpunkt x_0: Sind

$$w_1, w_2 : [0,1] \longrightarrow X$$

solche Wege, so ist der Weg $w_1 \circ w_2$ definiert durch

$$
\begin{aligned}
w_1 \circ w_2 \;:\; [0,1] &\longrightarrow X\\
t &\longmapsto \begin{cases} w_2(2t) & \text{für } 0 \leq t \leq \frac{1}{2}\\ w_1(2t-1) & \text{für } \frac{1}{2} \leq t \leq 1 \end{cases}
\end{aligned}
$$

$w_1 \circ w_2$ ist also der Weg, der durch Anhängen des Weges w_1 an den Weg w_2 entsteht. Es ist nicht schwer, die folgenden Tatsachen zu beweisen:

Lemma 121 *(i)* $(w_1 \circ w_2) \circ w_3 \sim w_1 \circ (w_2 \circ w_3)$ *für alle geschlossenen Wege* w_1, w_2, w_3 *mit Anfangs- und Endpunkt* x_0.

(ii) $e \circ w \sim w \circ e \sim w$ *für alle geschlossenen Wege* w *mit Anfangs- und Endpunkt* x_0.

(iii) Ist w *ein geschlossener Weg mit Anfangs- und Endpunkt* x_0, *so bezeichne* w^{-1} *den in umgekehrter Richtung durchlaufenen Weg*

$$w^{-1}(t) := w(1-t)$$

Dann ist

$$w \circ w^{-1} \sim w^{-1} \circ w \sim e$$

(iv) Sind w_1, w_1', w_2, w_2' *geschlossene Wege mit Anfangs- und Endpunkt* x_0, *und ist*

$$w_1 \sim w_1' \quad \text{und} \quad w_2 \sim w_2'$$

so ist auch

$$w_1 \circ w_2 \sim w_1' \circ w_2'$$

Für Beweise verweisen wir auf [Greenberg–Harper], [Ossa], [Schubert]. Nun sei $\pi_1(X, x_0)$ die Menge aller Äquivalenzklassen (oder, wie man auch sagt, *Homotopieklassen*) von geschlossenen Wegen mit Anfangs- und Endpunkt x_0 bezüglich der Äquivalenzrelation $\sim$. Für einen geschlossenen Weg w mit Anfangs- und Endpunkt x_0 bezeichne $[w]$ die Homotopieklasse von w.

Proposition 122 *Die Abbildung*

$$\pi_1(X, x_0) \times \pi_1(X, x_0) \longrightarrow \pi_1(X, x_0)$$
$$([w_1], [w_2]) \longmapsto [w_1 \circ w_2]$$

ist wohldefiniert und definiert eine Gruppenstruktur auf der Menge $\pi_1(X, x_0)$ *aller Homotopieklassen geschlossener Wege mit Anfangs- und Endpunkt* x_0. *Die Gruppe* $\pi_1(X, x_0)$ *mit dieser Verknüpfung heißt die* Fundamentalgruppe *von* X *bezüglich des Basispunktes* x_0.

Der Beweis von Proposition 122 ergibt sich direkt aus Lemma 121. Das neutrale Element von $\pi_1(X, x_0)$ ist die Homotopieklasse des konstanten Weges, und das Inverse von $[w]$ ist die Homotopieklasse $[w^{-1}]$ des umgekehrt durchlaufenen Weges w^{-1}.

123 *Beispiele von Fundamentalgruppen*

(i) Die Übung in Abschnitt 6.4. zeigt, daß $\pi_1(\mathbb{R}^n, 0)$ *nur aus dem neutralen Element besteht. Ist allgemeiner* X *eine zusammenhängende Menge, so daß für einen Basispunkt* x_0 *die Fundamentalgruppe* $\pi_1(X, x_0)$ *nur aus dem neutralen Element besteht, so sagt man,* X *sei* einfach zusammenhängend *oder* $\pi_1(X, x_0)$ *sei* trivial.

(ii) Die Fundamentalgruppe von $S^1 = \{(x_1,x_2) \in \mathbb{R}^2 \mid x_1^2 + x_2^2 = 1\}$ bezüglich irgendeines Basispunktes ist isomorph zu $\mathbb{Z}$. Die Techniken, die wir jetzt entwickeln, erlauben es, diese Tatsache exakt zu beweisen.

(iii) Man kann zeigen, daß die Fundamentalgruppe eines zweidimensionalen Torus isomorph zu $\mathbb{Z} \times \mathbb{Z}$ ist. Sind w_1, w_2 die in der Abbildung 6.21 skizzierten Wege, so ist jeder geschlossene Weg auf dem Torus homotop zu einem Weg der Form $w_1^m \circ w_2^n$ mit $m,n \in \mathbb{Z}$.

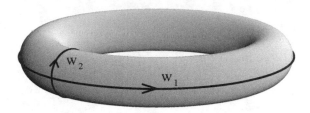

Bild 6.21

Übung: Seien x_0 und x_0' zwei Basispunkte in X. Gibt es eine stetige Abbildung $\gamma : [0,1] \longrightarrow X$ so daß $\gamma(0) = x_0, \gamma(1) = x_0'$, so sind die Gruppen $\pi_1(X,x_0)$ und $\pi_1(X,x_0')$ isomorph! Hinweis: Ist w' ein geschlossener Weg mit Anfangs- und Endpunkt x_0', so ist

$$t \mapsto \begin{cases} \gamma(3t) & \text{für } 0 \leq t \leq 1/3 \\ w'(3t-1) & \text{für } 1/3 \leq t \leq 2/3 \\ \gamma(3-3t) & \text{für } 2/3 \leq t \leq 1 \end{cases}$$

ein geschlossener Weg mit Anfangs- und Endpunkt x_0.

Mit S^n bezeichnen wir die Sphäre

$$S^n := \left\{ (x_1, \cdots, x_n, x_{n+1}) \in \mathbb{R}^{n+1} \mid x_1^2 + \cdots + x_n^2 + x_{n+1}^2 = 1 \right\}$$

Proposition 124 *Ist $n \geq 2$, so besteht für jeden Punkt $\mathbf{q} \in S^n$ die Fundamentalgruppe $\pi_1(S^n, \mathbf{q})$ nur aus dem neutralen Element, das heißt, jeder geschlossene Weg mit Anfangs- und Endpunkt $\mathbf{q}$ ist zusammenziehbar.*

Um den Beweis von Proposition 124 vorzubereiten, zeigen wir

Lemma 125 *Seien w und w' geschlossene Wege in S^n mit Anfangs- und Endpunkt $\mathbf{q}$, so daß für kein $t \in [0,1]$ die Punkte $w(t)$ und $w'(t)$ Antipoden sind, d.h.*

$$w'(t) \neq -w(t),$$

Dann sind w und w' homotop.

Beweis von Lemma 125 Für $\mathbf{x} \in \mathbb{R}^{n+1}$ sei

$$\|\mathbf{x}\| := \sqrt{x_1^2 + \cdots + x_{n+1}^2}$$

Setze

$$h(t,s) := \frac{s \cdot w'(t) + (1-s) \cdot w(t)}{\|s \cdot w'(t) + (1-s) \cdot w(t)\|}$$

Da $w(t) \neq -w'(t)$ und $w(t), w'(t)$ auf der Sphäre S^n liegen, ist stets $s\,w'(t) + (1-s)\,w(t) \neq 0$ für $s \in [0,1]$. Somit ist $h : [0,1] \times [0,1] \longrightarrow S^n$ wohldefiniert. Man prüft leicht nach, daß h eine Homotopie zwischen w und w' ist. $\qquad\square$

Beweis von Proposition 124 Lemma 125 impliziert, daß jeder Weg, der den zu $\mathbf{q}$ antipodalen Punkt $-\mathbf{q}$ vermeidet, zum konstanten Weg $e(t) = \mathbf{q}$ homotop ist. Um zu zeigen, daß ein allgemeiner Weg w zum konstanten Weg homotop ist, werden wir ihn durch einen homotopen Weg ersetzen, der $-\mathbf{q}$ vermeidet. Sei also $w : [0,1] \longrightarrow S^n$ ein geschlossener Weg mit Anfangs- und Endpunkt $\mathbf{q}$. Da w als stetige Abbildung auf dem kompakten Intervall $[0,1]$ gleichmäßig stetig ist, gibt es $0 = t_0 < t_1 < t_2 < \cdots < t_{r-1} < t_r = 1$, so daß

$$\|w(s) - w(t)\| < \tfrac{1}{2} \qquad \text{für } s,t \in [t_{j-1}, t_{j+1}], \; j = 1, \cdots, r-1 \tag{6.11}$$

Wir konstruieren nun einen Weg w', der stückweise auf Großkreisen verläuft, nämlich

$$w'(t) := \frac{\left(1 - \frac{t-t_j}{t_{j+1}-t_j}\right) \cdot w(t_j) + \frac{t-t_j}{t_{j+1}-t_j} \cdot w(t_{j+1})}{\left\|\left(1 - \frac{t-t_j}{t_{j+1}-t_j}\right) \cdot w(t_j) + \frac{t-t_j}{t_{j+1}-t_j} \cdot w(t_{j+1})\right\|} \qquad \text{für } t \in [t_j, t_{j+1}] \tag{6.12}$$

w' verbindet stückweise die Punkte $w(t_j)$ und $w(t_{j+1})$ auf Großkreisen. Man beachte, daß wegen (6.11) der Nenner in (6.12) stets von Null verschieden ist. Ist nun

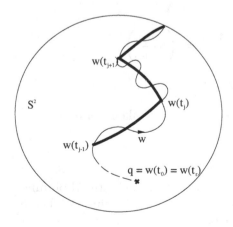

Bild 6.22

$t \in [t_j, t_{j+1}]$ so ist nach (6.11)

$$\|w(t) - w(t_j)\| < \tfrac{1}{2}, \qquad \|w(t) - w(t_{j+1})\| < \tfrac{1}{2} \quad \text{und} \quad \|w(t_j) - w(t_{j+1})\| < \tfrac{1}{2}$$

Also ist

$$\|w(t) - w'(t)\| < 1$$

Also ist nach Lemma 125 der Weg w homotop zum Weg w'. Als nächstes konstruieren wir einen zu w' homotopen Weg w'', der den zu $\mathbf{q}$ antipodalen Punkt $-\mathbf{q}$ vermeidet. Dazu wählen wir sukzessive Punkte $\mathbf{q}_j$; $j = 1, \ldots, r-1$, nahe bei $w(t_j)$, so daß $\mathbf{q}_{j+1}$ nie in der von $\mathbf{0}$, $\mathbf{q}_j$ und $-\mathbf{q}$ aufgespannten Ebene liegt. Setze

$$w''(t) \ := \ \left(1 - \tfrac{t - t_j}{t_{j+1} - t_j}\right) \cdot \mathbf{q}_j \ + \ \tfrac{t - t_j}{t_{j+1} - t_j} \cdot \mathbf{q}_{j+1} \qquad \text{für } t \in [t_j, t_{j+1}]$$

wobei $\mathbf{q}_0 = \mathbf{q}_r = \mathbf{q}$. Wenn $\mathbf{q}_j$ genügend nahe bei $w(l_j)$ gewählt war, ist wieder nach Lemma 125 w' homotop zu w''. Nach Konstruktion ist $w''(t) \neq -\mathbf{q}$ für alle $t \in [-1,1]$. Da w'' den Punkt $-\mathbf{q}$ vermeidet, sind die Voraussetzungen von Lemma 125 für w'' und den konstanten Weg $e(t) = \mathbf{q}$ für $t \in [0,1]$ erfüllt. Also ist w'' zum konstanten Weg homotop. Da Homotopie eine Äquivalenzrelation ist, ist auch w zum konstanten Weg homotop. $\qquad \square$

Als nächstes zeigen wir, daß $SU(2)$ homöomorph ist zur 3-Sphäre S^3. Mit Proposition 124 folgt dann, daß die Fundamentalgruppe von $SU(2)$ trivial ist. Um den Homöomorphismus zwischen $SU(2)$ und S^3 elegant beschreiben zu können, fassen wir S^3 als Teilmenge von $\mathbb{C}^2$ auf.

$$
\begin{aligned}
S^3 \ &= \ \{(x_1 + ix_2, x_3 + ix_4) \, / \, x_1, x_2, x_3, x_4 \in \mathbb{R}, x_1^2 + x_2^2 + x_3^2 + x_4^2 = 1\} \\
&= \ \{(z_1, z_2) \in \mathbb{C}^2 \, / \mid z_1 \mid^2 + \mid z_2 \mid^2 = 1\}
\end{aligned}
$$

Lemma 126 *Die Abbildung*

$$T : SU(2) \ \longrightarrow \ S^3$$

$$\begin{pmatrix} a & b \\ -\overline{b} & \overline{a} \end{pmatrix} \ \longmapsto \ \begin{pmatrix} a & b \\ -\overline{b} & \overline{a} \end{pmatrix} \begin{pmatrix} 1 \\ 0 \end{pmatrix} = \begin{pmatrix} a \\ -\overline{b} \end{pmatrix}$$

ist ein Homöomorphismus. Insbesondere ist $\pi_1(SU(2), \mathbb{1})$ trivial.

Beweis T ist offenbar eine stetige Abbildung, die die stetige Umkehrabbildung

$$(z_1, z_2) \mapsto \begin{pmatrix} z_1 & -\overline{z}_2 \\ z_2 & \overline{z}_1 \end{pmatrix} \text{ hat.} \qquad\qquad \square$$

Wir verwenden nun die in den Abschnitten 6.2 und 6.3 betrachtete Abbildung $\rho : SU(2) \longrightarrow SO(3)$, um die Fundamentalgruppe von $SO(3)$ zu bestimmen. Diese Abbildung ist ein Spezialfall einer unverzweigten Überlagerung.

Definition 127 *Seien X, Y Teilmengen von $\mathbb{R}^n$ (oder allgemeiner, metrische oder topologische Räume). Eine stetige Abbildung*

$$f : X \longrightarrow Y$$

heißt unverzweigte Überlagerung, *falls jeder Punkt $y \in Y$ eine offene Umgebung U hat, so daß $f^{-1}(U)$ eine disjunkte Vereinigung offener Mengen in X ist, von denen jede unter f homöomorph auf U abgebildet wird.*

Beispiele für unverzweigte Überlagerungen

(i) Die Abbildung $\mathbb{R} \longrightarrow S^1 = \{ z \in \mathbb{C} \mid |z| = 1 \}$, $x \mapsto e^{2\pi i x}$ ist eine unverzweigte Überlagerung. Der Beweis sei den LeserInnen als Übung überlassen.

(ii) Die Abbbildung $\rho : SU(2) \longrightarrow SO(3)$ ist eine unverzweigte Überlagerung. **Beweis** Nach Lemma 126 ist $SU(2)$ homöomorph zu S^3, also kompakt. Also ist jede abgeschlossene Teilmenge von $SU(2)$ kompakt. Somit ist für jede abgeschlossene Teilmenge $\mathcal{A}$ von $SU(2)$ das Bild $\rho(\mathcal{A})$ in $SO(3)$ abgeschlossen, denn das Bild einer kompakten Menge unter einer stetigen Abbildung ist stets kompakt, also abgeschlossen. Ist nun O eine offene Teilmenge von $SU(2)$, so setze $O' := O \cup \{-A/A \in O\}$. O' ist ebenfalls offen, und nach Satz 6.3 ist $\rho(O) = \rho(O')$ das Komplement des Bildes der abgeschlossenen Menge $\mathcal{A} := SU(2) \setminus O'$. Nach dem, was wir eben gesagt haben, ist auch $\rho(\mathcal{A})$ abgeschlossen. Somit ist $\rho(O) = SO(3) \setminus \rho(\mathcal{A})$ offen. Dies zeigt, daß das Bild jeder offenen Teilmenge unter ρ offen ist. Sei nun $X \in SO(3)$. Nach Satz 6.5 gibt es $A \in SU(2)$, so daß $\rho^{-1}(X) = \{A, -A\}$. Wähle eine offene Umgebung U_+ von A in $SU(2)$, so daß U_+ die offene Menge $U_- := \{-A'/A' \in U_+\}$ nicht trifft! Setze $U := \rho(U_+) = \rho(U_-)$. Dann ist nach Satz 6.5

$$\rho^{-1}(U) = U_+ \cup U_-$$

und die Einschränkungen $\rho|_{U_+}$ bzw. $\rho|_{U_-}$ sind bijektive stetige Abbildungen zwischen U_+ und U bzw. U_- und U. Wir haben oben gesehen, daß das Bild jeder offenen Menge in U_+ unter $\rho|_{U_+}$ offen in U ist. Anders gesagt, das Urbild jeder offenen Menge in U_+ unter $(\rho|_{U_+})^{-1}$ ist offen in U. Dies zeigt, daß $(\rho|_{U_+})^{-1}$ stetig ist. Also ist $\rho|_{U_+} : U_+ \longrightarrow U$ ein Homöomorphismus. Ebenso zeigt man, daß $\rho|_{U_-} : U_- \longrightarrow U$ ein Homöomorphismus ist. $\qquad\square$

Ist allgemein $f : X \longrightarrow Y$ eine stetige Abbildung, $x_0 \in X$, $y_0 = f(x_0)$, und ist $w : [0,1] \longrightarrow X$ ein geschlossener Weg mit Anfangs- und Endpunkt x_0, so ist $f \circ w : [0,1] \longrightarrow Y$ ein geschlossener Weg mit Anfangs- und Endpunkt y_0. Ist ferner $h : [0,1] \times [0,1] \longrightarrow X$ eine Homotopie zwischen zwei geschlossenen Wegen w und w' in X mit Anfangs- und Endpunkt x_0, so ist $f \circ h$ eine Homotopie zwischen den Wegen $f \circ w$ und $f \circ w'$. Diese Überlegung zeigt, daß $[w] \longrightarrow [f \circ w]$ eine Abbildung

$$f_* : \pi_1(X, x_0) \longrightarrow \pi_1(Y, y_0)$$

induziert. Man prüft leicht nach, daß f_* ein Gruppenhomomorphismus ist.

Für allgemeine Abbildungen f ist es nicht möglich, in sinnvoller Weise jedem
geschlossenen Weg w' in Y mit Anfangs- und Endpunkt y_0 einen Weg in X zuzu-
ordnen. Falls f jedoch eine unverzweigte Überlagerung ist, kann man folgendermaßen
vorgehen: Da $[0,1]$ kompakt ist, kann man Zahlen $t_1, t_2, \cdots, t_{r-1}$ mit

$$0 = t_0 < t_1 < t_2 < \cdots < t_{r-1} < t_r = 1$$

und offene (resp. halboffene für $j = 0, r$) Intervalle I_j um t_j so finden, daß
(i)

$$I_j \cap I_{j+1} \neq \emptyset$$

(ii) jeder Punkt $w'(t_j)$ eine Umgebung U_j in Y hat, so daß $w'(I_j) \subset U_j$ und
$f^{-1}(U_j)$ in Zusammenhangskomponenten $U_j^{(i)}$ zerfällt, von denen jede durch f
homöomorph auf U_j abgebildet wird.

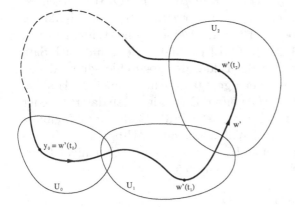

Bild 6.23

Da $f^{-1}(U_0)$ den Punkt x_0 enthält, gibt es eine Komponente $U_0^{(i_0)}$ von $f^{-1}(U_0)$,
die x_0 enthält. Sei w_0 die Abbildung

$$
\begin{aligned}
w_0 : I_0 &\longrightarrow U_0^{(i_0)} \subset X \\
t &\longmapsto \left(f|_{U_0^{(i_0)}} \right)^{-1} (w'(t))
\end{aligned}
$$

Dann ist $f \circ w_0 = w'|_{I_0}$ und $w_0(0) = x_0$. Wähle nun einen Hilfspunkt $s_0 \in I_0 \cap I_1$.
Dann ist $w'(s_0) \in U_0 \cap U_1$, also gibt es genau ein i_1, so daß $U_1^{(i_1)}$ den Punkt $w_0(s_0)$
enthält. Setze

$$
\begin{aligned}
w_1 : I_1 &\longrightarrow U_1^{(i_1)} \subset X \\
t &\longmapsto \left(f|_{U_1^{(i_1)}} \right)^{-1} (w'(t))
\end{aligned}
$$

Man kann nachprüfen, daß

$$w_0|_{I_0 \cap I_1} = w_1|_{I_0 \cap I_1} \quad \text{und} \quad f \circ w_1 = w'|_{I_1}$$

Auf dieselbe Weise lassen sich stetige Abbildungen

$$w_j : I_j \longrightarrow X$$

konstruieren, so daß

$$f \circ w_j = w'|_{I_j} \quad \text{und} \quad w_j|_{I_j \cap I_k} = w_k|_{I_j \cap I_k} \quad \text{für } j,k = 1, \cdots ,r$$

Diese Abbildungen lassen sich zu einer stetigen Abbildung $w : [0,1] \longrightarrow X$ zusammensetzen, so daß $w|_{I_j} = w_j$. Offenbar ist

$$f \circ w = w' \quad \text{und} \quad w(0) = x_0$$

Allerdings ist im Allgemeinen $w(1) \neq x_0$, das heißt, im Allgemeinen ist w kein geschlossener Weg mehr.

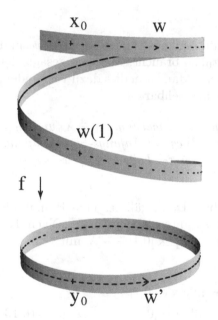

Bild 6.24

Allgemein sagt man

Definition 128 *Sei $f : X \longrightarrow Y$ eine unverzweigte Überlagerung, und $g' : Z \longrightarrow Y$ eine stetige Abbildung. Eine stetige Abbildung $g : Z \longrightarrow X$ heißt eine Liftung von g' unter f, falls $f \circ g = g'$.*

Oben haben wir einen Beweis dafür angedeutet, daß es zu jedem geschlossenen Weg mit Anfangs- und Endpunkt y_0 eine Liftung gibt. Genauer gilt

Proposition 129 *Sei $f : X \longrightarrow Y$ eine unverzweigte Überlagerung, $x_0 \in X$ und $y_0 := f(x_0) \in Y$.*

(i) *Ist $w' : [0,1] \longrightarrow Y$ eine stetige Abbildung mit $w'(0) = y_0$, so gibt es eine eindeutig bestimmte Liftung $w : [0,1] \longrightarrow X$ von w' mit $w(0) = x_0$*

(ii) *Ist $h' : [0,1] \times [0,1] \longrightarrow Y$ eine Homotopie zwischen zwei geschlossenen Wegen w'_1, w'_2 in Y mit Anfangs- und Endpunkt y_0, so gibt es eine eindeutig bestimmte Liftung $h : [0,1] \times [0,1] \longrightarrow X$ von h' mit $h(0,0) = x_0$. Für diese Liftung h gilt*

$$h(0,s) \;=\; h(0,0) \;=\; x_0 \qquad \text{und}$$
$$h(1,s) \;=\; h(1,0) \qquad \text{für alle } s \in [0,1]$$

Der Beweis von (ii), auf den wir hier verzichten, verläuft ähnlich wie die oben angedeutete Konstruktion der Liftung eines Wegs. Für Einzelheiten siehe zum Beispiel [Greenberg–Harper], ch.5.

Ist $w' : [0,1] \longrightarrow Y$ ein geschlossener Weg mit Anfangs- und Endpunkt y_0 und $w : [0,1] \longrightarrow X$ die Liftung von w' mit $w(0) = x_0$, so braucht, wie oben gesagt, der Endpunkt $w(1)$ des Weges w nicht gleich x_0 zu sein. Man kann dies dazu verwenden, um zu beweisen, daß ein Weg in Y nicht zusammenziehbar ist.

Lemma 130 *Sei $f : X \longrightarrow Y$ eine unverzweigte Überlagerung, $x_0 \in X$ und $y_0 = f(x_0)$. Ferner sei $w' : [0,1] \longrightarrow Y$ ein geschlossener Weg mit Anfangs- und Endpunkt y_0 und $w : [0,1] \longrightarrow X$ die Liftung von w' mit $w(0) = x_0$. Falls $w(1) \neq x_0$ so ist w' nicht zusammenziehbar.*

Beweis Wir nehmen an, w' sei zusammenziehbar. Dann gäbe es eine Homotopie $h' : [0,1] \times [0,1] \longrightarrow Y$ zwischen w' und dem konstanten Weg y_0 in Y. Nach Teil (ii) von Proposition 129 hätte sie eine Liftung $h : [0,1] \times [0,1] \longrightarrow X$ mit

$$
\begin{aligned}
h(0,s) &= x_0 \\
h(1,s) &= h(1,0) \qquad \text{für alle } s \in [0,1] \\
h(t,0) &= w(t) \qquad \text{für alle } t \in [0,1] \qquad\qquad (6.13)
\end{aligned}
$$

Die Abbildung $[0,1] \longrightarrow X, t \mapsto h(t,1)$ wäre dann eine Liftung des konstanten Weges y_0 mit Anfangspunkt $h(0,1) = x_0$. Also wäre nach der ersten Aussage von Proposition 129

$$h(t,1) = x_0 \qquad \text{für alle } t \in [0,1]$$

Insbesondere wäre $h(1,1) = x_0$. Nach (6.13) wäre dann

$$x_0 \;=\; h(1,1) \;=\; h(0,1) \;=\; w(1)$$

im Widerspruch zur Voraussetzung des Lemmas. $\qquad\qquad\qquad\qquad\qquad\qquad\qquad\qquad$ □

Bevor wir diese Überlegung anwenden, benötigen wir noch

Definition 131 *Sei X eine Teilmenge von $\mathbb{R}^n$ (oder allgemeiner, ein metrischer oder topologischer Raum). X heißt* wegzusammenhängend *, falls es für je zwei Punkte $x,x' \in X$ eine stetige Abbildung $w : [0,1] \longrightarrow X$ gibt, so daß $w(0) = x$ und $w(1) = x'$.*

Satz 6.8 *Sei $f : X \longrightarrow Y$ eine unverzweigte Überlagerung, $x_0 \in X$ und $y_0 = f(x_0)$. Wir nehmen an, daß X einfach zusammenhängend und wegzusammenhängend ist. Wähle für jedes $x \in f^{-1}(y_0)$ einen Weg $w_x : [0,1] \longrightarrow X$ mit $w_x(0) = x_0$, $w_x(1) = x$. Setze $w'_x := f \circ w_x$. Jedes w'_x ist dann ein geschlossener Weg in Y mit Anfangs- und Endpunkt y_0. Es gilt: Die Abbildung*

$$
\begin{array}{ccc}
f^{-1}(y_0) & \longrightarrow & \pi_1(Y,y_0) \\
x & \longmapsto & [w'_x]
\end{array}
$$

ist eine Bijektion.

Beweis Seien zunächst x_1,x_2 Punkte von $f^{-1}(y_0)$, so daß $[w'_{x_1}] = [w'_{x_2}]$. Der Weg

$$
\begin{array}{ccc}
\gamma : [0,1] & \longrightarrow & X \\[1mm]
t & \longmapsto & \begin{cases} w_{x_1}(1-2t) & \text{für } 0 \le t \le \frac{1}{2} \\ w_{x_2}(2t-1) & \text{für } \frac{1}{2} \le t \le 1 \end{cases}
\end{array}
$$

ist eine Liftung des zusammenziehbaren Weges $w'_{x_2} \circ (w'_{x_1})^{-1}$. Nach Lemma 130 ist somit $x_1 = x_2$. Dies zeigt, daß die oben beschriebene Abbildung $f^{-1}(y_0) \longrightarrow \pi_1(Y,y_0)$ injektiv ist. Sei nun $w' : [0,1] \longrightarrow Y$ ein geschlossener Weg mit Anfangs- und Endpunkt y_0. Mit $w : [0,1] \longrightarrow X$ bezeichnen wir die Liftung von w' mit $w(0) = x_0$. Der Endpunkt $x := w(1)$ liegt dann in $f^{-1}(y_0)$. Wir wollen zeigen, daß w' und w'_x homotop sind. Dazu bemerken wir, daß die Abbildung

$$
\begin{array}{ccc}
w^{-1} \circ w_x : [0,1] & \longrightarrow & X \\[1mm]
t & \longmapsto & \begin{cases} w_x(2t) & \text{für } 0 \le t \le \frac{1}{2} \\ w(2-2t) & \text{für } \frac{1}{2} \le t \le 1 \end{cases}
\end{array}
$$

ein geschlossener Weg in X mit Anfangs- und Endpunkt x_0 ist. Da X einfach zusammenhängend ist, ist dieser Weg homotop zum konstanten Weg x_0. Deshalb ist auch der Weg

$$
t \longmapsto f((w^{-1} \circ w_x)(t)) = ((w')^{-1} \circ w'_x)(t)
$$

zusammenziehbar, das heißt $(w')^{-1} \circ w'_x$ ist homotop zum konstanten Weg. Somit sind w' und w'_x homotop. Damit ist auch die Surjektivität der Abbildung aus Satz 6.8 bewiesen. $\qquad\square$

Bemerkung 132 Wenn man in Satz 6.8 die Voraussetzung, daß X einfach zusammenhängend ist, wegläßt, kann man immer noch Aussagen über das Verhältnis von $\pi_1(Y,y_0)$ und $\pi_1(X,x_0)$ machen, siehe z.B. [Greenberg–Harper], [Ossa], [Schubert].

Als Folgerung aus Satz 6.8 ergibt sich nun die folgende Verfeinerung von Satz 6.7:

Satz 6.9 $SO(3)$ *ist kompakt, wegzusammenhängend, und* $\pi_1(SO(3), \mathbb{1})$ *besteht aus zwei Elementen, nämlich der Homotopieklasse des konstanten Weges und der Homotopieklasse des Weges* $t \mapsto S_3(t \cdot 360°)$.

Beweis Nach Lemma 126 ist $SU(2)$ homöomorph zu S^3, also insbesondere kompakt und wegzusammenhängend. Deshalb ist $SO(3)$ als Bild von $SU(2)$ unter der stetigen Abbildung ρ ebenfalls kompakt und wegzusammenhängend.

Wir wenden nun Satz 6.8 auf die Überlagerung $\rho : SU(2) \longrightarrow SO(3)$ an. $\rho^{-1}(\mathbb{1})$ besteht aus zwei Elementen, nämlich $\pm\mathbb{1}$. Als Weg $w_{\mathbb{1}}$, der $\mathbb{1}$ mit $\mathbb{1}$ verbindet, wählen wir den konstanten Weg, und als Weg $w_{-\mathbb{1}}$, der $\mathbb{1}$ mit $-\mathbb{1}$ verbindet, den Weg

$$w_{-\mathbb{1}}(t) = \begin{pmatrix} e^{\pi i t} & 0 \\ 0 & e^{-\pi i t} \end{pmatrix}$$

Dann ist $w'_{\mathbb{1}} = \rho \circ w_{\mathbb{1}}$ der konstante Weg, und $w'_{-\mathbb{1}} = \rho \circ w_{-\mathbb{1}}$ ist nach Bemerkung 111.i der Weg $t \mapsto S_3(t \cdot 360°)$. Nach Lemma 126 und Proposition 124 ist $SU(2)$ einfach zusammenhängend, also folgt aus Satz 6.8, daß $\pi_1(SO(3), \mathbb{1})$ aus den Homotopieklassen der beiden genannten Wege besteht. $\qquad\square$

Übung: Bestimmen Sie die Fundamentalgruppe von S^1!

Übung: Zeigen Sie, daß wegzusammenhängende Räume stets zusammenhängend sind!

Übung: An welcher Stelle wurde im Beweis von Proposition 124 die Voraussetzung $n \geq 2$ verwendet?

6.7   Die Hopfabbildung

Mit Hilfe des Homomorphismus $\rho : SU(2) \longrightarrow SO(3)$ kann man eine in vielerlei Hinsicht interessante stetige Abbildung von der 3−Sphäre S^3 auf die 2−Sphäre S^2 konstruieren. Wie in Lemma 126 fassen wir S^3 als Teilmenge von $\mathbb{C}^2$ auf:

$$\begin{aligned} S^3 &= \{(x_1 + ix_2, x_3 + ix_4) \,/\, x_1, x_2, x_3, x_4 \in \mathbb{R}, x_1^2 + x_2^2, + x_3^2 + x_4^2 = 1\} = \\ &= \{(z_1, z_2) \in \mathbb{C}^2 \,/\, |z_1|^2 + |z_2|^2 = 1\} \end{aligned}$$

Satz 6.10 *Es gibt eine eindeutig bestimmte Abbildung*

$$h : S^3 \longrightarrow S^2$$

so daß

a)   *für alle* $A \in SU(2)$ *und alle* $\mathbf{z} = (z_1, z_2) \in S^3$ *gilt*
     $h(A\mathbf{z}) = \rho(A) h(\mathbf{z})$

b) $h(1,0) = (0,0,1)$

Beweis Zunächst zeigen wir, daß eine Abbildung $h : S^3 \longrightarrow S^2$ durch die Eigenschaften (a) und (b) eindeutig bestimmt ist. Ist nämlich $\mathbf{z} = (z_1, z_2) \in S^3$, so gibt es nach Lemma 126 eine eindeutig bestimmte Matrix $A = T^{-1}(\mathbf{z}) \in SU(2)$ so daß

$$A^{-1} \mathbf{z} = (1,0)$$

Aus (a) und (b) folgt dann, daß

$$h(\mathbf{z}) = h(A(A^{-1}\mathbf{z})) = h(A \cdot (1,0)) = \rho(A) \cdot h((1,0)) = \rho(A) \begin{pmatrix} 0 \\ 0 \\ 1 \end{pmatrix}$$

Diese Rechnung legt auch die Definition von h nahe, nämlich

$$h(\mathbf{z}) := \rho(T^{-1}(\mathbf{z})) \begin{pmatrix} 0 \\ 0 \\ 1 \end{pmatrix}$$

Mit dieser Definition müssen wir (a) und (b) nachprüfen. Aus der Definition von T folgt, daß

$$T(A \cdot B) = A \cdot B \begin{pmatrix} 1 \\ 0 \end{pmatrix} = A \cdot T(B),$$

also ist für alle $\mathbf{z} \in S^3$,

$$T^{-1}(A\mathbf{z}) = A \cdot T^{-1}(\mathbf{z})$$

Folglich ist

$$\begin{aligned} h(A\mathbf{z}) &= \rho(T^{-1}(A\mathbf{z})) \begin{pmatrix} 0 \\ 0 \\ 1 \end{pmatrix} = \rho(A \cdot T^{-1}(\mathbf{z})) \begin{pmatrix} 0 \\ 0 \\ 1 \end{pmatrix} \\ &= \rho(A) \cdot \rho(T^{-1}\mathbf{z}) \begin{pmatrix} 0 \\ 0 \\ 1 \end{pmatrix} = \rho(A) \cdot h(\mathbf{z}) \end{aligned}$$

Somit gilt (a). Da $T^{-1}((1,0)) = \mathbb{1}$, folgt (b) direkt. $\square$

Die Abbildung $h : S^3 \longrightarrow S^2$ aus Satz 6.10 heißt die *Hopf-Abbildung*. Sie kann auf verschiedene Weisen durch Formeln beschrieben werden.

Satz 6.11 *(Beschreibung der Hopf-Abbildung)*

i) Ist $F : SO(3) \longrightarrow S^2$ *die Abbildung* $R \longmapsto R(e_3)$ *, so ist*

$$h = F \circ \rho \circ T^{-1},$$

wobei $T : SU(2) \longrightarrow S^3$ *die Abbildung* $A \longmapsto Ae_1$ *und* $\rho : SU(2) \longrightarrow SO(3)$
die in Satz 6.5 und Satz 6.6 beschriebene Abbildung ist.

ii) Sei $\tilde{h} : S^3 \longrightarrow \mathbb{P}_1\mathbb{C}$ *die Abbildung*

$$(z_1, z_2) \longmapsto \begin{cases} \frac{z_1}{z_2} & \text{falls } z_2 \neq 0 \\ \infty & \text{falls } z_2 = 0 \end{cases}$$

Dann ist die Hopf-Abbildung die Hintereinanderschaltung von $\tilde{h}$ *und der Umkehrabbildung zur stereographischen Projektion* $p : S^2 \longrightarrow \mathbb{P}_1\mathbb{C}$:

$$h = p^{-1} \circ \tilde{h}$$

iii) Für $\mathbf{z} = (z_1, z_2) \in S^3$ *ist*
$$h(\mathbf{z}) = (\mathbf{z} \cdot \overline{(\sigma^1 \mathbf{z})}, \, -\mathbf{z} \cdot \overline{(\sigma^2 \mathbf{z})}, \mathbf{z} \cdot \overline{(\sigma^3 \mathbf{z})})$$
Dabei sind $\sigma^1, \sigma^2, \sigma^3$ *die Pauli-Matrizen aus Abschnitt 6.4.*

Beweis (i) wurde im Beweis von Satz 6.10 zur Definition der Hopf-Abbildung verwendet. Um (ii) zu beweisen, verifizieren wir, daß die Abbildung $p^{-1} \circ \tilde{h}$ die Eigenschaften (a) und (b) aus Satz 6.10 hat. Ist $\mathbf{z} = (z_1, z_2) \in S^3$ und $A \in SU(2)$, so ist
nach Satz 6.5 und der Rechenregel aus Bemerkung 27

$$p^{-1}\left(\tilde{h}\left(A\,\mathbf{z}\right)\right) = p^{-1}\left(\varphi_A\left(\tilde{h}\left(\mathbf{z}\right)\right) = \rho\left(A\right) \cdot p^{-1}\left(\tilde{h}\left(\mathbf{z}\right)\right)$$

Ferner ist
$$p^{-1}\left(\tilde{h}\left(1,0\right)\right) = p^{-1}\left(\infty\right) = (0,0,1)$$

Ebenso prüfen wir nach, daß die in (iii) angegebene Abbildung die Eigenschaften (a)
und (b) aus Satz 6.10 hat. Ist $\mathbf{z} \in S^3$ und $A \in SU(2)$, so ist für $j = 1, 2, 3$

$$\begin{aligned}
(A\,\mathbf{z}) \cdot \overline{(\sigma^j A \,\mathbf{z})} &= \mathbf{z} \cdot \overline{(A^T \, \overline{\sigma^j A \,\mathbf{z}})} = \mathbf{z} \cdot \overline{(\overline{A}^T \sigma^j A \,\mathbf{z})} = \\
&= \mathbf{z} \cdot \overline{(A^{-1}\sigma^j A\,\mathbf{z})} = \mathbf{z} \cdot \overline{(A^{-1}\sigma^j A)}\,\overline{\mathbf{z}}
\end{aligned}$$

Nach Korollar 115

$$\begin{aligned}
(-1)^{j+1}\, \overline{A^{-1}\,\sigma^j\,A} &= \textstyle\sum_{i=1}^{3} \overline{\rho(A^{-1})_{ij}}\,(-1)^{i+1}\,\overline{\sigma^i} \\[2mm]
&= \textstyle\sum_{i=1}^{3} \rho\,\overline{(A^{-1})}_{ij}\,(-1)^{i+1}\,\overline{\sigma^i} \\[2mm]
&= \textstyle\sum_{i=1}^{3} \rho\,(A^T)_{ij}\,(-1)^{i+1}\,\overline{\sigma^i} \\[2mm]
&= \textstyle\sum_{i=1}^{3} \rho(A)_{ji}\,(-1)^{i+1}\,\overline{\sigma^i}
\end{aligned}$$

Folglich ist

$$(-1)^{j+1} A\mathbf{z} \cdot (\overline{\sigma^j A\mathbf{z}}) = \sum_{i=1}^{3} \rho(A)_{ji} (-1)^{i+1} \mathbf{z} \cdot \overline{\sigma^i \mathbf{z}}$$

und somit

$$(A\mathbf{z} \cdot \overline{\sigma^1 A\mathbf{z}}, - A\mathbf{z} \cdot \overline{\sigma^2 A\mathbf{z}}, A\mathbf{z} \cdot \overline{\sigma^3 A\mathbf{z}}) = \rho(A)(\mathbf{z} \cdot \overline{\sigma^1 \mathbf{z}}, - \mathbf{z} \cdot \overline{\sigma^2 \mathbf{z}}, \mathbf{z} \cdot \overline{\sigma^3 \mathbf{z}})$$

Die Tatsache, daß für $\mathbf{z} = (1,0)$

$$(\mathbf{z} \cdot \overline{\sigma^1 \mathbf{z}}, - \mathbf{z} \cdot \overline{\sigma^2 \mathbf{z}}, \mathbf{z} \cdot \overline{\sigma^3 \mathbf{z}}) = (0,0,1)$$

ist leicht nachzurechnen. $\qquad\square$

Als nächstes betrachten wir die Fasern der Hopf-Abbildung.

Proposition 133 *i) Sind* $\mathbf{z} = (z_1, z_2)$ *und* $\mathbf{z}' = (z_1', z_2') \in S^2$, *so gilt* $h(\mathbf{z}) = h(\mathbf{z}')$ *genau dann, wenn es eine komplexe Zahl* λ *mit* $|\lambda| = 1$ *gibt, so daß* $(z_1', z_2') = (\lambda z_1, \lambda z_2)$

ii)

$$h^{-1}(0,0,1) = \{(z_1, z_2) \in S^3 / z_2 = 0\}$$
$$h^{-1}(0,0, - 1) = \{(z_1, z_2) \in S^3 / z_1 = 0\}$$

Beweis Nach Satz 6.11 (ii) stimmen die Fasern von h mit den Fasern der Abbildung $\tilde{h}$ überein. Daraus ergibt sich die Proposition sofort. $\qquad\square$

Um die Fasern der Hopf-Abbildung genauer zu betrachten, verwenden wir die „vier-dimensionale stereographische Projektion"

$$\begin{aligned} \hat{q} : S^3 \setminus \{(0,i)\} &\longrightarrow \mathbb{R}^3 \\ (x_1 + i\,x_2, x_3 + i\,x_4) &\longmapsto \tfrac{1}{1-x_4}(x_1, x_2, x_3) \end{aligned}$$

(vgl. Formel (6.5)). Sie ermöglicht es, sich Teilmengen von S^3 anschaulich vorzustellen.

Aus Proposition 133 folgt, daß für das Urbild des Nordpols auf S^2 gilt:

$$\hat{q}(h^{-1}(0,0,1)) = \{(\xi_1, \xi_2, 0) / \xi_1^2 + \xi_2^2 = 1\}$$

und für das Urbild des Südpols

$$\hat{q}(h^{-1}(0,0, - 1) \setminus \{0,i\}) = \{(0,0,\xi_3) / \xi_3 \in \mathbb{R}\}$$

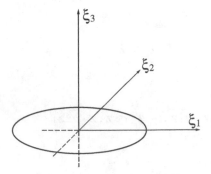

Bild 6.25

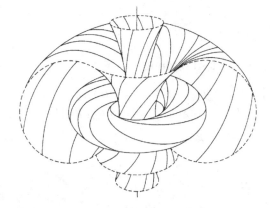

Bild 6.26

Man sieht, daß $\tilde{h}^{-1}(0)$ und $\tilde{h}^{-1}(\infty)$ „verschlungen" sind. Das heißt, für jede stetige Abbildung g von der Einheitskreisscheibe $D := \{(x_1, x_2) \in \mathbb{R}^2 / x_1^2 + x_2^2 \leq 1\}$ nach S^3, die den Rand S^1 von D homöomorph auf $\tilde{h}^{-1}(0)$ abbildet, trifft das Bild $g(D)$ die Menge $\tilde{h}^{-1}(\infty)$. Es ist interessant, die Bilder aller anderen Fasern von h unter der stereographischen Projektion q zu zeichnen. Man erhält die Figur in Bild 6.26. Wie in Abschnitt 6.4 sagt man, daß eine stetige Abbildung $f : X \to Y$ zwischen zwei Teilmengen von $\mathbb{R}^n$ (bzw. metrischen bzw. topologischen Räumen) zusammenziehbar ist, wenn es eine stetige Abbildung $H : X \times [0,1] \to Y$ gibt, so daß $H(x,0) = f(x)$ für alle $x \in X$ und $H|_{X \times \{1\}}$ eine konstante Abbildung ist. Man kann zeigen, daß die Hopf-Abbildung $h : S^3 \longrightarrow S^2$ nicht zusammenziehbar ist. Eine wichtige Ingredienz im Beweis dafür ist die Beobachtung, daß je zwei verschiedene Fasern von h verschlungen sind (vgl. [Hu], III 5.1). Allgemeiner kann man die Menge der Homotopieklassen stetiger Abbildungen von der k−Sphäre S^k in einen Raum X, die $(1,0\ldots,0)$ auf einen festen Punkt $x_0 \in X$ abbilden, in ähnlicher Weise wie in Abschnitt 6.6 zu einer Gruppe machen. Diese Gruppe heißt die $k - te$ Homotopiegruppe $\pi_k(X, x_0)$. Die erste Homotopiegruppe ist gerade die Fundamentalgruppe. Nun kann man beweisen, daß für jedes $x_0 \in S^2$

$$\pi_3\left(S^2, x_0\right) \text{ isomorph zu } \mathbb{Z}$$

ist, und daß bei einem Isomorphismus von $\pi_3\left(S^2, x_0\right)$ mit $\mathbb{Z}$ die Homotopieklasse der Hopfabbildung h auf ± 1 abgebildet wird.

6.8 Ergänzungen zu Kapitel 6

6.8.1 Die Bewegung eines Kreisels

Es ist ein klassisches Problem der Mechanik, die Bewegung eines starren Körpers zu beschreiben, der an einem Punkt O befestigt, aber sonst frei beweglich ist. Einen solchen Körper nennt man in der Mechanik einen Kreisel. Die Position eines Kreisels kann man nun beschreiben, indem man eine Ruhelage des Kreisels auszeichnet und bemerkt, daß es für jede andere Lage des Kreisels genau eine Drehung R um den Aufhängepunkt O gibt, die den Kreisel in Ruhelage auf den Kreisel in der zu betrachtenden Lage abbildet (vgl. Abschnitt 6.2).

Als Ortsvariable für die Beschreibung der Bewegung eines Kreisels kann man also die Elemente von $SO(3)$ verwenden. Die Bewegungsgleichungen für einen Kreisel sind dann Differentialgleichungen auf $SO(3)$. Das führt zu einem System von Differentialgleichungen für die von der Zeit t abhängenden Eulerschen Winkel $\vartheta(t)$, $\varphi(t)$, $\psi(t)$. Es gibt einige spezielle Situationen, in denen diese Differentialgleichungen explizit lösbar sind. Zu ihnen gehören der kräftefreie Kreisel (siehe [Sommerfeld] §§25, 26) und der Fall, daß sich der Kreisel unter Einfluß der Schwerkraft (in negativer x_3-Richtung) bewegt und in der Ruhelage symmetrisch bzgl. der x_3-Achse ist. In diesem Fall gibt es drei Erhaltungsgrößen, nämlich die Energie, den Drehimpuls um die x_3-Achse und den Drehimpuls um die Symmetrieachse des Kreisels. Man kann zeigen, daß es dann Zahlen α, β, a, b, c gibt, die nur von den Erhaltungsgrößen, der Gravitationskonstanten und der Massenverteilung im Kreisel abhängen, so daß die Eulerschen Winkel die folgenden Differentialgleichungen erfüllen (vgl. [Arnold], Kapitel 6)

$$\left(\frac{\mathrm{d}}{\mathrm{d}t}\cos\vartheta\right)^2 = (\alpha - \beta\cos\vartheta)(\sin\vartheta)^2 - (a - b\cos\vartheta)^2$$

$$\frac{\mathrm{d}\varphi}{\mathrm{d}t} = \frac{a - b\cos\vartheta}{(\sin\vartheta)^2}$$

$$\frac{\mathrm{d}\psi}{\mathrm{d}t} = c - \cos\vartheta \cdot \frac{\mathrm{d}\varphi}{\mathrm{d}t}$$

Setzt man $u = \cos\vartheta$, und schreibt man $\dot{}$ statt $\frac{\mathrm{d}}{\mathrm{d}t}$, so sind diese Differentialgleichungen

$$\dot{u}^2 = f(u) := (\alpha - \beta u)(1 - u^2) - (a - bu)^2 \tag{6.14}$$

$$\dot{\varphi} = \frac{a - bu}{1 - u^2} \tag{6.15}$$

$$\dot{\psi} = c - u\dot{\varphi} \tag{6.16}$$

Da $-1 \leq u \leq 1$, und u^2 nicht negativ ist, gibt es physikalisch relevante Lösungen nur, wenn f im Intervall $[-1,1]$ nichtnegative Werte annimmt. Man beachte, daß $f(\pm 1) = -(a \mp b)^2 \leq 0$, und daß im Fall $f(\pm 1) = 0$ die Funktion an der Stelle ± 1 eine doppelte Nullstelle hat (siehe Bild 6.27). Wir betrachten den Fall, daß f keine

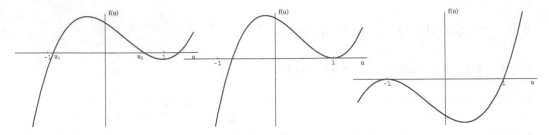

Bild 6.27

doppelten Nullstellen hat. Seien $u_1 \leq u_2$ die beiden Nullstellen von f im Intervall $[0,1]$. Dann zeigt (6.14), daß $u(t)$ stets zwischen u_1 und u_2 hin- und herpendelt, d.h., ϑ variiert periodisch zwischen $\vartheta_1 := \arccos u_1$ und $\vartheta_2 := \arccos u_2$. Diese periodische Änderung der „Inklination" ϑ des Kreisels nennt man *Nutation*. ϑ und φ sind die Polarkoordinaten der „Spitze des Kreisels". Die Änderung des „Azimuthwinkels" φ nennt man *Präzession*. Falls $\frac{a}{b}$ nicht im Intervall $[u_1,u_2]$ liegt, folgt aus (6.15), daß φ konstantes Vorzeichen hat, d.h. daß φ monoton ist. Die Bewegung der Kreiselspitze sieht also ungefähr so aus wie links in Bild 6.28. Falls $\frac{a}{b} \in]u_1,u_2[$, so ändert sich

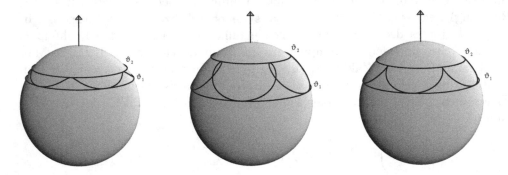

Bild 6.28

das Vorzeichen von $\dot{\varphi}$ dauernd und die Spitze des Kreisels überschlägt sich (siehe Bild 6.28, Mitte). Falls $\frac{a}{b} = u_1$ oder $\frac{a}{b} = u_2$, so führt die Spitze des Kreisels eine Bewegung wie diejenige rechts in Bild 6.28 aus. Zusätzlich zur Nutation und Präzession dreht sich der Kreisel um seine eigene Symmetrieachse, diese Bewegung wird durch (6.16) beschrieben. Eine Diskussion vieler verschiedener Kreiseltypen und Kreiselbewegungen findet man in dem Standardwerk [Klein–Sommerfeld] .

6.8.2 Quaternionen

In einer Übung am Ende von Abschnitt 6.3 haben wir gesehen, daß für je zwei Pauli-Matrizen σ^j und σ^k das Produkt $-\sigma^j \circ \sigma^k$ von $i\,\sigma^j$ und $i\,\sigma^k$ bis aufs Vorzeichen die Einheitsmatrix $\mathbb{1}$ oder das i-fache einer Pauli-Matrix ist. Es sei $\mathbb{H}$ der von $\mathbb{1}, i\,\sigma^1, i\,\sigma^2$ und $i\,\sigma^3$ aufgespannte $\mathbb{R}$-Untervektorraum des Raums aller komplexen (2×2)-Matrizen. Für je zwei Elemente Z, Z' von $\mathbb{H}$ ist dann $Z \circ Z' \in \mathbb{H}$. Man kann $\mathbb{H}$ auch anders beschreiben.

Lemma 134
$$\mathbb{H} = \{\, \lambda A \mid \lambda \in \mathbb{R},\ A \in SU(2) \,\}$$

Beweis Sind $\alpha, \beta, \gamma, \delta \in \mathbb{R}$, so ist

$$\alpha\mathbb{1} + \beta i\sigma^3 - \gamma i\sigma^2 - \delta i\sigma^1 = \begin{pmatrix} \alpha + i\beta & -\gamma - i\delta \\ \gamma - i\delta & \alpha - i\beta \end{pmatrix}$$

Also ist

$$\frac{1}{\sqrt{\alpha^2 + \beta^2 + \gamma^2 + \delta^2}} \left(\alpha\mathbb{1} + \beta i\sigma^3 - \gamma i\sigma^2 - \delta i\sigma^1 \right) \in SU(2)$$

Ist umgekehrt

$$A = \begin{pmatrix} a & b \\ -\bar{b} & \bar{a} \end{pmatrix} \quad \text{mit } a^2 + b^2 = 1$$

eine Matrix in $SU(2)$, so ist mit $\alpha := \operatorname{Re} a,\ \beta := \operatorname{Im} a,\ \gamma := -\operatorname{Re} b, \delta := -\operatorname{Im} b$

$$A = \alpha\mathbb{1} + \beta i\sigma^3 - \gamma i\sigma^2 - \delta i\sigma^1$$

$\square$

Bemerkung: Normalerweise wählt man $\mathbb{1}, i\,\sigma^3, -i\,\sigma^2, -i\,\sigma^1$ als Basis von $\mathbb{H}$. Darum haben wir die Vorzeichen im obigen Beweis etwas seltsam gewählt.

Wir haben $\mathbb{H}$ auf zwei verschiedene Arten beschrieben – einerseits als den von $\mathbb{1}, i\,\sigma^1, i\,\sigma^2, i\,\sigma^3$ aufgespannten $\mathbb{R}$-Vektorraum, andererseits als die Menge der reellen Vielfachen von Elementen von $SU(2)$. Das zeigt, daß auf $\mathbb{H}$ zwei Verknüpfungen definiert sind, nämlich Addition und Multiplikation von Matrizen. Es ist leicht zu sehen, daß gilt:

Satz 6.12 *(i)* $\mathbb{H}$ *ist bezüglich der Addition von Matrizen eine Abel'sche Gruppe.*

(ii) $\mathbb{H} \setminus \left\{ \begin{pmatrix} 0 & 0 \\ 0 & 0 \end{pmatrix} \right\}$ *ist eine Gruppe bezüglich Matrizenmulitplikation.*

(iii) Für $Z_1, Z_2, Z_3 \in \mathbb{H}$ *ist*

$$\begin{aligned} Z_1 \circ (Z_2 + Z_3) &= Z_1 \circ Z_2 + Z_1 \circ Z_3 \\ (Z_1 + Z_2) \circ Z_3 &= Z_1 \circ Z_3 + Z_2 \circ Z_3 \end{aligned}$$

$\mathbb{H}$ erfüllt also alle Axiome für einen Körper bis auf die Forderung, daß die Multiplikation kommutativ ist. Mengen mit zwei Verknüpfungen, für die die Aussagen (i) - (iii) des obigen Satzes gelten, nennt man *assoziative Divisionsalgebren* oder *Schiefkörper*. Die Divisionsalgebren $\mathbb{H}$ nennt man auch die (Hamilton'schen) *Quaternionen*. Zur Geschichte und für eine weitergehende Untersuchung der Quaternionen siehe z.B. [Ebbinghaus et al.] Kapitel 6. Die Quaternionen enthalten einen zu $\mathbb{R}$ und einen zu $\mathbb{C}$ isomorphen Unterkörper, denn die Abbildungen

$$\mathbb{R} \longrightarrow \mathbb{H} \qquad\qquad t \mapsto t \cdot \mathbb{1}$$
$$\mathbb{C} \longrightarrow \mathbb{H} \qquad\qquad z \mapsto (\operatorname{Re} z) \cdot \mathbb{1} + (i \operatorname{Im} z) \cdot \sigma^3$$

induzieren Isomorphismen zwischen $\mathbb{R}$ bzw. $\mathbb{C}$ und Unteralgebren von $\mathbb{H}$. Nach der Entdeckung der Quaternionen suchte man im letzten Jahrhundert nach weiteren Mengen $\mathcal{A}$ mit Verknüpfungen $+$ und $\circ$, für die gilt:
$(\mathcal{A},+)$ *ist eine kommutative Gruppe.*

$$a \circ (b + b') \;=\; a \circ b + a \circ b'$$
$$(a + a') \circ b \;=\; a \circ b + a' \circ b \qquad \text{für } a,a',b,b' \in \mathcal{A}$$

$$a \circ b = a \circ b' \quad \Rightarrow \quad b = b'$$
$$a \circ b = a' \circ b \quad \Rightarrow \quad a = a' \qquad \text{für } a,a',b,b' \in \mathcal{A}$$

Es gibt $\mathbb{1} \in \mathcal{A}$ *so daß* $a \circ \mathbb{1} = \mathbb{1} \circ a = a$ *für alle* $a \in \mathcal{A}$*, und es gibt eine injektive Abbildung* $\varphi : \mathbb{R} \longrightarrow \mathcal{A}$*, so daß für* $t,t' \in \mathbb{R}$

$$\varphi(t + t') \;=\; \varphi(t) + \varphi(t')$$
$$\varphi(t \cdot t') \;=\; \varphi(t) \circ \varphi(t')$$
$$\varphi(1) \;=\; \mathbb{1}$$

und so, daß die Operation von $\mathbb{R}$ *auf* $\mathcal{A}$

$$\mathbb{R} \times \mathcal{A} \longrightarrow \mathcal{A} \qquad (t,a) \longmapsto \varphi(t) \circ a$$

$(\mathcal{A},+)$ *zu einem endlichdimensionalen* $\mathbb{R}$*-Vektorraum macht.*

Ein solches Gebilde heißt (endlichdimensionale) *Divisionsalgebra* (mit Eins) über $\mathbb{R}$. Der Körper $\mathbb{C}$ der komplexen Zahlen ist also eine Divisionsalgebra der Dimension 2 über $\mathbb{R}$, und $\mathbb{H}$ ist eine Divisionsalgebra der Dimension 4 über $\mathbb{R}$. Im Jahre 1845 entdeckte Cayley eine Divisionsalgebra der Dimension 8 über $\mathbb{R}$, bei der die Multiplikation $\circ$ - im Gegensatz zu den obigen Beispielen - nicht assoziativ ist (siehe [Ebbinghaus et al.], Kapitel 8). Man nennt sie die „Cayley-Oktaven". M. Kervaire und J. Milnor haben 1958 bewiesen, daß jede endlichdimensionale Divisionsalgebra über $\mathbb{R}$ die Dimension 2,4 oder 8 hat. Damit kann man zeigen, daß jede solche Divisionsalgebra isomorph zu $\mathbb{R}$, $\mathbb{C}$, $\mathbb{H}$ oder den Cayley-Oktaven ist. Der Beweis des Satzes von Kervaire - Milnor verwendet Methoden der algebraischen Topologie (vgl. [Ebbinghaus et al.], Kapitel 10); bis heute ist kein rein algebraischer Beweis bekannt.

6.8.3 Endliche Untergruppen von SU(2)

In Abschnitt 1.3, Satz 1.7 haben wir gesehen, daß jede endliche Untergruppe von $SO(3)$ konjugiert ist zu einer der folgenden Gruppen:

(i)
$$\mathbb{C}_n = \left\{ S_3\left(\tfrac{j}{n} \cdot 360°\right) \mid 0 \le j \le n-1 \right\} \qquad n \ge 1,$$

(ii) der Gruppe $\mathbb{D}_n$ aller Drehungen im Raum, die ein reguläres $n-$Eck mit Schwerpunkt 0 in sich überführen $(n \ge 3)$, bzw. der Klein'schen Vierergruppe $\mathbb{D}_2$,

(iii) der Gruppe $\mathbb{T}$ aller Drehungen, die ein reguläres Tetraeder in sich überführen,

(iv) der Gruppe $\mathbb{O}$ aller Drehungen, die einen Würfel in sich überführen,

(v) der Gruppe $\mathbb{I}$ aller Drehungen, die ein Ikosaeder in sich überführen.

Den Homomorphismus $\rho : SU(2) \longrightarrow SO(3)$ kann man verwenden, um alle endlichen Untergruppen von $SU(2)$ zu klassifizieren. Es ergibt sich

Satz 6.13 *Jede endliche Untergruppe von $SU(2)$ ist konjugiert zu einer der folgenden Gruppen*

(i) $\left\{ \begin{pmatrix} \zeta^j & 0 \\ 0 & \zeta^{-j} \end{pmatrix} \mid j = 0,1,\cdots,n-1 \right\} \qquad$ *, wobei* $\zeta = e^{2\pi i/n}$, $n \ge 1$,

(ii) $\rho^{-1}(\mathbb{D}_n)$ *mit* $n \ge 2$,

(iii) *der „binären Tetraedergruppe"* $\rho^{-1}(\mathbb{T})$,

(iv) *der „binären Oktaedergruppe"* $\rho^{-1}(\mathbb{O})$,

(iv) *der „binären Ikosaedergruppe"* $\rho^{-1}(\mathbb{I})$,

Zum Beweis benutzen wir

Lemma 135 *Sei G' eine endliche Untergruppe von $SU(2)$, so daß $\rho(G')$ aus zwei Elementen besteht. Dann ist $-\mathbb{1} \in G'$.*

Beweis Wäre $-\mathbb{1} \notin G'$, so bestünde G' nach Satz 6.5 aus genau zwei Elementen. Eines davon ist $\mathbb{1}$, nennen wir das andere A. Offenbar ist $A^2 = \mathbb{1}$. Jedes Element von $SU(2)$ ist konjugiert zu einer Diagonalmatrix. Insbesondere ist A konjugiert zu einer Matrix $A' = \begin{pmatrix} \zeta & 0 \\ 0 & \zeta^{-1} \end{pmatrix}$. Da $(A')^2 = \mathbb{1}$ ist $\zeta^2 = 1$. Damit ist $A' = \pm\mathbb{1}$. Die Matrizen $\pm\mathbb{1}$ sind nur zu sich selbst konjugiert, also ist $A = \pm\mathbb{1}$. Dies ist ein Widerspruch zu den Annahmen. $\qquad\square$

Beweis des Satzes: Sei G eine endliche Untergruppe von $SU(2)$. Dann ist $H :=$ $\rho(G)$ eine endliche Untergruppe von $SO(3)$. Nach Konjugation in $SU(2)$ können wir annehmen, daß H eine der Gruppen $\mathbb{C}_n, \mathbb{D}_n, \mathbb{T}, \mathbb{O}$ oder $\mathbb{I}$ ist. Die Gruppen $\mathbb{D}_n, \mathbb{T}, \mathbb{O}, \mathbb{I}$ enthalten alle eine Untergruppe H' der Ordnung zwei (bestehend aus id und einer Drehung um $180°$). Ist also $H = \mathbb{D}_n, \mathbb{T}, \mathbb{O}, \mathbb{I}$, so ist nach obigem Lemma $-\mathbb{1} \in$ $\rho^{-1}(H') \cap G \subset G$. Nach Satz 6.5 ist dann $G = \rho^{-1}(H)$. Den Fall, daß $H = \mathbb{C}_n$ ist, überlassen wir den LeserInnen als Übung. $\square$

Die endlichen Untergruppen von $SU(2)$ heißen auch die *binären* Polyedergruppen. Sie spielen eine wichtige Rolle in vielen verschiedenen Gebieten der Mathematik (siehe z.B. [Klein 1884], [Slodowy]). Wir wollen hier nur einen Punkt erwähnen: Die binäre Ikosaedergruppe $\rho^{-1}(\mathbb{I})$ besteht aus 120 Elementen von $SU(2)$. Das Bild von $\rho^{-1}(\mathbb{I})$ unter der Abbildung $T : SU(2) \to S^3$ von Lemma 126 besteht also aus 120 Punkten auf der 3-Sphäre S^3. Diese 120 Punkte sind die Eckpunkte eines vierdimensionalen regulären Polyeders, das 720 Kanten, 1200 Dreiecke als zweidimensionale Seitenflächen und 600 reguläre Tetraeder als dreidimensionale Seiten hat. Die Symmetriegruppe dieses Polyeders hat die Ordnung 14400. Für genauere Untersuchungen dieses Körpers siehe [Coxeter 1973] 8.5.

6.8.4 $SL(2,\mathbb{C})$ und $SO^+(3,1)$

Satz 6.5 und Satz 5.7 haben eine sehr ähnliche Struktur. In der Tat sind beide Sätze Spezialfälle eines noch allgemeineren Resultats. Wie in Abschnitt 5.4 betrachten wir die Lorentz-Gruppe

$$SO^+(3,1) = \left\{ A \in SL(4,\mathbb{R}) \mid A^\top \circ \begin{pmatrix} 1 & 0 & 0 & 0 \\ 0 & 1 & 0 & 0 \\ 0 & 0 & 1 & 0 \\ 0 & 0 & 0 & -1 \end{pmatrix} \circ A = \begin{pmatrix} 1 & 0 & 0 & 0 \\ 0 & 1 & 0 & 0 \\ 0 & 0 & 1 & 0 \\ 0 & 0 & 0 & -1 \end{pmatrix}, a_{44} \geq 1 \right\}$$

Diese Gruppe enthält die zu $SO(3)$ isomorphe Untergruppe

$$G_1 := \left\{ \begin{pmatrix} R & 0 \\ 0 & 1 \end{pmatrix} \mid R \in SO(3) \right\}$$

und die zu $SO^+(2,1)$ isomorphe Untergruppe

$$G_2 := \left\{ \begin{pmatrix} a_{11} & a_{12} & 0 & a_{13} \\ a_{21} & a_{22} & 0 & a_{23} \\ 0 & 0 & 1 & 0 \\ a_{31} & a_{32} & 0 & a_{33} \end{pmatrix} \mid \begin{pmatrix} a_{11} & a_{12} & a_{13} \\ a_{21} & a_{22} & a_{23} \\ a_{31} & a_{32} & a_{33} \end{pmatrix} \in SO^+(2,1) \right\}$$

Wir identifizieren $SO(3)$ bzw. $SO^+(2,1)$ in der naheliegenden Weise mit G_1 bzw. G_2.

Die Gruppen $SU(2)$ bzw. $SU(1,1)$ sind Untergruppen der Gruppe $SL(2,\mathbb{C})$ aller komplexen (2×2)-Matrizen mit Determinante 1. Ziel dieses Abschnitts ist es, einen

Homomorphismus $\rho : SL(2,\mathbb{C}) \longrightarrow SO^+(3,1)$ zu konstruieren, so daß $\rho\,(SU(2)) = G_1\,,\rho\,(SU(1,1)) = G_2$ und so, daß die Einschränkung von ρ auf $SU(2)$ mit der Abbildung von Satz 6.5 und die Einschränkung von ρ auf $SU(1,1)$ mit der Abbildung aus Abschnitt 5.5.2 übereinstimmt (unter Verwendung der oben gemachten Identifikationen). Dazu verwenden wir, daß die Gruppe $SO^+(3,1)$ auf dem Lichtkegel in der 4-dimensionalen Lorentz-Geometrie

$$K := \{\,(x_1,x_2,x_3,t) \in \mathbb{R}^3 \times \mathbb{R} \mid x_1^2 + x_2^2 + x_3^2 - t^2 = 0\}$$

durch

$$\begin{aligned} SO^+(3,1) \times K &\longrightarrow K \\ (A\,,(\mathbf{x},t)) &\longmapsto A \cdot (\mathbf{x},t) \end{aligned}$$

operiert. Dieser Lichtkegel enthält eine 2-dimensionale Sphäre, nämlich

$$S := \{\,(x_1,x_2,x_3,t) \in K \mid t = 1\}$$

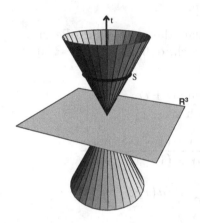

Bild 6.29

Die Operation von $SO^+(3,1)$ auf K induziert eine Operation auf S. Ist nämlich $(\mathbf{x},t) \in S$ und $A \in SO^+(3,1)$, so ist $A \cdot (\mathbf{x},t) \in K$ ein Vektor der Gestalt

$$A \cdot (\mathbf{x},t) = (\mathbf{x}',t') \quad \text{mit} \quad t' \neq 0$$

Folglich liegt

$$\Psi_A\,(\mathbf{x},t) := \frac{1}{t'}\,(\mathbf{x}',t')$$

auf S. Es ist leicht nachzuprüfen, daß

$$\begin{aligned} SO^+(3,1) \times S &\longrightarrow S \\ (A\,,(\mathbf{x},t)) &\longmapsto \Psi_A\,(\mathbf{x},t) \end{aligned}$$

eine Operation der Gruppe $SO^+(3{,}1)$ auf S ist. Wie gesagt, ist S eine 2-Sphäre. Genauer ist die Abbildung

$$S \longrightarrow S^2$$
$$(x_1,x_2,x_3,1) \longmapsto (x_1,x_2,x_3)$$

eine Bijektion. Die Hintereinanderschaltung dieser Bijektion mit der stereographischen Projektion $p : S^2 \longrightarrow \mathbb{P}_1\mathbb{C}$ der 2-Sphäre auf die Riemann'sche Zahlenkugel $\mathbb{P}_1\mathbb{C}$ bezeichnen wir mit

$$q : S \longrightarrow \mathbb{P}_1\mathbb{C}$$

Satz 6.14 *Es gibt einen surjektiven Gruppenhomomorphismus*

$$\rho : SL(2,\mathbb{C}) \longrightarrow SO^+(3{,}1)$$

so daß für alle $A \in SL(2,\mathbb{C})$ und alle $z \in \mathbb{P}_1\mathbb{C}$

$$q^{-1}\left(\varphi_A\left(z\right)\right) = \Psi_{\rho(A)}\left(q^{-1}\left(z\right)\right) \tag{6.17}$$

Die Einschränkungen von ρ auf $SU(2)$ bzw. $SU(1{,}1)$ stimmen mit den in Satz 6.5 bzw. Abschnitt 5.5.2 beschriebenen Abbildungen überein.

Beweisidee: Nach Konstruktion und Satz 6.5 ist klar, daß (6.17) für alle $A \in SU(2)$ gilt. Wie im Beweis von Satz 5.7 rechnet man nach, daß für alle $\alpha \in \mathbb{R}$ und $(x_1,x_2,x_3,1) \in S$ gilt

$$q(\Psi_{L(-2\alpha)}(x_1,x_2,x_3,1)) = \frac{x_1 \cosh 2\alpha + \sinh 2\alpha + ix_2}{x_1 \sinh 2\alpha + \cosh 2\alpha - x_3}$$

$$= \frac{(x_1 + i\,x_2)\cosh\alpha + (1 - x_3)\sinh\alpha}{(x_1 + i\,x_2)\sinh\alpha + (1 - x_3)\cosh\alpha}$$

$$= \rho\left(\begin{array}{cc} \cosh\alpha & \sinh\alpha \\ \sinh\alpha & \cosh\alpha \end{array}\right)^{(q\,(x_1,x_2,x_3,1))}$$

Folglich gilt (6.17) auch für alle Elemente der Form

$$A = \left(\begin{array}{cc} \cosh\alpha & \sinh\alpha \\ \sinh\alpha & \cosh\alpha \end{array}\right)$$

Da die Gruppe $SU(1{,}1)$ von den Elementen dieser Gestalt und den Drehungen, d.h. den Elementen von $SU(2) \cap SU(1{,}1)$ erzeugt wird, gilt (6.17) auch für alle Elemente der Untergruppe $SU(1{,}1)$. Schließlich prüft man leicht nach, daß $SL(2,\mathbb{C})$ von $SU(1{,}1)$ und $SU(2)$ erzeugt wird. Folglich gibt es einen Homomorphismus $\rho : SL(2,\mathbb{C}) \longrightarrow SO^+(3{,}1)$, für den (6.17) gilt und dessen Einschränkungen auf $SU(2)$ und $SU(1{,}1)$ die gewünschten Eigenschaften haben. Da $SO^+(3{,}1)$ von G_1 und G_2 erzeugt wird, ist ρ auch surjektiv. Der Homomorphismus $\rho : SL(2,\mathbb{C}) \longrightarrow SO^+(3{,}1)$ heißt die *Spinorenabbildung*. Seine physikalische Bedeutung wird in [Naber] 1.7 diskutiert.

Die Spinorenabbildung läßt sich auch algebraisch beschreiben (vgl. z.B. [Hein] 4.14 , [Naber] 1.7). Sei $Herm$ der Vektorraum, der von den Matrizen $\sigma^1, \sigma^2, \sigma^3$ und $\mathbb{1}$ aufgespannt wird und

$$
\begin{aligned}
\tilde{X} : \mathbb{R}^4 &\rightarrow Herm \\
(x_1, x_2, x_3, t) &\mapsto x_1 \sigma^1 + x_2 \sigma^2 + x_3 \sigma^3 + t\mathbb{1}
\end{aligned}
$$

Satz 6.15 *Für alle $A \in SL(2, \mathbb{C})$ und $(x_1, x_2, x_3, t) \in \mathbb{R}^4$ gilt*

$$
\rho(A) \cdot \begin{pmatrix} x_1 \\ x_2 \\ x_3 \\ t \end{pmatrix} = \tilde{X}^{-1} \left(A \circ \tilde{X}(x_1, x_2, x_3, t) \circ \bar{A}^\top \right)
$$

6.8.5 Die Zopfgruppe als Fundamentalgruppe

In Abschnitt 1.2 haben wir als Beispiel einer Gruppe die Zopfgruppe Z_n eingeführt. Wir konnten dort nicht exakt formulieren, was ein „Zopf" ist. So sagten wir, zwei Zöpfe seien gleich, wenn sie auseinander durch Verschieben der Stränge hervorgehen. Nun sind wir in der Lage, eine präzise Definition zu geben, nämlich:

$$
X_n = \left\{ (a_1, \cdots, a_n) \in \mathbb{C}^n \mid \text{das Polynom } z^n + a_1 z^{n-1} + \cdots + a_n \right.
$$
$$
\left. \text{hat keine mehrfache Nullstelle} \right\}
$$

Wir wollen hier erklären, wieso diese Definition mit der in Abschnitt 1.2 entwickelten Anschauung übereinstimmt. Nach dem Fundamentalsatz der Algebra hat jedes Polynom n-ten Grades mit komplexen Koeffizienten genau n Nullstellen (mit Multiplizität gezählt). Ist also $a = (a_1, \cdots, a_n) \in X_n$, so hat das Polynom

$$
P_a(z) := z^n + a_1 z^{n-1} + \cdots + a_n
$$

n verschiedene Nullstellen. Ist nun $t \longmapsto a(t)$ ein geschlossener Weg in X_n, so variieren diese Nullstellen stetig mit t, bleiben aber stets paarweise verschieden. Zeichnet man in $[0,1] \times \mathbb{C}$ die Menge

$$
\left\{ (t, z) \in [0,1] \times \mathbb{C} \mid P_{a(t)}(z) = 0 \right\}
$$

so entsteht ein Zopf mit n Strängen. Ändert man $t \mapsto a(t)$ durch eine Homotopie in X_n ab, so werden bei dem entsprechenden Zopf die Stränge verschoben, ohne daß sie sich dabei je durchdringen. Mit der eben beschriebenen Konstruktion erhält man einen Homomorphismus

$$
\varphi : \pi_1(X_n, \hat{a}) \longrightarrow Z_n
$$

Dabei ist $\hat{a}$ der Basispunkt in X_n, für den die Nullstellen von $P_{\hat{a}}$ den Anfangs- und Endpunkten der Zöpfe entsprechen. Man kann nachprüfen, daß φ ein Gruppenisomorphismus ist.

Anhang A: Vorkenntnisse

In der folgenden Tabelle sind die wichtigsten zum Verständnis der einzelnen Abschnitte notwendigen Vorkenntnisse aufgeführt, soweit sie nicht bereits vorher in dem Kapitel, das diesen Abschnitt enthält, behandelt wurden. Wenn Begriffe oder Sätze in einem anderen Kapitel dargestellt sind, so ist dies in Klammern vermerkt. Die mit * markierten Themen werden nur an einer einzigen Stelle des Abschnitts verwendet und sind für das Verständnis des Gesamtzusammenhangs nicht erforderlich.

Abschnitt	Begriffe	Sätze
Kapitel 1 Symmetriegruppen		
1.1 Isometrien der Ebene und des Raums	Abbildungen der Ebene bzw. des Raums in sich. Stetige Funktionen auf der 2–Sphäre.*	Eine stetige Funktion auf der 2–Sphäre nimmt ihr Maximum an.* Assoziativität der Hintereinanderschaltung von Abbildungen.
1.2 Gruppen und Gruppenoperationen	Mengen. Produkt zweier Mengen. Abbildungen zwischen Mengen.	
1.3 Endliche Symmetriegruppen		Existenz des Ikosaeders.*
Kapitel 2 Skalarprodukt und Vektorprodukt		
2.1 Skalarprodukt von Vektoren	Stetige Funktionen einer reellen Veränderlichen.	Zwischenwertsatz.
2.2 Das Vektorprodukt	Stetige Abbildungen $\mathbb{R} \longrightarrow \mathbb{R}^3$.*	Zwischenwertsatz.
Kapitel 3 Das Parallelenaxiom		
3.1 Axiome der Euklidischen Geometrie	Schreibweise der elementaren Logik, Quantoren.* Äquivalenzrelationen. Skalarprodukt und Länge von Vektoren in $\mathbb{R}^2$ (Abschnitt 2.1).	

Abschnitt	Begriffe	Sätze
3.2 Das Poincaré-- - Modell der hyperbolischen Ebene	Komplexe Zahlen und ihr Absolutbetrag. Stetige Funktionen einer reellen Veränderlichen. Gruppen (Abschnitt 1.2).	Rechenregeln für (2×2)-Matrizen über $\mathbb{C}$. Rechenregeln für komplexe Konjugation in $\mathbb{C}$. Zwischenwertsatz. Stetige Bijektionen zwischen Intervallen sind monoton.
3.3 Das Doppelver-- hältnis und die Längenmessung in der hyperbolischen Ebene	e und der natürliche Logarithmus. Lineare Unabhängig-- keit von Vektoren in $\mathbb{C}^2$. Basen in $\mathbb{C}^2$.	Rechnen mit Grenzwerten bei Funktionen einer reellen Ver-- änderlichen. Gauß'scher Algorithmus für komplexe (2×2)-Matrizen. Je zwei Basen von $\mathbb{C}^2$ lassen sich durch eine inver-- tierbare Matrix ineinander überführen.
3.4 Die Winkel-- messung in der hyper-- bolischen Ebene	Differenzieren von Funktionen einer reellen Veränderlichen.	Kettenregel. Satz über inverse Funktionen.
Kapitel 4 Kegelschnitte		
4.1 Normalformen	$\sin$, $\cos$, $\sinh$, $\cosh$. Homöomorphismus*. Lösen quadratischer Gleichungen in einer Veränderlichen.	Additionsgesetz für $\sin$ und $\cos$.
4.2 Brennpunkte und Brenngeraden	Umgebung eines Punktes in $\mathbb{R}^2$. Differenzieren von Funktionen einer reellen Veränderlichen. $\arccos$. Skalarprodukt in $\mathbb{R}^2$ (Abschnitt 1.2).	Kettenregel. Satz über inverse Funktionen. Ableitung von $\sin$, $\cos$.

Abschnitt	Begriffe	Sätze
4.3 Schnitt eines Kegelschnitts mit einer Geraden oder einem zweiten Kegelschnitt	Diskriminante einer quadratischen Gleichung.	Zwischenwertsatz. Ein System von vier homogenen linearen Gleichungen in fünf Veränderlichen hat eine nichttriviale Lösung.
4.4 Konfokale Kegel-schnitte		Zwischenwertsatz.
4.5 Die Sätze von Pascal und Brianchon	Dichte Teilmengen von S^1. Stetigkeit von Funktionen auf Teilmengen von S^1.	Eine stetige Funktion auf S^1, die auf einer dichten Teilmenge verschwindet, ist identisch Null.
4.6 Dualität		Lösbarkeit inhomogener (2×2)–Gleichungssysteme.
Kapitel 5 Quadriken in $\mathbb{R}^3$	(3×3)–Matrizen. Skalar-produkt in $\mathbb{R}^3$ (Abschnitt 1.2). Transponierte Matrix.	
5.1 Hauptachsen-transformation für quadratische Formen	Differenzieren von Funktionen in einer reellen Veränderlichen. Lineare Abbildungen. Basen von $\mathbb{R}^3$.	Eine stetige Funktion auf der 2–Sphäre nimmt ihr Maximum an. Verschwinden der ersten Ableitung einer Funktion ist notwendige Bedingung für Extremum. Die Hintereinanderschaltung von Drehungen um eine Achse in $\mathbb{R}^3$ durch O ist wieder eine Drehung um eine Achse durch O (Satz 1.6).*
5.2 Normalformen		Klassifikation der Kegelschnitte (Abschnitt 4.1).

357

Abschnitt	Begriffe	Sätze
5.3 Geraden auf einem einschaligen Hyperboloid	Lineare Unabhängigkeit von Vektoren in $\mathbb{R}^3$. Normalformen für Kegelschnitte (Abschnitt 4.1). Schnitte von Geraden und Kegelschnitten (Abschnitt 4.3).	Zwischenwertsatz. Determinante von (2×2)–Matrizen. Vier Vektoren in $\mathbb{R}^3$ sind stets linear abhängig.
5.4 Lorentz–Geometrie	Determinante von (3×3)–Matrizen. Gruppen und Gruppenoperationen (Abschnitt 2.1).	Rechenregeln für sinh und cosh. Cauchy–Schwarz'sche Ungleichung in $\mathbb{R}^2$ (Abschnitt 2.1).
Kapitel 6 Die Geometrie der Gruppe SO(3)	Lineare Abbildungen von $\mathbb{R}^3$ nach $\mathbb{R}^3$. Determinanten von (3×3)–Matrizen. Transponierte Matrix. Beschreibung linearer Abbildungen bzgl. beliebiger Basen durch Matrizen. Skalarprodukt in $\mathbb{R}^3$ (Abschnitt 2.1). Gruppen (Abschnitt 1.2).	Für (3×3)–Matrizen gilt: $\det(AB) = (\det A)(\det B)$ $\det A^T = \det A$ $\det A = 0 \Rightarrow \exists v \neq 0 : Av = 0$
6.1 Eulersche Winkel	sin , cos .	
6.2 Die Liealgebra sO(3)	Differenzieren von Funktionen einer reellen Veränderlichen. Vektorprodukt in $\mathbb{R}^3$ (Abschnitt 2.2). Untervektorräume. Basen eines Vektorraums. Gruppenoperationen (Abschnitt 1.2).	Produktregel. $(A \cdot B)^T = B^T \cdot A^T$ für (3×3)–Matrizen A,B.
6.3 Die stereographische Projektion	Die Riemannsche Zahlenkugel und die Operation von $GL(2,\mathbb{C})$ durch gebrochen lineare Transformationen* (Abschnitt 3.3).	Gebrochen lineare Transformationen bilden Kreise und Geraden auf Kreise oder Geraden ab* (Abschnitt 3.3).

Abschnitt	Begriffe	Sätze
6.4 Die Pauli–Matrizen	Spur einer (2×2)–Matrix.	Die Spur von (2×2)–Matrizen ändert sich bei Konjugation nicht.
6.5 Ein Weg in SO(3), der nicht zusammen–ziehbar ist	Stetige Abbildungen zwischen Teilmengen von $\mathbb{R}^n$ und $\mathbb{R}^m$.	
6.6 Die Fundamental–gruppe	Homöomorphismen. Offene, abgeschlossene, kompakte Teil–mengen von Teilmengen des $\mathbb{R}^n$. Zusammenhang. Zusammenhangs–komponenten.	Eine Abbildung ist stetig genau dann, wenn das Urbild jeder offenen Menge offen ist. Stetige Funktionen auf kompakten Intervallen sind gleichmässig stetig. Bilder kompakter Mengen unter stetigen Abbildungen sind kompakt.
6.7 Die Hopfabbildung		

Anhang B: Hinweise zum Literaturverzeichnis

Wenn Sie mehr über die behandelten Themen erfahren oder andere geometrische Themen auf vergleichbarem Niveau kennenlernen möchten, sollten Sie auf jeden Fall zu den Klassikern [Hilbert–Cohn Vossen] (1932), [Klein 1926] und [Coxeter 1963] greifen. Sie enthalten eine Fülle von Material in sehr anschaulicher Darstellung. Eine wahre Fundgrube ist das Buch von [Berger], das im eher strengen Stil der modernen Mathematik geschrieben ist.

Ins Literaturverzeichnis habe ich neben den zitierten Büchern und Artikeln auch Bücher aufgenommen, die als weiterführende Literatur zu den behandelten Themen geeignet sind – die Auswahl ist allerdings subjektiv und natürlich auch vom Zufall beeinflußt.

Der gruppentheoretische Aspekt der Geometrie – der ja auch in diesem Buch eine wichtige Rolle spielt – wird besonders betont in [Burn], [Neumann–Stoy–Thompson], [Nikulin–Shafarevich]. Speziell von diskreten Bewegungsgruppen handeln [Armstrong], [Bigalke–Wippermann], [Burckhardt], [Grove–Benson], [Quaisser]. Zwei der vielen Bücher, die konkrete Anwendungen des Konzepts „Symmetrie" in der Physik beschreiben, sind [Burns–Glazer] und [Cornwell].

Mehr über die in Kapitel 2 behandelten Operationen mit Vektoren können Sie in Büchern über Lineare Algebra oder auch in [Boltjanski–Jaglom] nachlesen.

Eine systematische Darstellung der Euklidischen Geometrie in moderner Sprache findet sich z.B. in [Köcher–Krieg], [Kunz] oder [Hartshorne]. Über nicht-euklidische Geometrie gibt es sehr viele empfehlenswerte Bücher; neben dem Buch von [Greenberg], dessen Modifikation des Hilbert'schen Axiomensystems ich übernommen habe, möchte ich auch auf [Golos], [Kelly–Matthews], [Martin], [McCleary], [Nöbeling], [Stahl] hinweisen. Bücher zur Geschichte der nicht-euklidischen Geometrie sind in Abschnitt 3.5.2 angegeben.

Kegelschnitte und Quadriken werden in den meisten Standardbüchern über Geometrie behandelt, z.B. in [Bix], [Fischer], [Jennings], [Köcher–Krieg], [Roe]. Spezialisiertere Texte, die z.T. auch eine historische Perspektive vermitteln, sind [Chasles], [Coolidge], [Dingeldey], [Lebesgue], [Salmon–Fiedler], [Zeuthen].

Die Gruppe $SO(3)$ ist eines der wichtigsten Beispiele einer Liegruppe und wird meist in diesem allgemeineren Rahmen behandelt, siehe z.B. [Cornwell], [Hein], [Miller], [Varadarajan].

Noch ein Tip: Wenn Sie einfach einmal schöne Bilder geometrischer Objekte anschauen möchten, blättern Sie in [Mathematische Modelle]!

360

Literaturverzeichnis

[Armstrong]   M. Armstrong: *Groups and Symmetry*, Springer Undergraduate Texts in Mathematics 1988.

[Arnold]   V. I. Arnold: *Mathematical Methods of Classical Mechanics*, Springer 1978.

[Artin]   M. Artin: *Algebra*, Birkhäuser 1993.

[Audin]   M. Audin: *Geometry*, Springer 2003.

[Beles–Soare]   A. Beles, M. Soare: *Das elliptische und hyperbolische Paraboloid im Bauwesen*, VEB Verlag für Bauwesen, Berlin 1970.

[Berger]   M. Berger: *Geometry*, 2 Bände, Springer 1987.

[Berger 1991]   M. Berger: *Billiards*, Pour la Science 163,76-85 (Mai 1991).

[Biermann]   K. Biermann (Herausgeber): *C.F. Gauß in Briefen und Gesprächen*, Verlag C. H. Beck 1990.

[Bigalke]   H.-G. Bigalke: *Kugelgeometrie*, Otto Salle Verlag/ Verlag Sauerländer, Aarau/Frankfurt 1984.

[Bigalke–Wippermann] H.-G. Bigalke, H. Wippermann: *Reguläre Parkettierungen*, BI Wissenschaftsverlag 1994.

[Birkhoff]   G. Birkhoff: *Dynamical Systems*, American Mathematical Society Colloquium Publications IX, 1927.

[Bix]   R. Bix: *Topics in Geometry*, Academic Press 1994.

[Blumenthal]   O. Blumenthal: *(David Hilbert's) Lebensgeschichte*, In: Gesammelte Abhandlungen von David Hilbert, Vol 3, pp. 388-429. Springer 1935.

[Boltjanski–Jaglom] W. Boltjanski, I. Jaglom: *Vektoren und ihre Anwendungen in der Geometrie*, In: *Enzyklopädie der Elementarmathematik IV (Geometrie)*, VEB Verlag der Wissenschaften, Berlin 1969

[Bonola–Liebmann] R. Bonola, H. Liebmann: *Die Nichteuklidische Geometrie. Historisch–kritische Darstellung ihrer Entwicklung*, Teubner 1908.

[Bos *et al.*]   H. Bos, C. Kers, F. Oort, D. Raven: *Poncelet's closure theorem*, Expositiones Mathematicae 5, 289-364 (1987).

[Brieskorn]   E. Brieskorn: *Lineare Algebra und Analytische Geometrie I*, Vieweg 1983.

[Brieskorn–Knörrer]   E. Brieskorn, H. Knörrer: *Plane Algebraic Curves*, Birkhäuser 1986.

[Bühler]   W. Bühler: *Gauß, a Biographical Study*, Springer 1981.

[Bunimovich]   L. Bunimovich: *Dynamical systems of hyperbolic type with singularities*, In: *Encyclopedia of Mathematical Sciences*, Vol.2, *Dynamical Systems II.* pp 151-178., Springer 1989.

[Burckhardt]   J.J. Burckhardt: *Die Bewegungsgruppen der Kristallographie*, Birkhäuser 1947.

[Burg–Haf–Wille]   K. Burg, H. Haf, F. Wille: *Höhere Mathematik für Ingenieure IV:* Vektoranalysis und Funktionentheorie, Teubner 1990.

[Burn]   R. Burn: *Groups, a Path to Geometry*, Cambridge University Press 1985.

[Burns–Glazer]   G. Burns, A. Glazer: *Space Groups for Solid State Scientists*, Academic Press 1990.

[do Carmo]   M. do Carmo: *Differentialgeometrie von Kurven und Flächen*, Vieweg 1983.

[Capelo–Ferrari]   A. Capelo, M. Ferrari: *Beltrami's "bonnet"*, Bolletino di Storia delle Szienze Matematiche 2, 233-247 (1982).

[Cederberg]   J. Cederberg: *A Course in Modern Geometry*, Springer 1989.

[Chasles]   M. Chasles: *Geschichte der Geometrie*, Halle 1839, Sändig Reprint 1968.

[Coolidge]   J. Coolidge: *A History of the Conic Sections and Quadric Surfaces*, Oxford University Press 1945.

[Cornwell]   J. F. Cornwell: *Group Theory in Physics I*, Academic Press 1984.

[Courant]   R. Courant: *Vorlesungen über Differential- und Integralrechnung*, 2 Bände, Springer 1928.

[Courant–Robbins] R. Courant, H. Robbins: *Was ist Mathematik? 2. Auflage*, Springer 1967.

[Coxeter 1963] H.S.M. Coxeter: *Unvergängliche Geometrie*, Birkhäuser 1963.

[Coxeter 1973] H.S.M. Coxeter: *Regular Polytopes*, Dover Publication 1973.

[Coxeter et al.] H.M.S. Coxeter, M. Emmer, R. Penrose, M. Teubner (Herausgeber): *M. C. Escher: Art and Science*, North Holland 1986.

[Curl–Smalley] R. Curl, R. Smalley: *Fullerene*, Spektrum der Wissenschaft 12/1991, pp. 88-98.

[Dingeldey] F. Dingeldey: *Kegelschnitte und Kegelschnittsysteme*, in: Encyklopädie der Mathematischen Wissenschaften III, Teil2, 1. Hälfte, pp. 1-258. Teubner 1903-1915.

[Ebbinghaus et al.] H. Ebbinghaus et al.: *Zahlen*, Springer 1983.

[Efimow] N. W. Efimow: *Über die Grundlagen der Geometrie*, Vieweg 1970.

[Euklid] Euklid: *Die Elemente (Buch I-III)*, Übersetzt und herausgegeben von C. Thaer. Ostwalds Klassiker der exakten Wissenschaften Nr. 235. Leipzig 1933. Reprint Vieweg 1973.

[Feynman–Leighton–Sands] R. Feynman, R. Leighton, M. Sands: *The Feynman Lectures on Physics I*, Addison-Wesley 1965.

[Fischer] G. Fischer: *Analytische Geometrie*, Vieweg 1978.

[Fladt–Baur] K. Fladt, A. Baur: *Analytische Geometrie spezieller Flächen und Raumkurven*, Vieweg 1975.

[Forster] O. Forster: *Analysis 1,2*, Vieweg 1976.

[Fricke–Klein] R. Fricke, F. Klein: *Vorlesungen über die Theorie der automorphen Funktionen*, Teubner 1901.

[Giering–Seybold] O. Giering, H. Seybold: *Konstruktive Ingenieurgeometrie*, C. Hanser Verlag 1975.

[Golos] E. Golos: *Foundations of Euclidean and Non-Euclidean Geometry*, Holt, Rinehart and Winston 1968.

[Goodstein] D. Goodstein, J. Goodstein: *Feynman's verschollene Vorlesung: die Bewegung der Planeten um die Sonne*, Piper 1998.

363

[Gray]   J. Gray: *Linear Differential Equations and Group Theory from Riemann to Poincaré*, Birkhäuser 1986.

[Greenberg]   M. Greenberg: *Euclidean and Non-Euclidean Geometries*, Freeman and Company 1972.

[Greenberg–Harper]   M. Greenberg, J. Harper: *Lectures on Algebraic Topology*, Benjamin Press 1981.

[Grove–Benson]   L. Grove, C. Benson: *Finite Reflection Groups*, Springer Graduate Texts in Mathematics 99 (1971).

[Hardy–Wright]   G. Hardy, W. Wright: *An Introduction to the Theory of Numbers*, Oxford University Press 1938.

[Hartshorne]   R. Hartshorne:: *Geometry: Euclid and Beyond*, Springer 2000.

[Hein]   W. Hein: *Struktur- und Darstellungstheorie der klassischen Gruppen*, Springer 1990.

[Heuser]   H. Heuser: *Analysis II*, Teubner 1981.

[Hilbert]   D. Hilbert: *Grundlagen der Geometrie*, 11. Auflage. Teubner 1968.

[Hilbert–Cohn Vossen] D. Hilbert, St. Cohn Vossen: *Anschauliche Geometrie*, 2.Auflage, Springer 1996.

[Hu]   S. Z. Hu: *Homotopy Theory*, Academic Press 1959.

[Hurwitz]   A. Hurwitz: *Über unendlich-vieldeutige geometrische Aufgaben, insbesondre über Schließungsprobleme*, Mathematische Annalen 15, 8-19 (1878).

[Jackson]   J. Jackson: *Klassische Elektrodynamik*, de Gruyter 1982.

[Jänich]   K. Jänich: *Vektoranalysis (2.Auflage)*, Springer 1992.

[Jennings]   G. Jennings: *Modern Geometry with Applications*, Springer 1994.

[Kelly–Matthews]   P. Kelly, G. Matthews: *The Non-Euclidean Hyperbolic Plane*, Springer 1981.

[Klein 1884]   F. Klein: *Vorlesungen über das Ikosaeder und die Auflösung der Gleichung fünften Grades*, Teubner 1884. Reprint mit Einführung und Kommentaren von P. Slodowy, Birkhäuser 1993.

[Klein 1871]   F. Klein: *Über die sogenannte nicht–euklidische Geometrie*, Math. Annalen 4, 573-625 (1871), auch Gesammelte Werke, Band I, pp. 254-305.

[Klein 1926]   F. Klein: *Vorlesung über höhere Geometrie*, 3. Auflage, Springer 1926.

[Klein–Sommerfeld]   F. Klein, A. Sommerfeld: *Über die Theorie des Kreisels*, Teubner 1910, Johnson Reprint 1965.

[Klemm]   M. Klemm: *Symmetrien von Ornamenten und Kristallen*, Springer 1982.

[Kline]   M. Kline: *Mathematical Thought from Ancient to Modern Times*, Oxford University Press 1972.

[Klingenberg]   W. Klingenberg: *Lineare Algebra und Geometrie*, Springer 1983.

[Knorr]   W. Knorr: *The Ancient Tradition of Geometric Problems*, Birkhäuser 1986.

[Köcher]   M. Köcher: *Lineare Algebra und Analytische Geometrie*, Springer 1983.

[Köcher–Krieg]   M. Köcher, A.Krieg: *Ebene Geometrie*, Springer 1993.

[Kowalsky]   H. Kowalsky: *Lineare Algebra (9.Auflage)*, de Gruyter 1979.

[Kozlov–Treshchëv]   V. Kozlov, D. Treshchëv: *Billiards*, American Mathematical Society 1991 (Translations of Mathematical Monographs 89).

[Krätschner–Schuster]   W.Krätschner, H. Schuster: *Von Fuller bis zu Fullerenen*, Vieweg 1995.

[Kuiper]   N. Kuiper: *Linear Algebra and Geometry*, North Holland 1962.

[Kunz]   E. Kunz: *Ebene Geometrie*, Vieweg 1976.

[Lang]   S. Lang: *Elliptic Functions*, Addison-Wesley 1973.

[Lebesgue]   H. Lebesgue: *Les Coniques*, Gauthier–Villars 1942, Reprint Editions Jacques Gabay 1988.

[Lehner]   J. Lehner: *Discontinous Groups and Automorphic Functions*, American Mathematical Society 1964.

[Löffel]   H. Löffel: *Blaise Pascal*, Birkhäuser 1987.

365

[Marsden–Tromba]   J. Marsden, A. Tromba: *Vektoranalysis*, Spektrum Aka-
demischer Verlag 1995.

[Martin]   G. Martin: *The Foundations of Geometry and the Non-
Euclidean Plane*, Springer 1975.

[Mathematische Modelle]   G. Fischer (Hrsg.): *Mathematische Modelle*, Vieweg
1986.

[McCleary]   J. McCleary: *Geometry from a Differentiable Viewpoint*,
Cambridge University Press 1994.

[Meyberg–Vachenauer]   K. Meyberg, P. Vachenauer: *Höhere Mathematik I*, (2.
Auflage) Springer 1993.

[Miller]   W. Miller: *Symmetry Groups and their Applications*,
Academic Press 1972.

[Milnor]   J. Milnor: *Topology from the Differentiable Point of
View*, The University Press of Virginia 1965.

[Moise]   E. Moise: *Elementary Geometry from an Advanced
Standpoint*, Addison-Wesley 1990.

[Moran]   S. Moran: *The Mathematical Theory of Knots and Brai-
ds: An Introduction*, North Holland 1983.

[Mumford]   D. Mumford: *Algebraic Geometry I: Complex Algebraic
Geometry*, Springer 1976.

[Naber]   G. Naber: *The Geometry of Minkowski Spacetime*,
Springer 1992.

[Neugebauer]   O. Neugebauer: *Vorgriechische Mathematik*, Springer
1930.

[Neumann–Stoy–Thompson] P. Neumann, G. Stoy, E. Thompson: *Groups and Geometry*, Oxford Science Publications 1994.

[Nikulin–Shafarevich]   V. Nikulin, I. Shafarevich: *Geometry and Groups*, Springer 1987.

[Nöbeling]   G. Nöbeling: *Einführung in die nichteuklidischen Geo-
metrien der Ebene*, de Gruyter 1976.

[Ossa]   E. Ossa: *Topologie*, Vieweg 1992.

[Penrose]   R. Penrose:*The Geometry of the Universe*, in: Mathematics Today (Ed. L. Stern), Springer 1978, pp. 83-126.

[Poincaré]   H. Poincaré: *Science et Méthode*, Flammarion, Paris
                      1912. Deutsche Übersetzung: *Wissenschaft und Metho-
                      de*, Teubner 1914.

[Pont]   J. Pont: *L'Aventure des Parallèles*, Verlag Peter Lang,
                      Bern/ Frankfurt/New York 1986.

[Pontrjagin]   L. Pontrjagin: *Learning Higher Mathematics, Part I:
                      The Method of Coordinates*, Springer 1984.

[Quaisser]   E. Quaisser: *Diskrete Geometrie*, Spektrum Akademi-
                      scher Verlag 1994.

[Quaisser–Sprengel]   E. Quaisser, Y.-H. Sprengel: *Geometrie in Ebene und
                      Raum*, Verlag Harri Deutsch, Thun/Frankfurt am Main
                      1989.

[Reichardt]   H. Reichardt: *Gauß und die Anfänge der nicht-
                      euklidischen Geometrie*, Teubner, Leipzig 1985.

[Reid]   M. Reid: *Undergraduate Algebraic Geometry*, Cam-
                      bridge University Press 1988.

[Remmert]   R. Remmert: *Funktionentheorie I*, Springer 1984.

[Roe]   J. Roe: *Elementary Geometry*, Oxford University Press
                      1993.

[Rose]   P. Rose: *Renaissance Italian methods of drawing the el-
                      lipse and related curves*, Physis 12, 371-404 (1970).

[Rosenfeld]   B. A. Rosenfeld: *A History of Non-Euclidean Geometry*,
                      Springer 1988.

[Salmon–Fiedler]   G. Salmon, W. Fiedler: *Analytische Geometrie der Ke-
                      gelschnitte*, 8. Auflage, 2 Bände, Teubner 1915.

[Scharlau–Opolka]   W. Scharlau, H. Opolka: *Von Fermat bis Minkowski*,
                      Springer 1980.

[Scholz]   E. Scholz: *Symmetrie, Gruppe, Dualität*, Birkhäuser
                      1989.

[Schubert]   H. Schubert: *Topologie*, Teubner 1964.

[Simmonds]   J. G. Simmonds: *A Brief on Tensor Analysis*, Springer
                      1982.

[Slodowy]   P. Slodowy: *Das Ikosaeder und die Gleichung fünften
                      Grades*, In: *Mathematische Miniaturen 3*, Birkhäuser
                      1986 (pp. 71–114).

367

[Sommerfeld]   A. Sommerfeld: *Mechanik*, Reprint, Verlag Harry Deutsch 1977.

[Stahl]   S. Stahl: *The Poincaré Half-Plane*, Jones and Bartlett 1993.

[Stillwell]   J. Stillwell: *Mathematics and its History*, Springer Undergraduate Texts in Mathematics 1989.

[Tabachnikov]   S. Tabachnikov: *Billiards*, Panoramas et Synthèses 1, Societé Mathématique de France 1995.

[Tóth, I.]   I. Tóth: *Das Parallelenproblem im Corpus Aristotelicum*, Archive for History of exact Sciences 3, 249-422 (1967).

[Tóth, L.]   L.F. Tóth: *Reguläre Figuren*, Verlag der Ungarischen Akademie der Wissenschaften 1965.

[Varadarajan]   V. S. Varadarajan: *Lie Groups, Lie Algebras and their Representations*, Prentice Hall 1974.

[van der Waerden 1936]   B.L. van der Waerden: *Algebra I*, Springer 1936; Achte Auflage: Heidelberger Taschenbücher 12, 1971

[van der Waerden 1956]   B. L. van der Waerden: *Erwachende Wissenschaft*, Birkhäuser 1956.

[Weyl]   H. Weyl: *Symmetrie*, Birkhäuser 1955.

[Whittaker]   E. Whittaker: *Analytische Dynamik der Punkte und starren Körper*, Springer 1924.

[Yaglom]   I.M. Yaglom: *A Simple Non-Euclidean Geometry and its Physical Basis*, Springer 1979.

[Zeuthen]   H. Zeuthen: *Die Lehre von den Kegelschnitten im Altertum*, Kopenhagen 1886.

Index

Moderne Darstellung der Algebra

Gisbert Wüstholz
Algebra
Für Studierende der Mathematik, Physik, Informatik

2004. XII, 224 S. Br. € 22,90 ISBN 3-528-07291-1

Inhalt: Gruppen - Sätze von Sylow - Satz von Jordan-Hölder - Symmetrie - Platonische Körper - Universelle Konstruktionen - Endlich erzeugte abelsche Gruppen - Ringe - Hauptidealringe und faktorielle Ringe - Quadratische Zahlringe - Polynomringe - Grundlagen der Körpertheorie - Theorie der Körpererweiterungen - Die Galois-Korrespondenz - Kreisteilungskörper - Das quadratische Reziprozitätsgesetz - Auflösung durch Radikale - Konstruktionen mit Zirkel und Lineal - Darstellungen von endlichen Gruppen - Charaktere - Moduln und Algebren - Tensorprodukte

Dieses Buch ist eine moderne Einführung in die Algebra, kompakt geschrieben und mit einem systematischen Aufbau. Der Text kann für eine ein- bis zweisemestrige Vorlesung benutzt werden und deckt alle Themen ab, die für eine breite Algebra Ausbildung notwendig sind (Ringtheorie, Körpertheorie) mit den klassischen Fragen (Quadratur des Kreises, Auflösung durch Radikale, Konstruktionen mit Zirkel und Lineal) bis zur Darstellungstheorie von endlichen Gruppen und einer Einführung in Algebren und Moduln.

vieweg

Abraham-Lincoln-Straße 46
65189 Wiesbaden
Fax 0611.7878-400
www.vieweg.de

Stand 1.7.2006. Änderungen vorbehalten.
Erhältlich im Buchhandel oder im Verlag.

Das Buch bringt alles von Abzählung bis zu Codes, Graphen und Algorithmen

Martin Aigner
Diskrete Mathematik
Homologie und Mannigfaltigkeiten
6., korr. Aufl. 2006. XI, 356 S. mit 600 Übungsaufg.

Br. € 25,90   ISBN 3-8348-0084-8

Inhalt: *Abzählung:* Grundlagen - Summation - Erzeugende Funktionen - Muster - Asymptotische Analyse. *Graphen und Algorithmen:* Graphen - Bäume - Matchings und Netzwerke - Suchen und Sortieren - Allgemeine Optimierungsmethoden. *Algebraische Systeme:* Boolesche Algebren - Modulare Arithmetik - Codierung - Kryptographie - Lineare Optimierung. *Lösungen zu ausgewählten Übungen*

Das Standardwerk über Diskrete Mathematik in deutscher Sprache. Großer Wert wird auf die Übungen gelegt, die etwa ein Viertel des Textes ausmachen. Die Übungen sind nach Schwierigkeitsgrad gegliedert, im Anhang findet man Lösungen für etwa die Hälfte der Übungen. Das Buch eignet sich für Lehrveranstaltungen im Bereich Diskrete Mathematik, Kombinatorik, Graphen und Algorithmen.

vieweg

Abraham-Lincoln-Straße 46
65189 Wiesbaden
Fax 0611.7878-400
www.vieweg.de

Stand 1.7.2006. Änderungen vorbehalten.
Erhältlich im Buchhandel oder im Verlag.

Das Buch zum Gödel Jahr

Karl Sigmund, John Dawson, Kurt Mühlberger

Kurt Gödel

Das Album - The Album

Mit einem Geleitwort von Hans Magnus Enzensberger

2006. 225 S. mit 200 Abb. Geb. € 29,90   ISBN 3-8348-0173-9

Time Magazine reihte ihn unter die hundert wichtigsten Personen des zwanzigsten Jahrhunderts. Die Harvard University verlieh ihm das Ehrendoktorat für die Entdeckung „der bedeutsamsten mathematischen Wahrheit des Jahrhunderts". Er gilt allgemein als der größte Logiker seit Aristoteles. Sein Freund Einstein ging, nach eigener Aussage, nur deshalb ans Institut, um Gödel auf dem Heimweg begleiten zu dürfen. Und John von Neumann, einer der Väter des Computers, schrieb: „Gödel ist tatsächlich absolut unersetzlich. Er ist der einzige Mathematiker, von dem ich das zu behaupten wage."

Dieses Buch ist eine leichtverdauliche, einfache und anschauliche Einführung in Gödels Leben und Werk, gedacht für jene, die sich für die menschlichen und kulturellen Aspekte der Wissenschaft interessieren. Ausgangspunkt des Buches waren die Vorbereitungen zu einer Ausstellung über Kurt Gödel aus Anlass seines hundertsten Geburtstags. Eine Ausstellung hat etwas von einem Spaziergang an sich, und gerade das wollen wir bieten: einen Spaziergang mit Gödel. Albert Einstein genoss solche Spaziergänge sehr. Man kann also Gödel genießen.

Time Magazine ranked him among the hundred most important persons of the twentieth century. Harvard University made him an honorary doctor "for the discovery of the most significant mathematical truth of the century". He is generally viewed as the greatest logician since Aristotle. His friend Einstein liked to say that he only went to the institute to have the privilege of walking back home with Kurt Gödel. And John von Neumann, one of the fathers of the computer, wrote: "Indeed Gödel is absolutely irreplaceable. He is the only mathematician about whom I dare make this assertion."

This book wants to give a simple, intuitive and easily digestible introduction to Gödel's life and work, meant for readers interested in the human and cultural aspects of science. Its starting point were the preparations for an exhibition on Kurt Gödel, on occasion of his hundredth birthday. An exhibition has something of a walk, and that's exactly what we want to offer: a walk with Gödel. Einstein loved such walks. Gödel's company can be enjoyed.

vieweg

Abraham-Lincoln-Straße 46
65189 Wiesbaden
Fax 0611.7878-400   Stand 1.7.2006. Änderungen vorbehalten.
www.vieweg.de   Erhältlich im Buchhandel oder im Verlag.

Printed in the United States
By Bookmasters